21世纪高等学校计算机规划教材
21st Century University Planned Textbooks of Computer Science

软件工程

（第4版）

Software Engineering (4th Edition)

张海藩 吕云翔 编著

人 民 邮 电 出 版 社
北 京

图书在版编目（CIP）数据

软件工程 / 张海藩，吕云翔编著. -- 4版. -- 北京
: 人民邮电出版社，2013.9
21世纪高等学校计算机规划教材
ISBN 978-7-115-32653-9

Ⅰ. ①软… Ⅱ. ①张… ②吕… Ⅲ. ①软件工程－高
等学校－教材 Ⅳ. ①TP311.5

中国版本图书馆CIP数据核字(2013)第174972号

内 容 提 要

本书是软件工程领域的经典教材。全书由 5 篇（16 章）构成，第 1 篇（第 1、2 章）讲述软件工程与软件过程；第 2 篇讲述传统方法学（第 3～5 章），包括结构化分析、设计与实现；第 3 篇讲述面向对象方法学（第 6～10 章），包括面向对象的概念、模型、分析、设计、实现，同时介绍了统一建模语言 UML；第 4 篇讲述软件项目管理（第 11～14 章），包括软件项目的计划、组织和控制，软件维护与软件文档；第 5 篇讲述软件工程的高级课题（第 15、16 章），包括形式化方法和软件重用。

本书内容新颖、实例丰富，可以作为高等院校“软件工程”课程的教材或教学参考书，也可以供程序员、软件测试工程师、系统工程师以及软件项目经理等相关人员阅读参考。

◆ 编　　著　张海藩　吕云翔
责任编辑　武恩玉
责任印制　彭志环　焦志炜

◆ 人民邮电出版社出版发行　　北京市丰台区成寿寺路 11 号
邮编　100164　　电子邮件　315@ptpress.com.cn
网址　http://www.ptpress.com.cn
固安县铭成印刷有限公司印刷

◆ 开本：787×1092　1/16
印张：21.75　　2013 年 9 月第 4 版
字数：568 千字　　2025 年 1 月河北第 29 次印刷

定价：45.00 元

读者服务热线：(010)81055256　印装质量热线：(010)81055316
反盗版热线：(010)81055315
广告经营许可证：京东市监广登字20170147号

出版者的话

计算机科学与技术日新月异的发展，对我国高校计算机人才的培养提出了更高的要求。许多高校主动研究和调整学科内部结构、人才培养目标，提高学科水平和教学质量，精炼教学内容，拓宽专业基础，优化课程结构，改进教学方法，逐步形成了“基础课程精深，专业课程宽新”的良性格局。作为大学计算机教材建设的生力军，人民邮电出版社始终坚持服务高校教学、致力教育资源建设的出版理念，在总结前期教材建设的成功经验的同时，深入调研和分析课程体系，并充分结合我国高校计算机教育现状和改革成果，推出“推介名师好书，共享教育资源”的教材建设项目，出版了“21 世纪高等学校计算机规划教材”。

本套教材的突出特点如下。

（1）作者权威　本套教材的作者均为国内计算机学科中的学术泰斗或高校教学一线的教学名师，他们有着深厚的科研功底和丰富的教学经验。可以说，这套教材汇聚了众师之精华，充分显示了这套教材的格调和品位。无论是刚入杏坛的年轻教师，还是象牙塔内的莘莘学子，细细品读其中的章节文字，定会收益匪浅。

（2）定位准确　本套教材是为普通高等院校的学生量身定做的精品教材。具体体现在：一是本套教材的作者长期从事一线科研和教学工作，对高校教学有着深刻而独到的见解；二是本套教材在选题策划阶段便多次召开调研会，对普通高校的教学需求和教材建设情况进行充分摸底，从而保证教材在内容组织和结构安排更加贴近实际教学；三是组织有关作者到较为典型的普通高等院校讲授课程教学方法，深入了解教师的教学需求，充分把握学生的理解能力，以教材内容引导授课教师严格按照科学方法实施教学。

（3）教材内容与时俱进　本套教材在充分吸收国内外最新计算机教学理念和教育体系的同时，更加注重基础理论、基本知识和基本技能的培养，集思想性、科学性、启发性、先进性和适应性于一身。

（4）一纲多本，合理配套　根据不同的教学方法，同一门课程可以有多本不同的教材，教材内容各具特色，实现教材系列资源配套。

总之，本套教材中的每一本精品教材都切实体现了各位教学名师的教学水平，充分折射出名师的教学思想，淋漓尽致地表达着名师的教学风格。我们相信，这套教材的出版发行一定能够启发年轻教师们真正领悟教学精髓，教会学生科学地掌握计算机专业的基本理论和知识，并通过实践深化对理论的理解，学以致用。

我们相信，这套教材的策划和出版，无论在形式上还是在内容上都能够显著地提高我国高校计算机专业教材的整体水平，为培养符合时代发展要求的具有较强国际竞争力的高素质创新型计算机人才，为我国的普通高等教育的计算机教材建设工作做出新的贡献。欢迎各位老师和读者给我们的工作提出宝贵意见。

第 4 版前言

20 世纪 60 年代，为了解决当时出现的“软件危机”，人们提出了软件工程的概念，并将其定义为“为了经济地获得可靠的和能在实际机器上高效运行的软件，而建立和使用的健全的工程规则”。随着 40 多年的发展，人们对软件工程逐渐有了更全面、更科学的认识，软件工程已经成为一门包括理论、方法、过程等内容的独立学科，并出现了相应的软件工程支撑工具。

然而即使在 21 世纪的今天，软件危机的种种表现依然没有彻底地得到解决，实现中很多项目依然挣扎在无法完成或无法按照规定的时间、成本，完成预期的质量的泥潭中，面临着失败的危险。究其原因，依然是软件工程的思想和方法并未深入到计算机科学技术、特别是软件开发领域中，并指导人们的开发行为。

为了振兴中国的计算机和软件产业，培养具备软件工程思想和技术，并具有相应开发经验的人才，国家近年来一直十分重视软件工程相关课程的建设和人才培养。除了开设专门的软件工程专业，也倡导在计算机科学技术相关专业开设软件工程课程，使得软件工程思想和技术在中国的 IT 人才中得到普及。

本书讲述了软件工程与软件过程，涉及传统方法学、面向对象方法学，以及软件项目管理，并且讲述了软件工程高级课题，如形式化方法（包括 Petri 网等）和软件复用。

本书第 4 版在保持原书结构和篇幅基本不变的前提下，将第 14 章“国际标准”改为“软件维护与软件文档”；每一章后的习题，也按照当前教学的需要，进行了全面的更新。

在与本书配套的教材《软件工程（第 4 版）辅导与习题解析》中，有对本书每章末的习题解析，有对软件工程各种类型的应用题的详解，以及软件工程课程设计指导，以帮助读者更好地理解和巩固所学的知识。

本书的教学安排建议如下。

章　节	内　容	学 时 数
第 1 章	软件工程概述	2
第 2 章	软件过程	2
第 3 章	结构化分析	4
第 4 章	结构化设计	4
第 5 章	结构化实现	4
第 6 章	面向对象方法学导论	4/6
第 7 章	面向对象分析	4
第 8 章	面向对象设计	4/6
第 9 章	面向对象实现	4/6
第 10 章	统一建模语言	4/6

续表

章　节	内　容	学 时 数
第 11 章	计划	2
第 12 章	组织	2
第 13 章	控制	2
第 14 章	软件维护与软件文档	2
第 15 章*	形式化方法	0/4
第 16 章*	软件重用	0/4

建议先修课程：计算机导论、面向对象程序设计、数据结构、数据库原理等。

建议理论教学时数：48～64 学时。

建议实践教学时数：32～48 学时。

教师可以根据教学需要适当地删除一些章节，也可根据教学目标，灵活地调整章节的顺序，增减各章的学时数。

本书作者一直在北京信息科技大学和北京航空航天大学软件学院担任软件工程课程的教学工作，进行了大量的教学探索和研究。在成书过程中，大量借鉴了笔者和同事在教学中的相关经验。在此感谢他们为此做出的贡献，也感谢其在成书过程中提供的各种宝贵资料和建议。

由于软件工程作为工程学科正处在发展与变化之中，我们力求使本书做到完美；但由于编者学习能力和水平有限，书中难免有疏漏之处，恳请各位同仁和广大读者给予批评指正，也希望各位能将使用此教材过程中的经验和心得与我们交流（yunxianglu@hotmail.com）。

编　者

2013 年 6 月

目 录

第 1 篇 软件工程与软件过程

第 2 篇 传统方法学

第4篇 软件项目管理

第 5 篇　高级课题

第 1 篇　软件工程与软件过程

第 1 章 软件工程概述

人类社会已经跨入了 21 世纪，计算机系统已经渗入人类生活的各个领域，同时计算机软件已经发展成为当今世界最重要的技术领域。研究软件本身则产生了一门重要的学科就是软件工程。软件工程的研究领域包括软件的开发方法、软件的生命周期以及软件的工程实践等。

1.1　软件危机与软件工程的起源

1.1.1　计算机系统的发展历程

20 世纪 60 年代中期以前，是计算机系统发展的早期。在这个时期通用硬件已经相当普遍，软件却是为每个具体应用而专门编写的，大多数人认为软件开发是无须预先计划的事情。这时的软件实际上就是规模较小的程序，程序的编写者和使用者往往是同一个（或同一组）人。由于规模小，程序编写起来相当容易，也没有什么系统化的方法，对软件开发工作更没有进行任何管理。这种个体化的软件环境，使得软件设计往往只是在人们头脑中隐含进行的一个模糊过程，除了程序清单之外，根本没有其他文档资料保存下来。

从 20 世纪 60 年代中期到 70 年代中期，是计算机系统发展的第二代。在这 10 年中计算机技术有了很大进步。多道程序、多用户系统引入了人—机交互的新概念，开创了计算机应用的新境界，使硬件和软件的配合上了一个新的层次。实时系统能够从多个信息源收集、分析和转换数据，从而使得进程控制能以毫秒而不是分钟来进行。在线存储技术的进步导致了第一代数据库管理系统的出现。

计算机系统发展的第二代的一个重要特征是出现了“软件作坊”，广泛使用产品软件。但是，“软件作坊”基本上仍然沿用早期形成的个体化软件开发方法。随着计算机应用的日益普及，软件数量急剧膨胀。在程序运行时发现的错误必须设法改正；用户有了新的需求时必须相应地修改程序；硬件或操作系统更新时，通常需要修改程序以适应新的环境。上述种种软件维护工作，以令人吃惊的比例耗费资源。更严重的是，许多程序的个体化特性使得它们最终成为不可维护的。“软件危机”就这样开始出现了。1968 年北大西洋公约组织的计算机科学家在联邦德国召开国际会议，讨论软件危机问题。在这次会议上正式提出并使用了“软件工程”这个名词，一门新兴的工程学科就此诞生了。

1.1.2 软件危机介绍

软件危机是指在计算机软件的开发和维护过程中所遇到的一系列严重问题。这些问题绝不仅仅是不能正常运行的软件才具有的。实际上，几乎所有软件都不同程度地存在这些问题。概括地说，软件危机包含下述两方面的问题：如何开发软件，以满足对软件日益增长的需求；如何维护数量不断膨胀的已有软件。鉴于软件危机的长期性和症状不明显的特征，近年来有人建议把软件危机更名为“软件萧条（depression）”或“软件困扰（affliction）”。不过“软件危机”这个词强调了问题的严重性，而且也已为绝大多数软件工作者所熟悉，所以本书仍将沿用它。

具体来说，软件危机主要有以下一些典型表现。

① 对软件开发成本和进度的估计常常很不准确。实际成本比估计成本有可能高出一个数量级，实际进度比预期进度拖延几个月甚至几年的现象并不罕见。这种现象降低了软件开发组织的信誉。而为了赶进度和节约成本所采取的一些权宜之计又往往损害了软件产品的质量，从而不可避免地会引起用户的不满。

② 用户对“已完成的”软件系统不满意的现象经常发生。软件开发人员常常在对用户要求只有模糊的了解，甚至对所要解决的问题还没有确切认识的情况下，就仓促上阵匆忙着手编写程序。软件开发人员和用户之间的信息交流往往很不充分，“闭门造车”必然导致最终的产品不符合用户的实际需要。

③ 软件产品的质量往往靠不住。软件可靠性和质量保证的确切定量概念刚刚出现不久，软件质量保证技术还没有坚持不懈地应用到软件开发的全过程中，这些都导致软件产品发生质量问题。

④ 软件常常是不可维护的。很多程序中的错误是非常难改正的，实际上不可能使这些程序适应新的硬件环境，也不能根据用户的需要在原有程序中增加一些新的功能。“可重用的软件”还是一个没有完全做到的、正在努力追求的目标，人们仍然在重复开发类似的或基本类似的软件。

⑤ 软件通常没有适当的文档资料。计算机软件不仅仅是程序，还应该有一整套文档资料。这些文档资料应该是在软件开发过程中产生出来的，而且应该是“最新式的”（即和程序代码完全一致的）。软件开发组织的管理人员可以使用这些文档资料作为里程碑（milestone），来管理和评价软件开发工程的进展状况；软件开发人员可以利用它们作为通信工具，在软件开发过程中准确地交流信息；对于软件维护人员而言，这些文档资料更是至关重要、必不可少的。缺乏必要的文档资料或者文档资料不合格，必然给软件开发和维护带来许多严重的困难和问题。

⑥ 软件成本在计算机系统总成本中所占的比例逐年上升。由于微电子学技术的进步和生产自动化程度不断提高，硬件成本逐年下降，然而软件开发需要大量人力，软件成本随着通货膨胀以及软件规模和数量的不断扩大而持续上升。美国在1985年软件成本大约已占计算机系统总成本的90%。

⑦ 软件开发生产率提高的速度，既跟不上硬件的发展速度，也远远跟不上计算机应用迅速普及深入的趋势。软件产品“供不应求”的现象，使人类不能充分利用现代计算机硬件提供的巨大潜力。

以上列举的仅仅是软件危机的一些明显的表现，与软件开发和维护有关的问题远远不止这些。

1.1.3 产生软件危机的原因

在软件开发和维护的过程中存在这么多严重问题，一方面与软件本身的特点有关，另一方面也和软件开发与维护的方法不正确有关。

软件不同于硬件，它是计算机系统中的逻辑部件而不是物理部件。由于软件缺乏“可见性”，在写出程序代码并在计算机上试运行之前，软件开发过程的进展情况较难衡量，软件的质量也较难评价，因此，管理和控制软件开发过程相当困难。此外，软件在运行过程中不会因为使用时间过长而被“用坏”，如果运行中发现错误，很可能是遇到了一个在开发时期引入的在测试阶段没能检测出来的错误，因此，软件维护通常意味着改正或修改原来的设计，这就在客观上使得软件较难维护。

软件不同于一般程序，它的一个显著特点是规模庞大，而且程序复杂性将随着程序规模的增加而呈指数上升。为了在预定时间内开发出规模庞大的软件，必须由许多人分工合作。然而，如何保证每个人完成的工作合在一起确实能构成一个高质量的大型软件系统，更是一个极端复杂困难的问题，不仅涉及许多技术问题，诸如分析方法、设计方法、形式说明方法、版本控制等，更重要的是必须有严格而科学的管理。

软件本身独有的特点确实给开发和维护带来一些客观困难，但是人们在开发和使用计算机系统的长期实践中，也确实积累和总结出了许多成功的经验。如果坚持不懈地使用经过实践考验证明是正确的方法，许多困难是完全可以克服的，过去也确实有一些成功的范例。但是，目前相当多的软件专业人员对软件开发和维护还有不少糊涂观念，在实践过程中或多或少地采用了错误的方法和技术，这可能是使软件问题发展成软件危机的主要原因。

与软件开发和维护有关的许多错误认识和做法的形成，可以归于在计算机系统发展的早期阶段软件开发的个体化特点。错误的认识和做法主要表现为忽视软件需求分析的重要性，认为软件开发就是编写程序并设法使之运行，轻视软件维护等。

事实上，对用户要求没有完整准确的认识就匆忙着手编写程序是许多软件开发工程失败的主要原因之一。只有用户才真正了解他们自己的需要，但是许多用户在开始时并不能准确具体地叙述他们的需要，软件开发人员需要做大量深入细致的调查研究工作，反复多次地和用户交流信息，才能真正全面、准确、具体地了解用户的要求。对问题和目标的正确认识是解决任何问题的前提和出发点，软件开发同样也不例外。急于求成，仓促上阵，对用户要求没有正确认识就匆忙着手编写程序，这就如同不打好地基就盖高楼一样，最终必然垮台。事实上，越早开始编写程序，完成它所需要用的时间往往越长。

一个软件从定义、开发、使用和维护，直到最终被废弃，要经历一个漫长的时期，这就如同一个人要经过胎儿、儿童、青年、中年和老年，直到最终死亡的漫长时期一样。通常把软件经历的这个漫长的时期称为生命周期。软件开发最初的工作应是问题定义，也就是确定要求解决的问题是什么；然后要进行可行性研究，决定该问题是否存在一个可行的解决办法；接下来应该进行需求分析，也就是深入具体地了解用户的要求，在所要开发的系统（不妨称之为目标系统）必须做什么这个问题上和用户取得完全一致的看法。经过上述软件定义时期的准备工作才能进入开发时期，而在开发时期首先需要对软件进行设计（通常又分为概要设计和详细设计两个阶段），然后才能进入编写程序的阶段，程序编写完之后还必须经过大量的测试工作（需要的工作量通常占软件开发全部工作量的 40%～50%）才能最终交付使用。所以，编写程序只是软件开发过程中的一个阶段，而且在典型的软件开发工程中，编写程序所需的工作量只占软件开发全部工作量的 10%～20%。

另一方面还必须认识到程序只是完整的软件产品的一个组成部分，在上述软件生命周期的每个阶段都要得出最终产品的一个或几个组成部分（这些组成部分通常以文档资料的形式存在）。也就是说，一个软件产品必须由一个完整的配置组成，软件配置主要包括程序、文档、数据等成分。必须清除只重视程序而忽视软件配置其余成分的糊涂观念。

做好软件定义时期的工作，是降低软件成本提高软件质量的关键。如果软件开发人员在定义时期没有正确全面地理解用户需求，直到测试阶段或软件交付使用后才发现“已完成的”软件不完全符合用户的需要，这时再修改就为时晚矣。

严重的问题是，在软件开发的不同阶段进行修改需要付出的代价是很不相同的。在早期引入变动，涉及的面较少，因而代价也比较低；在开发的中期，软件配置的许多成分已经完成，引入一个变动要对所有已完成的配置成分都做相应的修改，不仅工作量大，而且逻辑上也更复杂，因此付出的代价剧增；在软件“已经完成”时再引入变动，当然需要付出更高的代价。根据美国一些软件公司的统计资料，在后期引入一个变动比在早期引入相同变动所需付出的代价高 2～3 个数量级。图 1.1 所示为在不同时期引入同一个变动需要付出的代价随时间变化的趋势。

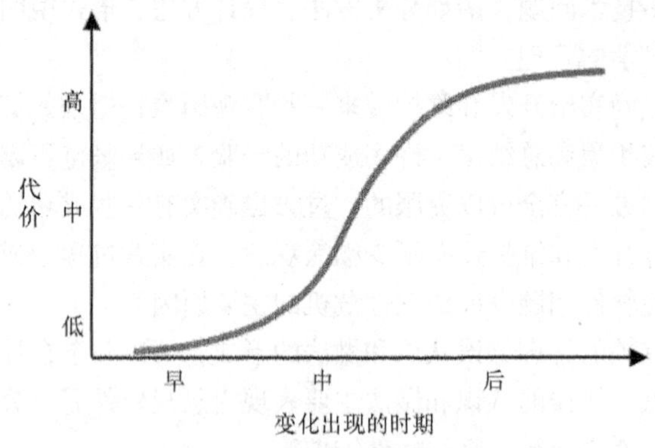

图 1.1　引入同一个变动付出的代价随时间变化的趋势

通过上面的论述不难认识到，轻视维护是一个最大的错误。许多软件产品的使用寿命长达 10 年甚至 20 年，在这样漫长的时期中不仅必须改正使用过程中发现的每一个潜伏的错误，而且当环境变化时（如硬件或系统软件更新换代）还必须相应地修改软件以适应新的环境，特别是必须经常改进或扩充原来的软件以满足用户不断变化的需要。所有这些改动都属于维护工作，而且是在软件已经完成之后进行的，因此，维护是极端艰巨复杂的工作，需要花费很大代价。统计数据表明，实际上用于软件维护的费用占软件总费用的 55%～70%。软件工程学的一个重要目标就是提高软件的可维护性，减少软件维护的代价。

了解产生软件危机的原因，澄清错误认识，建立起关于软件开发和维护的正确概念，还仅仅是解决软件危机的开始，全面解决软件危机需要一系列综合措施。

1.1.4　消除软件危机的途径

为了消除软件危机，首先应该对计算机软件有一个正确的认识。正如 1.1.3 小节中讲过的，应该彻底清除在计算机系统早期发展阶段形成的“软件就是程序”的错误观念。一个软件必须由一个完整的配置组成。事实上，软件是程序、数据及相关文档的完整集合。其中，程序是能够完成预定功能和性能的可执行的指令序列；数据是使程序能够适当地处理信息的数据结构；文档是开发、使用和维护程序所需要的图文资料。1983 年 IEEE（电气和电子工程师协会）为软件下的定义是：计算机程序、方法、规则、相关的文档资料以及在计算机上运行程序时所必需的数据。虽然表面上看来在这个定义中列出了软件的 5 个配置成分，但是，方法和规则通常是在文档中说明并在程序中实现的。

更重要的是，必须充分认识到软件开发不是某种个体劳动的神秘技巧，而应该是一种组织良好、管理严密、各类人员协同配合、共同完成的工程项目。必须充分吸取和借鉴人类长期以来从事各种工程项目所积累的行之有效的原理、概念、技术和方法，特别要吸取几十年来人类从事计算机硬件研究和开发的经验教训。

应该推广和使用在实践中总结出来的开发软件成功的技术和方法，并且研究探索更好、更有效的技术和方法，尽快消除在计算机系统早期发展阶段形成的一些错误概念和做法。

应该开发和使用更好的软件工具。正如机械工具可以“放大”人类的体力一样，软件工具可以“放大”人类的智力。在软件开发的每个阶段都有许多烦琐重复的工作需要做，在适当的软件工具辅助下，开发人员可以把这类工作做得既快又好。如果把各个阶段使用的软件工具有机地集合成一个整体，支持软件开发的全过程，则称为软件工程支撑环境。

总之，为了消除软件危机，既要有技术措施（方法和工具），又要有必要的组织管理措施。软件工程正是从管理和技术两方面研究如何更好地开发和维护计算机软件的一门新兴学科。

1.2 软件工程

1.2.1 什么是软件工程

概括地说，软件工程是指导计算机软件开发和维护的工程学科。采用工程的概念、原理、技术和方法来开发与维护软件，把经过时间考验而证明正确的管理技术和当前能够得到的最好的技术方法结合起来，经济地开发出高质量的软件并有效地维护它，这就是软件工程。

下面给出软件工程的几个定义。

1983 年 IEEE 给软件工程下的定义是：“软件工程是开发、运行、维护和修复软件的系统方法。”这个定义相当概括，它主要强调软件工程是系统方法而不是某种神秘的个人技巧。

Fairly 认为：“软件工程学是为了在成本限额以内按时完成开发和修改软件产品所需要的系统生产和维护技术及管理学科。”这个定义明确指出了软件工程的目标是在成本限额内按时完成开发和修改软件的工作，同时也指出了软件工程包含技术和管理两方面的内容。

Fritz Bauer 给出了下述定义：“软件工程是为了经济地获得可靠的且能在实际机器上有效地运行的软件，而建立和使用的完善的工程化原则。”这个定义不仅指出软件工程的目标是经济地开发出高质量的软件，而且强调了软件工程是一门工程学科，它应该建立并使用完善的工程化原则。

1993 年 IEEE 进一步给出了一个更全面的定义。

软件工程是：①把系统化的、规范的、可度量的途径应用于软件开发、运行和维护的过程，也就是把工程化应用于软件中；②研究①中提到的途径。

认真研究上述这些关于软件工程的定义，有助于我们建立起对软件工程这门工程学科的全面的整体性认识。

1.2.2 软件工程的基本原理

自从 1968 年在联邦德国召开的国际会议上正式提出并使用了“软件工程”这个术语以来，研究软件工程的专家学者们陆续提出了 100 多条关于软件工程的准则或“信条”。著名的软件工程专家 Barry W. Boehm 综合这些学者们的意见并总结了 TRW 公司多年开发软件的经验，于 1983 年在一篇论文中提出了软件工程的 7 条基本原理。他认为这 7 条原理是确保软件产品质量和开发效率原理的最小集合。这 7 条原理是互相独立的，其中任意 6 条原理的组合都不能代替另一条原理，因此，它们是缺一不可的最小集合。然而这 7 条原理又是相当完备的，人们虽然不能用数学方法严格证明它们是一个完备的集合，但是可以证明在此之前已经提出的100多条软件工程原理都可以由这7条原理的任意组合蕴含或派生。

下面简要介绍软件工程的7条基本原理。

1. 用分阶段的生命周期计划严格管理

有人经统计发现，在不成功的软件项目中有一半左右是由于计划不周造成的，可见把建立完善的计划作为第1条基本原理是吸取了前人的教训而提出来的。

在软件开发与维护的漫长生命周期中，需要完成许多性质各异的工作。这条基本原理意味着，应该把软件生命周期划分成若干个阶段，并相应地制定出切实可行的计划，然后严格按照计划对软件的开发与维护工作进行管理。Boehm认为，在软件的整个生命周期中应该制定并严格执行6类计划，它们是项目概要计划、里程碑计划、项目控制计划、产品控制计划、验证计划和运行维护计划。

不同层次的管理人员都必须严格按照计划各尽其职地管理软件开发与维护工作，绝不能受客户或上级人员的影响而擅自背离预定计划。

2. 坚持进行阶段评审

当时已经认识到，软件的质量保证工作不能等到编码阶段结束之后再进行。这样说至少有两个理由：第一，大部分错误是在编码之前造成的，如根据Boehm等人的统计，设计错误占软件错误的63%，编码错误仅占37%；第二，错误发现与改正得越晚，所需付出的代价也越高（参见图1.1）。因此，在每个阶段都进行严格的评审，以便尽早发现在软件开发过程中所犯的错误，是一条必须遵循的重要原则。

3. 实行严格的产品控制

在软件开发过程中不应随意改变需求，因为改变一项需求往往需要付出较高的代价。但是，在软件开发过程中改变需求又是难免的。由于外部环境的变化，相应地改变用户需求是一种客观需要，显然不能硬性禁止客户提出改变需求的要求，而只能依靠科学的产品控制技术来顺应这种要求。也就是说，当改变需求时，为了保持软件各个配置成分的一致性，必须实行严格的产品控制，其中主要是实行基准配置管理。所谓基准配置又称为基线配置，它们是经过阶段评审后的软件配置成分（各个阶段产生的文档或程序代码）。基准配置管理也称为变动控制：一切有关修改软件的建议，特别是涉及对基准配置的修改建议，都必须按照严格的规程进行评审，获得批准以后才能实施修改。绝对不能谁想修改软件（包括尚在开发过程中的软件），就随意进行修改。

4. 采用现代程序设计技术

从提出软件工程的概念开始，人们一直把主要精力用于研究各种新的程序设计技术。20世纪60年代末提出的结构程序设计技术，已经成为绝大多数人公认的先进的程序设计技术。以后又进一步发展出各种结构分析（structured analysis，SA）与结构设计（structured design，SD）技术。近年来，面向对象技术已经在许多领域中迅速地取代了传统的结构化开发方法。实践表明，采用先进的技术不仅可以提高软件开发和维护的效率，而且可以提高软件产品的质量。

5. 结果应能清楚地审查

软件产品不同于一般的物理产品，它是看不见摸不着的逻辑产品。软件开发人员（或开发小组）的工作进展情况可见性差，难以准确度量，从而使得软件产品的开发过程比一般产品的开发过程更难于评价和管理。为了提高软件开发过程的可见性，更好地进行管理，应该根据软件开发项目的总目标及完成期限，规定开发组织的责任和产品标准，从而使得所得到的结果能够清楚地审查。

6. 开发小组的人员应该少而精

这条基本原理的含义是，软件开发小组的组成人员的素质应该好，而人数则不宜过多。开发小组人员的素质和数量，是影响软件产品质量和开发效率的重要因素。素质高的人员的开发效率比素质低的人员的开发效率可能高几倍至几十倍，而且素质高的人员所开发的软件中的错误明显少于素质低的人员所开发的软件中的错误。此外，随着开发小组人员数目的增加，因为交流情况讨论问题而造成的通信开销也急剧增加。当开发小组人员数为 N 时，可能的通信路径有 $N(N-1)/2$ 条，可见随着人数 N 的增大，通信开销将急剧增加。因此，组成少而精的开发小组是软件工程的一条基本原理。

7. 承认不断改进软件工程实践的必要性

遵循上述 6 条基本原理，就能够按照当代软件工程基本原理实现软件的工程化生产。但是，仅有上述 6 条原理并不能保证软件开发与维护的过程能赶上时代前进的步伐，不能跟上技术的不断进步，因此，Boehm 提出应把承认不断改进软件工程实践的必要性作为软件工程的第 7 条基本原理。按照这条原理，不仅要积极主动地采纳新的软件技术，而且要注意不断总结经验，如收集进度和资源耗费数据，收集出错类型和问题报告数据等。这些数据不仅可以用来评价新的软件技术的效果，而且可以用来指明必须着重开发的软件工具和应该优先研究的技术。

1.3　软件工程包含的领域

IEEE（Institute of Electrical and Electronics Engineers，电气电子工程师学会）在 2014 年发布的《软件工程知识体系指南》中将软件工程知识体系划分为以下 15 个知识领域。

（1）软件需求（software requirements）。软件需求涉及软件需求的获取、分析、规格说明和确认。

（2）软件设计（software design）。软件设计定义了一个系统或组件的体系结构、组件、接口和其他特征的过程以及这个过程的结果。

（3）软件构建（software construction）。软件构建是指通过编码、验证、单元测试、集成测试和调试的组合，详细地创建可工作的和有意义的软件。

（4）软件测试（software testing）。软件测试是为评价、改进产品的质量、标识产品的缺陷和问题而进行的活动。

（5）软件维护（software maintenance）。软件维护是指由于一个问题或改进的需要而修改代码和相关文档，进而修正现有的软件产品并保留其完整性的过程。

（6）软件配置管理（software configuration management）。软件配置管理是一个支持性的软件生命周期过程，它是为了系统地控制配置变更，在软件系统的整个生命周期中维持配置的完整性和可追踪性，而标识系统在不同时间点上的配置的学科。

（7）软件工程管理（software engineering management）。软件工程的管理活动建立在组织和内部基础结构管理、项目管理、度量程序的计划制定和控制三个层次上。

（8）软件工程过程（software engineering process）。软件工程过程涉及软件生命周期过程本身的定义、实现、评估、管理、变更和改进。

（9）软件工程模型和方法（software engineering models and methods）。软件工程模型特指在软件的生产与使用、退役等各个过程中的参考模型的总称，诸如需求开发模型、架构设计模型等都属于软件工程模型的范畴；软件开发方法，主要讨论软件开发各种方法及其工作模型。

（10）软件质量（software quality）。软件质量特征涉及多个方面，保证软件产品的质量是软件工程的重要目标。

（11）软件工程职业实践（software engineering professional practice）。软件工程职业实践涉及软件工程师应履行其实践承诺，使软件的需求分析、规格说明、设计、开发、测试和维护成为一项有益和受人尊敬的职业；还包括团队精神和沟通技巧等内容。

（12）软件工程经济学（software engineering economics）。软件工程经济学是研究为实现特定功能需求的软件工程项目而提出的在技术方案、生产（开发）过程、产品或服务等方面所做的经济服务与论证，计算与比较的一门系统方法论学科。

（13）计算基础（computing foundations）。计算基础涉及解决问题的技巧、抽象、编程基础、编程语言的基础知识、调试工具和技术、数据结构和表示、算法和复杂度、系统的基本概念、计算机的组织结构、编译基础知识、操作系统基础知识、数据库基础知识和数据管理、网络通信基础知识、并行和分布式计算、基本的用户人为因素、基本的开发人员人为因素和安全的软件开发和维护等方面的内容。

（14）数学基础（mathematical foundations）。数学基础涉及集合、关系和函数，基本的逻辑、证明技巧、计算的基础知识、图和树、离散概率、有限状态机、语法，数值精度、准确性和错误，数论和代数结构等方面的内容。

（15）工程基础（engineering foundations）。工程基础涉及实验方法和实验技术、统计分析、度量、工程设计，建模、模拟和建立原型，标准和影响因素分析等方面的内容。

软件工程知识体系的提出，让软件工程的内容更加清晰，也使得其作为一个学科的定义和界限更加分明。

小　　结

本章对计算机软件工程学作了一个简短的概述。首先通过回顾计算机系统发展简史，说明开发软件的一些错误方法和观念是怎样形成的；然后列举了这些错误方法带来的严重弊病（软件危机），澄清了一些糊涂观念。为了计算机系统的进一步发展，需要认真研究开发和维护软件的科学技术。应总结开发计算机软件的历史经验教训，借鉴其他工程领域的管理技术，逐步使软件工程这门新学科发展和完善起来。

习　　题

一、判断题

1. 软件就是程序，编写软件就是编写程序。　　（　）

2. 软件危机的主要表现是软件需求增加，软件价格上升。（　　）

3. 软件工程学科出现的主要原因是软件危机的出现。（　　）

4. 与计算机科学的理论研究不同，软件工程是一门原理性学科。（　　）

二、选择题

1. 在下列选项中，（　　）不是软件的特征。

A. 系统性与复制性

B. 可靠性与一致性

C. 抽象性与智能性

D. 有形性与可控性

2. 软件危机的主要原因是（　　）。

A. 软件工具落后

B. 软件生产能力不足

C. 实行严格的产品控制

D. 软件本身的特点及开发方法

3. 下列说法中正确的是（　　）。

A. 20 世纪 50 年代提出了软件工程的概念

B. 20 世纪 60 年代提出了软件工程的概念

C. 20 世纪 70 年代出现了客户机/服务器技术

D. 20 世纪 80 年代软件工程学科达到成熟

4.（　　）是将系统化的、规范的、可定量的方法应用于软件的开发、运行和维护的过程，它包括方法、工具和过程三个要素。

A. 软件生命周期　　　B. 软件测试

C. 软件工程　　　　　D. 软件过程

5. 在下列选项中，（　　）不属于软件工程学科所要研究的基本内容。

A. 软件工程材料

B. 软件工程方法

C. 软件工程原理

D. 软件工程过程

6. 软件工程的三要素是（　　）。

A. 技术、方法和工具

B. 方法、对象和类

C. 方法、工具和过程

D. 过程、模型和方法

7. 用来辅助软件开发、运行、维护、管理、支持等过程中的活动的软件称为软件开发工具，通常也称为（　　）工具。

A. CAD　　　B. CAI

C. CAM　　　D. CASE

三、简答题

1. 与计算机硬件相比，计算机软件有哪些特点？

2. 软件就是程序吗？如何定义软件？

3. 什么是软件危机？什么原因导致了软件危机？
4. 为什么说软件工程的发展可以在一定程度上解决软件危机的各种弊端？
5. 请简述软件工程研究的内容。
6. 请简述软件工程的三要素。
7. 请简述软件工程的目标、过程和原则。
8. 请简述软件工程的基本原则。
9. 请简述现代软件工程与传统软件工程显著的区别和改进。

第2章 软件过程

软件工程过程是为了获得高质量软件所需要完成的一系列任务的框架，它规定了完成各项任务的工作步骤。

在完成开发任务时必须进行一些开发活动，并且使用适当的资源（人员、时间、计算机硬件、软件工具等），在过程结束时将输入（如软件需求）转化为输出（如软件产品），因此，ISO9000把过程定义为“把输入转化为输出的一组彼此相关的资源和活动”。过程定义了运用方法的顺序、应该交付的文档资料、为保证软件质量和协调变化所需要采取的管理措施，以及标志软件开发各个阶段任务完成的里程碑。为获得高质量的软件产品，软件工程过程必须科学、合理。

本章讲述在软件生命周期全过程中应该完成的基本任务，并介绍各种常用的过程模型。

2.1 软件生命周期的基本任务

概括地说，软件生命周期由软件定义、软件开发和运行维护3个时期组成，每个时期又可进一步划分成若干个阶段。

软件定义时期的任务是确定软件开发工程必须完成的总目标；确定工程的可行性；导出实现工程目标应该采用的策略及系统必须完成的功能；估计完成该项工程需要的资源和成本，并且制订工程进度表。这个时期的工作通常又称为系统分析，由系统分析员负责完成。软件定义时期通常进一步划分为3个阶段，即问题定义、可行性研究和需求分析。

软件开发时期具体设计和实现在前一个时期定义的软件，它通常由下述4个阶段组成：概要设计、详细设计、编码和单元测试、综合测试。其中前两个阶段又称为系统设计，后两个阶段又称为系统实现。

运行维护时期的主要任务是使软件持久地满足用户的需要。具体地说，当软件在使用过程中发现错误时应该加以改正；当环境改变时应该修改软件以适应新的环境；当用户有新要求时应该及时改进软件以满足用户的新需要。通常对维护时期不再进一步划分阶段，但是每一次维护活动本质上都是一次压缩和简化了的定义和开发过程。

下面简要介绍上述各个阶段应该完成的基本任务。

1. 问题定义

问题定义阶段必须回答的关键问题是：“要解决的问题是什么”。如果不知道问题是什么就试图解决这个问题，显然是盲目的，只会白白浪费时间和金钱，最终得出的结果很可能是毫无意义的。尽管确切地定义问题的必要性是十分明显的，但是在实践中它却可能是最容易被忽视的一个步骤。

通过调研，系统分析员应该提出关于问题性质、工程目标和工程规模的书面报告，并且需要得到客户对这份报告的确认。

2. 可行性研究

这个阶段要回答的关键问题是："上一个阶段所确定的问题是否有行得通的解决办法"。并非所有问题都有切实可行的解决办法，事实上，许多问题不可能在预定的系统规模或时间期限之内解决。如果问题没有可行的解，那么花费在这项工程上的任何时间、资源和经费都是无谓的浪费。

可行性研究的目的就是用最小的代价在尽可能短的时间内确定问题是否能够解决。必须记住，可行性研究的目的不是解决问题，而是确定问题是否值得去解。要达到这个目的，不能靠主观猜想而只能靠客观分析。系统分析员必须进一步概括地了解用户的需求，并在此基础上提出若干种可能的系统实现方案，对每种方案都从技术、经济、社会因素（如法律）等方面分析可行性，从而最终确定这项工程的可行性。

3. 需求分析

这个阶段的任务仍然不是具体地解决客户的问题，而是准确地回答"目标系统必须做什么"这个问题。

虽然在可行性研究阶段已经粗略了解了用户的需求，甚至还提出了一些可行的方案，但是，可行性研究的基本目的是用较小的成本在较短的时间内确定是否存在可行的解法，因此许多细节被忽略了。然而在最终的系统中却不能遗漏任何一个微小的细节，所以可行性研究并不能代替需求分析，它实际上并没有准确地回答"系统必须做什么"这个问题。

需求分析的任务还不是确定系统怎样完成它的工作，而仅仅是确定系统必须完成哪些工作，也就是对目标系统提出完整、准确、清晰和具体的要求。

用户了解他们所面对的问题，知道必须做什么，但是通常不能完整准确地表达出他们的要求，更不知道怎样利用计算机解决他们的问题；软件开发人员知道怎样用软件实现人们的要求，但是对特定用户的具体要求并不完全清楚。因此，系统分析员在需求分析阶段必须与用户密切配合，充分交流信息，以得出经过用户确认的系统需求。

这个阶段的另外一项重要任务，是用正式文档准确地记录对目标系统的需求，该文档通常称为规格说明（specification）。

4. 概要设计

这个阶段的基本任务是：概括地回答"怎样实现目标系统？"概要设计又称为初步设计、逻辑设计、高层设计或总体设计。

首先，应该设计出实现目标系统的几种可能的方案。软件工程师应该用适当的表达工具描述每种可能的方案，分析每种方案的优缺点，并在充分权衡各种方案利弊的基础上，推荐一个最佳方案。此外，还应该制定出实现所推荐方案的详细计划。如果客户接受所推荐的系统方案，则应该进一步完成本阶段的另一项主要任务。

上述设计工作确定了解决问题的策略及目标系统中应包含的程序。但是，对于怎样设计这些程序，软件设计的一条基本原理指出，程序应该模块化，也就是说，一个程序应该由若干个规模适中的模块按合理的层次结构组织而成。因此，概要设计的另一项主要任务就是设计程序的体系结构，也就是确定程序由哪些模块组成以及模块间的关系。

5. 详细设计

概要设计阶段以比较抽象概括的方式提出了解决问题的办法。详细设计阶段的任务就是把解法具体化，也就是回答“应该怎样具体地实现这个系统”这个关键问题。

这个阶段的任务还不是编写程序，而是设计出程序的详细规格说明。这种规格说明的作用很类似于其他工程领域中工程师经常使用的工程蓝图，它们应该包含必要的细节，程序员可以根据它们写出实际的程序代码。

详细设计也称为模块设计、物理设计或低层设计。在这个阶段将详细地设计每个模块，确定实现模块功能所需要的算法和数据结构。

6. 编码和单元测试

这个阶段的关键任务是写出正确的，容易理解、容易维护的程序模块。

程序员应该根据目标系统的性质和实际环境，选取一种适当的高级程序设计语言（必要时用汇编语言），把详细设计的结果翻译成用选定的语言书写的程序，并且仔细测试编写出的每一个模块。

7. 综合测试

这个阶段的关键任务是通过各种类型的测试（及相应的调试）使软件达到预定的要求。最基本的测试是集成测试和验收测试。所谓集成测试是根据设计的软件结构，把经过单元测试检验的模块按某种选定的策略装配起来，在装配过程中对程序进行必要的测试。所谓验收测试则是按照规格说明书的规定（通常在需求分析阶段确定），由用户（或在用户积极参加下）对目标系统进行验收。必要时还可以再通过现场测试或平行运行等方法对目标系统进一步测试检验。为了使用户能够积极参加验收测试，并且在系统投入生产性运行以后能够正确有效地使用这个系统，通常需要以正式的或非正式的方式对用户进行培训。通过对软件测试结果的分析可以预测软件的可靠性；反之，根据对软件可靠性的要求，也可以决定测试和调试过程什么时候可以结束。应该用正式的文档资料把测试计划、详细测试方案以及实际测试结果保存下来，作为软件配置的一个组成部分。

8. 软件维护

维护阶段的关键任务是，通过各种必要的维护活动使系统持久地满足用户的需要。通常有 4 类维护活动：改正性维护，也就是诊断和改正在使用过程中发现的软件错误；适应性维护，即修改软件以适应环境的变化；完善性维护，即根据用户的要求改进或扩充软件使它更完善；预防性维护，即修改软件为将来的维护活动预先做准备。

虽然没有把维护阶段进一步划分成更小的阶段，但是实际上每一项维护活动都应该经过提出维护要求（或报告问题），分析维护要求，提出维护方案，审批维护方案，确定维护计划，修改软件设计，修改程序，测试程序，复查验收等一系列步骤，因此，实质上是经历了一次压缩和简化了的软件定义和开发的全过程。

每一项维护活动都应该准确地记录下来，作为正式的文档资料加以保存。我国国家标准《计算机软件开发规范》（GB8566—88）也把软件生命周期划分成 8 个阶段，这些阶段是：可行性研究与计划，需求分析，概要设计，详细设计，实现，组装测试，确认测试，使用和维护。其中，实现阶段即是编码与单元测试阶段，组装测试即是集成测试，确认测试即是验收测试。可见，国家标准中划分阶段的方法与前面介绍的阶段划分方法基本相同，差别仅仅是：因为问题定义的工作量很小而没有把它作为一个独立的阶段列出来；由于综合测试的工作量过大而把它分解成了两个阶段。

在实际从事软件开发工作时，软件规模、种类、开发环境及开发时使用的技术方法等因素，都影响阶段的划分。事实上，承担的软件项目不同，应该完成的任务也有差异，没有一个适用于所有软件项目的任务集合。适用于大型复杂项目的任务集合，对于小型且较简单的项目而言往往就过于复杂了。因此，一个科学、有效的软件工程过程应该定义一组适合于所承担的项目特点的任务集合。一个任务集合通常包括一组软件工程工作任务、里程碑和应该交付的产品（软件配置成分）。

生命周期模型规定了把生命周期划分成哪些阶段及各个阶段的执行顺序，因此，也称为过程模型。

实际从事软件开发工作时应该根据所承担的项目的特点来划分阶段，但是，下面讲述软件过程模型时并不是针对某个特定项目讲的，因此，只能使用“通用的”阶段划分方法。由于瀑布模型与快速原型模型的主要区别是获取用户需求的方法不同，因此，下面在介绍生命周期模型时把“规格说明”作为一个阶段独立出来。此外，问题定义和可行性研究的主要任务是概括地了解用户的需求，为了简洁地描述软件过程，把它们都归并到需求分析中去了。同样，为了简单起见，把概要设计和详细设计合并在一起称为“设计”。

2.2 瀑布模型

在 20 世纪 80 年代之前，瀑布模型（waterfall model）一直是唯一被广泛采用的生命周期模型，现在它仍然是软件工程中应用最广泛的过程模型。图 2.1 所示为传统的瀑布模型。

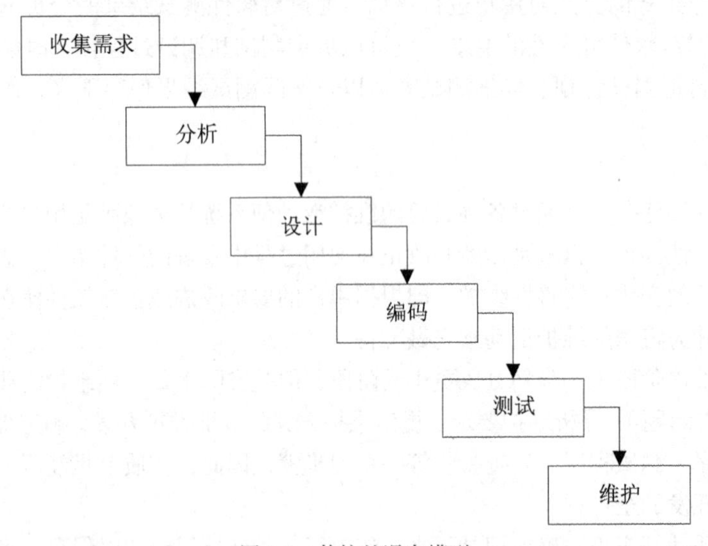

图 2.1　传统的瀑布模型

按照传统的瀑布模型来开发软件，有如下几个特点。

（1）阶段间具有顺序性和依赖性

这个特点有两重含义：①必须等前一阶段的工作完成之后，才能开始后一阶段的工作；②前一阶段的输出文档就是后一阶段的输入文档。因此，只有前一阶段的输出文档正确，后一阶段的工作才能获得正确的结果。但是，万一在生命周期某一阶段发现了问题，很可能需要追溯到在它之前的一些阶段，必要时还要修改前面已经完成的文档。然而，在生命周期后期改正早期阶段造成的问题，需要付出很高的代价。这就好像水已经从瀑布顶部流泻到底部，再想使它返回到高处需要付出很大能量一样。

（2）推迟实现的观点

缺乏软件工程实践经验的软件开发人员，接到软件开发任务以后常常急于求成，总想尽早开始编写程序。但实践表明，对于规模较大的软件项目来说，往往编码开始得越早最终完成开发工作所需要的时间反而越长。这是因为，前面阶段的工作没做或做得不扎实，过早地考虑进行程序实现，往往导致大量返工，有时甚至发生无法弥补的问题，带来灾难性后果。

瀑布模型在编码之前设置了系统分析与系统设计的各个阶段，分析与设计阶段的基本任务规定，在这两个阶段主要考虑目标系统的逻辑模型，不涉及软件的物理实现。

清楚地区分逻辑设计与物理设计，尽可能推迟程序的物理实现，是按照瀑布模型开发软件的一条重要的指导思想。

（3）质量保证的观点

软件工程的基本目标是优质、高产。为了保证所开发软件的质量，在瀑布模型的每个阶段都应坚持两个重要做法。

◇ 每个阶段都必须完成规定的文档，没有交出合格的文档就是没有完成该阶段的任务。完整、准确的合格文档不仅是软件开发时期各类人员之间相互通信的媒介，也是运行时期对软件进行维护的重要依据。

◇ 每个阶段结束前都要对所完成的文档进行评审，以便尽早发现问题，改正错误。事实上，越是早期阶段犯下的错误，暴露出来的时间就越晚，排除故障改正错误所需付出的代价也越高。因此，及时审查，是保证软件质量，降低软件成本的重要措施。

传统的瀑布模型过于理想化了。事实上，人在工作过程中不可能不犯错误。在设计阶段可能发现规格说明文档中的错误，而设计上的缺陷或错误可能在实现过程中显现出来，在综合测试阶段将发现需求分析、设计或编码阶段的许多错误。因此，实际的瀑布模型是带“反馈环”的，如图 2.2 所示（图中实线箭头表示开发过程，虚线箭头表示维护过程）。当在后面阶段发现前面阶段的错误时，需要沿图中左侧的反馈线返回前面的阶段，修正前面阶段的产品之后再回来继续完成后面阶段的任务。

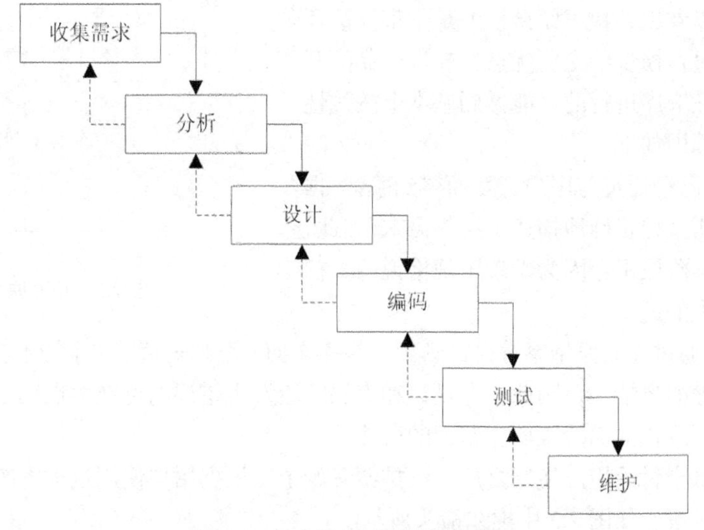

图 2.2 加入迭代过程的瀑布模型

瀑布模型有许多优点：可强迫开发人员采用规范的方法（如结构化技术）；严格地规定了每个阶段必须提交的文档；要求每个阶段交出的所有产品都必须经过质量保证小组的仔细验证。

各个阶段产生的文档是维护软件产品时必不可少的，没有文档的软件几乎是不可能维护的。遵守瀑布模型的文档约束，将使软件维护变得比较容易一些。由于绝大部分软件预算都花费在软件维护上，因此，使软件变得比较容易维护就能显著降低软件预算。可以说，瀑布模型的成功在很大程度上是由于它基本上是一种文档驱动的模型。

但是，“瀑布模型是由文档驱动的”这个事实也是它的一个主要缺点。在可运行的软件产品交付给用户之前，用户只能通过文档来了解产品是什么样的。但是，仅仅通过写在纸上的静态的规格说明，很难全面正确地认识动态的软件产品。而且事实证明，一旦一个用户开始使用一个软件，在他的头脑中关于该软件应该做什么的想法就会或多或少地发生变化，这就使得最初提出的需求变得不完全适用了。其实，要求用户不经过实践就提出完整准确的需求，在许多情况下都是不切实际的。总之，由于瀑布模型几乎完全依赖于书面的规格说明，很可能导致最终开发出的软件产品不能真正满足用户的需要。

下一节将介绍快速原型模型，它的优点是有助于保证用户的真实需要得到满足。

2.3 快速原型模型

快速原型（rapid prototype）是快速建立起来的可以在计算机上运行的程序，它所能完成的功能往往是最终产品能完成的功能的一个子集。如图 2.3 所示（图中实线箭头表示开发过程，虚线箭头表示维护过程），快速原型模型（rapid application development，RAD）的第一步是快速建立一个能反映用户主要需求的原型系统（prototype），让用户在计算机上试用它，通过实践来了解目标系统的概貌。通常，用户试用原型系统之后会提出许多修改意见，开发人员按照用户的意见快速地修改原型系统，然后再次请用户试用……一旦用户认为这个原型系统确实能做他们所需要的工作，开发人员便可据此书写规格说明文档，根据这份文档开发出的软件可以满足用户的真实需求。

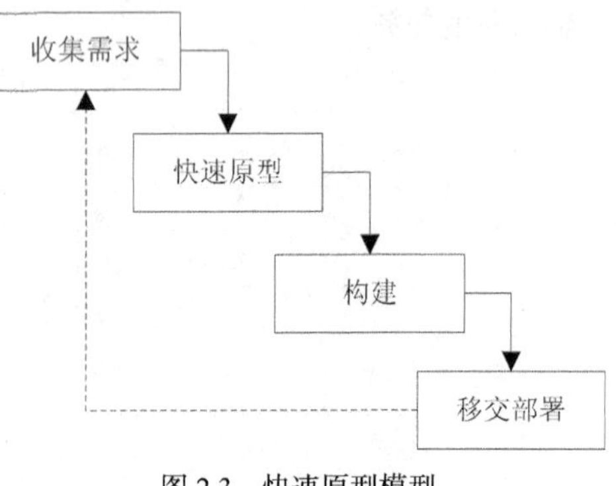

图 2.3　快速原型模型

从图 2.3 可以看出，快速原型模型是不带反馈环的，这正是这种过程模型的主要优点：软件产品的开发基本上是按线性顺序进行的。能做到基本上按线性顺序开发的主要原因如下。

◇ 原型系统已经通过与用户交互而得到验证，据此产生的规格说明文档正确地描述了用户需求，因此，在开发过程的后续阶段不会因为发现了规格说明文档的错误而进行较大的返工。

◇ 开发人员通过建立原型系统已经学到了许多东西（至少知道了“系统不应该做什么，以及怎样不去做不该做的事情”），因此，在设计和编码阶段发生错误的可能性也比较小，这自然减少了在后续阶段需要改正前面阶段所犯错误的可能性。

软件产品一旦交付给用户使用之后，维护便开始了。根据用户使用过程中的反馈，可能需要返回到收集需求阶段，如图 2.3 中虚线箭头所示。

快速原型的本质是“快速”。开发人员应该尽可能快地建造出原型系统，以加速软件开发过程，节约软件开发成本。原型的用途是获知用户的真正需求，一旦需求确定了，原型将被抛弃。因此，原型系统的内部结构并不重要，重要的是，必须迅速地构建原型然后根据用户意见迅速地修改原型。UNIX Shell 和超文本都是广泛使用的快速原型语言。快速原型模型是伴随着第四代语言（PowerBuilder，Informix-4GL 等）和强有力的可视化编程工具（Visual Basic，Delphi 等）的出现而成为一种流行的开发模式。

当快速原型的某个部分是利用软件工具由计算机自动生成的时候，可以把这部分用到最终的软件产品中。例如，用户界面通常是快速原型的一个关键部分，当使用屏幕生成程序和报表生成程序自动生成用户界面时，实际上可以把这样得到的用户界面用在最终的软件产品中。

2.4　增量模型

增量模型也称为渐增模型，如图 2.4 所示。使用增量模型开发软件时，把软件产品作为一系列的增量构件来设计、编码、集成和测试。每个构件由多个相互作用的模块构成，并且能够完成特定的功能。使用增量模型时，第 1 个增量构件往往实现软件的基本需求，提供最核心的功能，如使用增量模型开发字处理软件时，第 1 个增量构件可能提供基本的文件管理、编辑和文档生成功能；第 2 个增量构件提供更完善的编辑和文档生成功能；第 3 个增量构件实现拼写和语法检查功能；第 4 个增量构件完成高级的页面排版功能。把软件产品分解成增量构件时，应该使构件的规模适中，规模过大或过小都不好。最佳分解方法因软件产品特点和开发人员的习惯而异。分解时唯一必须遵守的约束条件是，当把新构件集成到现有软件中时，所形成的产品必须是可测试的。

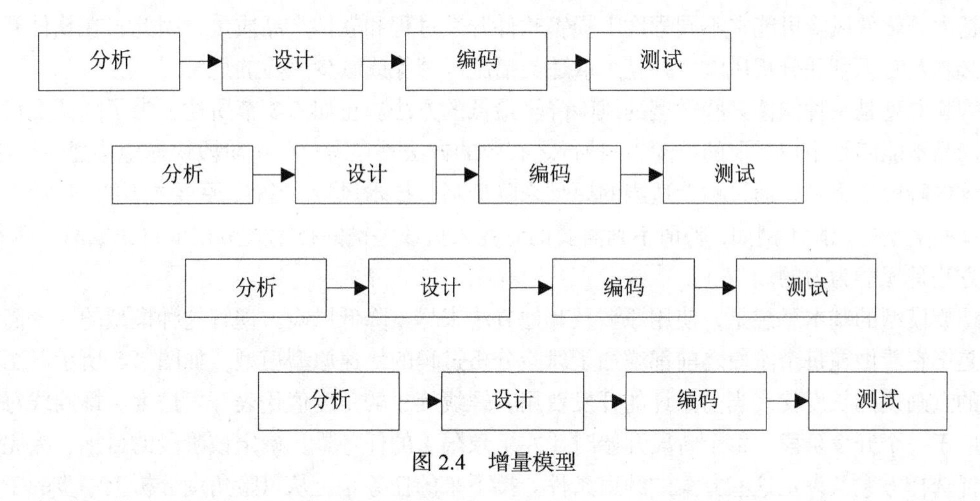

图 2.4　增量模型

采用瀑布模型或快速原型模型开发软件时，目标都是一次就把一个满足所有需求的产品提交给用户。增量模型则与之相反，它分批地逐步向用户提交产品，每次提交一个满足用户需求子集的可运行的产品。整个软件产品被分解成许多个增量构件，开发人员一个构件接一个构件地向用户提交产品。每次用户都得到一个满足部分需求的可运行的产品，直到最后一次得到满足全部需求的完整产品。从第 1 个构件交付之日起，用户就能做一些有用的工作。显然，能在较短时间内向用户提交可完成一些有用的工作的产品，是增量模型的一个优点。增量模型的另一个优点是，逐步增加产品功能可以使用户有较充裕的时间学习和适应新产品，从而减少一个全新的软件可能给客户组织带来的冲击。

使用增量模型的困难是，在把每个新的增量构件集成到现有软件体系结构中时，必须不破坏原来已经开发出的产品。此外，必须把软件的体系结构设计得便于按这种方式进行扩充，向现有产品中加入新构件的过程必须简单、方便。也就是说，软件体系结构必须是开放的。从长远观点看，具有开放结构的软件拥有真正的优势，这种软件的可维护性明显好于封闭结构的软件。尽管采用增量模型比采用瀑布模型和快速原型模型需要更精心的设计，但在设计阶段多付出的劳动将在维护阶段获得回报。如果一个设计非常灵活而且足够开放，足以支持增量模型，那么，这样的设计将允许在不破坏产品的情况下进行维护。事实上，使用增量模型时开发软件和扩充软件功能（完善性维护）并没有本质区别，都是向现有产品中加入新构件的过程。

从某种意义上说，增量模型本身是自相矛盾的。它一方面要求开发人员把软件看做一个整体，另一方面又要求开发人员把软件看做构件序列，每个构件本质上都独立于另一个构件。除非开发人员有足够的技术能力协调好这一明显的矛盾，否则用增量模型开发出的产品可能并不令人满意。

2.5 螺旋模型

软件开发几乎总要冒一定风险，例如，产品交付给用户之后用户可能不满意，到了预定的交付日期软件可能还未开发出来，实际的开发成本可能超过预算，产品完成前一些关键的开发人员可能“跳槽”了，产品投入市场之前竞争对手发布了一个功能相近、价格更低的软件等。软件风险是任何软件开发项目中都普遍存在的实际问题，项目越大，软件越复杂，承担该项目所冒的风险也越大。软件风险可能在不同程度上损害软件开发过程和软件产品质量，因此，在软件开发过程中必须及时识别和分析风险，并且采取适当措施以消除或减少风险的危害。

构建原型是一种能使某些类型的风险降至最低的方法。正如 2.3 节所述，为了降低交付给用户的产品不能满足用户需要的风险，一种行之有效的方法是在需求分析阶段快速地构建一个原型。在后续的阶段中也可以通过构造适当的原型来降低某些技术风险。当然，原型并不能“包治百病”，对于某些类型的风险（例如，聘请不到需要的专业人员或关键的技术人员在项目完成前“跳槽”），原型方法是无能为力的。

螺旋模型的基本思想是，使用原型及其他方法来尽量降低风险。理解这种模型的一个简便方法，是把它看做在每个阶段之前都增加了风险分析过程的快速原型模型，如图 2.5 所示。图中带箭头的点画线的长度代表当前累计的开发费用，螺线旋过的角度值代表开发进度。螺旋线每个周期对应于一个开发阶段，每个阶段开始时（左上象限）的任务是：确定该阶段的目标、为完成这些目标选择方案及设定这些方案的约束条件。接下来的任务是：从风险角度分析上一步的工作结果，努力排除各种潜在的风险。通常用建造原型的方法来排除风险，如果风险不能排除，则停止开发工作或大幅度地削减项目规模；如果成功地排除了所有风险，则启动下一个开发步骤（见图 2.5 右下象限）。在这个步骤的工作过程相当于纯粹的瀑布模型。最后是评价该阶段的工作成果并计划下一个阶段的工作。

螺旋模型有许多优点：对可选方案和约束条件的强调有利于已有软件的重用，也有助于把软件质量作为软件开发的一个重要目标；减少了过多测试（浪费资金）或测试不足（产品故障多）所带来的风险；更重要的是，在螺旋模型中维护只是模型的另一个周期，在维护和开发之间并没有本质区别。

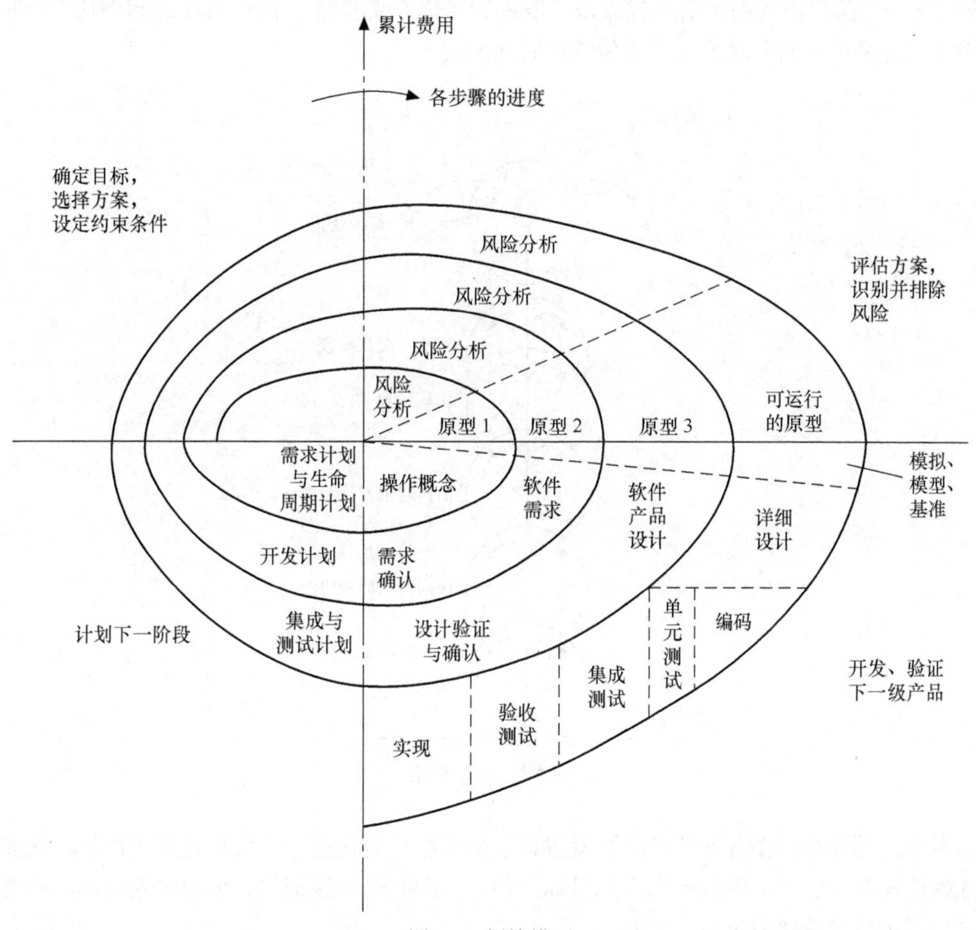

图 2.5　螺旋模型

螺旋模型主要适用于内部开发的大规模软件项目。如果进行风险分析的费用接近整个项目的经费预算，则风险分析是不可行的。事实上，项目越大，风险也越大，因此，进行风险分析的必要性也越大。此外，只有内部开发的项目，才能在风险过大时方便地终止。

螺旋模型的主要优势在于，它是风险驱动的；但是，这也可能是它的一个弱点。除非软件开发人员具有丰富的风险评估经验和这方面的专门知识，否则将出现真正的风险：当项目实际上正在走向灾难时，开发人员可能还认为一切正常。

2.6　喷泉模型

迭代是软件开发过程中普遍存在的一种内在属性。经验表明，软件过程各个阶段之间的迭代或一个阶段内各个工作步骤之间的迭代，在面向对象范型中比在结构化范型中更常见。

图 2.6 所示的喷泉模型是典型的面向对象生命周期模型。“喷泉”这个词体现了面向对象软件开发过程迭代和无缝的特性。图中代表不同阶段的圆圈相互重叠，这明确表示两个活动之间存在交迭；而面向对象方法在概念和表示方法上的一致性，保证了在各项开发活动之间的无缝过渡。事实上，用面向对象方法开发软件时，在分析、设计、编码等项开发活动之间并不存在明显的边

界。图中在一个阶段内的向下箭头代表该阶段内的迭代（或求精）。图中较小的圆圈代表维护，圆圈较小象征着采用了面向对象范型之后维护时间缩短了。

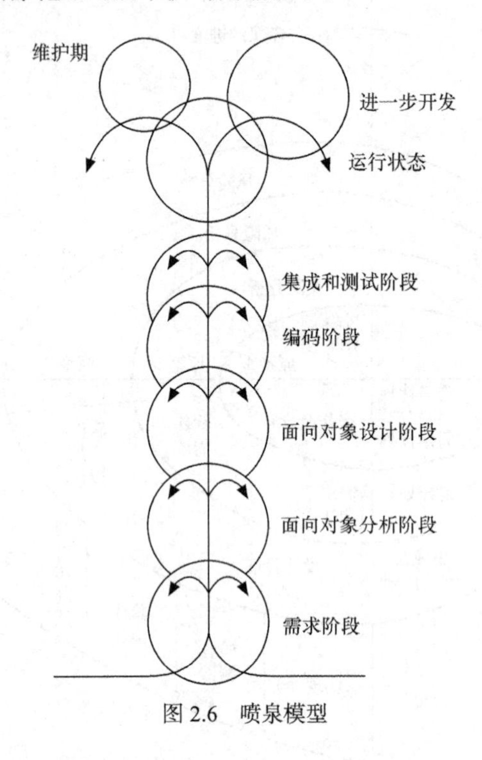

图 2.6　喷泉模型

为避免使用喷泉模型开发软件时开发过程过分无序，应该把一个线性过程（例如，快速原型模型或螺旋模型中的中心垂线）作为总目标。但是，同时也应该记住，面向对象范型本身要求经常对开发活动进行迭代或求精。

2.7　Rational 统一过程

Rational 统一过程（rational unified process，RUP）是由 Rational 软件公司（已被 IBM 并购）推出的一个软件开发过程框架。所谓软件开发过程框架是指团队可以根据具体的项目组或软件开发企业的不同需求，能够定义、配置、定制和实施一致的软件开发过程。

通过总结经过多年实践和验证的各种软件开发最佳实践，RUP 框架提出一组丰富的软件工程原则的指导信息。它既适用于不同规模和不同复杂度的项目，也适用于不同的开发环境和领域。

RUP 包含以下 3 个核心元素。

◇ 用于成功开发软件的一组基本观念和原则。这些观念和原则是开发 RUP 的基础，包含了后面要讲述的 6 条“最佳实践”和 10 个“流程要素”。

◇ 一套关于可重用方法内容和过程构建的框架。可以在这个框架之下定义自己的开发方法和过程。

◇ 基础的方法和过程定义语言。这就是统一方法架构元模型（unified method architecture，UMA）。该模型提供了用于描述方法内容及过程的语言。这种新语言统一了不同方法和过程工程语言。

2.7.1 最佳实践

软件开发是一项团队活动。理想情况下，此类活动包括在贯穿软件生命周期的各阶段中进行配合默契的团队工作。此类活动既不是科学研究也不是工程设计——至少从基于确凿事实的可量化原则的角度来说不是。软件开发工作假设开发人员可以计划和创建单独片段并稍后将它们集成起来（就如同在构建桥梁或宇航飞船），经常会在截止期限、预算和用户满意度的某一方面失败。

在缺少系统的理论指导时，那么就必须依靠称为“最佳实践”的软件开发技术，其价值已在不同的软件开发团队里的多年应用中已经过反复验证。RUP的“最佳实践”描述了一个指导开发团队达成目标的迭代和递增式的软件开发过程，而不是强制规定软件项目的“计划—构建—集成”这类活动顺序。以下分别讲述RUP的6条最佳实践。

（1）迭代式开发

采用传统的顺序开发方法（瀑布模型）是不可能完成客户需要的大型复杂软件系统的开发工作的。事实上，在整个软件开发过程中客户的需求会经常改变，因此，需要有一种能够通过一系列细化、若干个渐进的反复过程而得出有效解决方案的迭代式方法。迭代式开发如图2.7所示。

迭代式开发允许在每次迭代过程中需求发生变化，这种开发方法通过一系列细化来加深对问题的理解，因此能更容易地容纳需求的变更。

也可以把软件开发过程看做是一个风险管理过程，迭代式开发通过采用可验证的方法来减少风险。采用迭代式开发方法，每个迭代过程以完成可执行版本结束，这可以让最终用户不断地介入和提出反馈意见。同时，开发团队根据产生的结果可以频繁地进行状态检查以确保项目能按时进行。迭代式方法同样使得需求、特色和日程上战略性的变化更为容易。

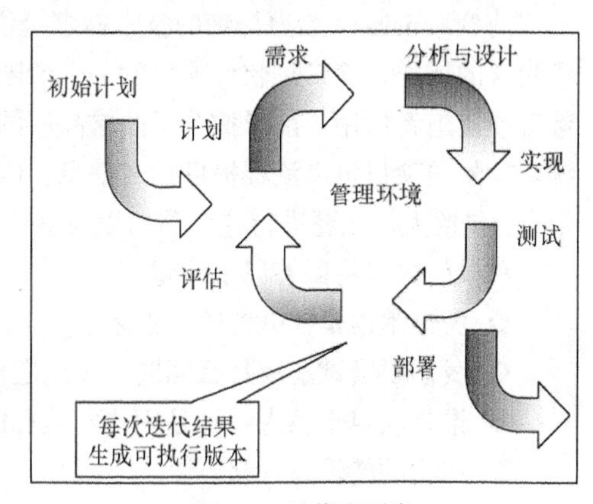

图2.7 迭代式开发

（2）管理需求

在开发软件的过程中，客户需求将不断地发生变化，因此，确定系统的需求是一个连续的过程。RUP描述了如何提取、组织系统的功能性需求和约束条件并把它们文档化。经验表明，使用用例和脚本是捕获功能性需求的有效方法，RUP采用用例分析来捕获需求，并由它们驱动设计和实现。

（3）使用基于组件的架构

所谓组件就是功能清晰的模块或子系统。系统可以由已经存在的、由第三方开发商提供的组件构成，因此组件使软件重用成为可能。RUP提供了使用现有的或新开发的组件定义架构的系统化方法，从而有助于降低软件开发的复杂性，提高软件重用率。

（4）可视化建模

为了更好地理解问题，人们常常采用建立问题模型的方法。所谓模型，就是为了理解事物而对事物作出的一种抽象，是对事物的一种无歧义的书面描述。由于应用领域不同，模型可以有文字、图形、数学表达式等多种形式，一般说来，使用可视化的图形更容易令人理解。

RUP与可视化的统一建模语言（Unified Modeling Language，UML）紧密地联系在一起，在开发过程中建立起软件系统的可视化模型，可以帮助人们提高管理软件复杂性的能力。

（5）验证软件质量

某些软件不受用户欢迎的一个重要原因，是其质量低下。在软件投入运行后再去查找和修改出现的问题，比在开发的早期阶段就进行这项工作需要花费更多的人力和时间。在 RUP 中，软件质量评估不再是一种事后的行为或由单独小组进行的孤立活动，而是内建在贯穿于整个开发过程的、由全体成员参与的所有活动中。

（6）控制软件变更

在变更是不可避免的环境中，必须具有管理变更的能力，才能确保每个修改都是可接受的而且能被跟踪的。RUP 描述了如何控制、跟踪和监控修改，以确保迭代开发的成功。

2.7.2 RUP 的十大要素

通常我们在软件的质量和开发效率之间需要达到一个平衡。这里的关键就是我们需要了解软件过程中一些必要的元素，并且遵循某些原则来定制软件过程来满足项目的特定需求。下面讲述 RUP 的十大要素。

（1）前景：制定前景

有一个清晰的前景是开发一个满足项目干系人（stakeholder）需求的产品的关键。

前景（vision）给更详细的技术需求提供了一个高层的、有时候是合同式的基础。正像这个术语隐含的那样，前景是软件项目的一个清晰的、通常是高层的视图，它能在过程中被任意一个决策者或实施者借用。前景捕获了非常高层的需求和设计约束，让它的读者能够理解即将开发的系统。前景向项目审批流程提供输入信息，因此与商业理由密切相关。前景传达了有关项目的基本信息，包括为什么要进行这个项目以及这个项目具体做什么，同时前景还是验证未来决策的标尺。

前景的内容将回答以下问题：

◇ 关键术语是什么？（词汇表）

◇ 我们要尝试解决什么问题？（问题声明）

◇ 谁是项目干系人？谁是用户？他们的需要是什么？

◇ 产品的特性是什么？

◇ 功能性需求是什么？（用例）

◇ 非功能性需求是什么？

◇ 设计约束是什么？

制定一个清晰的前景和一组让人可以理解的需求，是需求规程的基础，也是用来平衡相互竞争的项目干系人之间的优先级的一个原则。这里包括分析问题，理解项目干系人的需求，定义系统以及管理需求变化。

（2）计划：按计划管理

产品的质量是和产品的计划息息相关的。

在 RUP 中，软件开发计划（software development plan，SDP）综合了管理项目所需的各种信息，也许会包括一些在先启阶段开发的单独的内容。SDP 必须在整个项目中被维护和更新。

SDP 定义了项目时间表（包括项目计划和迭代计划）和资源需求（资源和工具），可以根据项目进度表来跟踪项目进展。同时也指导了其他过程内容的计划：项目组织、需求管理计划、配置管理计划、问题解决计划、QA 计划、测试计划、评估计划以及产品验收计划。

软件开发计划的格式远远没有计划活动本身以及驱动这些活动的思想重要。正如 Dwight D. Eisenhower 所说："计划并不重要，重要的是实施计划。"

计划、风险、业务案例、架构以及控制变更一起成为 RUP 中项目管理流程的要点。项目管理流程包括以下活动：构思项目、评估项目规模和风险、监测与控制项目、计划和评估每个迭代和阶段。

（3）风险：降低风险并跟踪相关问题

RUP 的要点之一是在项目早期就标识并处理最大的风险。项目组标识的每一个风险都应该有一个相应的缓解或解决计划。风险列表应该既作为项目活动的计划工具，又作为组织迭代的基础。

（4）业务案例：检验业务案例

业务案例从业务的立场提供了确定该项目是否值得投资的必要信息。

业务案例主要用于为实现项目前景而制定经济计划。一旦制定之后，业务案例就用来对项目提供的投资收益率（ROI）进行精确的评估。它提供项目的合理依据，并确定对项目的有关经济约束。它向经济决策者提供关于项目价值的信息，并用于确定该项目是否应继续前进。

业务案例的描述不应深挖问题的细节，而应就为什么需要该产品树立一个有说服力的论点。它必须简短，这样就容易让所有项目团队成员理解并牢记。在关键里程碑处，将重新检验业务案例，以查看预期收益和成本的估计值是否仍然准确，以及该项目是否应继续。

（5）架构：设计组件架构

在 RUP 中，软件系统的架构是指一个系统关键部件的组织或结构，组件之间通过接口交互，而组件是由一些更小的组件和接口组成的。

RUP 提供了一种设计、开发、验证架构的系统化的方法。在分析和设计流程中包括以下步骤：定义候选架构、精化架构、分析行为（用例分析）和设计组件。

要陈述和讨论软件架构，必须先定义一种架构表示法，以便描述架构的重要方面。在 RUP 中，架构由软件架构文档通过多个视图表示。每个视图都描述了某一组项目干系人所关心的系统的某个方面。项目干系人有最终用户、设计人员、经理、系统工程师、系统管理员等。软件架构文档使系统架构师和其他项目组成员能就与架构相关的重大决策进行有效的交流。

（6）原型：增量地构建和测试产品

RUP 是为了尽早排除问题和解决风险和问题而构建、测试和评估产品的可执行版本的一种迭代方法。

递增地构造和测试系统的组件，这是实施和测试规程及原则通过迭代证明价值的“要素”。

（7）评估：定期评估结果

顾名思义，RUP 的迭代评估审查了迭代的结果。评估得出了迭代满足需求规范的程度，同时还包括学到的教训和实施的过程改进。

根据项目的规模、风险以及迭代的特点，评估可以是对演示及其结果的一条简单的记录，也可能是一个完整的、正式的测试评审记录。

这里的关键是既关注过程问题又关注产品问题。越早发现问题就减少越多的问题。

（8）变更请求：管理并控制变更

RUP 的配置和变更管理流程的要点是当变化发生时管理和控制项目的规模，并且贯穿整个生命周期。其目的是考虑所有的涉众需求，在尽量满足需求的同时又能及时地交付合格的产品。

用户拿到产品的第一个原型后（往往在这之前就会要求变更），他们会要求变更。重要的是，变更的提出和管理过程始终保持一致。

在 RUP 中，变更请求通常用于记录和跟踪缺陷和增强功能的要求，或者对产品提出的任何其他类型的变更请求。变更请求提供了相应的手段来评估一个变更的潜在影响，同时记录就这些变更所作出的决策。他们也帮助确保所有的项目组成员都能理解变更的潜在影响。

（9）用户支持：部署可用的产品

在RUP中，部署流程的要点是包装和交付产品，同时交付有助于最终用户学习、使用和维护产品的所有必要的材料。

项目组至少要给用户提供一个用户指南（也许是通过联机帮助的方式提供），可能还有一个安装指南和版本发布说明。

根据产品的复杂度，用户也许还需要相应的培训材料。最后，通过一个材料清单（bill of materials，BOM）清楚地记录哪些材料应该和产品一起交付。

（10）过程：采用适合项目的过程

选择适合正开发的产品类型的流程是非常必要的。即使在选定一个流程后，也不能盲目遵循这个流程——必须应用常理和经验来配置流程和工具，以满足组织和项目的需要。

2.7.3 RUP生命周期

（1）核心工作流

RUP中有9个核心工作流，如图2.8所示。其中前6个为核心过程工作流程，后3个为核心支持工作流程。下面简要地叙述各个工作流程的基本任务。

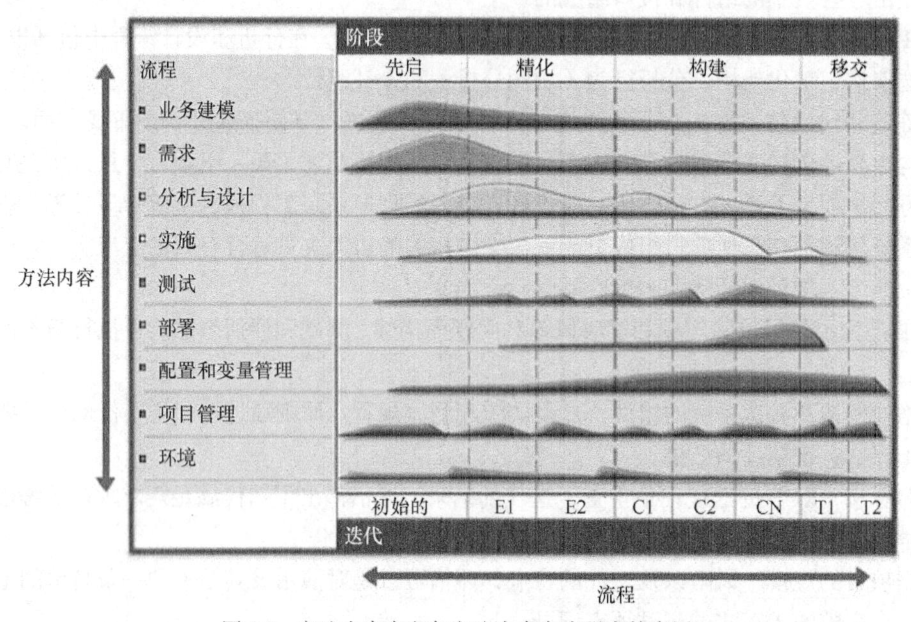

图2.8 方法内容定义与方法内容在流程中的应用

业务建模：深入了解使用目标系统的机构及其商业运作，评估目标系统对使用它的机构的影响。

需求：捕获客户的需求，并且使开发人员和用户达成对需求描述的共识。

分析与设计：把需求分析的结果转化成分析模型与设计模型。

实现：把设计模型转换成实现结果（形式化地定义代码结构；用构件实现类和对象；对开发出的构件进行单元测试；把不同实现人员开发出的模块集成为可执行的系统）。

测试：检查各个子系统的交互与集成，验证所有需求是否都被正确地实现了，识别、确认缺陷并确保在软件部署之前消除缺陷。

部署：成功地生成目标系统的可运行的版本，并把软件移交给最终用户。

配置与变更管理：跟踪并维护在软件开发过程中产生的所有制品的完整性和一致性。

项目管理：提供项目管理框架，为软件开发项目制定计划、人员配备、执行和监控等方面的实用准则，并为风险管理提供框架。

环境：向软件开发机构提供软件开发环境，包括过程管理和工具支持。

（2）工作阶段

RUP 的软件生命周期按时间分成 4 个顺序阶段，每个阶段以一个主要里程碑结束；每个阶段的目标通过一次或多次迭代来完成。在每个阶段结束时执行一个评估，确定是否符合该阶段的目标。如果评估令人满意，则允许项目进入下一个阶段。如果未能通过评估，则决策者应该作出决定，要么中止该项目，要么重做该阶段的工作。

下面简述 4 个阶段的工作目标。

先启阶段：建立业务模型，定义最终产品视图，并且确定项目的范围。

精化阶段：设计并确定系统的体系结构，制定项目计划，确定资源需求。

构建阶段：开发出所有构件和应用程序，把它们集成为客户需要的产品，并且详尽地测试所有功能。

移交阶段：把开发出的产品提交给用户使用。

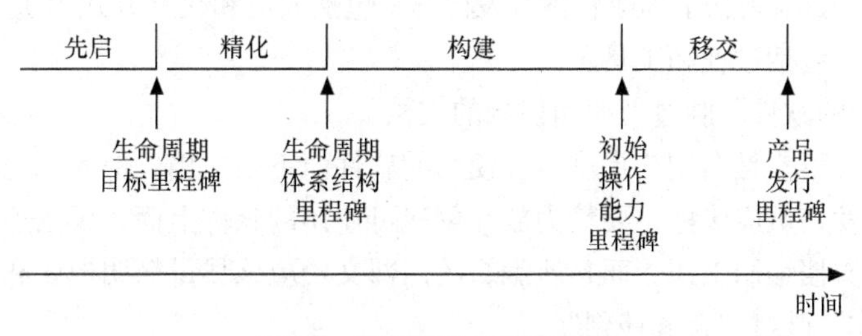

图 2.9　项目的阶段和里程碑

（3）RUP 迭代式开发

RUP 强调采用迭代和渐增的方式来开发软件，整个项目开发过程由多个迭代过程组成。在每次迭代中只考虑系统的一部分需求，针对这部分需求进行分析、设计、实现、测试、部署等工作，每次迭代都是在系统已完成部分的基础上进行的，每次给系统增加一些新的功能，如此循环往复地进行下去，直至完成最终项目。

事实上，RUP 重复一系列组成软件生命周期的循环。每次循环都经历一个完整的生命周期，每次循环结束都向用户交付产品的一个可运行的版本。前面已经讲过，每个生命周期包含 4 个连续的阶段，在每个阶段结束前有一个里程碑来评估该阶段的目标是否已经实现，如果评估结果令人满意，则可以开始下一阶段的工作。

每个阶段又进一步细分为一次或多次迭代过程。项目经理根据当前迭代所处的阶段以及上一次迭代的结果，对核心工作流程中的活动进行适当的参见，以完成一次具体的迭代过程。在每个生命周期中都一次次地轮流访问这些核心工作流程，但是，在不同的迭代过程中是以不同的工作重点和强度对这些核心工作流程进行访问的。例如，在构件阶段的最后一次迭代过程中，可能还需要做一点需求分析工作，但是需求分析已经不像初始阶段和精化阶段的第 1 个迭代过程中那样是主要工作了，而在移交阶段的第 2 个迭代过程中，就完全没有需求分析工作了。同样，在精化阶段的第 2 个迭代过程及构件阶段中，主要工作是实现，而在移交阶段的第 2 个迭代过程中，实现工作已经很少了。

2.8 敏捷过程与极限编程

2.8.1 敏捷过程概述

在20世纪90年代后期出现了一些不同于传统观念的引人注目的软件开发方法。它们虽然形式各异，但都强调一些共同观念，包括程序员团队和业务专家的紧密协作，面对面交流（比书面文档更有效），不断发布可部署的版本，紧密和自组织的团队，依靠新的编程模式和团队组织使得不断变化的需求不再成为一种危机。

到了2001年2月，17位著名的软件专家联合起草了敏捷软件开发宣言。敏捷软件开发宣言由下述4个简单的价值观声明组成（参考：http://www.agilemanifesto.org）。

（1）“个体和交互”胜过“过程和工具”

优秀的团队成员是软件开发项目获得成功的最重要因素，但不好的过程和工具也会使最优秀的团队成员无法发挥作用。

团队成员的合作、沟通以及交互能力要比单纯的软件编程能力更为重要。

正确的做法是：受限制利于构建软件开发团队（包括成员和交互方式等），然后再根据需要为团队配置项目环境（包括过程和工具）。

（2）“可以使用的软件”胜过“面面俱到的文档”

软件开发的主要目标是向用户提供可以使用的软件而不是文档，但是，完全没有文档的软件也是一种灾难。开发人员应该把主要精力放在创建可使用的软件上面，仅当迫切需要并且具有重大意义时，才进行文档编制工作，而且所编织的内部文档应该尽量简明扼要和主题突出。

（3）“客户合作”胜过“合同谈判”

客户通常不可能做到一次性地把他们的需求完整准确地表述在合同中。能够满足客户不断变化的需求的切实可行的途径是：开发团队与客户密切协作。因此，能指导开发团队与客户协同工作的合同才是最好的合同。

（4）“响应变化”胜过“遵循计划”

软件开发过程总会有变化，这是客观存在的现实。一个软件过程必须反映现实，因此，软件过程应该有足够的能力及时响应变化。然而没有计划的项目也会因陷入混乱而失败，关键是计划必须有足够的灵活性和可塑性，在形势发生变化时能迅速调整，以适应业务、技术等方面的变化。

在理解上述4个价值观声明时应该注意，声明只不过是对不同因素在保证软件开发成功方面所起作用的大小做了比较，说一个因素更重要并不是说其他因素不重要，更不是说某个因素可以被其他因素代替。

另外，“敏捷宣言”中还包含以下原则。

① 最重要的是通过尽早和持续地交付有价值的软件以满足客户需要。

② 即使在开发后期也欢迎需求的变化。敏捷过程驾驭变化带给客户竞争优势。

③ 经常交付可以使用的软件，间隔可以从几星期到几个月，时间尺度越短越好。

④ 业务人员和开发人员应该在整个项目过程中每天都在一起工作。

⑤ 使用积极的开发人员进行项目，给他们提供所需环境和支持，并信任他们能够完成任务。

⑥ 在开发小组中最有效率和效果的信息传达方式是面对面的交谈。

⑦ 可以使用的软件是度量进度的主要标准。

⑧ 敏捷过程提倡的是持续开发过程。投资人、开发人员和用户应该维持一个长期稳定的步调。

⑨ 持续地追求卓越的技术与良好的设计会增加敏捷性。

⑩ 简单（尽可能减少工作量）是最重要的。

⑪ 最好的架构、需求和设计都来自于自组织的团队。

⑫ 团队要定期总结如何提高效率，然后相应地调整自己的行为。

根据上述价值观提出的软件过程统称为敏捷过程，其中应用比较广泛的是极限编程和 Scrum。

2.8.2 极限编程

极限编程（extreme programming）是敏捷过程中最负盛名的一个，其名称中“极限”二字的含义是指把好的开发实践运用到极致。目前，极限编程已经成为一个典型的开发方法，广泛应用于需求模糊且经常改变的场合。

1. 极限编程的有效实践

下面简述极限编程方法采用的有效的开发实践。

◇ 客户作为开发团队的成员。必须至少有一名客户代表在项目的整个开发周期中与开发人员在一起紧密地配合工作，客户代表负责确定需求、回答开发人员的问题并且设计功能验收测试方案。

◇ 使用用户素材。所谓用户素材就是正在进行的关于需求的谈话内容的助记符。根据用户素材可以合理地安排实现该项需求的时间。

◇ 短交付周期。每两周完成一次的迭代过程实现了用户的一些需求，交付出目标系统的一个可工作的版本。通过向有关的用户演示迭代生成的系统，获得他们的反馈意见。

◇ 验收测试。通过执行由客户制定的验收测试来捕获用户素材的细节。

◇ 结对编程。结对编程就是由两名开发人员在同一台计算机上共同编写解决同一个问题的程序代码，通常一个人编码，另一个人对代码进行审查与测试，以保证代码的正确性与可读性。结对编程是加强开发人员相互沟通与评审的一种方式。

◇ 测试驱动开发。极限编程强调“测试先行”。在编码之前应该首先设计好测试方案，然后再编程，直至所有测试都获得通过之后才可以结束工作。

◇ 集体所有。极限编程强调程序代码属于整个开发小组集体所有，小组每个成员都有更改代码的权利，每个成员都对全部代码的质量负责。

◇ 持续集成。极限编程主张在一天之内多次集成系统，而且随着需求的变更，应该不断地进行回归测试。

◇ 可持续的开发速度。开发人员以能够长期维持的速度努力工作。XP（extreme programming）规定开发人员每周工作时间不超过 40h，连续加班不可以超过两周，以免降低生产率。

◇ 开放的工作空间。XP 项目的全体参与者（开发人员、客户等）一起在一个开放的场所中工作，项目组成员在这个场所中自由地交流和讨论。

◇ 及时调整计划。计划应该是灵活的、循序渐进的。制订出项目计划之后，必须根据项目进展情况及时进行调整，没有一成不变的计划。

◇ 简单的设计。开发人员应该使设计与计划要在本次迭代过程中完成的用户素材完全匹配，设计时不需要考虑未来的用户素材。在一次次的迭代过程中，项目组成员不断变更系统设计，使之相对于正在实现的用户素材而言始终处于最优状态。

◇ 重构。所谓代码重构就是在不改变系统行为的前提下，重新调整和优化系统的内部结构，以降低复杂性、消除冗余、增加灵活性和提高性能。应该注意的是，在开发过程中不要过分依赖重构，特别是不能轻视设计，对于大中型系统而言，如果推迟设计或者干脆不做设计，将造成一场灾难。

◇ 使用隐喻。可以将隐喻看做是把整个系统联系在一起的全局视图，它描述系统如何运作，以及用何种方式把新功能加入到系统中。

2. 极限编程的整体开发过程

图 2.10 描述了极限编程的整体开发过程。首先，项目组针对客户代表提出的“用户故事”（用户故事类似于用例，但比用例更简单，通常仅描述功能需求）进行讨论，提出隐喻，在此项活动中可能需要对体系结构进行“试探”（所谓试探就是提出相关技术难点的试探性解决方案）。然后，项目组在隐喻和用户故事的基础上，根据客户设定的优先级制订交付计划（为了制订切实可行的交付计划，可能需要对某些技术难点进行试探）。接下来开始多个迭代过程（通常，每个迭代历时 1～3 周），在迭代期内产生的新用户故事不在本次迭代内解决，以保证本次开发过程不受干扰。开发出的新版本软件通过验收测试之后交付用户使用。

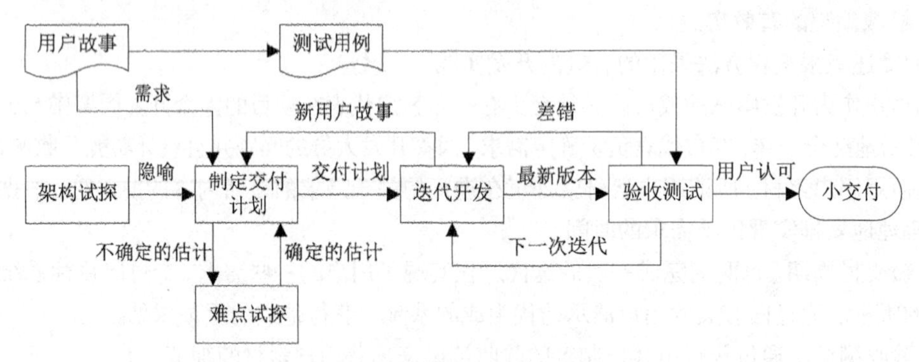

图 2.10　极限编程的整体开发过程

3. 极限编程的迭代过程

图 2.11 描述了极限编程的迭代开发过程。项目组根据交付计划和“项目速率”（即实际开发时间和估计时间的比值），选择需要有限完成的用户故事或待消除的差错，将其分解成可在 1～2 天内完成的任务，制订出本次迭代计划。然后通过每天举行一次的“站立会议”（与会人员站着以缩短会议时间，提高工作效率），解决遇到的问题，调整迭代计划，会后进行代码共享式的开发工作。所开发出的新功能必须 100%通过单元测试，并且立即进行集成，得到的新的可运行版本由客户代表进行验收测试。开发人员与客户代表交流此次代码共享式编程的情况，讨论所发现的问题，提出新的用户故事，算出新的项目速率，并把相关的信息提交给站立会议。

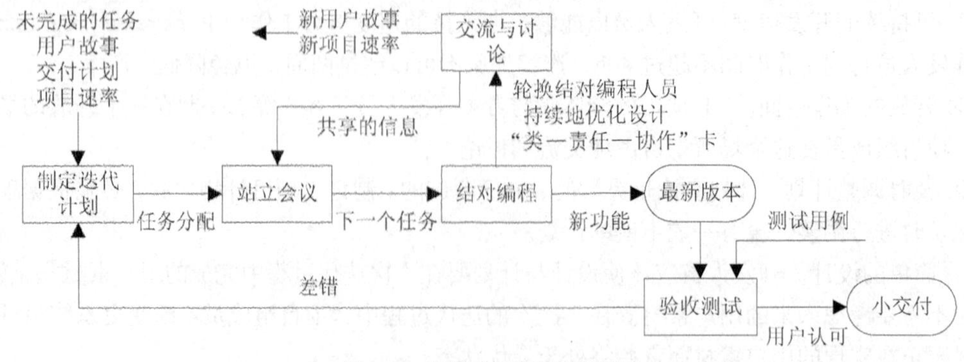

图 2.11　极限编程的迭代过程

综上所述，以极限编程为杰出代表的敏捷过程，可以快速、敏捷地响应变化和不确定的需求，同时仍然能够保持可持续的开发速度。上述这些特点使得敏捷过程能够较好地适应商业竞争环境下对项目提出的有限资源和有限开发时间的约束。

2.9　能力成熟度模型

能力成熟度模型（capability maturity model，CMM）并不是一个软件生命周期模型，而是改进软件过程的一种策略，它与实际使用的过程模型无关。1986 年美国卡内基—梅隆大学软件工程研究所首次提出能力成熟度模型（CMM），不过在当时它被称为过程成熟度模型。

多年来，软件开发项目不能按期完成，软件产品的质量不能令客户满意，再加上软件开发成本超出预算，这些是许多软件开发组织都遇到过的难题。不少人试图通过采用新的软件开发技术来解决在软件生产率和软件质量等方面存在的问题，但效果并不令人十分满意。上述事实促使人们进一步考察软件过程，从而发现关键问题在于对软件过程的管理不尽人意。事实表明，在无规则和混乱的管理之下，先进的技术和工具并不能发挥应有的作用。人们认识到，改进对软件过程的管理是解决上述难题的突破口，再也不能忽视软件过程中管理的关键作用了。

能力成熟度模型的基本思想是，因为问题是由管理软件过程的方法不当引起的，所以新软件技术的运用并不会自动提高生产率和软件质量。能力成熟度模型有助于软件开发组织建立一个有规律的、成熟的软件过程。改进后的过程将开发出质量更好的软件，使更多的软件项目免受时间和费用超支之苦。

软件过程包括各种活动、技术和工具，因此，它实际上既包括了软件生产的技术方面又包括了管理方面。CMM 策略力图改进软件过程的管理，而在技术方面的改进是其必然的结果。

必须记住，对软件过程的改进不可能在一夜之间完成，CMM 是以增量方式逐步引入变化的。CMM 明确地定义了 5 个不同的成熟度等级，一个软件开发组织可用一系列小的改良性步骤向更高的成熟度等级迈进。

2.9.1　能力成熟度模型的结构

能力成熟度模型包括以下组成成分。

◇ 成熟度等级（maturity levels）：一个成熟度等级是在朝着实现成熟软件过程进化途中的一个妥善定义的平台。5 个成熟度等级构成了 CMM 的顶层结构。

◇ 过程能力（process capability）：软件过程能力描述，通过遵循软件过程能实现预期结果的程度。一个组织的软件过程能力提供一种“预测该组织承担下一个软件项目时，预期最可能得到的结果”的方法。

◇ 关键过程域（key process areas，KPA）：每个成熟度等级由若干关键过程域组成。每个关键过程域都标识出一串相关的活动，当把这些活动都完成时所达到的一组目标，对建立该过程成熟度等级是至关重要的。关键过程域分别定义在各个成熟度等级之中，并与之关联在一起，例如，等级 2 的一个关键过程域是软件项目计划。

◇ 目标（goals）：目标概括了关键过程域中的关键实践，并可用于确定一个组织或项目是否已有效地实施了该关键过程域。目标表示每个关键过程域的范围、边界和意图，例如，关键过程域“软件项目计划”的一个目标是，“软件估算已经文档化，供计划和跟踪软件项目使用。”

◇ 公共特性（common features）：CMM 把关键实践分别归入下列 5 个公共特性之中：执行约定、执行能力、执行的活动、测量和分析以及验证实施。公共特性是一种属性，它能指示一个关键过程域的实施和规范化是否是有效的、可重复的和持久的。

◇ 关键实践（key practices）：每个关键过程域都用若干关键实践描述，实施关键实践有助于实现相应的关键过程域的目标。关键实践描述对关键过程域的有效实施和规范化贡献最大的基础设施和活动。例如，在关键过程域“软件项目计划”中，一个关键实践是“按照已文档化的规程制订项目的软件开发计划”。

图 2.12 所示描绘了 CMM 的结构。

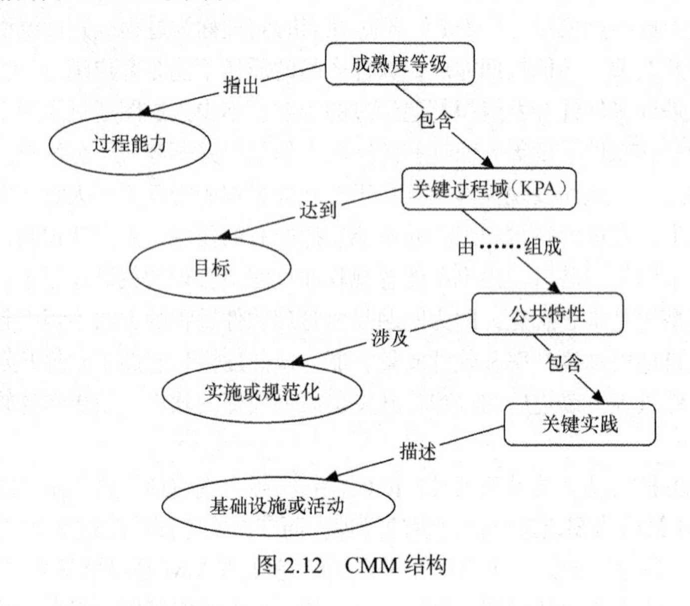

图 2.12　CMM 结构

2.9.2　能力成熟度等级

对软件过程的改进是在完成一个一个小的改进步骤基础之上不断进行的渐进过程，而不是一蹴而就的彻底革命。在 CMM 中把软件过程从无序到有序的进化过程分成 5 个阶段，并把这些阶段排序，形成 5 个逐层提高的等级。这 5 个成熟度等级定义了一个有序的尺度，用以测量软件组织的软件过程成熟度和评价其软件过程能力，这些等级还能帮助软件组织把应做的改进工作排出优先次序。成熟度等级是妥善定义的向成熟软件组织前进途中的平台，每一个成熟度等级都为过程的继续改进提供一个台阶。CMM 通过定义能力成熟度的 5 个等级，引导软件开发组织不断识别出其软件过程的缺陷，并指出应该做哪些改进，但是，它并不提供做这些改进的具体措施。

能力成熟度的 5 个等级从低到高是：初始级、可重复级、已定义级、已管理级和优化级。下面介绍能力成熟度的这 5 个等级。

1. 初始级

软件过程的特征是无序的，有时甚至是混乱的。几乎没有什么过程是经过定义的，项目能否成功完全取决于个人能力。

处于这个最低成熟度等级的组织，基本上没有健全的软件工程管理制度。每件事情都以特殊的方法来做。如果一个项目碰巧由一个有能力的管理员和一个优秀的软件开发组承担，则这个项目可能是成功的。但是，通常的情况是，由于缺乏健全的总体管理和详细计划，延期交付和费用超支的情况经常发生。结果，大多数行动只是应付危机，而不是执行事先计划好的任务。处于成熟度等级 1 的组织，由于软件过程完全取决于当前的人员配备，所以具有不可预测性，人员变了过程也随之改变，因此，不可能准确地预测产品的开发时间和成本。

目前，世界上大多数软件开发公司都处于成熟度等级 1。

2. 可重复级

建立了基本的项目管理过程，以追踪成本、进度和功能性。必要的过程规范已经建立起来了，使得可以重复以前类似项目所取得的成功。

在这一级，有些基本的软件项目管理行为、设计和管理技术，是基于相似产品中的经验确定的，因此称为“可重复”。在这一级采取了一些措施，这些措施是实现一个完备过程必不可少的第 1 步。典型的措施包括仔细地跟踪费用和进度。不像在第 1 级那样，处于危机状态下才采取行动，管理人员在问题出现时可及时发现，并立即采取补救行动，以防止问题变成危机。关键是，如果没有采取这些措施，要在问题变得无法收拾前发现它们是不可能的。在一个项目中采取的措施，也可用来为未来的项目制定实现期限和费用的计划。

3. 已定义级

用于管理和工程活动的软件过程已经文档化和标准化，并且已经集成到整个组织的软件过程中。所有项目都使用文档化的、组织批准的过程来开发和维护软件。这一级包含了第 2 级的所有特征。

在这一级已经为软件过程编制了完整的文档。对软件过程的管理方面和技术方面都明确地做了定义，并按需要不断地改进软件过程。已经采用评审的办法来保证软件的质量。在这一级可采用诸如 CASE 环境之类的软件工具或开发环境来进一步提高软件质量和生产率。而在第 1 级（初始级）中，采用“高技术”只会使这一危机驱动的软件过程更混乱。

4. 已管理级

已收集了软件过程和产品质量的详细度量数据，使用这些详细的度量数据，能够定量地理解和控制软件过程和产品。这一级包含了第 3 级的所有特征。

处于第 4 级的公司为每个项目都设定质量和生产目标，并不断地测量这两个量，当偏离目标太多时，就采取行动来修正。

5. 优化级

通过定量的反馈能够实现持续的过程改进，这些反馈是从过程及对新想法和技术的测试中获得的。这一级包含了第 4 级的所有特征。

处于第 5 级的组织的目标是持续地改进软件过程。这样的组织使用统计质量和过程控制技术。从各个方面获得的知识将运用在未来的项目中，从而使软件过程进入良性循环，使生产率和质量稳步提高。

经验表明，提高一个完整的成熟度等级通常需要花 18 个月到 3 年的时间，但是从第 1 级上升到第 2 级有时要花 3 年甚至 5 年时间。这表明要向一个迄今仍处于特殊的和被动的行动方式的公司灌输系统的方式，将多么困难。

2.9.3 关键过程域

能力成熟度模型并不详细描述所有与软件开发和维护有关的过程，但是，有一些过程是决定过程能力的关键因素，这就是 CMM 所称的关键过程域。关键过程域是达到一个成熟度等级的必要条件。

除第 1 级成熟度之外，每个成熟度等级都包含几个关键过程域，指明了为改进其软件过程，软件开发组织应该重视的区域，同时也指明了为达到某个成熟度等级所必须解决的问题。下面给出在每个成熟度等级应该实现的关键过程域。注意，下面列出的关键过程域是累加的，例如，第 3 级中包含了第 2 级的所有关键过程域再加上第 3 级特有的关键过程域。

1. 成熟度第 2 级

① 软件配置管理。

② 软件质量保证。

③ 软件子合同管理。

④ 软件项目跟踪和监督软件。

⑤ 项目计划。

⑥ 需求管理。

2. 成熟度第 3 级

① 同事复审。

② 组间协作。

③ 软件产品工程。

④ 集成的软件管理。

⑤ 培训计划。

⑥ 组织过程定义。

⑦ 组织过程焦点。

3. 成熟度第 4 级

① 软件质量管理。

② 定量的过程管理。

4. 成熟度第 5 级

① 过程变化管理。

② 技术变化管理。

③ 错误预防。

2.9.4 应用 CMM

美国国防部（DoD）投资研究 CMM 的最初目标之一是，评价投标为 DoD 生产软件的承包商的软件过程，将合同给那些过程较成熟的承包商，以此来提高国防软件的质量。现在，CMM 的应用已经远远超出了改进 DoD 软件过程这个目标，正在被众多希望提高软件质量和生产率的软件开发组织所应用。

CMM 的用途主要有两个：软件开发组织用它来改进开发和维护软件的过程；政府或商业企业用它来评价与一个特定的软件公司签订软件项目合同的风险。

为了帮助各个软件组织达到更高成熟度等级，软件工程研究所已经设计了一系列成熟度提问单，作为成熟度等级评估的基础。评估的目标是，明确一个组织当前使用的软件过程的缺点，并指出该组织改进其软件过程的方法。

小　结

软件过程是为了获得高质量软件产品所需要完成的一系列任务的框架，它规定了完成各项任务的工作步骤。软件过程必须科学、合理，才能开发出高质量的软件产品。

按照在软件生命周期全过程中应完成的任务的性质，在概念上可以把软件生命周期划分成问题定义、可行性研究、需求分析、概要设计、详细设计、编码和单元测试、综合测试以及维护 8 个阶段。实际从事软件开发工作时，软件规模、种类、开发环境、使用的技术方法等因素，都影响阶段的划分，因此，一个科学、有效的软件过程应该定义一组适合于所承担的项目特点的任务集合。

生命周期模型（即软件过程模型）规定了把生命周期划分成的阶段及各个阶段的执行顺序。本章介绍了 5 类典型的软件生命周期模型。瀑布模型历史悠久、广为人知，它的优势在于它是规范的、文档驱动的方法。这种模型的问题是，最终交付的产品可能不是用户真正需要的。

快速原型模型正是为了克服瀑布模型的缺点而提出来的。它通过快速构建起一个可运行的原型系统，让用户试用原型并收集用户反馈意见的办法，获取用户的真实需求。

增量模型具有能在软件开发的早期阶段使投资获得明显回报和易于维护的优点。但是，要求软件具有开放结构是使用这种模型时固有的困难。

风险驱动的螺旋模型适用于大规模的内部开发项目，但是，只有在开发人员具有风险分析和排除风险的经验及专门知识时，使用这种模型才会获得成功。

当使用面向对象范型开发软件时，软件生命周期必须是循环的。也就是说，软件过程必须支持反馈和迭代。喷泉模型是一种典型的适合于面向对象范型的过程模型。

能力成熟度模型（CMM），是改进软件过程的一种策略。它的基本思想是，因为问题是管理软件过程的方法不恰当引起的，所以运用新软件技术并不会自动提高软件生产率和软件质量，应当下大力气改进对软件过程的管理。对软件过程的改进不可能一蹴而就，因此，CMM 以增量方式逐步引入变化，它明确地定义了 5 个不同的成熟度等级，一个软件开发组织可用一系列小的改良性步骤迈入更高的成熟度等级。

每个软件开发组织都应该选择适合于本组织及所要开发的软件特点的软件生命周期模型。这样的模型应该把各种生命周期模型的合适特性有机地结合起来，以便尽量减少它们的缺点，充分利用它们的优点。

习 题

一、判断题

1. 瀑布模型的最大优点是将软件开发的各个阶段划分得十分清晰。 （ ）
2. 原型化开发方法包括生成原型和实现原型两个步骤。 （ ）
3. 软件过程改进也是软件工程的范畴。 （ ）
4. 在软件开发中采用原型系统策略的主要困难是成本问题。 （ ）

二、选择题

1. 软件生命周期模型不包括（ ）。

   A. 瀑布模型　B. 用例模型　C. 增量模型　D. 螺旋模型

2. 包含风险分析的软件工程模型是（ ）。

   A. 喷泉模型　B. 瀑布模型　C. 增量模型　D. 螺旋模型

3. 软件过程是（ ）。

   A. 特定的开发模型　B. 一种软件求解的计算逻辑

C. 软件开发活动的集合　　　　　　　　D. 软件生命周期模型

4. 软件工程中描述生命周期的瀑布模型一般包括计划、需求分析、设计、编码、（　　）、维护等几个阶段。

A. 产品发布　　B. 版本更新　　C. 可行性分析　　D. 测试

5. 软件开发的瀑布模型，一般都将开发过程划分为：分析、设计、编码和测试等阶段，一般认为可能占用人员最多的阶段是（　　）。

A. 分析阶段　　B. 设计阶段　　C. 编码阶段　　D. 测试阶段

6. 增量模型本质上是一种（　　）。

A. 线性顺序模型　　B. 整体开发模型　　C. 非整体开发模型　　D. 螺旋模型

7. 螺旋模型综合了（　　）的优点，并增加了风险分析。

A. 增量模型和喷泉模型　　　　　　B. 瀑布模型和演化模型

C. 演化模型和喷泉模型　　　　　　D. 原型和喷泉模型

8. CMM 模型将软件过程的成熟度分为 5 个等级。在（　　）使用定量分析来不断地改进和管理软件过程。

A. 管理级　　B. 优化级　　C. 定义级　　D. 可重复级

三、简答题

1. 如何理解软件生命周期的内在特征?

2. 对比瀑布模型、原型模型、增量模型和螺旋模型。

3. 当需求不能一次搞清楚，且系统需求比较复杂时应选用哪种开发模型比较适合?

4. RUP 包含了哪些核心工作流和哪些核心支持工作流?

5. XP 是一种什么样的模型?

6. 每个软件企业遵循的软件开发过程都是一样的吗?

7. 请简述软件过程。

8. 敏捷方法的核心价值观有哪些？它对传统方法的“反叛”体现在哪些方面?

9. 请简述 CMM 的作用。

10. 请简述 CMM 软件过程成熟度的 5 个级别，以及每个级别对应的标准。

11. 假设你要开发一个软件，它的功能是把 73624.9385 这个数开平方，所得到的结果应该精确到小数点后 4 位。一旦实现并测试完之后，该产品将被抛弃。你打算选用哪种软件生命周期模型？请说明你做出这样选择的理由。

第2篇 传统方法学

第3章 结构化分析

为了开发出真正满足用户需求的软件产品，首先必须知道用户的需求。对软件需求的深入理解是软件开发工作获得成功的前提和关键，不论我们把设计和编码工作做得如何出色，不能真正满足用户需求的程序只会给用户带来失望，给开发者带来烦恼。

传统的软件工程方法学采用结构化分析（structured analysis，SA）技术完成需求分析工作。本章讲述结构化分析过程和准则、与用户沟通获取用户需求的方法、分析建模与规格说明、实体—关系图、数据流图、状态转换图、数据字典等内容。

3.1 概 述

需求分析是发现、求精、建模、规格说明和复审的过程。为了发现用户的真正需求，首先应该从宏观角度调查、分析用户所面临的问题。也就是说，需求分析的第1步是尽可能准确地了解用户当前的情况和需要解决的问题。例如，仅仅知道“用户需要一个计算机辅助设计系统，因为他们的手工设计系统很糟糕”是远远不够的。除非开发人员准确地知道目前使用的手工系统什么地方很糟糕，否则新开发出的计算机辅助设计系统很可能也同样糟糕。类似地，如果一个个人计算机制造商打算开发一个新的操作系统，他首先应该做的工作就是评价目前使用的操作系统并准确地分析它不能令人满意的原因。只有开发人员对用户面临的问题有了清楚的了解之后，才能正确地回答出“什么是新产品必须做到的”这个关键问题。

如果软件是新开发的计算机系统的一个组成部分，则系统工程师所确定的软件职责范围，可以作为软件需求分析的出发点。

分析员对用户提出的初步要求应该反复求精多次细化，才能充分理解用户的需求，得出对目标系统的完整、准确和具体的要求。

为了更好地理解问题，人们常常采用建立模型的方法。所谓模型，就是为了理解事物而对事物做出的一种抽象，是对事物的一种无歧义的书面描述。通常，模型由一组图形符号和组织这些符号的规则组成。在技术层次上，软件工程是从一系列建模活动开始的，这些建模活动导致对要求开发的软件的完整的需求规格说明和全面的设计表示。结构化分析就是一种建立模型的活动，通常建立数据模型、功能模型和行为模型3种模型。除了用分析模型表示软件需求之外，还要写出准确的软件需求规格说明。模型既是软件设计的基础，也是编写软件规格说明的基础。

在分析软件需求和编写软件规格说明的过程中，软件开发者和软件用户都起着关键的、必不可少的作用。只有用户才真正知道他们需要什么，用户必须尽量把他们对软件功能和性能的模糊需求准确、具体地描述出来，而开发者则是软件需求的询问者、顾问和实现者。

表面看来，需求分析和规格说明好像是比较简单的工作，实际上完全相反，这是一项相当艰巨复杂的工作。用户与开发者之间需要沟通的内容非常多，在双方交流信息的过程中很容易出现误解或遗漏，也可能存在二义性，因此，不仅在整个需求分析过程中应该采用行之有效的沟通方法，集中精力过细工作，而且对需求分析的结果（分析模型和规格说明）必须严格审查。尽管目前存在许多不同的结构化分析方法，但是，所有这些分析方法都遵守下述准则。

◇ 必须理解和表示问题的信息域，根据这条准则应该建立数据模型。

◇ 必须定义软件应完成的功能，这条准则要求建立功能模型。

◇ 必须表示作为外部事件结果的软件行为，这条准则要求建立行为模型。

◇ 必须对描述信息、功能和行为的模型进行分解，用层次的方式展示细节。

◇ 分析过程应该从要素信息移向实现细节。

3.2 与用户沟通的方法

软件需求分析总是从两方或多方之间的沟通开始。用户面临的问题需要用基于计算机的方案来解决；开发者应该对用户的需求作出反应，给用户提供帮助。这样就产生了相互沟通的需求。从开始沟通到真正相互理解的道路通常是充满坎坷的，良好的沟通方法有助于加快理解的过程。

3.2.1 访谈

访谈（或称为会谈）是最早开始运用的获取用户需求的技术，也是迄今为止仍然广泛使用的主要的需求分析技术。

访谈有两种基本形式，正式的访谈和非正式的访谈。在正式的访谈中，系统分析员将提出一些事先准备好的具体问题。例如，询问客户公司销售的商品种类、雇用的销售人员数目、信息反馈时间应该多快等。在非正式的访谈中，将提出一些可以自由回答的开放性问题，以鼓励被访问的人员表达自己的想法。例如，询问用户为什么对目前正在使用的系统感到不满意。当需要调查大量人员的意见时，向被调查的人员分发调查表是一个十分有效的做法。经过仔细考虑的书面回答可能比被访者对问题的口头回答更准确。系统分析员仔细阅读收回的调查表，然后再有针对性地访问一些用户，以便向他们询问在分析调查表时发现的新问题。

在对用户进行访谈的过程中使用情景分析技术往往非常有效。所谓情景分析就是对用户运用目标系统解决某个具体问题的方法和结果进行分析。例如，假定目标系统是一个制定减肥计划的软件，当给出某个肥胖症患者的年龄、性别、身高、体重、腰围及其他数据时，就出现了一个可能的情景描述。系统分析员根据自己对目标系统应具备的功能的理解，给出适用于该患者的菜单。客户公司的饮食学家可能指出，哪些菜单对于有特殊饮食需求的病人（如糖尿病人、素食者）是不合适的。这就使系统分析员认识到，在目标系统制定菜单之前还应该先询问患者的特殊饮食需求。利用情景分析技术，使得系统分析员能够获知用户的具体需求。情景分析的用处主要体现在下述两个方面：①它能在某种程度上演示产品的行为，从而便于用户理解，而且还可能进一步揭示出一些系统分析员目前还不知道的需求；②由于情景分析较易为用户所理解，因此，使用这种技术能保证用户在需求分析过程中始终扮演一个积极主动的角色。需求分析的目标是了解用户的真正需求，而这一信息的唯一来源是用户，让用户起积极主动的作用对需求分析工作获得成功是至关重要的。

3.2.2 简易的应用规格说明技术

使用传统的访谈技术定义需求时，用户和开发者往往有意无意地区分“我们和他们”。由于不能做到像同一个团队的人那样同心协力地识别和精化需求，这种方法的效果有时并不理想（经常发生误解，还可能遗漏重要的信息）。

为了解决上述问题，人们研究出了一种面向团队的需求收集法，称为简易的应用规格说明技术。这种方法提倡用户与开发者密切合作，共同标识问题，提出解决方案的要素，商讨不同的方法并指定基本的需求。今天，简易的应用规格说明技术已经成为信息系统界使用的主流技术。尽管存在许多不同的简易应用规格说明方法，但是它们遵循的基本准则是相同的。

◇ 在中立地点举行由开发者和用户双方出席的会议。

◇ 制定准备会议和参加会议的规则。

◇ 提出一个议事日程，这个日程应该足够正式，以便能够涵盖所有要点；同时这个日程又应该足够非正式，以便鼓励自由思维。

◇ 由一个“协调人”来主持会议，他既可以是用户，也可以是开发者，还可以是从外面请来的人。

◇ 使用一种“定义机制”（如工作表、图表等）。

◇ 目标是标识问题、提出解决方案要素、商讨不同的方法以及在有利于实现目标的氛围中指定初步的需求。

通常，首先进行初步的访谈（见3.2.1小节），通过用户对基本问题的回答，对于待解决问题的范围和解决方案有了总体认识，然后开发者和用户都写出“产品需求”。选定会议地点、日期和时间，并选举一个协调人，邀请开发者和用户双方组织的代表出席会议，在会议日期之前把写好的产品需求分发给每位与会者。

要求每位与会者在开会的前几天认真复审产品需求，并且列出作为系统环境组成部分的对象、系统将产生的对象以及系统为了完成自己的功能将使用的对象。此外，还要求每位与会者列出操作这些对象或与这些对象交互的服务（即处理或功能）。最后，还应该列出约束条件（如成本、规模、完成日期）和性能标准（如速度、精度）。并不期望每位与会者列出的内容都是毫无遗漏的，但是希望能准确表达出每个人对目标系统的认识。

会议开始之后，讨论的第1个议题为是否需要这个新产品。一旦大家都同意确实需要这个新产品，每位与会者就应该展示他们在会前准备好的列表供大家讨论。可以把这些列表抄写在大纸上钉在墙上，或者写在白板上挂在墙上。理想的情况是，表中每一项都能单独移动，这样就能删除或增添表项，或组合不同的列表。在这个阶段，严格禁止批评与争论。

在展示了每个人针对某个议题的列表之后，小组共同创建一张组合列表。在组合列表中消去了冗余项，加入了在展示过程中产生的新想法，但是并不删除任何实质性内容。在针对每个议题的组合列表都建立起来之后，由协调人主持讨论。组合列表将被缩短、加长或重新措辞，以便更恰当地描述将被开发的产品。讨论的目标是，针对每个议题（对象、服务、约束和性能）都创建出一张意见一致的列表。

一旦得出了意见一致的列表，就把与会者分成更小的小组，每个小组的工作目标是为每张列表中的一个或多个项目制定出小型规格说明。小型规格说明是对列表中包含的单词或短语的准确说明。

然后，每个小组都向全体与会者展示他们制定出的小型规格说明供大家讨论。通过讨论可能会增加或删除一些内容，也可能做一些进一步的精化工作。在讨论过程中还可能提出一些无法在这次会议中解决的问题，应该保存问题清单，以便这些想法在以后的活动中起作用。在完成了小型规格说明之后，每个与会者都制定出产品的一整套确认标准，并把自己制定的列表提交会议讨论，以创建出意见一致的确认标准列表。最后，由一名或多名与会者根据会议成果起草完整的规格说明。

简易的应用规格说明技术并不是解决需求分析阶段遇到的所有问题的"万能灵药"。但是，这种面向团队的需求收集方法确实有许多突出的优点：开发者与用户不分彼此，集思广益密切合作；即时讨论和求精；有能导出规格说明的具体步骤。

3.2.3 软件原型

正如前面介绍的，快速建立软件原型是最准确、最有效、最强大的需求分析技术。快速原型就是快速建立起来的旨在演示目标系统主要功能的程序。构建原型的要点是，它应该实现用户看得见的功能（如屏幕显示或打印报表），省略目标系统的"隐含"功能（如修改文件）。快速原型应该具备的第1个特性是"快速"。快速原型的目的是尽快向用户提供一个可在计算机上运行的目标系统的模型，以便使用户和开发者在目标系统应该"做什么"这个问题上尽可能快地达成共识。因此，原型的某些缺陷是可以忽略的，只要这些缺陷不严重地损害原型的功能，不会使用户对产品的行为产生误解，就不必管它们。快速原型应该具备的第2个特性是"容易修改"。如果原型的第1版不是用户所需要的，就必须根据用户的意见迅速地修改它，构建出原型的第2版，以更好地满足用户的需求。在实际开发软件产品时，"修改—试用—反馈"的过程可能重复多遍，如果修改耗时过多，势必延误软件开发时间。

为了快速地构建和修改原型，通常可以使用下述3种方法和工具。

（1）第四代技术（4GT）

第四代技术包括众多数据库查询和报表语言、程序和应用系统生成器以及其他非常高级的非过程语言。因为第四代技术使得软件工程师能够快速地生成可执行的代码，因此，它们是理想的快速原型工具。

（2）可重用的软件构件

另外一种快速构建原型的方法，是使用一组已有的软件构件（或称为组件）来装配（而不是从头构造）原型。软件构件可以是数据结构（或数据库），或软件体系结构构件（即程序），或过程构件（即模块）。必须把软件构件设计成能在不知其内部工作细节的条件下重用。应该注意，现有的软件产品可以被用做"新的或改进的"产品的原型，这也是软件原型重用的一种形式。

（3）形式化规格说明和原型环境

在过去的二十几年中，人们已经开发出来一系列形式化规格说明语言和工具，用于替代自然语言规格说明技术。今天，这些形式化语言的开发者正在开发交互式环境，目的是：①使得分析员能够交互地创建基于语言的规格说明；②调用自动工具把基于语言的规格说明翻译成可执行的代码；③使得用户能够使用可执行的原型代码去精化形式化的需求。

3.3 分析建模与规格说明

3.3.1 分析建模

结构化分析实质上是一种创建模型的活动。通过需求分析而建立的模型必须达到下述的 3 个基本目标。

◇ 描述用户的需求。

◇ 为软件设计工作奠定基础。

◇ 定义一组需求，一旦开发出软件产品之后，就可以用这组需求为标准来验收。

为了达到上述这些目标，在结构化分析过程中导出的分析模型的形式，如图 3.1 所示。

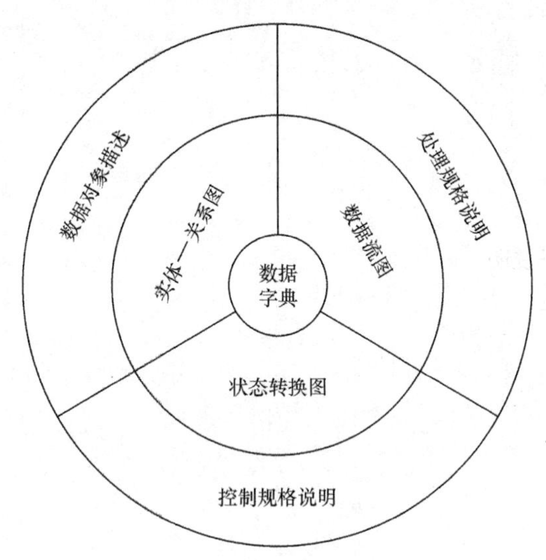

图 3.1 分析模型的结构

分析模型的核心是“数据字典”，它描述软件使用或产生的所有数据对象。围绕着这个核心有 3 种不同的图：“实体—关系图”描绘数据对象之间的关系，它是用来进行数据建模活动的图形，图中出现的每个数据对象的属性可以在“数据对象描述”中描述。

创建“数据流图”有两个目的：①指出当数据在软件系统中移动时怎样被变换；②描绘变换数据流的功能和子功能。数据流图是功能建模的基础，在“处理规格说明”中给出了对出现在数据流图中的每个功能的描述。

“状态转换图”指明了作为外部事件结果的系统行为。为此，状态转换图描绘了系统的各种行为模式（称为“状态”）和在不同状态间转换的方式。状态转换图是行为建模的基础，在“控制规格说明”中包含了有关软件控制的附加信息。

3.3.2 软件需求规格说明

通过需求分析除了创建分析模型之外，还应该写出软件需求规格说明，它是分析阶段的最终成果。下面给出的简略大纲可以作为软件需求规格说明的框架。

Ⅰ. 引言
  A. 系统参考文献
  B. 整体描述
  C. 软件项目约束
Ⅱ. 信息描述
  A. 信息内容
  B. 信息流
    1. 数据流
    2. 控制流
Ⅲ. 功能描述
  A. 功能分解
  B. 功能描述
    1. 处理说明
    2. 限制
    3. 性能需求
    4. 设计约束
    5. 支撑图
  C. 控制描述
    1. 控制规格说明
    2. 设计约束
Ⅳ. 行为描述
  A. 系统状态
  B. 事件和动作
Ⅴ. 确认标准
  A. 性能范围
  B. 测试种类
  C. 预期的软件响应
  D. 特殊考虑
Ⅵ. 参考书目
Ⅶ. 附录

“引言”部分陈述软件的目标。实际上，它可能就是计划文档中描述的软件范围。“信息描述”部分详细陈述软件必须解决的问题，并且描述了信息内容、信息关系、信息流和信息结构，此外，还针对外部系统元素和内部软件功能描述了硬件、软件及人—机界面。“功能描述”部分给出为解决问题而需要的每个功能。其中，说明了完成每个功能的处理过程；叙述并论证了设计约束；描述了性能特征；用若干张图描绘了软件的整体结构及软件功能与其他系统元素间的相互影响。

“行为描述”部分说明作为外部事件和内部产生控制结果的软件操作。软件需求规格说明中最重要然而又最常被忽略的内容，可能就是“确认标准”。我们怎样判断软件实现是否成功？为了确认功能、性能和约束符合需要，应该进行哪些类型的测试？之所以会忽略这些内容，是因为要写出它们需要对软件需求有透彻的理解，然而有时我们在这个阶段还未能做到彻底地理解软件需求。实际上，写出确认标准是对其他所有需求的隐式复审，因此，把时间和精力用到这部分内容上是至关重要的。

最后，在软件需求规格说明中还应该包括“参考书目”和“附录”。参考书目列出与该软件有关的全部文档，其中包括其他软件工程文档、技术参考文献以及厂商资料及标准。附录中包含了规格说明的补充信息：表格数据、详细算法、图表及其他材料。

在许多情况下，软件需求规格说明可能都附有可执行的原型（在某些情况下可替代规格说明）及初步的用户手册。初步的用户手册把软件看做一个黑盒子，也就是说，手册重点描述用户的输入和软件的输出结果。通过该手册往往能发现人—机界面问题。

3.4　实体—关系图

数据模型包含 3 种相互关联的信息：数据对象、描述数据对象的属性及数据对象彼此间相互连接的关系。

1. 数据对象

数据对象是对软件必须理解的复合信息的表示。所谓复合信息是指具有一系列不同性质或属性的事物，因此，仅有单个值的事物（例如宽度）不是数据对象。

数据对象可以是外部实体（如产生或使用信息的任何事物）、事物（如报表或屏幕显示）、行为（如打电话）或事件（如响警报）、角色（如销售员）、单位（如会计科）以及地点（如仓库）或结构（如文件）等。例如，教师、学生、课程、汽车等都可以认为是数据对象，因为它们都可以由一组属性来定义。“数据对象描述”（见图 3.1）中包含了数据对象及它们的所有属性。

数据对象彼此间是有关联的，如教师“教”课程，学生“学”课程，教或学的关系表示教师和课程或学生和课程之间的一种特定的连接。

数据对象只封装了数据而没有对作用于数据上的操作的引用，这是数据对象与面向对象范型（见本书第 3 篇）中的“类”或“对象”的显著区别。

2. 属性

属性定义了数据对象的性质。属性可以具有下述 3 种不同的特性之一，也就是说，可以用属性来：①为数据对象的实例命名；②描述该实例；③引用另一个数据对象的实例。此外，必须把一个或多个属性定义为“标识符”，即当我们希望找到数据对象的一个实例时，标识符属性成为“关键字”。

应该根据对所要解决的问题的理解，来确定特定数据对象的一组合适的属性。例如，为了开发机动车管理系统，描述汽车的属性应该是制造商、品牌、型号、发动机号码、车体类型、颜色、车主姓名、住址、驾驶证号码、生产日期、购买日期等。但是，为了开发设计汽车的 CAD 系统，用上述这些属性描述汽车就不合适了，其中车主姓名、住址、驾驶证号码、生产日期、购买日期等属性应该删去，而描述汽车技术指标的大量属性应该添加进来。

3. 关系

数据对象彼此之间相互连接的方式称为关系，也称为联系。客观世界中的事物彼此间往往是有联系的，如教师与课程间存在“教”这种联系，而学生与课程间则存在“学”这种联系。联系可分为以下 3 类。

（1）一对一联系（1∶1）

例如，一个部门有一个经理，而每个经理只在一个部门任职，则部门与经理的联系是一对一的关系。

（2）一对多联系（1 : N）

例如，某校教师与课程之间存在一对多的联系“教”，即每位教师可以教多门课程，但是每门课程只能由一位教师来教（见图 3.2）。

（3）多对多联系（M : N）

例如，图 3.2 表示学生与课程间的联系（“学”）是多对多的关系，即一个学生可以学多门课程，而每门课程可以有多个学生来学。

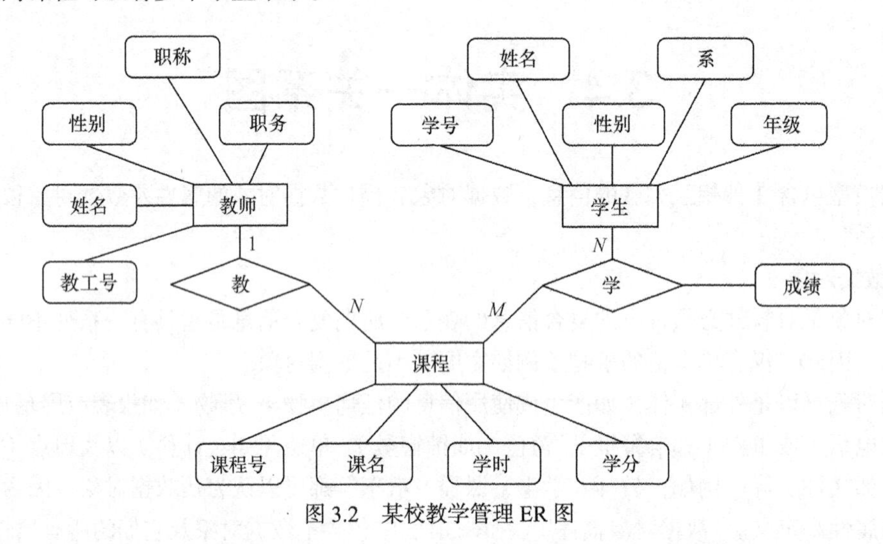

图 3.2　某校教学管理 ER 图

联系也可能有属性。例如，学生“学”某门课程所取得的成绩，既不是学生的属性也不是课程的属性。由于“成绩”既依赖于某名特定的学生又依赖于某门特定的课程，所以这是学生与课程之间的联系“学”的属性（见图 3.2）。

4. 实体—关系图的符号

通常，使用实体—关系图（entity-relationship diagram）来建立数据模型，从而可以满足 3.1 节中讲述的第 1 条分析准则。常把实体—关系图简称为 ER 图，相应地，用 ER 图描绘的数据模型也称为 ER 模型。

ER 图中包含了实体（即数据对象）、关系和属性 3 种基本成分。通常用矩形框代表实体，用连接相关实体的菱形框表示关系，用椭圆形或圆角矩形表示实体（或关系）的属性，并用无向边把实体（或关系）与其属性连接起来。图 3.2 所示为某学校教学管理的 ER 图。

人们通常就是用实体、联系和属性这 3 个概念来理解现实问题的，因此，ER 模型比较接近人的习惯思维方式。此外，ER 模型使用简单的图形符号表达系统分析员对问题域的理解，不熟悉计算机技术的用户也能理解它，因此，ER 模型可以作为用户与分析员之间有效的交流工具。

3.5 数据流图

当信息在软件中移动时，它将被一系列“变换”所修改。数据流图（data flow diagram，DFD）是一种图形化技术，它描绘信息流和数据从输入移动到输出的过程中所经受的变换。在数据流图中没有任何具体的物理元素，它只是描绘信息在软件中流动和被处理的情况。因为数据流图是系统逻辑功能的图形表示，即使不是专业的计算机技术人员也容易理解它，所以是分析员与用户之间极好的沟通工具。此外，设计数据流图时只需考虑系统必须完成的基本逻辑功能，完全不需考虑怎样具体地实现这些功能，因此，它也是今后进行软件设计很好的出发点。

可以在任何抽象层次上使用数据流图表示系统或软件。事实上，可以分层次地画数据流图，层次越低表现出的信息流细节和功能细节也越多。数据流图既提供了功能建模机制也提供了信息流建模机制，从而满足了 3.1 节中讲述的第 2 条分析准则。

3.5.1　数据流图符号

如图 3.3（a）所示，数据流图有 4 种基本符号：正方形（或立方体）表示数据的源点或终点；圆角矩形（或圆形）代表变换数据的处理；开口矩形（或两条平行横线）代表数据存储；箭头表示数据流，即特定数据的流动方向。注意，数据流与程序流程图中用箭头表示的控制流有本质不同，注意不要混淆。熟悉程序流程图的初学者在画数据流图时，往往试图在数据流图中表现分支条件或循环，殊不知这样做将造成混乱，画不出正确的数据流图。在数据流图中应该描绘所有可能的数据流向，而不应该描绘出现某个数据流的条件。

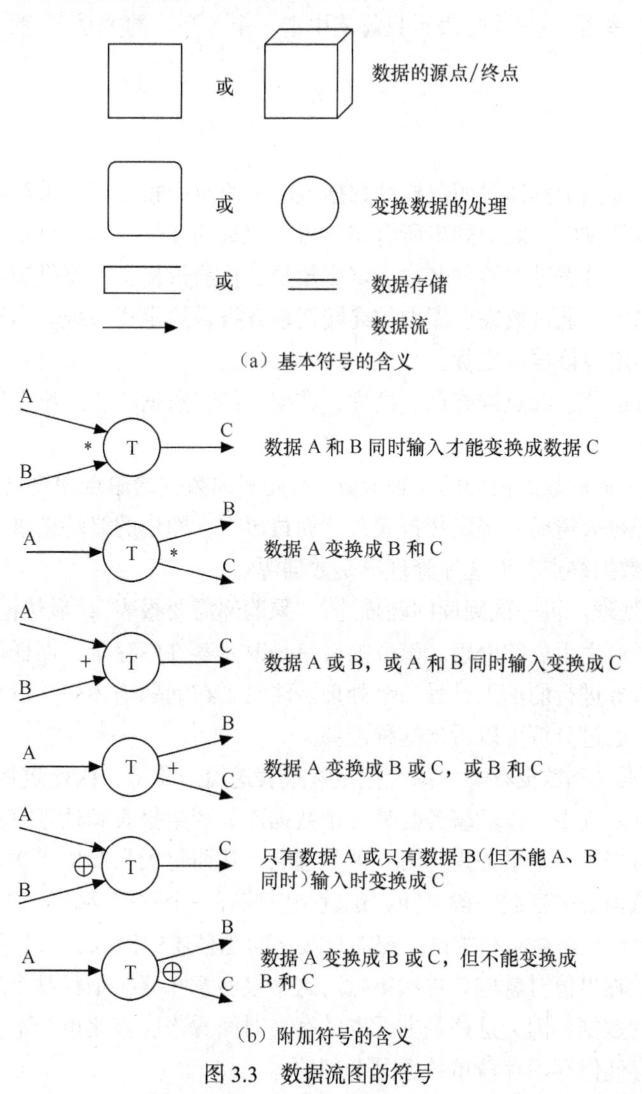

图 3.3　数据流图的符号

处理并不一定是一个程序。一个处理框可以代表一系列程序、单个程序或者程序的一个模块；它甚至可以代表用穿孔机穿孔或目视检查数据正确性等人工处理过程。一个数据存储也并不等同于一个文件，它可以表示一个文件、文件的一部分、数据库的元素、记录的一部分等；数据可以存储在磁盘、磁带、磁鼓、主存、微缩胶片、穿孔卡片及其他任何介质上（包括人脑）。

数据存储和数据流都是数据，仅仅所处的状态不同。数据存储是处于静止状态的数据，数据流是处于运动中的数据。

通常在数据流图中忽略出错处理，也不包括诸如打开或关闭文件之类的内务处理，数据流图的基本要点是描绘“做什么”而不考虑“怎样做”。

有时数据的源点和终点相同，这时如果只用一个符号代表数据的源点和终点，则将有两个箭头和这个符号相连（一个进一个出），可能其中一条箭头线相当长，这将降低数据流图的清晰度。另一种表示方法是再重复画一个同样的符号（正方形或立方体）表示数据的终点。有时数据存储也需要重复，以增加数据流图的清晰程度。为了避免可能引起的误解，如果代表同一个事物的同样符号在图中出现在 n 个地方，则在这个符号的一个角上画 n-1 条短斜线做标记。除了上述4种基本符号之外，有时也使用几种附加符号。星号（*）表示数据流之间是“与”关系（同时存在）；加号（+）表示“或”关系；（⊕）号表示只能从中选一个（互斥的关系）。图3.3（b）所示为这些附加符号的含义。

3.5.2 例子

下面通过一个简单例子具体说明怎样画数据流图。假设一家工厂的采购部每天需要一张定货报表，报表按零件编号排序，表中列出所有需要再次定货的零件。对于每个需要再次定货的零件应该列出下述数据：零件编号、零件名称、定货数量、目前价格、主要供应者和次要供应者。零件入库或出库称为事务，通过放在仓库中的终端把事务报告给定货系统。当某种零件的库存数量少于库存量临界值时就应该再次定货。

数据流图有4种成分：源点或终点、处理、数据存储和数据流。画出上述定货系统的数据流图可采用以下步骤。

① 从问题描述中提取数据流图的4种成分。首先考虑数据的源点和终点，从上面对系统的描述可以知道“采购部每天需要一张定货报表”，“通过放在仓库中的终端把事务报告报告给定货系统”，所以采购员是数据终点，而仓库管理员是数据源点。

② 接下来考虑处理。再一次阅读问题描述，“采购部需要报表”，显然他们还没有这种报表，因此必须有一个用于产生报表的处理。事务的后果是改变零件库存量，而任何改变数据的操作都是处理，因此，对事务进行的加工是另一个处理。注意，在问题描述中并没有明显地提到需要对事务进行处理，但是通过分析可以看出这种需要。

③ 最后考虑数据流和数据存储：系统把定货报表送给采购部，因此定货报表是一个数据流；事务需要从仓库送到系统中，显然事务是另一个数据流。产生报表和处理事务这两个处理在时间上明显不匹配——每当有一个事务发生时立即处理它，然而每天只产生一次定货报表，因此，用来产生定货报表的数据必须存放一段时间，也就是应该有一个数据存储。

注意，并不是所有数据存储和数据流都能直接从问题描述中提取出来。例如，“当某种零件的库存数量少于库存量临界值时就应该再次定货”，这个事实意味着必须在某个地方有零件库存量和库存量临界值这样的数据。因为这些数据元素的存在时间看来应该比单个事务的存在时间长，所以认为有一个数据存储保存库存清单数据是合理的。

表 3.1 列出了上面分析的结果，其中加星号标记的是在问题描述中隐含的成分。

表 3.1 组成数据流图的元素可以从描述问题的信息中提取

源点/终点	处 理	数 据 流	数 据 存 储
采购员 仓库管理员	产生报表 处理事务	定货报表 零件编号 零件名称 定货数量 目前价格 主要供应者 次要供应者 事务 零件编号* 事务类型 数量*	定货信息 （见定货报表） 库存清单* 零件编号* 库存量 库存量临界值

一旦把数据流图的 4 种成分分离出来后，就可以着手画数据流图了。但是要注意，数据流图是系统的逻辑模型，而任何计算机系统实质上都是信息处理系统，也就是说计算机系统本质上都是把输入数据变换成输出数据。因此，任何系统的基本模型都由若干个数据源点/终点以及一个处理组成，这个处理就代表了系统对数据加工变换的基本功能。对于上述的定货系统可以画出如图 3.4 所示的基本系统模型。

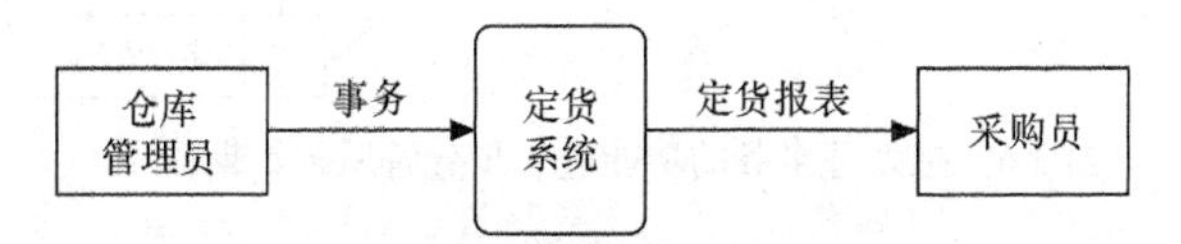

图 3.4 定货系统的基本系统模型
（突出表明了数据的源点和终点）

从基本系统模型这样非常高的抽象层次开始画数据流图是一个好办法。在这个高层次的数据流图上是否列出了所有给定的数据源点/终点是一目了然的，因此它是很有价值的沟通工具。

然而，图 3.4 所示的基本系统模型毕竟太抽象了，从这张图上对定货系统所能了解到的信息非常有限。下一步应该把基本系统模型细化，描绘系统的主要功能。从表 3.1 可知，“产生报表”和“处理事务”是系统必须完成的两个主要功能，它们将代替图 3.4 中的“定货系统”（见图 3.5）。此外，细化后的数据流图中还增加了两个数据存储：处理事务需要“库存清单”数据；产生报表和处理事务在不同时间，因此需要存储“定货信息”。除了表 3.1 中列出的两个数据流之外还有另外两个数据流，它们与数据存储相同。这是因为从一个数据存储中取出来的或放进去的数据通常和原来存储的数据相同，也就是说，数据存储和数据流只不过是同样数据的两种不同形式。

在图 3.5 中给处理和数据存储都加了编号，这样做的目的是便于引用和追踪。

接下来应该对功能级数据流图中描绘的系统主要功能进一步细化。考虑通过系统的逻辑数据流，当发生一个事务时必须首先接收它；随后按照事务的内容修改库存清单；最后如果更新后的库存量少于库存量临界值时，则应该再次定货，也就是需要处理定货信息。因此，把“处理事务”这个功能分解为下述 3 个步骤：“接收事务”、“更新库存清单”和“处理定货”（见图 3.6），这在逻辑上是合理的。

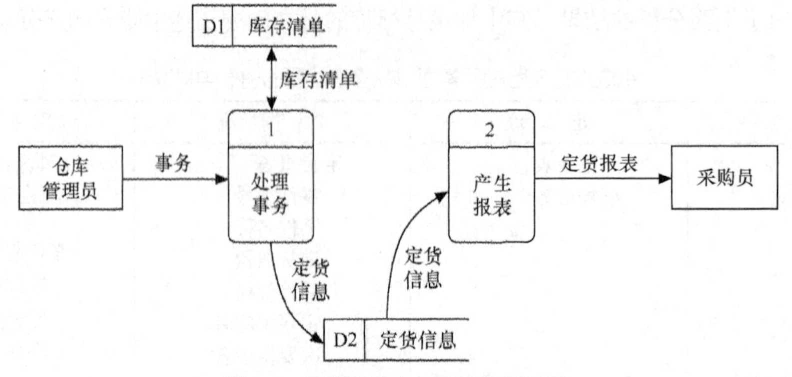

图 3.5　定货系统的功能级数据流图

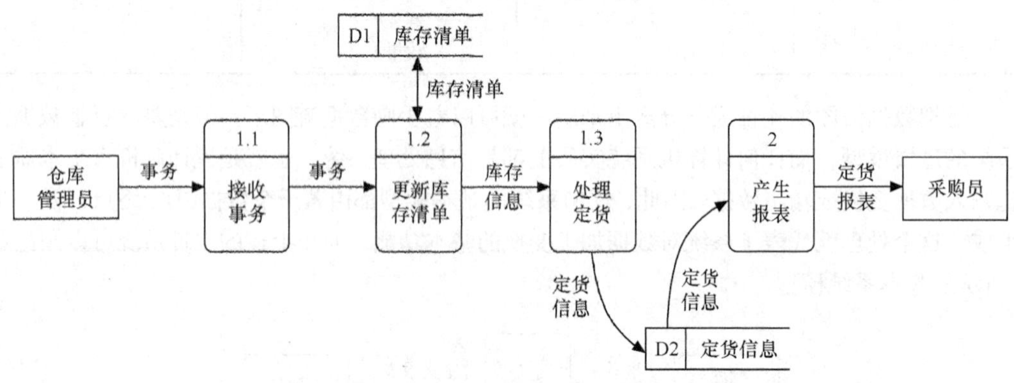

图 3.6　把处理事务的功能进一步分解后的数据流图

我们为什么不进一步分解"产生报表"这个功能呢？因为定货报表中需要的数据在存储的定货信息中全都有，产生报表只不过是按一定顺序排列这些信息，再按一定格式打印出来。然而这些考虑纯属具体实现的细节，不应该在数据流图中表现。同样道理，对"接收事务"或"更新库存清单"等功能也没有必要进一步细化。总之，当进一步分解将涉及如何具体地实现一个功能时，就不应该再分解了。

在对数据流图分层细化时必须保持信息连续性，即当把一个处理分解为一系列处理时，分解前和分解后的输入/输出数据流必须相同。例如，图 3.4 和图 3.5 所示的输入/输出数据流都是"事务"和"定货报表"，图 3.5 中"处理事务"这个处理框的输入/输出数据流是"事务"、"库存清单"和"定货信息"，分解成"接收事务"、"更新库存清单"和"处理定货"3 个处理之后（见图 3.6），它们的输入/输出数据流仍然是"事务"、"库存清单"和"定货信息"。

此外，还应该注意在图 3.6 中对处理进行编号的方法。处理 1.1，1.2 和 1.3 是更高层次的数据流图（见图 3.5）中处理 1 的组成元素。如果处理 2 被进一步分解，它的组成元素的编号将是 2.1，2.2……如果把处理 1.1 进一步分解，则将得到编号为 1.1.1，1.1.2……的处理。

3.5.3　命名

数据流图中每个成分的命名是否恰当，直接影响数据流图的可理解性，因此，给这些成分命名时应该仔细推敲。下面介绍在命名时应注意的问题。

1. 为数据流（或数据存储）命名

◇ 名字应代表整个数据流（或数据存储）的内容，而不是仅仅反映它的某些成分。

◇ 不要使用空洞的、缺乏具体含义的名字（如“数据”、“信息”、“输入”之类）。

◇ 如果在为某个数据流（或数据存储）起名字时遇到了困难，则很可能是因为对数据流图分解不恰当造成的，应该试试重新分解，看是否能克服这个困难。

2. 为处理命名

◇ 通常先为数据流命名，然后再为与之相关联的处理命名。这样命名比较容易，而且体现了人类习惯的“由表及里”的思考过程。

◇ 名字应该反映整个处理的功能，而不是它的一部分功能。

◇ 名字最好由一个具体的及物动词加上一个具体的宾语组成。应该尽量避免使用“加工”、“处理”等空洞笼统的动词作为名字。

◇ 通常名字中仅包括一个动词。如果必须用两个动词才能描述整个处理的功能，则把这个处理再分解成两个处理可能更恰当些。

◇ 如果在为某个处理命名时遇到困难，则很可能是发现了分解不当的迹象，应考虑重新分解。

数据源点/终点并不需要在开发目标系统的过程中设计和实现，它并不属于数据流图的核心内容，只不过是目标系统的外围环境部分（可能是人员、计算机外部设备或传感器装置）。通常，为数据源点/终点命名时采用它们在问题域中习惯使用的名字（如“采购员”、“仓库管理员”等）。

3.6　状态转换图

根据本章 3.1 节讲述的第 3 条分析准则，在需求分析过程中应该建立起目标系统的行为模型。状态转换图（简称状态图）通过描绘系统的状态及引起系统状态转换的事件，来表示系统的行为。此外，状态图还指出了作为特定事件的结果系统将做哪些动作（如处理数据）。因此，状态图提供了行为建模机制，可以满足第 3 条分析准则的要求。

3.6.1　状态

状态是任何可以被观察到的系统行为模式，一个状态代表系统的一种行为模式。状态规定了系统对事件的响应方式。系统对事件的响应，既可以是做一个（或一系列）动作，也可以是仅仅改变系统本身的状态，还可以是既改变状态又做动作。

在状态图中定义的状态主要有：初态（即初始状态）、终态（即最终状态）和中间状态。在一张状态图中只能有一个初态，而终态则可以有 0 至多个。

状态图既可以表示系统循环动作过程，也可以表示系统单程生命期。当描绘循环运行过程时，通常并不关心循环是怎样启动的。当描绘单程生命期时，需要标明初始状态（系统启动时进入初始状态）和最终状态（系统运行结束时到达最终状态）。

3.6.2　事件

事件是在某个特定时刻发生的事情，它是对引起系统做动作或（和）从一个状态转换到另一个状态的外界事件的抽象。例如，内部时钟表明某个规定的时间段已经过去，用户移动鼠标、点击鼠标等都是事件。简而言之，事件就是引起系统做动作或（和）转换状态的控制信息。

3.6.3 符号

在状态图中，初态用实心圆表示，终态用一对同心圆（内圆为实心圆）表示。中间状态用圆角矩形表示，可以用两条水平横线把它分成上、中、下 3 个部分。上面部分为状态的名称，这部分是必须有的；中间部分为状态变量的名字和值，这部分是可选的；下面部分是活动表，这部分也是可选的。

活动表的语法格式如下：

事件名（参数表）/动作表达式

其中，"事件名"可以是任何事件的名称。在活动表中经常使用下述 3 种标准事件：entry、exit 和 do。entry 事件指定进入该状态的动作，exit 事件指定退出该状态的动作，而 do 事件则指定在该状态下的动作。需要时可以为事件指定参数表。活动表中的动作表达式描述应做的具体动作。

状态图中两个状态之间带箭头的连线称为状态转换，箭头指明了转换方向。状态变迁通常是由事件触发的，在这种情况下应在表示状态转换的箭头线上标出触发转换的事件表达式。

如果在箭头线上未标明事件，则表示在源状态的内部活动执行完之后自动触发转换。事件表达式的语法如下：

事件说明［守卫条件］/动作表达式

其中，事件说明的语法为：事件名（参数表）。

守卫条件是一个布尔表达式。如果同时使用事件说明和守卫条件，则当且仅当事件发生且布尔表达式为真时，状态转换才发生。如果只有守卫条件没有事件说明，则只要守卫条件为真状态转换就发生。

动作表达式是一个过程表达式，当状态转换开始时执行该表达式。

图 3.7 所示为状态图中使用的主要符号。

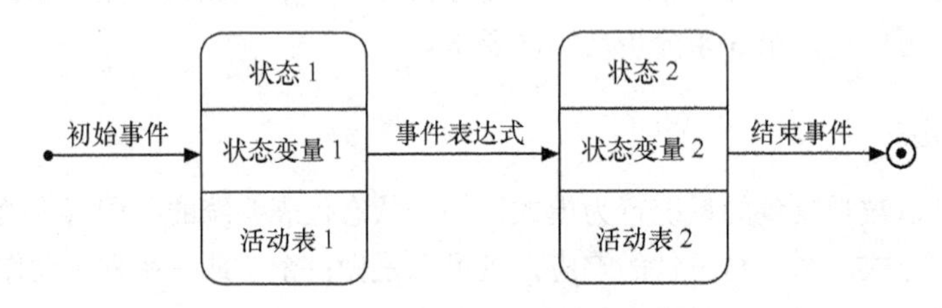

图 3.7　状态图中使用的主要符号

3.6.4 例子

为了具体说明怎样用状态图建立系统的行为模型，下面举一个例子。图 3.8 所示为人们非常熟悉的电话系统的状态图。

图中表明，没人打电话时电话处于闲置状态；有人拿起听筒则进入拨号音状态，这时电话的行为是响起拨号音并计时；如果拿起听筒的人改变主意不想打电话了，他把听筒放下（挂断），电话重又回到闲置状态；如果拿起听筒很长时间不拨号（超时），则进入超时状态……

读者对电话都很熟悉，无须仔细解释也很容易看懂图 3.8 所示的状态图，因此，这里不再逐一讲述图中每个状态的含义，以及状态间的转换过程了。

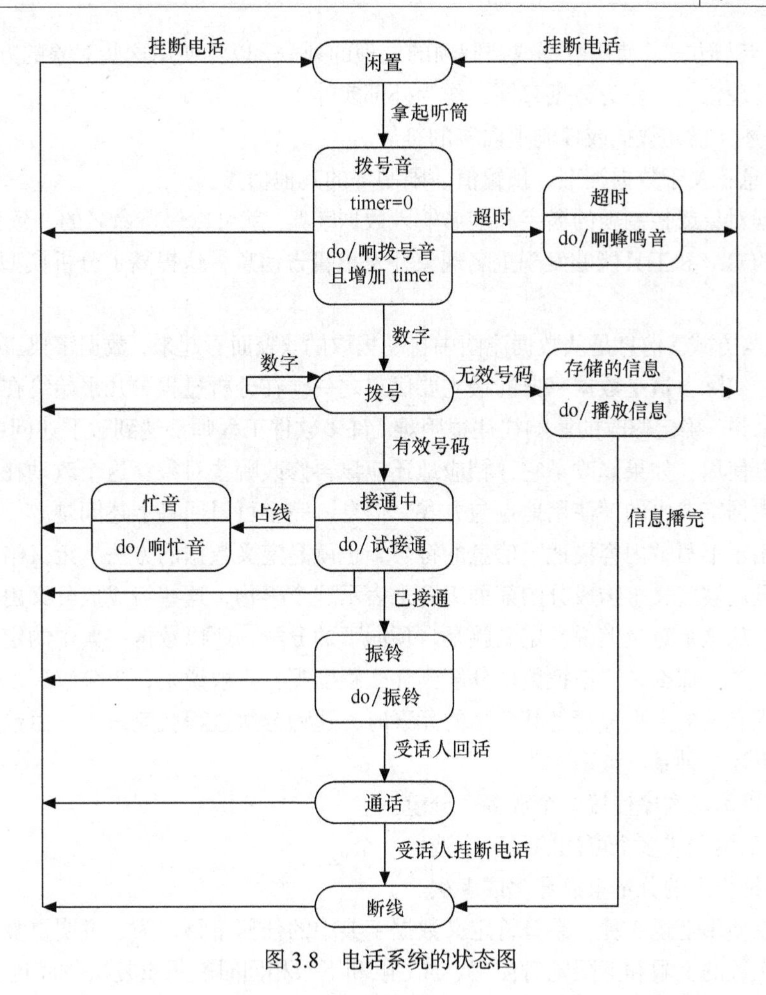

图 3.8　电话系统的状态图

3.7　数 据 字 典

如前所述，分析模型包括数据模型、功能模型和行为模型。在上述任何一种模型中，数据对象或控制信息都有重要作用，因此，需要有一种系统化的方式来表示每个数据对象和控制信息的特性，数据字典正是用来完成这项任务的。

数据字典是为了描述在结构化分析过程中定义对象的内容时，使用的一种半形式化的工具。下面是对这个重要的建模工具的定义。

数据字典是所有与系统相关的数据元素的有组织的列表，并且包含了对这些数据元素的精确、严格的定义，从而使得用户和系统分析员双方对输入、输出、存储的成分甚至中间计算结果有共同的理解。简而言之，数据字典是描述数据的信息的集合，是对系统中使用的所有数据元素的定义的集合。

目前，数据字典几乎总是作为 CASE“结构化分析与设计工具”的一部分实现的。尽管不同工具中数据字典的形式不同，但是绝大多数数据字典都包含下列信息。

◇ 名字：数据、控制项、数据存储或外部实体的主要名称。

◇ 别名：第 1 项中所列诸对象的其他名字。

◇ 使用地点与方式：使用数据或控制项的处理的列表，以及使用这些对象的方式（如作为处理的输入，从处理输出，作为数据存储，作为外部实体）。

◇ 内容描述：描述数据或控制项内容的符号。

◇ 补充信息：关于数据类型、预置值、限制等的其他信息。

一旦把数据对象或控制项的名字和别名输入数据字典，就可以保持命名的一致性。也就是说，支持数据字典的 CASE 工具能够发现重名现象并发出警告信息，这提高了分析模型的一致性，有助于减少错误。

“使用地点与方式”信息是从数据流图中自动提取的。表面看起来，数据字典工具的这项功能好像并不重要，实际上这是数据字典的最主要优点之一。在分析过程中几乎始终在进行修改。但对于大型项目来说，确定修改的影响往往很困难。许多软件工程师都遇到过下述问题：“这个数据对象在什么地方使用？如果修改了它，相应地还应该再修改哪些对象？这个改动在整体上有什么影响？”利用数据字典中的“使用地点与方式”信息，完全可以回答上述问题。

下面介绍用于书写“内容描述”信息的符号，也就是定义数据的方法。定义绝大多数复杂事物的方法，都是用被定义事物成分的某种组合来表示这个事物，这些组成成分又由更低层的成分的组合来定义。从这个意义上说，定义就是自顶向下的分解，所以数据字典中的定义，就是对数据自顶向下的分解。那么，应该把数据分解到什么程度呢？一般说来，当分解到不需要进一步定义，每个和工程有关的人也都清楚其含义的元素时，这种分解过程就完成了。由数据元素组成数据的方式只有下述 3 种基本类型。

◇ 顺序：以确定次序连接两个或多个分量。

◇ 选择：从两个或多个可能的元素中选取一个。

◇ 重复：把指定的分量重复零次或多次。

因此，可以使用上述 3 种关系算符定义数据字典中的任何条目。为了说明重复次数，重复算符通常和重复次数的上限和下限同时使用（当上限和下限相同时表示重复次数固定）。当重复的上限和下限分别为 1 和 0 时，可以用重复算符表示某个分量是可选的（可有可无的）。但是，“可选”是由数据元素组成数据时的一种常见的方式，把它单独列为一种算符可以使数据字典更清晰一些。因此，增加了下述的第 4 种关系算符：

◇ 可选：即一个分量是可有可无的（重复零次或一次）。

虽然可以使用自然语言描述由数据元素组成数据的关系，但是为了更加清晰简洁起见，建议采用下列符号：

= 意思是等价于（或定义为）；

+ 意思是和（即连接两个分量）；

[ ] 意思是或（即从方括弧内列出的若干个分量中选择一个），通常用“|”号分开供选择的分量；

{ } 意思是重复（即重复花括弧内的分量）；

( ) 意思是可选（即圆括弧里的分量可有可无）。常常使用上限和下限进一步注释表示重复的花括弧。一种注释方法是在开括弧的左边用上角标和下角标分别表明重复的上限和下限；另一种注释方法是在开括弧左侧标明重复的下限，在闭括弧的右侧标明重复的上限。例如，$^{5}_{1}\{A\}$和 1{A}5 含义相同。

下面举例说明上述描述数据内容的符号的使用方法：某种程序设计语言规定，用户说明的标识符是长度不超过 8 个字符的字符串，第 1 个字符必须是字母字符，随后的字符既可以是字母字符也可以是数字字符。利用上面讲述的符号，可以像下面那样定义标识符：

标识符 = 字母字符+字母数字串

字母数字串 = 0{字母或数字}7

字母或数字 = [字母字符|数字字符]

由于和项目有关的人都知道字母字符和数字字符的含义，因此，关于标识符的定义分解到这种程度就可以结束了。

在开发大型软件系统的过程中，数据字典的规模和复杂程度迅速增加，事实上，人工维护数据字典几乎是不可能的，因此，应该使用CASE工具来创建和维护数据字典。

3.8 结构化分析实例

初次学习软件工程的读者，往往感到书中讲述的系统分析过程和方法比较空洞、难于掌握。为帮助读者深入具体地理解系统分析的过程和方法，本节详细讲述一个结构化分析的实际例子。

3.8.1 问题陈述

某校财务科长要求系统分析员研究一下用学校自己的计算机生成工资明细表和各种财务报表的可能性。请问，系统分析员怎样用结构化分析技术完成这项工作？

通常，结构化分析过程包括问题定义、可行性研究和需求分析3个阶段，这3个阶段的工作基本上是按顺序完成的。下面分别叙述这3个阶段的分析过程。

3.8.2 问题定义

从何处着手解决财务科长提出的问题呢？立即开始考虑实现工资支付系统的详细方案并动手编写程序，对技术人员无疑是很有吸引力的。但是，在这样的早期阶段就考虑具体的技术问题，却很可能会使我们迷失前进的方向。会计部门（用户）并没有要求在学校自己的计算机上实现工资支付系统，仅仅要求研究这样做的可能性。后者是和前者很不相同的问题，它实际上是问，这样做预期将获得的经济效益能超过开发这个系统的成本吗？换句话说，这样做值得吗？

优秀的系统分析员还应该进一步考虑，用户面临的问题究竟是什么。财务科长为什么想研究在自己的计算机上实现工资支付系统的可能性呢？询问财务科长后得知，该校一直由会计人工计算工资并编制财务报表，随着学校的规模扩大，工作量也越来越大。目前每个月都需要两名会计紧张工作半个月才能完成，不仅效率低而且成本高。今后学校规模将进一步扩大，人工计算工资的成本还会进一步提高。

因此，目标是寻找一种比较便宜的生成工资明细表和各种财务报表的办法，并不一定必须在学校自己的计算机上实现工资支付系统。财务科长提出的要求，实际上并没有描述应该解决的问题，而是在建议一种解决问题的方案。这种解决方案可能是一个好办法，分析员当然应该认真研究它，但同时还应该考虑其他可能的解决方案，以便选出最好的方案。良好的问题定义应该明确地描述实际问题，而不是隐含地描述解决问题的方案。

分析员应该考虑的另一个关键问题，是预期的项目规模。为了改进工资支付系统最多可以花多少钱呢？虽然没人明确提出来，但是肯定会有某个限度。应该考虑下述3个基本数字：目前计算工资所花费的成本、新系统的开发成本和运行费用。新系统的运行费用必须低于目前的成本，而且节省的费用应该能使学校在一个合理的期限内收回开发新系统时的投资。

目前，每个月由两名会计用半个月时间计算工资和编制报表，一名会计每个月的工资和岗位津贴共约2 000元，每年为此项工作花费的人工费约2.4万元。显然，任何新系统的运行费用也不可能减少到小于零，因此，新系统每年最多可能获得的经济效益是2.4万元。

为了每年能节省2.4万元，投资多少钱是可以接受的呢？绝大多数单位都希望在3年内收回投资，因此，7.2万元可能是投资额的一个合理的上限值。虽然这是一个很粗略的数字，但是它确实能使用户对项目规模有一些了解。

为了请客户（会计科和学校校长）检验分析员对需要解决的问题和项目规模的认识是否正确，以便在双方达成共识的基础上开发出确实能满足用户实际需要的新系统，典型的做法是分析员用一份简短的书面备忘录表达他对问题的认识，这份文档称为“关于工资支付系统规模和目标的报告书”（见表3.2）。

表3.2　关于工资支付系统规模和目标的报告书 2002.12.26

项目名称	工资支付
问题	目前计算工资和编制报表的费用太高
项目目标	研究开发费用较低的新工资支付系统的可能性
项目规模	开发成本应该不超过7.2万元（±50%）
初步设想	用学校自己的计算机系统生成工资明细表和财务报表
可行性研究	为了更全面地研究工资支付项目的可能性，建议进行大约历时两周的可行性研究。这个研究的成本不超过4 000元

校长和财务科经过研究同意了上述报告书，于是可以对工资支付项目进行更仔细的研究了。

3.8.3 可行性研究

可行性研究是抽象和简化了的系统分析和设计的全过程，它的目标是用最小代价尽快确定问题是否能够解决，以避免盲目投资带来的巨大浪费。

本项目的可行性研究过程由下述8个步骤组成。

1. 澄清系统规模和目标

为了确保从一个正确的出发点着手进行可行性研究，首先通过访问财务科长和校长进一步验证上一阶段写出的“关于工资支付系统规模和目标的报告书”的正确性。

通过访问，分析员对人工计算工资存在的弊端有了更具体的认识，并且了解到工资总数应该记入分类日记账。显然，新工资支付系统不能忽略与分类账系统的联系。

2. 研究现有的系统

了解任何应用领域的最快速有效的方法，就是研究现有的系统。通过访问具体处理工资事务的两名会计，可以知道处理工资事务的大致过程。开始时把工资支付系统先看做一个黑盒子，图3.9所示的系统流程图描绘了处理工资事务的大致过程。

处理工资事务的大致过程是，每月月末教师把他们当月实际授课时数登记在课时表上，由各系汇总后交给财务科；职工把他们当月完成承包任务的情况登记在任务表上，汇总后交给财务科。两名会计根据这些原始数据计算每名教职工的工资，编制工资表、工资明细表和财务报表。然后，把记有每名教职工工资总额的工资表报送银行，由银行把钱打到每名教职工的工资存折上，同时把工资明细表发给每名教职工。

接下来应该搞清楚图 3.9 中黑盒子（工资支付系统）的内容。

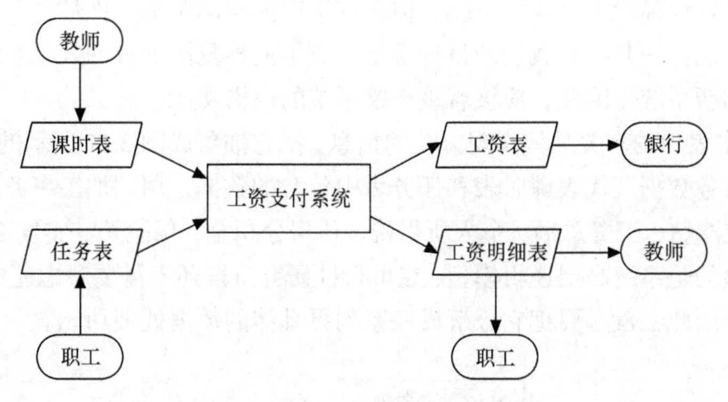

图 3.9 处理工资事务的大致过程

通过反复询问财务人员，可以知道现有的人工系统计算工资和编制报表的流程如下：接到课时表和任务表之后，首先审核这些数据，然后把审核后的数据按教职工编号排序并抄到专用的表格上，该表格预先印有教职工编号、姓名、职务、职称、基本工资、生活补贴、书报费、交通费、洗理费等数据。接下来根据当月课时数或完成承包任务情况，计算课时费或岗位津贴。算出每个人的工资总额之后，再计算应该扣除的个人所得税，应交纳的住房公积金和保险费，最后算出每个人当月的实发工资数。把算出的上述各项数据登记到前述的专用表格上，就得到了工资明细表。然后对数据进行汇总，编制出各种财务报表，而工资表不过是简化的工资明细表，它只包含工资明细表中的教职工编号、姓名和实发工资这 3 项内容。图 3.10 所示的系统流程图描绘了现有的人工工资支付系统的工作流程。

必须请有关人员仔细审查图 3.10 所示的系统流程图，有错误及时纠正，有遗漏及时补充。

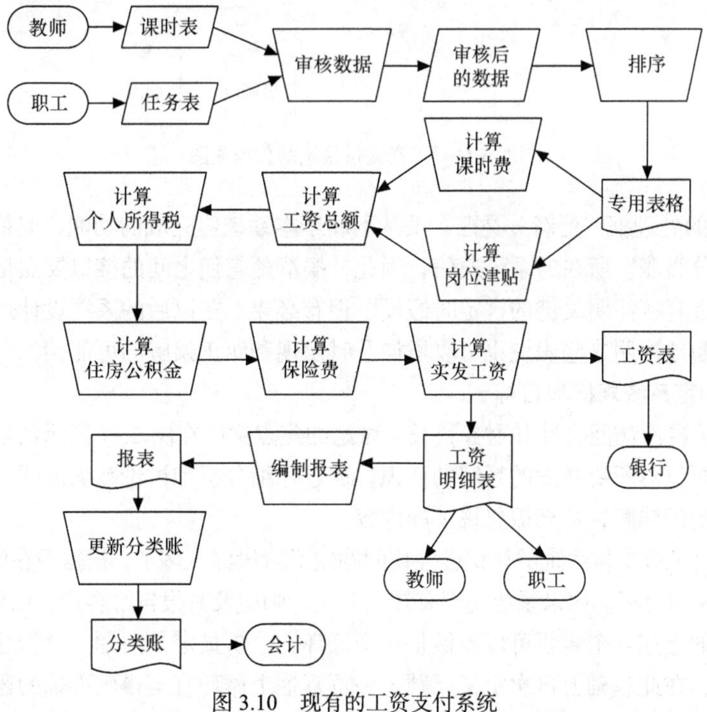

图 3.10 现有的工资支付系统

3. 导出高层逻辑模型

系统流程图很好地描绘了具体的系统，但在这样的流程图中把“做什么”和“怎样做”这两类不同范畴的知识混在一起了。我们的目标不是一成不变地复制现有的人工系统，而是开发一个能完成同样功能的新系统，因此，应该着重描绘系统的逻辑功能。

删除图 3.10 中表示的有关具体实现方法的信息，把它抽象成图 3.11 所示的数据流图。在这张数据流图中用“事务数据”代表课时表和任务表中包含的数据，用“加工事务数据”笼统地代表计算课时费、岗位津贴、工资总额、个人所得税、住房公积金、保险费、实发工资等一系列功能。这张数据流图描绘的是系统高层逻辑模型，在可行性研究阶段还不需要考虑完成“加工事务数据”功能的具体算法，因此，没必要把它分解成一系列更具体的数据处理功能。

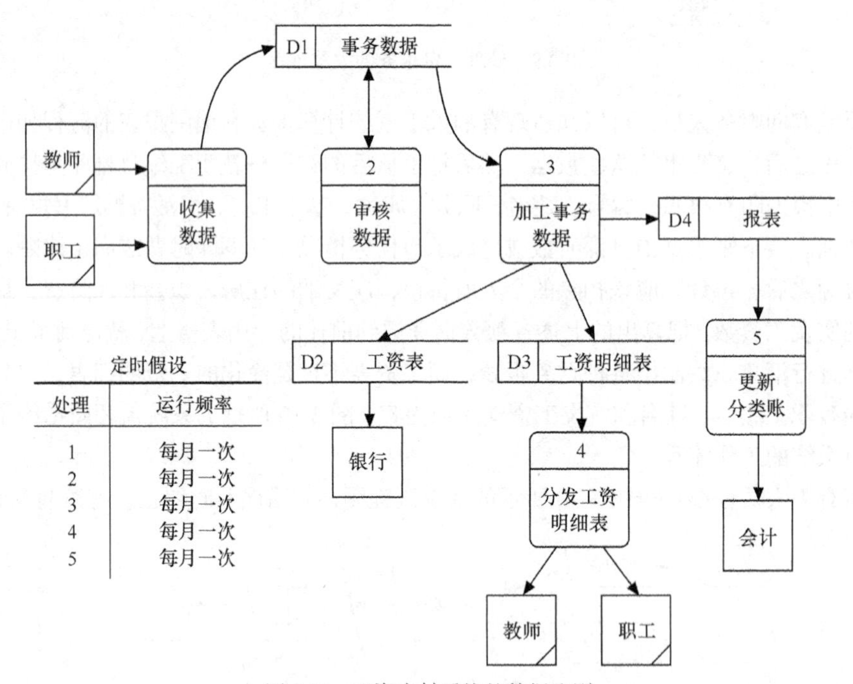

图 3.11　工资支付系统的数据流图

在图 3.11 中的处理框“更新分类账”虽然不属于本系统应完成的功能，但是工资支付系统至少必须和“更新分类账”所在的系统通信，因此，搞清楚它们之间的接口要点是很重要的。

在数据流图上直接注明关键的“定时假设”很有必要，在以后的系统设计过程中这些假设将起重要作用。清楚地注明这些假设也可以增加及时发现和纠正误解的可能性。

4. 进一步确定系统规模和目标

现在，分析员再次访问会计和财务科长，讨论的焦点集中在图 3.11 所示的数据流图，它代表了到现在为止分析员对所要开发的系统的认识。通过仔细分析和讨论数据流图，能够及时发现并纠正分析员对系统的误解，补充被忽视了的内容。

分析员现在对工资支付系统的认识已经比问题定义阶段深入多了，根据现在的认识，可以更准确地确定系统规模和目标。如果系统规模有较大变化，则应及时报告给客户，以便做出新的决策。

可行性研究的上述 4 个步骤可以看做是一个循环。分析员定义问题，分析这个问题，导出试探性的逻辑模型，在此基础上再次定义问题……重复这个循环直至得出准确的逻辑模型为止，然后分析员开始考虑实现这个系统的方案。

5. 导出供选择的解法

现在分析员对用户的问题已经有了比较深入的理解，但问题有行得通的解决办法吗?

回答这个问题的唯一方法是，导出一些供选择的解法，并且分析这些解法的可行性。导出供选择解法的一个常用方法是从数据流图出发，设想几种划分自动化边界的模式，并且为每种模式设想一个系统。

在分析供选择的解法时，首先考虑的是技术上的可行性。显然，从技术角度看不可能实现的方案是没有意义的。但是，技术可行性只是必须考虑的一个方面，还必须能同时通过其他检验，这种方案才是可行的。

接下来考虑操作可行性。例如，在对学生开放的公共计算机房内运行工资支付程序显然是不合适的。这样做不仅不安全，而且会暴露教职工的个人隐私。因此，必须为工资支付系统单独购置一台计算机及必要的外部设备，并且放在一间专用的房间里。

最后，必须考虑经济可行性问题，即“效益大于成本吗？”分析员必须对已经通过了技术可行性和操作可行性检验的解决方案再进行成本/效益分析。

分析员在进行成本/效益分析的时候必须认识到，投资是现在进行的，效益是将来获得的，因此，不能简单地比较成本和效益，应该考虑货币的时间价值。

通常用利率的形式表示货币的时间价值。假设年利率为 i，如果现在存入 P 元，则 n 年后可以得到的钱数为：$F=P(1+i)^n$。

这也就是 P 元钱在 n 年后的价值。反之，如果 n 年后能收入 F 元钱，那么这些钱的现在价值是：$P=F(1+i)^n$。

为了给客户提供在一定范围内进行选择的余地，分析员应该至少提出 3 种类型的供选择方案：低成本系统、中等成本系统和高成本系统。

如果把每月发一次工资改为每两个月发一次工资，则人工计算工资的成本大约可减少一半，即每年可节省 1.2 万元。除了已经进行的可行性研究的费用外，不再需要新的投资。这是一个很诱人的低成本方案。

当然，也必须充分认识上述低成本方案的缺点：违反常规；教职工反对；不能解决根本问题。随着学校规模扩大，人工处理工资事务的费用也将成比例地增加。

作为中等成本的解决方案，建议基本上复制现有系统的功能：课时表和任务表交到处理工资事务的专用机房，操作员把这些数据通过终端送入计算机，数据收集程序接收并校核这些事务数据，把它们存储在磁盘上。然后运行工资支付程序，它从磁盘中读取事务数据，计算工资，打印出工资表、工资明细表和财务报表。图 3.12 所示的系统流程图描绘了上述系统。

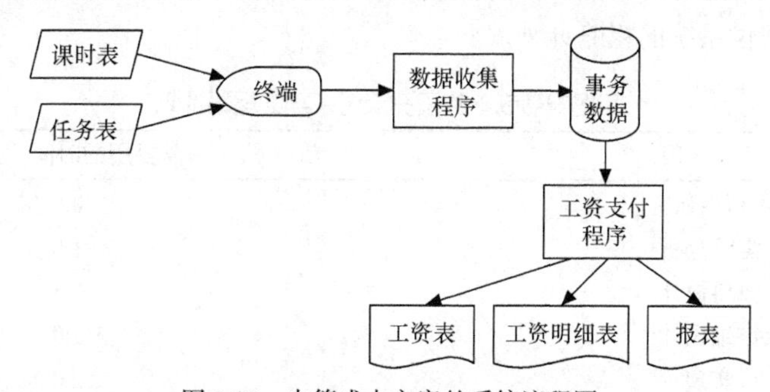

图 3.12 中等成本方案的系统流程图

上述中等成本方案看起来比较现实，因此，对它进行了完整的成本/效益分析，分析结果列在

表 3.3 中。从分析结果可以看出，中等成本的解决方案是比较合理的，经济上是可行的。

表 3.3　中等成本方案的成本/效益分析

开发成本			
人力（4 人月，8 000 元/人月）			3.2 万元
购买硬件			1.0 万元
总计			4.2 万元
新系统的运行费用			
人力和物资（250 元/月）			0.3 万元/年
维护			0.1 万元/年
总计			0.4 万元/年
现有系统的运行费用			2.4 万元/年
每年节省的费用			2.0 万元
年	节　省	现在值（以 5%计算）	累计现在值
1	20 000 元	19 047.62 元	19 047.62 元
2	20 000 元	18 181.82 元	37 229.44 元
3	20 000 元	17 241.38 元	54 470.82 元
投资回收期			2.28 年
纯收入			12 470.82 元

最后，考虑一种成本更高的方案：建立一个中央数据库，为开发完整的管理信息系统做好准备，并且把工资支付系统作为该系统的第 1 个子系统。这样做开发成本大约将增加到 12 万元，然而从工资支付这项应用中获得的经济效益并不变，如果仅考虑这一项应用，投资是不划算的。但是，将来其他应用系统（如教学管理，物资管理，人力资源管理）能以较低成本实现，而且这些子系统能集成为一个完整的系统。如果校长对这个方案感兴趣，可以针对它完成更详尽的可行性研究（费用大约需要用 1 万元）。

6. 推荐最佳方案

低成本方案虽然诱人，但是很难付诸实现；高成本的系统从长远看是合理的，但是它所需要的投资超出了预算。从已经确定的系统规模和目标来看，显然中等成本的方案是最好的。

7. 草拟开发计划

应该为推荐的最佳方案草拟一份开发计划。把系统生命周期划分成阶段，有助于制定出相对合理的计划。当然，在这样的早期开发阶段，制定出的开发计划是比较粗略的，表 3.4 所示为实现中等成本的工资支付系统的粗略计划。

表 3.4　实现中等成本的工资支付系统的粗略计划

阶　段	需要用的时间（月）
可行性研究	0.5
需求分析	1.0
概要设计	0.5
详细设计	1.0
实现	2.0
总计	5.0

8. 写出文档提交审查

分析员归纳整理本阶段的工作成果，写成正式文档（其中成本/效益分析的内容，根据表 3.4 所示的实现计划适当修正），提交由校长和财务科全体人员参加的会议审查。

3.8.4 需求分析

需求分析的目的是确切地回答："系统必须做什么？"

需求分析在可行性研究的基础上进行。前一阶段产生的文档，特别是数据流图（见图 3.11），是需求分析的出发点。在需求分析过程中分析员将设计出更精确的数据流图，并将写出数据字典及一系列简明的算法描述，它们都是软件需求规格说明书的重要组成部分。

需求分析的主要任务是更详尽地定义系统应该完成的每一个逻辑功能。怎样完成这个任务呢？

任何数据处理系统的基本功能，都是把输入数据转变成需要的输出信息。数据决定了处理和算法，看来数据应该是分析工作的出发点。必须经过计算才能得到的数据元素引出了必要的算法，算法反过来又引出了更多的数据元素。对数据的描述，记录在数据字典中；对算法的描述，记录在一组初步的 IPO 表中（目前描述的是说明数据处理功能的原理性算法，本书 4.5.1 小节将仔细介绍 IPO 表）。

对系统有了更深入的认识之后，可以进一步细化数据流图。在细化数据流图的过程中，又会进一步加深对系统的认识。这样一步一步地分析，将更详尽、更准确地定义出所需要的逻辑系统。

下面叙述工资支付系统的需求分析过程。

1. 沿数据流图回溯

为了把数据流和数据存储定义到元素级，一般说来，从数据流图的输出端着手分析是有意义的。这是因为，系统最基本的功能是产生需要的输出数据，在输出端出现的数据元素决定了系统的基本构成。

从图 3.11 的数据终点"教师"和"职工"开始分析，流入他们的数据流是"工资明细表"。工资明细表由哪些数据元素组成呢？从该校目前使用的工资明细表上可以看出它包含许多数据元素，表 3.5 列出了这些数据元素。这些数据元素是从什么地方来的呢？既然它们是工资支付系统的输出，它们或者是从外面输入进系统的，或者是由系统经过计算产生出来的。沿数据流图从输出端往输入端回溯，分析员应该可以确定每个数据元素的来源。如果分析员不能确定某个数据元素的来源，那么需要再次调查访问。这样有条不紊地分析下去，分析员将逐渐定义出系统的详细功能。

表 3.5　　工资明细表上包含的数据元素

教职工编号	职称	洗理费	个人所得税
教职工姓名	生活补贴	课时费	住房公积金
基本工资	书报费	岗位津贴	保险费
职务	交通费	工资总额	实发工资

例如，表 3.5 中的数据元素"工资总额"是怎样得出来的呢？从图 3.11 可以看出，包含数据元素"工资总额"的工资明细表，是从处理 4（"分发工资明细表"）输出到数据终点的，但是这个处理的功能是分发已经打印好的工资明细表，并不能生成新的数据元素。沿着数据流图回溯（即逆着数据流箭头方向前进），接下来遇到数据存储 D3（"工资明细表"）。不过数据存储只是保存数据的介质，它不具有变换数据的功能，因此也不会生成工资总额这项数据元素。再回溯则来到处理 3（"加工事务数据"）。显然，工资总额是由这个处理框计算出来的，因此应该确定相应的算法，

以便更准确地定义这个处理框的功能。

根据常识，工资总额等于各项收入（基本工资、生活补贴、书报费、交通费、洗理费、课时费或岗位津贴）之和。虽然不同教职工的基本工资、生活补贴、书报费、交通费和洗理费的数额可能并不相同，但是对同一个人来说，在一段时间内这些数值是稳定不变的，不需要在每次计算工资总额时都从外面输入这些数据。事实上，在输入的事务数据中并不包含这些数据元素，因此，它们必定保存在某个数据存储中。目前，还不知道这些数据保存在何处，分析员在笔记本中记下"必须搞清楚基本工资、生活补贴、书报费、交通费、洗理费等数据元素存储在何外"。此外，为了计算工资总额必须先计算课时费或岗位津贴，分析员在笔记本中记下"必须弄清课时费和岗位津贴的计算方法"。然后，着手分析另一个重要的数据元素"实发工资"。

显然，从工资总额中扣除个人所得税、住房公积金和保险费之后，余下的就是实发工资。沿数据流图回溯可知，个人所得税、住房公积金和保险费的数值都由处理 3（"加工事务数据"）计算得出。但是，目前还不知道怎样计算这些数值，分析员在笔记本中记下"必须搞清楚个人所得税、住房公积金和保险费的计算方法"。

2. 写出文档初稿

分析员在分析过程中不断加深对目标系统的认识，应该把获得的信息用一种容易修改、容易更新的形式记录下来。

通常，一个系统会涉及许多人，他们彼此理解是至关重要的。文档是主要的沟通工具，因此，文档必须是一致的和容易理解的。结构化分析方法要求，在需求分析阶段完成的正式文档（软件需求规格说明书）中必须至少包含 3 个重要成分：数据流图、数据字典，以及一组黑盒形式的算法描述。

数据字典是描述数据的信息的集合。在分析阶段数据字典能帮助分析员组织有关数据的信息，并且是和用户交流信息的有力工具。此外，它还能起备忘录的作用。在设计阶段，可以根据它确定记录、文件或数据库的格式；在实现阶段，程序员可以根据数据字典确定数据描述；在系统投入运行以后，数据字典可以清楚地告诉维护人员，具体的数据元素在系统中是怎样使用的。当必须修改程序时，这样的信息是极其宝贵的。

在手边没有数据字典软件包可用时，可以用卡片形式人工建立数据字典。例如，为工资支付系统中几个数据元素填写的数据字典卡片如图 3.13 所示。

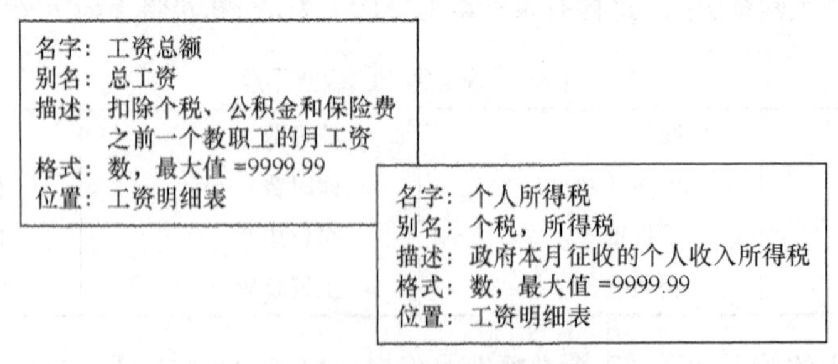

图 3.13　工资支付系统的数据字典卡片

分析员还应该以黑盒形式记录算法。所谓黑盒子就是不考虑一个功能的具体实现方法，只把它看做给予输入之后就能够产生一定输出的盒子。这正是在早期开发阶段分析员对算法应持有的正确观点，目的是用原理性算法准确地定义功能，算法的细节可以等到以后的开发阶段再确定。

通常使用 IPO 表记录对算法的初步描述，以后可以进一步精化它，而且在详细设计阶段可以把它作为 HIPO 图的一部分（本书 4.5.1 小节将介绍 HIPO 图）。图 3.14 所示为描述计算工资总额初步算法的 IPO 表。

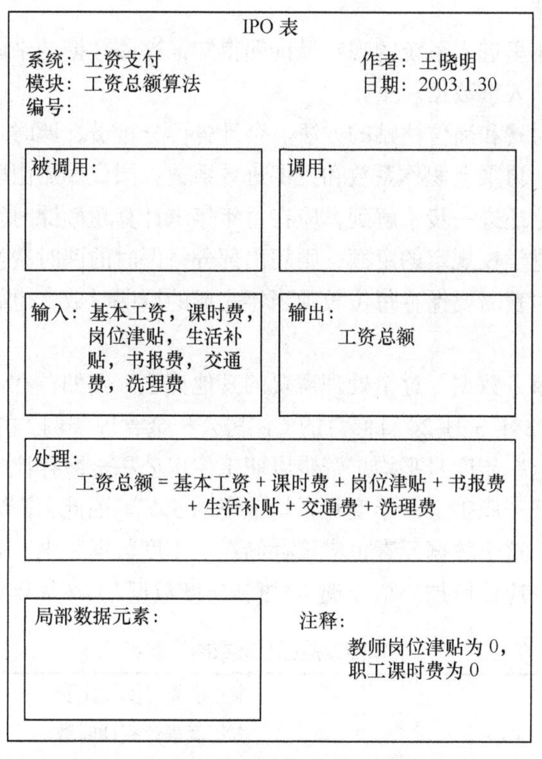

图 3.14　描述工资总额初步算法的 IPO 表

至此写出的文档还仅仅是初稿。写文档初稿的目的，一方面是记录已经知道的信息，另一方面是供用户审查。随着需求分析工作的深入，这些文档还将进一步修改完善。

3. 定义逻辑系统

通过前一步的工作，已经划分出许多必须在工资支付系统中流动的数据元素，并且把它们记录在初步的数据字典中。此外，还把某些算法以黑盒形式记录在 IPO 表中。上述这些工作成果正确吗？某些数据元素（如基本工资、生活补贴、书报费、交通费、洗理费）是从哪里来的呢？分析员必须设法得到这些问题的答案。

关于工资支付系统的详细信息只能来源于直接工作在这个系统上的人，因此，再次访问财务科长和具体处理工资事务的两位会计。数据流图（见图 3.11）是使讨论时焦点集中的极好工具，从数据流图的数据源点开始，沿着数据流循序讨论。事务数据从教职工流进收集数据这个处理中，以前已经在数据字典中描述了组成事务数据的元素（图 3.13 中未列出这张卡片），这个描述正确吗？有没有遗漏？“收集数据”的功能是什么？审核数据的算法是什么？……对于分析员来说，数据流图、数据字典和算法描述可以作为校核时的清单或备忘录。必须审核已经知道的信息，还必须补充目前尚不知道的信息，填补文档中的空白。

例如，考虑工资总额的算法。假设分析员和会计正在讨论数据流图中“加工事务数据”这个处理。在前一步骤中已经用 IPO 表（见图 3.14）描述了计算工资总额的算法，并且知道基本工资、生活补贴、书报费、交通费、洗理费等数据应该存储起来。那么，它们到底存储在哪个数据存储中呢？会计说，这些数据属于人事数据。但是，在图 3.11 所示的数据流图中并没有一个数据存储保存人事数据，显然应该修改数据流图，补充进这个数据存储。这样一步一步地分析数据流找出未知的数据元素，未知的数据元素引出访问时的问题，而问题的答案又引入一个以前不知道的系统成分——人事数据存储。

人事数据存储是从哪里进入系统的呢？经询问得知，这些数据的来源是人事科，而且需要增加一个新的处理——更新人事数据。

接下来讨论计算课时费和岗位津贴的方法。会计告诉分析员，课时费等于教师当月的授课时数乘上每课时的课时费，再乘上职称系数和授课班数系数；岗位津贴由职工的职务和完成当月任务的情况决定。通过讨论还进一步了解到，应在每年年末计算超额课时费。也就是说，如果一位教师一年的授课时数超过学校规定的定额，则超出部分每课时的课时费按正常值的 1.2 倍计算。显然，为了计算超额课时费需要保存每位教师当年完成的授课时数，也就是说，需要一个数据存储来存放“年度数据”。

接下来讨论“加工事务数据”这个处理需要的其他算法。例如，在讨论住房公积金的算法时了解到，根据国务院 2002 年 3 月 24 日修订的《住房公积金管理条例》的规定，“职工住房公积金的月缴存额为职工本人上一年度月平均工资乘以职工住房公积金缴存比例”，“职工和单位住房公积金的缴存比例均不得低于职工上一年度月平均工资的 5%”。因此，需要存储每名教职工上一年度的月平均工资。显然，这个数据元素也应该存储在“年度数据”中。表 3.6 所示为年度数据包含的数据元素。相应地，应该增加一个处理（“更新年度数据”）在每年年末更新年度数据。

表 3.6　　年度数据包含的数据元素

教职工编号	本年度累计实发工资
教职工姓名	本年度累计授课时数
本年度累计工资总额	上年度月平均工资

最后，把新发现的数据源点、数据处理和数据存储补充到数据流图中，得到新的数据流图（见图 3.15）。

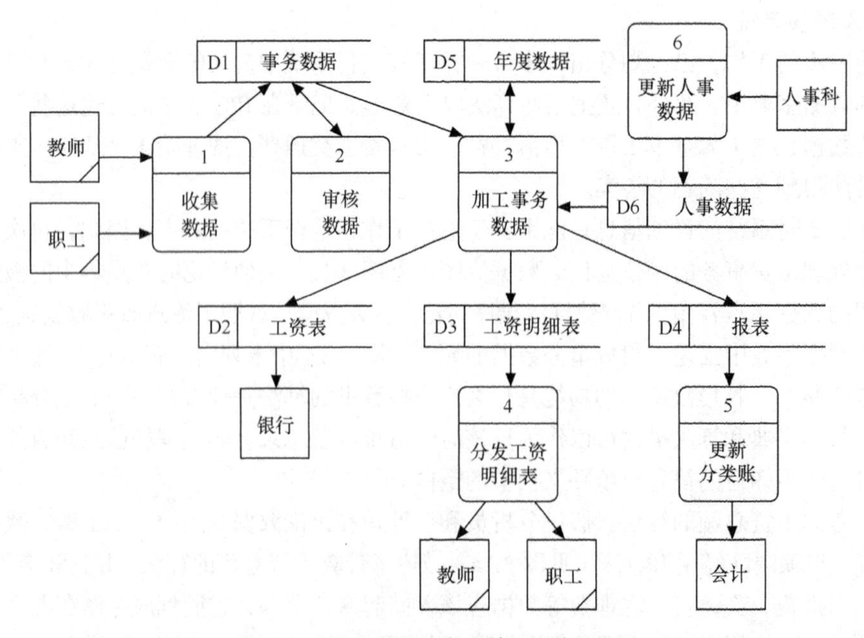

图 3.15　补充后的工资支付系统数据流图

4. 细化数据流图

经过上述工作分析员对工资支付系统已经有了更深入、更具体的认识，原有的数据流图已经不能充分表达他对系统的认识，应该进一步地细化数据流图。

选取数据流图上功能过分复杂的处理，把它分解成若干个子功能，这些较低层次的子功能成为新数据流图上的处理，它们有自己的数据存储和数据流。

例如，图 3.15 中“加工事务数据”这个处理的功能太复杂了，用一个处理框不能清晰地描绘它的功能，应该把它进一步分解细化。根据分析员现在对加工事务数据功能的了解，把这个处理分解成下述 5 个逻辑功能。

① 取数据：取出事务数据、人事数据和年度数据。

② 计算正常工资：计算不包含超额课时费的工资。

③ 计算超额课时费：年终计算超额课时费，算得的钱数加到 12 月份的工资总额中。

④ 更新年度数据：每月工资总额、实发工资及授课时数累加到相应的年度数据中，并在年终计算本年度的月平均工资。

⑤ 印表格：印出工资表、工资明细表和各种财务报表。

上述 5 个子功能及它们之间的关系，可以用一张数据流分图来描绘（见图 3.16）。把分解“加工事务数据”处理框的结果加到原来的数据流图中，得到一张更详细的新数据流图（见图 3.17）。

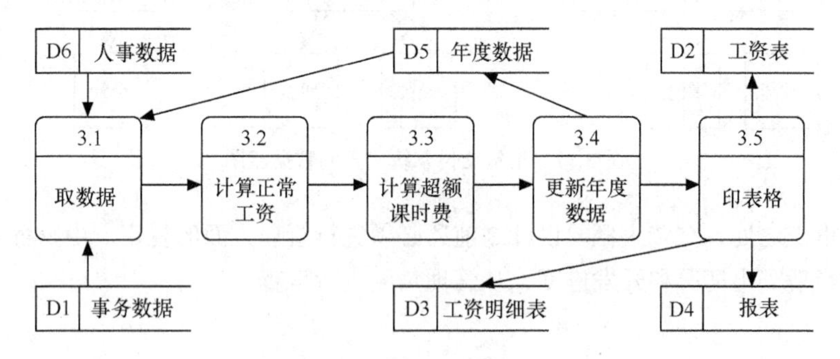

图 3.16　对“加工事务数据”的细化

新数据流图对工资支付系统的逻辑功能描绘得比以前更深入、更具体了。分析本系统其他处理功能后得知，对于这个具体系统来说，已经没有必要再分解其他功能了。一般说来，如果进一步分解将促使你开始考虑为了完成该功能需要写出的代码，就不应该再分解了。在需求分析阶段分析员应该只在逻辑功能层工作，代码已经属于物理实现层了。

5. 书写正式文档

数据流图细化之后，组成系统的各个元素之间的逻辑关系变得更清楚了。以细化后的数据流图为基础，可以对系统需求做更进一步地分析。随着分析过程的进展，通过询问与回答的反复循环，会把目标系统定义得越来越准确。最终，分析员对系统需求有了令人满意的认识，应该把这些认识用正式文档“软件需求规格说明书”准确地记录下来。细化到适当层次的数据流图、数据字典和黑盒形式的算法描述，是构成软件需求规格说明书的重要成分。

6. 技术审查和管理复审

由从外单位聘请来的一位有经验的系统分析员担任组长，并由具体处理工资事务的两名会计及本系统的分析员作为小组成员，组成技术审查小组。图 3.17 所示的数据流图是审查的重点；用数据字典和 IPO 表辅助对数据流图的理解。作为小组组员的一名会计朗读软件需求规格说明书，大家仔细审查这份文档。审查的目的是发现错误或遗漏，而不是对前一阶段的工作进行批评或争论。本系统的分析员负责改正审查小组发现的问题。

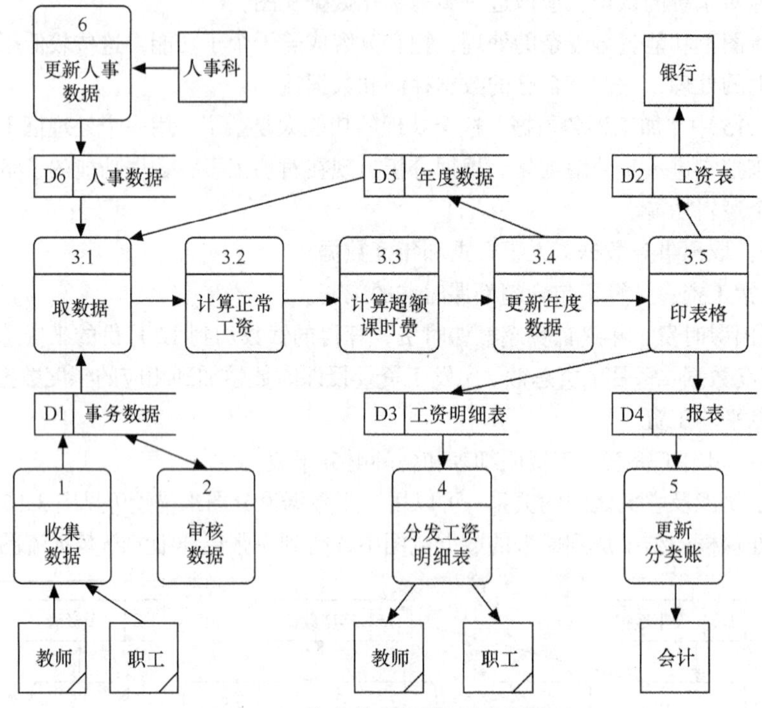

图 3.17 工资支付系统完整的数据流图

除了技术审查之处，在转入概要设计之前还必须进行管理方面的复审。由财务科长和学校校长对本项目的经费支出情况和开发进度，从管理角度进行审查。

小　　结

传统的软件工程方法学使用结构化分析技术，完成分析用户需求的工作。需求分析是发现、求精、建模、规格说明和复审的过程。需求分析的第一步是了解用户当前所处的情况，发现用户所面临的问题。接下来应该通过与用户交流，对用户的基本需求反复细化，以得出对目标系统的完整、准确和具体的需求。

为了详尽地了解并正确地理解用户的需求，必须使用适当的方法与用户沟通和交流。访谈是历史悠久的与用户沟通方法，至今仍被系统分析员广泛采用。为了促使用户与分析员密切合作共同分析需求，人们研究出一种面向团队的需求收集法，称为“简易的应用规格说明技术”。现在，这种技术已经成为信息系统界使用的主流技术。实践表明，快速建立软件原型是最准确、最有效和最强大的需求分析技术。快速原型应该具备的基本特性是“快速”和“容易修改”，因此，必须有适当的软件工具支持快速原型技术。通常使用第四代技术、可重用的软件构件及形式化规格说明与原型环境等工具，快速地构建和修改原型。

为了更好地理解问题，人们常常采用建立模型的方法，结构化分析实质上就是一种建模活动，通常建立数据模型、功能模型和行为模型。在需求分析阶段建立起来的模型，在软件开发过程中有许多重要作用。

◇ 模型能帮助分析员更好地理解软件系统的信息、功能和行为，从而使得需求分析工作更容易完成，使需求分析的结果更系统化。

◇ 模型是复审需求分析成果时的焦点，因此，也成为验证规格说明的完整性、一致性和准确性的重要依据。

◇ 模型是设计的基础，为设计者提供了软件的实质性表示，通过设计工作将把这些表示转化成软件实现。

除了创建分析模型之外，在需求分析阶段还应该写出软件需求规格说明，经过认真评审并得到用户确认之后，作为这个阶段的最终成果。

通常，使用实体—关系图来建立数据模型，读者应该掌握这种图形的基本符号，能够正确地使用这些符号建立软件系统的数据模型。

数据流图是描绘信息流和数据从输入移动到输出的过程中所经受的变换的图形化技术。可以在任何抽象层次上使用数据流图来表示信息处理系统或软件。它是分析员与用户之间沟通、交流的有效工具，也是进行软件设计的极好出发点。由于结构化分析通常主要关注目标系统应该完成的逻辑功能，而数据流图提供了功能建模的基本机制，因此，数据流图是结构化分析过程中使用的最主要的建模工具。读者应该熟练掌握数据流图的基本符号，并能正确地使用这些符号建立目标系统的功能模型。

状态转换图通过描绘系统的状态及引起系统状态转换的事件，表示系统的行为，从而提供了行为建模的机制。

数据字典描述在数据模型、功能模型和行为模型中出现的数据对象和控制信息的特性，给出这些对象的精确定义。因此，数据字典成为把3种分析模型黏合在一起的“黏合剂”，是分析模型的“核心”。在开发大型软件系统的过程中，数据字典的规模和复杂程度都迅速增加，通常需要使用CASE工具来创建和维护数据字典。

本章最后讲述了一个结构化分析的实际例子。认真阅读并仔细思考这个例子，有助于读者更深入具体地理解用结构化技术完成系统分析工作的过程和方法，并逐步学会用结构化分析技术解决实际问题。

习 题

一、判断题

1. 需求规格说明书在软件开发中具有重要的作用，它也可以作为软件可行性分析的依据。（ ）
2. 需求分析的主要目的是解决软件开发的具体方案。（ ）
3. 需求规格说明书描述了系统每个功能的实现。（ ）
4. 非功能需求是从各个角度对系统的约束和限制，反映了应用对软件系统质量和特性的额外要求。（ ）
5. 需求评审人员主要由开发人员组成，一般不包括用户。（ ）
6. 分层的DFD图可以用于可行性分析阶段，描述系统的物理结构。（ ）
7. 信息建模方法是从数据的角度来建立信息模型的，最常用的描述信息模型的方法是E-R

图。（ ）

8. 用于需求分析的软件工具，应该能够保证需求的正确性，即验证需求的一致性、完整性、现实性和有效性。（ ）

9. 需求分析是开发方的工作，用户的参与度不大。（ ）

二、选择题

1. 需求工程的主要目的是（ ）。

A. 系统开发的具体方案　B. 进一步确定用户的需求

C. 解决系统是“做什么的问题”　D. 解决系统是“如何做的问题”

2. 需求分析的主要方法有（ ）。

A. 形式化分析方法　B. PAD图描述

C. 结构化分析SA方法　D. 程序流程图

3. SA法的主要描述手段有（ ）。

A. 系统流程图和模块图　B. DFD图、数据词典、加工说明

C. 软件结构图、加工说明　D. 功能结构图、加工说明

4. 画分层DFD图的基本原则有（ ）。

A. 数据守恒原则　B. 分解的可靠性原则

C. 子、父图平衡的原则　D. 数据流封闭的原则

5. 在E-R模型中，包含以下基本成分（ ）。

A. 数据、对象、实体　B. 控制、关系、对象

C. 实体、关系、控制　D. 实体、属性、关系

6. 在下面的叙述中哪一个不是软件需求分析的任务？（ ）。

A. 问题分解　B. 可靠性与安全性要求

C. 结构化程序设计　D. 确定逻辑模型

7. 需求规格说明书的作用不应包括（ ）。

A. 软件设计的依据

B. 用户与开发人员对软件要做什么的共同理解

C. 软件验收的依据

D. 软件可行性研究的依据

8. 软件需求规格说明书的内容不应该包括（ ）。

A. 对重要功能的描述　B. 对算法的详细过程描述

C. 对数据的要求　D. 软件的性能

9. 软件需求分析阶段的工作，可以分为以下4个方面：对问题的识别、分析与综合、编写需求分析文档以及（ ）。

A. 总结　B. 阶段性报告

C. 需求分析评审　D. 以上答案都不正确

10. 下述任务中，不属于软件工程需求分析阶段的是（ ）。

A. 分析软件系统的数据要求　B. 确定软件系统的功能需求

C. 确定软件系统的性能要求　D. 确定软件系统的运行平台

11. 进行需求分析可使用多种工具，但（ ）是不适用的。

A. 数据流图　B. PAD图　C. 状态转换图　D. 数据词典

12. 在需求分析之前有必要进行（　　）工作。

A. 程序设计　　B. 可行性分析　　C. ER 分析　　D. 2NF 分析

13. 数据流图是进行软件需求分析的常用图形工具，其基本图形符号是（　　）。

A. 输入、输出、外部实体和加工

B. 变换、加工、数据流和存储

C. 加工、数据流、数据存储和外部实体

D. 变换、数据存储、加工和数据流

14. 在结构化分析方法中，用以表达系统内数据的运动情况的工具是（　　）。

A. 数据流图　　B. 数据字典　　C. 结构化语言　　D. 判定表与判定树

三、简答题

1. 如何理解需求分析的作用和重要性。
2. 如何理解结构化需求分析方法的基本思想。
3. 如何进行结构化需求分析，其建模方法都有哪些？
4. 为什么需求分析特别重要？
5. 需求分析的目的和工作目标是什么？
6. 需求开发经过哪些步骤？每个步骤有何作用？
7. 需求分析的难点在哪里？
8. 需求分析的理论基础有哪些？
9. 为什么说需求过程是一个迭代过程？
10. 需求管理过程的目标和内容是什么？
11. 用户需求报告与需求分析规格说明书有何差异？
12. 需求评审的作用是什么？为什么必须评审？评审的标准是什么？
13. 请简述可行性研究所研究的问题。
14. 请简述数据流图的作用。
15. 请简述数据字典的作用。

四、应用题

1. 某旅馆的电话服务如下：可以拨分机号和外线号码。分机号是从 7201 至 7299。外线号码先拨 9，然后是市话号码或长话号码。长话号码是由区号和市话号码组成。区号是从 100 到 300 中任意的数字串。市话号码是以局号和分局号组成。局号可以是 455、466、888、552 中任意一个号码。分局号是任意长度为 4 的数字串。

请写出在数据字典中，电话号码数据条目的组成。

2. 某银行计算机储蓄系统的工作流程大致如下：储户填写的存款单或取款单由业务员键入系统，如果是存款则系统记录存款人的姓名、住址（或电话号码）、身份证号码、存款类型、存款日期、到期日期、利率及密码（可选）等信息，并印出存款单给储户；如果是取款，而且存款时留有密码，则系统首先核对储户密码，若密码正确或存款时未留密码，则系统计算利息并印出利息清单给储户。

请用数据流图描绘本系统的功能。

3. 有如下一个学生选课系统：教师提出开课计划，系统批准后给教师下发开课通知。学生可向系统提出选课申请，系统批准后给学生下发选课申请结果通知。课程结束后，系统还可以帮助教师录入学生成绩，同时把成绩单发送给学生。

请画出该系统顶层的数据流图。

4. 办公室复印机的工作过程大致如下：未收到复印命令时处于闲置状态，一旦接收到复印命令则进入复印状态，完成一个复印命令规定的工作后又回到闲置状态，等待下一个复印命令：如果执行复印命令时发现缺纸，则进入缺纸状态，发出警告，等待装纸，装满纸后进入闲置状态，准备接收复印命令；如果复印时发生卡纸故障，则进入卡纸状态，

发出警告，等待维修人员来排除故障，故障排除后回到闲置状态。

请用状态转换图描绘复印机的行为。

第4章 结构化设计

对软件需求有了完整、准确、具体的理解之后，接下来的工作就是用软件正确地实现这些需求。为此，必须首先进行软件设计。软件设计的目标，是设计出所要开发的软件的模型。设计软件模型的过程综合了诸多因素：从开发类似软件的经验中获得的直觉和判断力，指导模型演化的一组原理和启发规则，判断质量优劣的一组标准，以及导出最终设计表示的迭代过程。传统的软件工程方法学采用结构化设计（structured design，SD）技术，完成软件设计工作。通常把软件设计工作划分为概要设计和详细设计这样两个阶段。概要设计的主要任务是，通过仔细分析软件规格说明，适当地对软件进行功能分解，从而把软件划分为模块，并且设计出完成预定功能的模块结构；详细设计阶段详细地设计每个模块，确定完成每个模块功能所需要的算法和数据结构。

软件设计在软件工程过程中处于技术核心地位，而且不依赖于所使用的软件过程模型。在完成了软件需求分析并写出软件规格说明之后，软件设计就开始了，它是构造和验证软件所需要完成的三项技术活动（设计、代码生成和测试）中的第一项。

本章主要讲述结构化设计与结构化分析的关系、软件设计的概念和原理、模块独立、启发规则、表示软件结构的图形工具、面向数据流的设计方法、人—机界面设计、过程设计、过程设计的工具、面向数据结构的设计方法等内容。

4.1 结构化设计与结构化分析的关系

软件设计必须依据对软件的需求来进行，结构化分析的结果为结构化设计提供了最基本的输入信息。

分析模型（见3.3节）的每个元素都提供了创建设计模型时所需要的信息。图4.1所示描绘了软件设计过程中的信息流。由数据模型、功能模型和行为模型表示的软件需求被传送给软件设计者，他们使用适当的设计方法完成数据设计、体系结构设计、接口设计和过程设计。

数据设计把分析阶段创建的信息域模型转变成实现软件所需要的数据结构。在实体—关系图中定义的数据对象和关系，以及数据字典和数据对象描述中给出的详细的数据内容，为数据设计活动奠定了坚实的基础。

体系结构设计确定了程序的主要结构元素（即程序构件）之间的关系。从分析模型和在分析模型内定义的子系统的交互，可以导出这个设计表示——计算机程序的模块框架。

接口设计的结果描述了软件内部、软件与协作系统之间以及软件与使用它的人之间的沟通方式。接口意味着信息流（如数据流或控制流），因此，数据流图提供了接口设计所需要的信息。

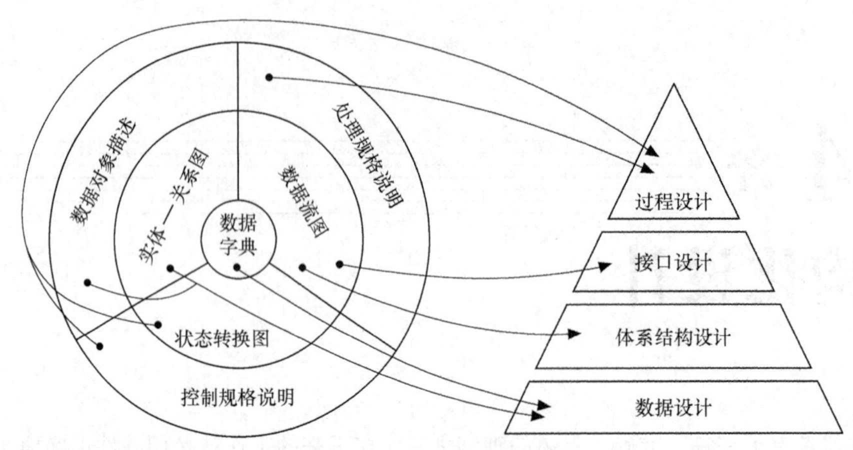

图 4.1　把分析模型转变成软件设计

过程设计把程序体系结构中的结构元素，变换成对软件构件的过程性描述。从处理规格说明、控制规格说明和状态转换图所获得的信息，是过程设计的基础。

在软件设计期间我们所做出的决策，将最终决定软件开发能否成功，更重要的是，这些设计决策将决定软件维护的难易程度。

软件设计之所以如此重要，是因为设计是软件开发过程中决定软件产品质量的关键阶段。

设计为我们提供了可以进行质量评估的软件表示，设计是我们把用户需求准确地转变为最终的软件产品的唯一方法。软件设计是后续的所有软件开发和软件维护步骤的基础，如果不进行设计，我们就会冒构造出不稳定系统的风险：稍做改动这样的系统就会崩溃；这样的系统很难测试；这样的系统直到软件工程过程的后期（例如，编码结束）才能评估其质量。但是，这时才发现软件质量问题已经为时过晚了，而且大量经费已经用掉了。

4.2　软件设计的概念和原理

本节讲述在完成软件设计任务时应该遵循的基本原理和与软件设计有关的概念。

4.2.1　模块化

模块是由边界元素限定的相邻的程序元素（如数据说明，可执行的语句）的序列，而且有一个总体标识符来代表它。像 Pascal 这样的块结构语言中的 Begin…end 对，或者 C 语言中的{…}对，都是边界元素的例子。因此，过程、函数、子程序、宏等，都可作为模块。面向对象程序设计语言中的类（见后续面向对象方法的章节）是模块，类的方法也是模块。模块是构成程序的基本构件。

模块化就是把程序划分成可独立命名且独立访问的模块，每个模块完成一个子功能，把这些模块集成起来构成一个整体，可以完成指定的功能满足用户的需求。

有人说，模块化是为了使一个复杂的大型程序能被人的智力所管理，软件应该具备的唯一属性。如果一个大型程序仅由一个模块组成，它将很难被人所理解。下面根据人类解决问题的一般规律，论证上面的结论。

设函数 $C(x)$定义问题 x 的复杂程度，函数 $E(x)$确定解决问题 x 需要的工作量（时间）。对于两

个问题 P_1 和 P_2，如果

$$C(P_1) > C(P_2)$$

显然

$$E(P_1) > E(P_2)$$

根据人类解决一般问题的经验，另一个有趣的规律是

$$C(P_1+P_2) > C(P_1) + C(P_2)$$

也就是说，如果一个问题由 P_1 和 P_2 两个问题组合而成，那么它的复杂程度大于分别考虑每个问题时的复杂程度之和。

综上所述，得到下面的不等式：

$$E(P_1+P_2) > E(P_1) + E(P_2)$$

这个不等式导致“各个击破”的结论——把复杂的问题分解成许多容易解决的小问题时，原来的问题也就容易解决了。这就是模块化的根据。

由上面的不等式似乎还能得出下述结论：如果无限地分割软件，最后为了开发软件而需要的工作量也就小得可以忽略了。事实上，还有另一个因素在起作用，从而使得上述结论不能成立。参看图 4.2，当模块数目增加时每个模块的规模将减小，开发单个模块需要的成本（工作量）确实减少了。但是，随着模块数目增加，设计模块间接口所需要的工作量也将增加。根据这两个因素，得出了图中的总成本曲线。每个程序都相应地有一个最适当的模块数目 M，使得系统的开发成本最小。

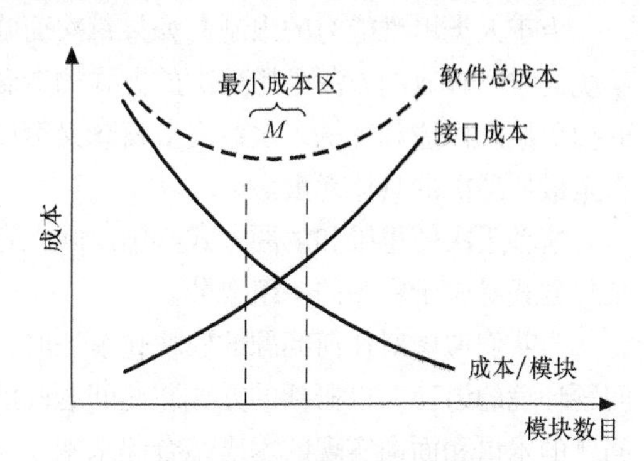

图 4.2 模块化和软件成本

虽然我们目前还不能精确地预测出 M 的数值，但是在考虑模块化解决方案的时候，总成本曲线确实是有用的指南。本章讲述的设计原理和启发规则，可以在一定程度上帮助我们确定合适的模块数目。

当考虑模块化解决方案时，除了模块数目之外还有另外一个重要问题需要回答：怎样定义一个给定大小的模块。用来定义系统内模块的方法，决定了定义出的是什么样的模块。Meyer 提出了 5 条标准，我们可以用这 5 条标准来评价一种设计方法定义有效的模块系统的能力。下面列出这 5 条标准。

（1）模块可分解性

如果一种设计方法提供了把问题分解为子问题的系统化机制，它就能降低整个问题的复杂性，从而可以实现一种有效的模块化解决方案。

（2）模块可组装性

如果一种设计方法能把现有的（可重用的）设计构件组装成新系统，它就能提供一种并非一切都从头开始做的模块化解决方案。

（3）模块可理解性

如果可以把一个模块作为一种独立单元（无须参考其他模块）来理解，那么，这样的模块是易于构造和易于修改的。

（4）模块连续性

如果对系统需求的微小修改只导致对个别模块、而不是对整个系统的修改，则修改所引起的副作用将最小。

（5）模块保护性

如果在一个模块内出现异常情况时，它的影响局限在该模块内部，则由错误引起的副作用将最小。

采用模块化原理可以使软件结构清晰，不仅容易设计也容易阅读和理解。因为程序错误通常局限在有关的模块及它们之间的接口中，所以模块化使软件容易测试和调试，因而有助于提高软件的可靠性；因为变动往往只涉及少数几个模块，所以模块化能够提高软件的可修改性；模块化也有助于软件开发工程的组织管理，一个复杂的大型程序可以由许多程序员分工编写不同的模块，并且可以进一步分配技术熟练的程序员编写复杂的模块。

4.2.2 抽象

人类在认识复杂现象的过程中使用的最强有力的思维工具是抽象。人们在实践中认识到，在现实世界中一定事物、状态或过程之间总存在着某些相似的方面（共性）。把这些相似的方面集中和概括起来，暂时忽略它们之间的差异，这就是抽象。或者说抽象就是抽出事物的本质特性而暂时不考虑它们的细节。

由于人类思维能力的限制，如果每次面临的因素太多，是不可能做出精确思维的。处理复杂系统的唯一有效的方法是用层次的方式构造和分析它。一个复杂的动态系统首先可以用一些高级的抽象概念构造和理解，这些高级概念又可以用一些较低级的概念构造和理解，如此进行下去，直至最低层次的具体元素。

这种层次的思维和解题方式必须反映在定义动态系统的程序结构之中，每级的一个概念将以某种方式对应于程序的一组成分。

当我们考虑对任何问题的模块化解法时，可以提出许多抽象的层次。在抽象的最高层次使用问题环境的语言，以概括的方式叙述问题的解法；在较低抽象层次采用更过程化的方法，把面向问题的术语和面向实现的术语结合起来叙述问题的解法；最后，在最低的抽象层次用可以直接实现的方式叙述问题的解法。

软件工程过程的每一步都是对软件解法的抽象层次的一次精化。在可行性研究阶段，软件作为系统的一个完整部件；在需求分析期间，软件解法是使用在问题环境内熟悉的方式描述的；当我们由总体设计向详细设计过渡时，抽象的程度也就随之减少了；最后，当源程序写出来以后，也就达到了抽象的最低层。

逐步求精（见4.2.3小节）和模块化的概念，与抽象是紧密相关的。随着软件开发工程的进展，在软件结构每一层中的模块，表示了对软件抽象层次的一次精化。事实上，软件结构顶层的模块，控制了系统的主要功能并且影响全局；在软件结构底层的模块，完成对数据的一个具体处理，用自顶向下由抽象到具体的方式分配控制，简化了软件的设计和实现，提高了软件的可理解性和可测试性，并且使软件更容易维护。

4.2.3 逐步求精

逐步求精是人类解决复杂问题时采用的基本技术，也是许多软件工程技术（如规格说明技术、设计和实现技术、测试和集成技术）的基础。可以把逐步求精定义为：“为了能集中精力解决主要问题而尽量推迟对问题细节的考虑。”

逐步求精之所以如此重要，是因为人类的认知过程遵守Miller法则：一个人在任何时候都只能把注意力集中在7±2个知识块上。

但是，在开发软件的过程中，软件工程师的大脑需要在一段时间内考虑的知识块数远远多于 7。例如，一个程序通常不止使用 7 个数据，一个用户也往往有不止 7 个方面的需求。逐步求精技术的强大作用就在于，它能帮助软件工程师把精力集中在与当前开发阶段最相关的那些方面上，而忽略那些对整体解决方案来说是必要的，然而目前还不需要考虑的细节，这些细节将留到以后再考虑。Miller 法则是人类智力的基本局限，我们不可能战胜我们的自然本性，只能承认这个法则，接受自身的局限性，并在这个前提下尽我们的最大努力工作。

事实上，可以把逐步求精看做是一项把一个时期内必须解决的种种问题按优先级排序的技术。逐步求精确保每个问题都将被解决，而且每个问题都在适当的时候解决。但是，在任何时候一个人都不需要同时处理 7 个以上的知识块。

逐步求精最初是由 Niklaus Wirth 提出的一种自顶向下的设计策略。按照这种设计策略，程序的体系结构是通过逐步精化过程细节的层次而开发出来的。通过逐步分解对功能的宏观陈述而开发出层次结构，直至最终得出用程序设计语言表达的程序。

Wirth 本人对逐步求精策略曾做过如下的概括说明。

“我们对付复杂问题的最重要的办法是抽象，因此，对一个复杂的问题不应该立刻用计算机指令、数字和逻辑符号来表示，而应该用较自然的抽象语句来表示，从而得出抽象程序。抽象程序对抽象的数据进行某些特定的运算并用某些合适的记号（可能是自然语言）来表示。对抽象程序做进一步的分解，并进入下一个抽象层次，这样的精细化过程一直进行下去，直到程序能被计算机接受为止。这时的程序可能是用某种高级语言或机器指令书写的。”

求精实际上是细化过程。我们从在高抽象级别定义的功能陈述（或信息描述）开始，也就是说，该陈述仅仅概念性地描述了功能或信息，但是并没有提供功能的内部工作情况或信息的内部结构。求精要求设计者细化原始陈述，随着每个后续求精（细化）步骤的完成而提供越来越多的细节。

抽象与求精是一对互补的概念。抽象使得设计者能够说明过程和数据，同时却忽略低层细节。事实上，可以把抽象看做是一种通过忽略多余的细节同时强调有关的细节，而实现逐步求精的方法。求精则帮助设计者在设计过程中揭示出低层细节。这两个概念都有助于设计者在设计演化过程中创造出完整的设计模型。

4.2.4　信息隐藏

应用模块化原理时，自然会产生的一个问题是：“为了得到最好的一组模块，应该怎样分解软件”。信息隐藏原理指出：应该这样设计和确定模块，使得一个模块内包含的信息（过程和数据）对于不需要这些信息的模块来说，是不能访问的。

实际上，应该隐藏的不是有关模块的一切信息，而是模块的实现细节，因此，有人主张把这条原理称为“细节隐藏”。但是，由于历史原因，人们已经习惯于把这条原理称为“信息隐藏”。

“隐藏”意味着有效的模块化可以通过定义一组独立的模块来实现。这些模块彼此之间只交换那些为了完成软件功能而必须交换的信息。“抽象”有助于定义组成软件的过程实体，“隐藏”则定义并施加了对模块内部过程细节和模块使用的局部数据结构的访问限制。

如果在测试期间和以后的软件维护期间需要修改软件，那么使用信息隐藏原理作为模块化系统设计的标准就会带来极大好处。因为绝大多数数据和过程对于软件的其他部分而言是隐蔽的（也就是“看”不见的），在修改期间由于疏忽而引入的错误就很少传播到软件的其他部分。

4.3 模块独立

模块独立的概念是模块化、抽象、逐步求精、信息隐藏等概念的直接结果，也是完成有效的模块设计的基本标准。

开发具有独立功能而且和其他模块之间没有过多的相互作用的模块，就可以做到模块独立。换句话说，希望这样设计软件结构，使得每个模块完成一个相对独立的特定子功能，并且和其他模块之间的关系很简单。

模块的独立性很重要的原因主要有两条：①有效的模块化（即具有独立的模块）的软件比较容易开发出来，这是由于能够分割功能而且接口可以简化，当许多人分工合作开发同一个软件时，这个优点尤其重要；②独立的模块比较容易测试和维护，这是因为相对说来，修改设计和程序需要的工作量比较小，错误传播范围小，需要扩充功能时能够“插入”模块。总之，模块独立是好设计的关键，而设计又是决定软件质量的关键环节。

模块的独立程度可以由两个定性标准来度量，这两个标准分别称为内聚和耦合。耦合衡量不同模块彼此间互相依赖（连接）的紧密程度；内聚衡量一个模块内部各个元素彼此结合的紧密程度。以下分别详细阐述。

4.3.1 耦合

耦合（Coupling）是对一个软件结构内不同模块之间互连程度的度量。耦合强弱取决于模块间接口的复杂程度，进入或访问一个模块的点，以及通过接口的数据。

在软件设计中应该追求尽可能松散耦合的系统。在这样的系统中可以研究、测试或维护任何一个模块，而不需要对系统的其他模块有很多了解。此外，由于模块间联系简单，发生在一处的错误传播到整个系统的可能性就很小。因此，模块间的耦合程度强烈影响系统的可理解性、可测试性、可靠性和可维护性。下面介绍怎样具体区分模块间耦合程度的强弱。

如果两个模块中的每一个都能独立地工作而不需要另一个模块的存在，那么它们彼此完全独立，这意味着模块间无任何连接，耦合程度最低。但是，在一个软件系统中不可能所有模块之间都没有任何连接。

如果两个模块彼此间通过参数交换信息，而且交换的信息仅仅是数据，那么这种耦合称为数据耦合。如果传递的信息中有控制信息（尽管有时这种控制信息以数据的形式出现），则这种耦合称为控制耦合。

数据耦合是低耦合。系统中至少必须存在这种耦合，因为只有当某些模块的输出数据作为另一些模块的输入数据时，系统才能完成有价值的功能。一般说来，一个系统内可以只包含数据耦合。控制耦合是中等程度的耦合，它增加了系统的复杂程度。控制耦合往往是多余的，在把模块适当分解之后通常可以用数据耦合代替它。

如果被调用的模块需要使用作为参数传递进来的数据结构中的所有元素，那么把整个数据结构作为参数传递是完全正确的。但是，当把整个数据结构作为参数传递而被调用的模块只需要使用一部分数据元素时，就出现了特征耦合。在这种情况下，被调用的模块可以处理的数据多于它确实需要的数据，这将导致对数据的访问失去控制，从而给计算机犯罪提供了机会。

当两个或多个模块通过一个公共数据环境相互作用时，它们之间的耦合称为公共环境耦合。

公共环境可以是全程变量、共享的通信区、内存的公共覆盖区、任何存储介质上的文件、物理设备等。

公共环境耦合的复杂程度随耦合的模块个数而变化，当耦合的模块个数增加时复杂程度显著增加。如果只有两个模块有公共环境，那么这种耦合有下面两种可能。

① 一个模块往公共环境送数据，另一个模块从公共环境取数据。这是数据耦合的一种形式，是比较松散的耦合。

② 两个模块都既往公共环境送数据又从里面取数据，这种耦合比较紧密，介于数据耦合和控制耦合之间。

如果两个模块共享的数据很多，都通过参数传递可能很不方便，这时可以利用公共环境耦合。最高程度的耦合是内容耦合。如果出现下列情况之一，两个模块间就发生了内容耦合：

◇ 一个模块访问另一个模块的内部数据；

◇ 一个模块不通过正常入口而转到另一个模块的内部；

◇ 两个模块有一部分程序代码重叠（只可能出现在汇编程序中）；

◇ 一个模块有多个入口（这意味着一个模块有几种功能）。

应该坚决避免使用内容耦合。事实上许多高级程序设计语言已经设计成不允许在程序中出现任何形式的内容耦合。

总之，耦合是影响软件复杂程度的一个重要因素。应该采取下述设计原则：

尽量使用数据耦合，少用控制耦合和特征耦合，限制公共环境耦合的范围，完全不用内容耦合。

4.3.2　内聚

内聚（Cohesion）标志一个模块内各个元素彼此结合的紧密程度，它是信息隐藏和局部化概念的自然扩展。简单地说，理想内聚的模块只做一件事情。

设计时应该力求做到高内聚，通常中等程度的内聚也是可以采用的，而且效果和高内聚相差不多。

内聚和耦合是密切相关的，模块内的高内聚往往意味着模块间的松耦合。内聚和耦合都是进行模块化设计的有力工具，但是实践表明内聚更重要，应该把更多注意力集中到提高模块的内聚程度上。

低内聚有如下几类：如果一个模块完成一组任务，这些任务彼此间即使有关系，关系也是很松散的，就叫做偶然内聚。有时在写完一个程序之后，发现一组语句在两处或多处出现，于是把这些语句作为一个模块以节省内存，这样就出现了偶然内聚的模块。如果一个模块完成的任务在逻辑上属于相同或相似的一类（如一个模块产生各种类型的全部输出），则称为逻辑内聚。如果一个模块包含的任务必须在同一段时间内执行（如模块完成各种初始化工作），则称为时间内聚。

在偶然内聚的模块中，各种元素之间没有实质性联系，很可能在一种应用场合需要修改这个模块，在另一种应用场合又不允许这种修改，从而陷入困境。事实上，偶然内聚的模块出现修改错误的概率比其他类型的模块高得多。

在逻辑内聚的模块中，不同功能混在一起，合用部分程序代码，即使局部功能的修改有时也会影响全局。因此，这类模块的修改也比较困难。

时间关系在一定程度上反映了程序的某些实质，所以时间内聚比逻辑内聚好一些。中内聚主要有两类：如果一个模块内的处理元素是相关的，而且必须以特定次序执行，则称为过程内聚。

使用程序流程图作为工具设计软件时，常常通过研究流程图确定模块的划分，这样得到的往往是过程内聚的模块。如果模块中所有元素都使用同一个输入数据和（或）产生同一个输出数据，则称为通信内聚。

高内聚也有两类：如果一个模块内的处理元素和同一个功能密切相关，而且这些处理必须顺序执行（通常一个处理元素的输出数据作为下一个处理元素的输入数据），则称为顺序内聚。根据数据流图划分模块时，通常得到顺序内聚的模块，这种模块彼此间的连接往往比较简单。如果模块内所有处理元素属于一个整体，完成一个单一的功能，则称为功能内聚。功能内聚是最高程度的内聚。

耦合和内聚的概念是 Constantine、Yourdon、Myers 和 Stevens 等人提出来的。按照他们的观点，如果给上述 7 种内聚的优劣评分，将得到如下结果：

功能内聚	10 分	时间内聚	3 分
顺序内聚	9 分	逻辑内聚	1 分
通信内聚	7 分	偶然内聚	0 分
过程内聚	5 分		

事实上，没有必要精确规定内聚的级别。重要的是设计时力争做到高内聚，并且能够辨认出低内聚的模块，有能力通过修改设计提高模块的内聚程度，同时降低模块间的耦合程度，从而获得较高的模块独立性。

4.4 启发规则

软件工程师们在开发计算机软件的长期实践中积累了丰富的经验，总结这些经验得出了一些启发规则。这些启发规则虽然不像前两节讲述的基本原理那样普遍适用，但是在许多场合仍然能给软件工程师有益的启示，往往能帮助他们找到改进软件设计、提高软件质量的途径，因此有助于实现有效的模块化。下面介绍几条常用的启发规则。

1. 改进软件结构提高模块独立性

设计出软件的初步结构以后，应该审查分析这个结构，通过模块分解或合并，力求降低耦合提高内聚。例如，多个模块公有的一个子功能可以独立成一个模块，由这些模块调用；有时可以通过分解或合并模块以减少控制信息的传递及对全程数据的引用，并且降低接口的复杂程度。

2. 模块规模应该适中

经验表明，一个模块的规模不应过大，最好能写在一页纸内（通常不超过 60 行语句）。有人从心理学角度研究得知，当一个模块包含的语句数超过 30 以后，模块的可理解程度迅速下降。过大的模块往往是由于分解不充分，但是进一步分解必须符合问题结构。一般说来，分解后不应该降低模块独立性。

过小的模块开销大于有效操作，而且模块数目过多将使系统接口复杂，因此，过小的模块有时不值得单独存在，特别是只有一个模块调用它时，通常可以把它合并到上级模块中去而不必单独存在。

3. 深度、宽度、扇出和扇入都应适当

深度表示软件结构中控制的层数，它往往能粗略地标志一个系统的大小和复杂程度。深度和程序长度之间应该有粗略的对应关系，当然这个对应关系是在一定范围内变化的。如果层数过多则应该考虑是否有许多管理模块过分简单了，能否适当合并。

宽度是软件结构内同一个层次上的模块总数的最大值。一般说来，宽度越大系统越复杂。对

宽度影响最大的因素是模块的扇出。

扇出是一个模块直接控制（调用）的模块数目，扇出过大意味着模块过分复杂，需要控制和协调过多的下级模块；扇出过小（如总是 1）也不好。经验表明，一个设计得好的典型系统的平均扇出通常是 3 或 4（扇出的上限通常是 5~9）。

扇出太大一般是因为缺乏中间层次，应该适当增加中间层次的控制模块。扇出太小时可以把下级模块进一步分解成若干个子功能模块，或者合并到它的上级模块中去。当然分解模块或合并模块必须符合问题结构，不能违背模块独立原理。

一个模块的扇入表明有多少个上级模块直接调用它，扇入越大则共享该模块的上级模块数目越多，这是有好处的。但是，不能违背模块独立原理单纯追求高扇入。

观察大量软件系统后发现，设计得很好的软件结构通常顶层扇出比较高，中层扇出较少，底层扇入到公共的实用模块中去（底层模块有高扇入）。

4. 模块的作用域应该在控制域之内

模块的作用域定义为受该模块内一个判定影响的所有模块的集合。模块的控制域是这个模块本身以及所有直接或间接从属于它的模块的集合。例如，在图 4.3 中模块 A 的控制域是 A、B、C、D、E、F 等模块的集合。

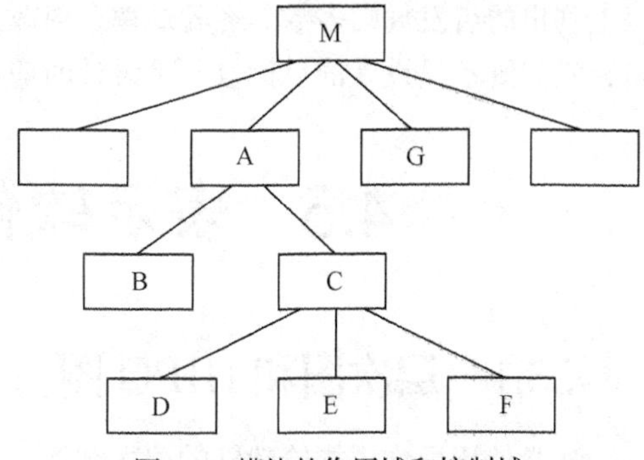

图 4.3 模块的作用域和控制域

在一个设计得很好的系统中，所有受判定影响的模块应该都从属于做出判定的那个模块，最好局限于做出判定的那个模块本身及它的直属下级模块。例如，如果图 4.3 中模块 A 做出的判定只影响模块 B，那么是符合这条规则的。但是，如果模块 A 做出的判定同时还影响模块 G 中的处理过程，又会有什么坏处呢？首先，这样的结构使得软件难于理解。其次，为了使得 A 中的判定能影响 G 中的处理过程，通常需要在 A 中给一个标记设置状态以指示判定的结果，并且应该把这个标记传递给 A 和 G 的公共上级模块 M，再由 M 把它传给 G。这个标记是控制信息而不是数据，因此将使模块间出现控制耦合。

怎样修改软件结构才能使作用域是控制域的子集呢？一个方法是把做判定的点往上移，如把判定从模块 A 中移到模块 M 中。另一个方法是把那些在作用域内但不在控制域内的模块移到控制域内，如把模块 G 移到模块 A 的下面，成为它的直属下级模块。

到底采用哪种方法改进软件结构，需要根据具体问题统筹考虑。一方面应该考虑哪种方法更现实，另一方面应该使软件结构能最好地体现问题原来的结构。

5. 力争降低模块接口的复杂程度

模块接口复杂是软件发生错误的一个主要原因。应该仔细设计模块接口，使得信息传递简单并且和模块的功能一致。

例如，求一元二次方程的根的模块 QUAD-ROOT(TBL,X)，其中用数组 TBL 传送方程的系数，用数组 X 回送求得的根。这种传递信息的方法不利于对这个模块的理解，不仅在维护期间容易引起混淆，在开发期间也可能发生错误。下面这种接口是比较简单的：

QUAD-ROOT(A,B,C,ROOT1,ROOT2)，其中 A、B、C 是方程的系数，ROOT1 和 ROOT2 是算出的两个根。

接口复杂或不一致（即看起来传递的数据之间没有联系），是紧耦合或低内聚的征兆，应该重新分析这个模块的独立性。

6. **设计单入口单出口的模块**

这条启发式规则警告软件工程师不要使模块间出现内容耦合。当从顶部进入模块并且从底部退出来时，软件是比较容易理解的，因此也是比较容易维护的。

7. **模块功能应该可以预测**

模块的功能应该能够预测，但也要防止模块功能过分局限。如果一个模块可以当做一个黑盒子，也就是说，只要输入的数据相同就产生同样的输出，这个模块的功能就是可以预测的。带有内部“存储器”的模块的功能可能是不可预测的，因为它的输出可能取决于内部存储器（例如某个标记）的状态。由于内部存储器对于上级模块而言是不可见的，所以这样的模块既不易理解又难于测试和维护。

如果一个模块只完成一个单独的子功能，则呈现高内聚；但是，如果一个模块任意限制局部数据结构的大小，过分限制在控制流中可以做出的选择或者外部接口的模式，那么这种模块的功能就过分局限，使用范围也就过分狭窄了。在使用过程中将不可避免地需要修改功能过分局限的模块，以提高模块的灵活性，扩大它的使用范围。但是，在使用现场修改软件的代价是很高的。

以上列出的启发规则多数是经验规律，对改进设计，提高软件质量，往往有重要的参考价值。但是，它们既不是设计的目标也不是设计时应该普遍遵循的原理。

4.5 表示软件结构的图形工具

4.5.1 层次图和HIPO图

通常使用层次图描绘软件的层次结构。在图4.3中已经非正式地使用了层次图。在层次图中一个矩形框代表一个模块，框间的连线表示调用关系（位于上方的矩形框所代表的模块调用位于下方的矩形框所代表的模块）。图4.4所示是层次图的一个例子，最顶层的矩形框代表正文加工系统的主控模块，它调用下层模块以完成正文加工的全部功能；第二层的每个模块控制完成正文加工的一个主要功能，如“编辑”模块通过调用它的下属模块，可以完成6种编辑功能中的任何一种。在自顶向下逐步求精设计软件的过程中，使用层次图很方便。

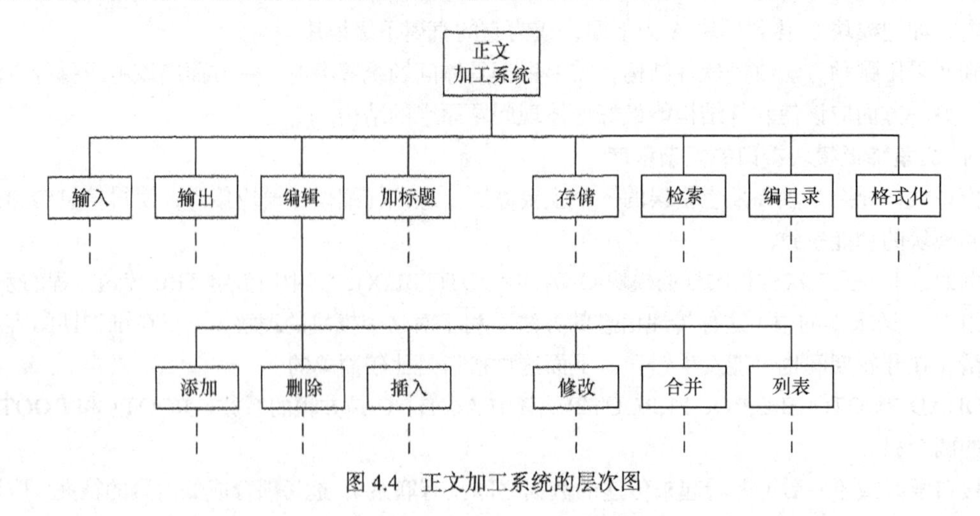

图4.4 正文加工系统的层次图

HIPO 图是美国 IBM 公司发明的“层次图加输入/处理/输出图”的英文缩写。为了使 HIPO 图具有可追踪性，在 H 图（即层次图）里除了顶层的方框之外，每个方框都加了编号。编号方法与本书 3.5.2 小节中介绍的数据流图的编号方法相同。例如，把图 4.4 各方框加了编号之后得到图 4.5。

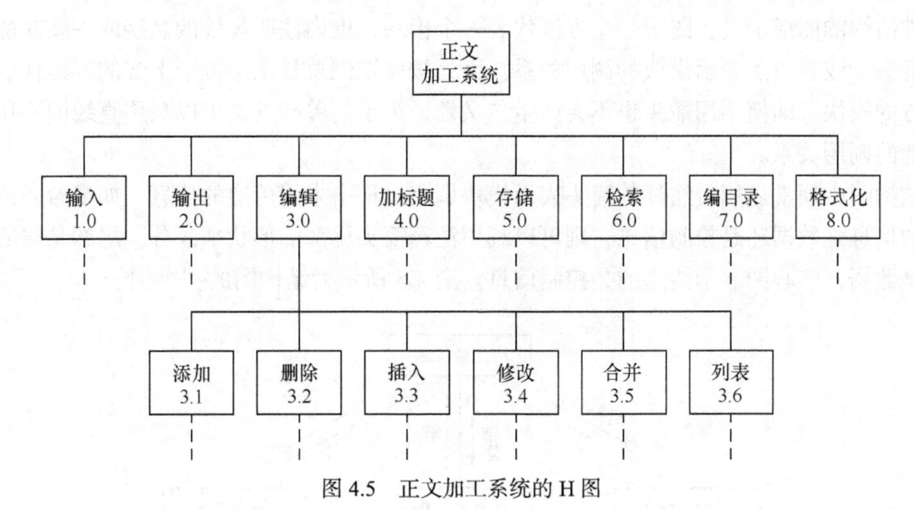

图 4.5　正文加工系统的 H 图

和 H 图中的每个方框相对应，应该有一张 IPO 图描绘这个方框代表的模块的处理过程。

IPO 图使用的基本符号既少又简单，因此很容易学会使用这种图形工具。它的基本形式是在左边的框中列出有关的输入数据，在中间的框内列出主要的处理，在右边的框内列出产生的输出数据。处理框中列出处理的次序暗示了执行的顺序，但是用这些基本符号还不足以精确描述执行处理的详细情况。在 IPO 图中还用类似向量符号的粗大箭头清楚地指出数据通信的情况。图 4.6 所示为一个主文件更新的例子，通过这个例子不难了解 IPO 图的用法。

这里建议使用一种改进的 IPO 图（也称为 IPO 表），这种图中包含某些附加的信息，在软件设计过程中将比原始的 IPO 图更有用。如图 4.7 所示，改进的 IPO 图中包含的附加信息主要有系统名称、图的作者，完成的日期，本图描述的模块的名字，模块在层次图中的编号，调用本模块的模块清单，本模块调用的模块的清单、注释以及本模块使用的局部数据元素等。

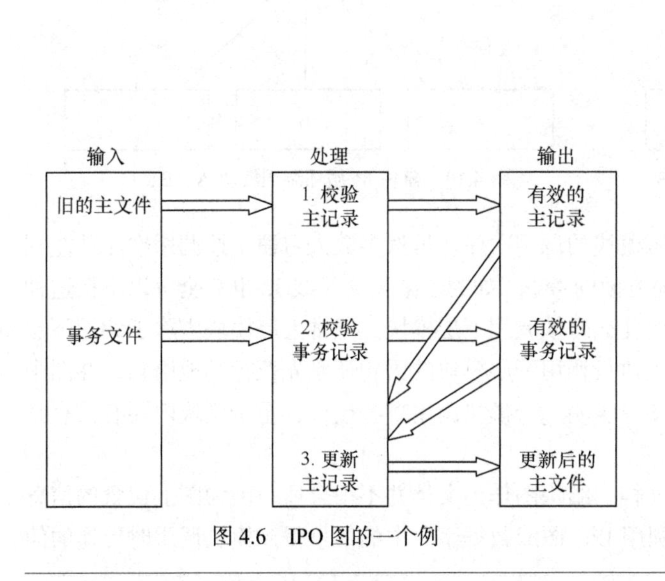

图 4.6　IPO 图的一个例

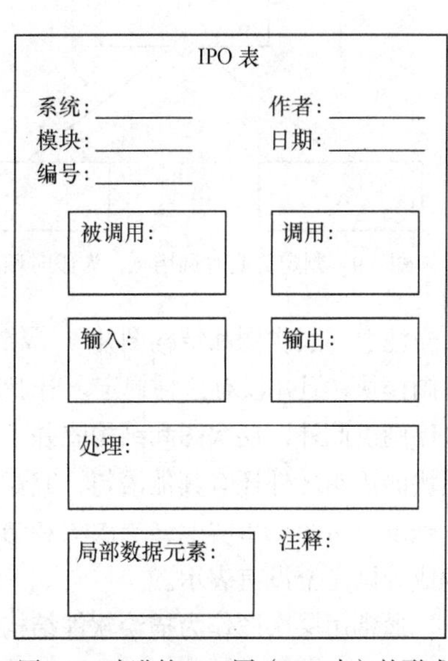

图 4.7　改进的 IPO 图（IPO 表）的形式

4.5.2 结构图

Yourdon 提出的结构图是进行软件结构设计的另一个有力工具。结构图和层次图类似，也是描绘软件结构的图形工具，图中一个方框代表一个模块，框内注明模块的名字或主要功能；方框之间的箭头（或直线）表示模块的调用关系。因为按照惯例总是图中位于上方的方框代表的模块调用下方的模块，即使不用箭头也不会产生二义性，为了简单起见，可以只用直线而不用箭头表示模块间的调用关系。

在结构图中通常还用带注释的箭头表示模块调用过程中来回传递的信息。如果希望进一步标明传递的信息是数据还是控制信息，则可以利用注释箭头尾部的形状来区分：尾部是空心圆表示传递的是数据，实心圆表示传递的是控制信息。图 4.8 所示为结构图的一个例子。

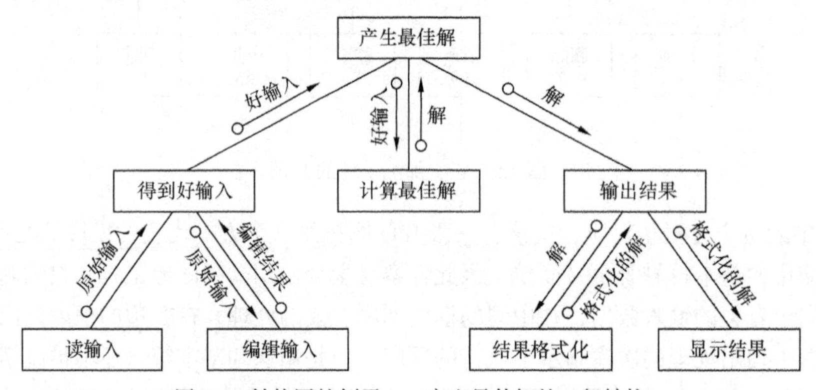

图 4.8 结构图的例子——产生最佳解的一般结构

以上介绍的是结构图的基本符号，也就是最经常使用的符号。此外，还有一些附加的符号，可以表示模块的选择调用或循环调用。图 4.9 所示为当模块 M 中某个判定为真时调用模块 A，为假时调用模块 B。图 4.10 所示为模块 M 循环调用模块 A、B 和 C。

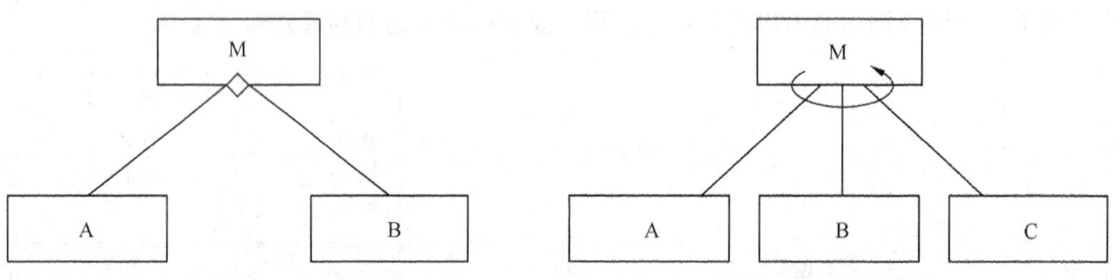

图 4.9 判定为真时调用 A，为假时调用 B

图 4.10 模块 M 循环调用模块 A、B、C

注意，层次图和结构图并不严格表示模块的调用次序。虽然多数人习惯于按调用次序从左到右画模块，但并没有这种规定。出于其他方面的考虑（如为了减少交叉线），也完全可以不按这种次序画。此外，层次图和结构图并不指明什么时候调用下层模块。通常上层模块中除了调用下层模块的语句之外还有其他语句，究竟是先执行调用下层模块的语句还是先执行其他语句，在图中丝毫没有指明。事实上，层次图和结构图只表明一个模块调用哪些模块，至于模块内还有没有其他成分则完全没有表示。

通常用层次图作为描绘软件结构的文档。结构图作为文档并不很合适，因为图上包含的信息太多有时反而降低了清晰程度。但是，利用 IPO 图或数据字典中的信息得到模块调用时传递的信息，从而由层次图导出结构图的过程，却可以作为检查设计正确性和评价模块独立性的好方法。传送的每个数据元素是否都是完成模块功能所必须的？反之，完成模块功能必须的每个数据元素是否都传送来了，所有数据元素是否都只和单一的功能有关？如果发现结构图上模块间的联系不容易解释，则应该考虑是否设计上有问题。

4.6　面向数据流的设计方法

面向数据流的设计方法的目标是给出设计软件结构的一个系统化的途径。在软件工程的需求分析阶段，信息流是一个关键考虑因素，通常用数据流图描绘信息在系统中加工和流动的情况。面向数据流的设计方法定义了一些不同的“映射”，利用这些映射可以把数据流图变换成软件结构。因为任何软件系统都可以用数据流图表示，所以面向数据流的设计方法理论上可以设计任何软件的结构。通常所说的结构化设计方法，也就是基于数据流的设计方法。

4.6.1　概念

面向数据流的设计方法把信息流映射成软件结构，信息流的类型决定了映射的方法。信息流有下述两种类型。

1. 变换流

根据基本系统模型，信息通常以“外部世界”的形式进入软件系统，经过处理以后再以“外部世界”的形式离开系统。

如图 4.11 所示，信息沿输入通路进入系统，同时由外部形式变换成内部形式。进入系统的信息通过变换中心，经加工处理以后再沿输出通路变换成外部形式离开软件系统。当数据流图具有这些特征时，这种信息流就叫做变换流。

2. 事务流

基本系统模型意味着变换流。因此，原则上所有信息流都可以归结为这一类。但是，当数据流图具有和图 4.12 所示类似形状时，这种数据流是“以事务为中心的”。也就是说，数据沿输入通路到达一个处理 T，这个处理根据输入数据的类型在若干个动作序列中选出一个来执行。这类数据流应该划为一类特殊的数据流，称为事务流。图 4.12 中所示的处理 T 称为事务中心，它完成下述任务：

◇ 接收输入数据（输入数据又称为事务）；

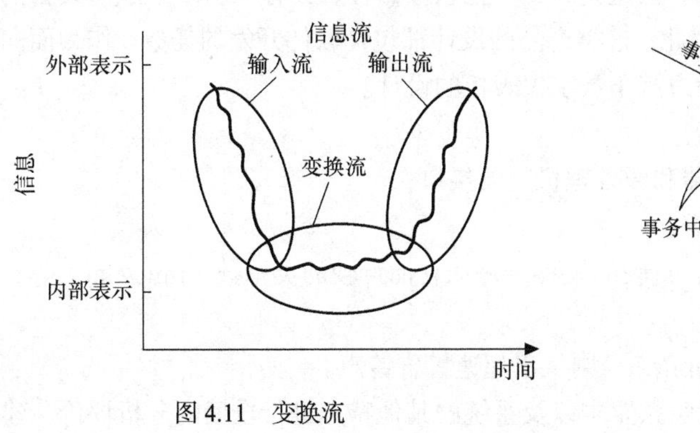

图 4.11　变换流

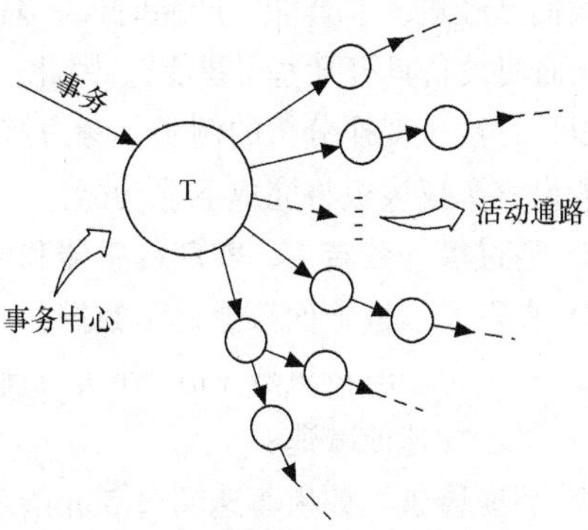

事务
T
活动通路
事务中心

图 4.12　事务流

◇ 分析每个事务以确定它的类型；

◇ 根据事务类型选取一条活动通路。

3. 设计过程

图 4.13 所示为面向数据流方法的设计过程。

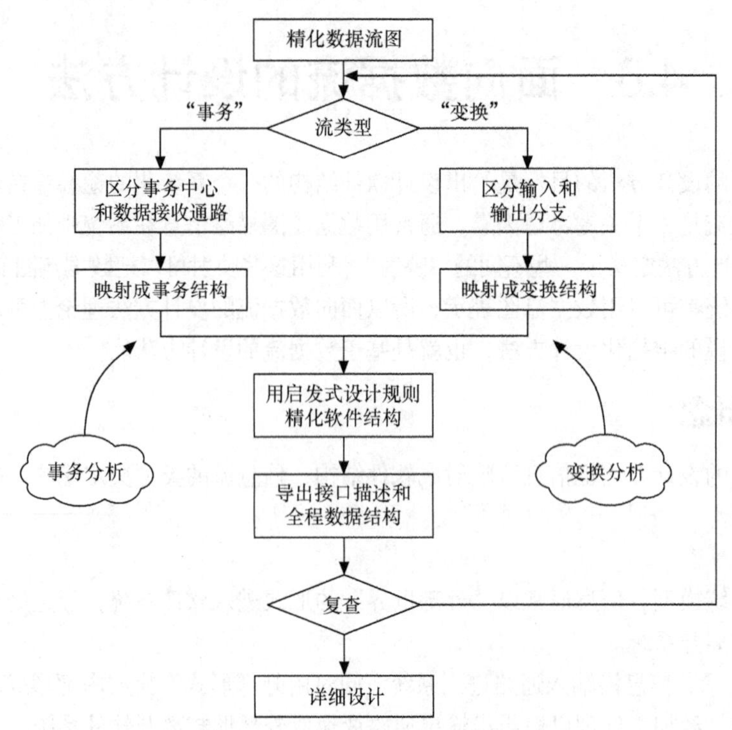

图 4.13 面向数据流方法的设计过程

应该注意，任何设计过程都不是一成不变的，设计首先需要人的判断力和创造精神，这往往会凌驾于方法的规则之上。

4.6.2 变换分析

变换分析是一系列设计步骤的总称，经过这些步骤把具有变换流特点的数据流图按预先确定的模式映射成软件结构。下面通过一个例子说明变换分析的方法。

1. 例子

我们已经进入"智能"产品时代。在这类产品中把软件做在只读存储器中，成为设备的一部分，从而使设备具有某些"智能"，因此，这类产品的设计都包含软件开发的任务。作为面向数据流的设计方法中变换分析的例子，考虑汽车数字仪表板的设计。

假设汽车仪表板将完成下述功能：

◇ 通过模—数转换，实现传感器和微处理机间的接口；

◇ 在发光二极管面板上显示数据；

◇ 指示每小时英里数（mile/h），行驶的里程，每加仑油行驶的英里数（mile/Gal）等；

◇ 指示加速或减速；

◇ 超速警告：如果车速超过 55mile/h，则发出超速警告铃声。

在软件需求分析阶段应该对上述每条要求以及系统的其他特点进行全面的分析评价，建立起必要的文档资料，特别是数据流图。

2. 设计步骤

（1）复查基本系统模型

复查的目的是确保系统的输入数据和输出数据符合实际。

（2）复查并精化数据流图

应该对需求分析阶段得出的数据流图认真复查，并且在必要时进行精化。不仅要确保数据流图给出了目标系统的正确逻辑模型，而且应该使数据流图中每个处理都代表一个规模适中相对独立的子功能。

假设在需求分析阶段产生的数字仪表板系统的数据流图如图 4.14 所示。这个数据流图对于软件结构设计的“第一次分割”而言已经足够详细了，因此不需要精化就可以进行下一个设计步骤。

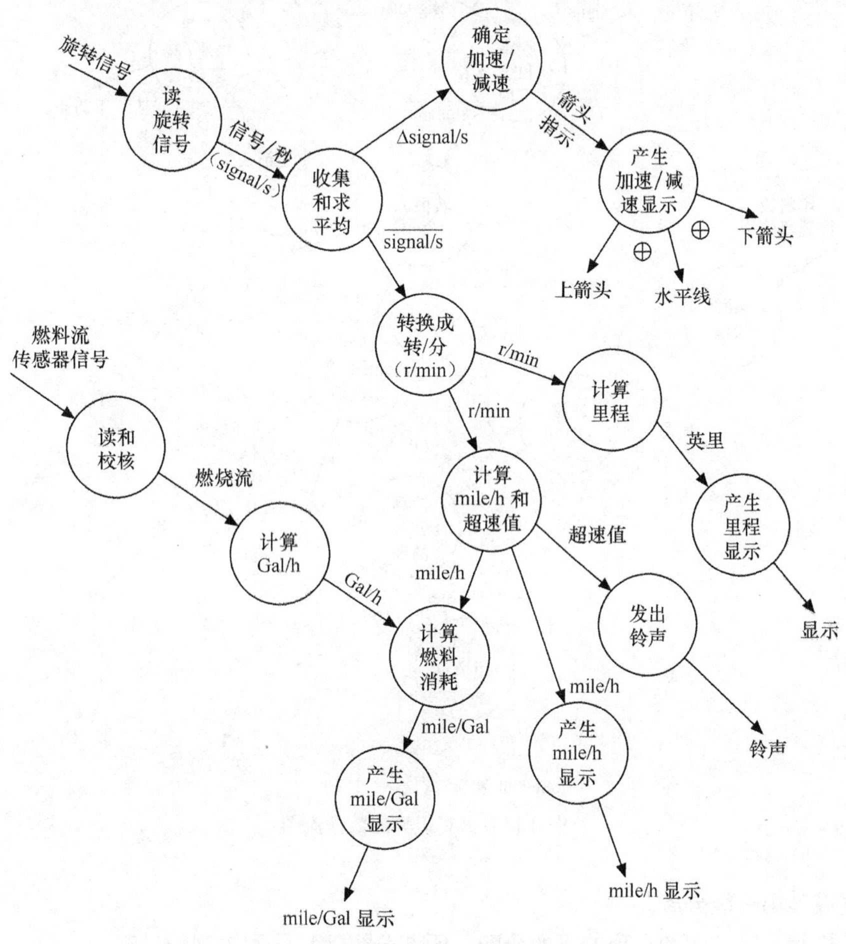

图 4.14　数字仪表板系统的数据流图

（3）确定数据流图具有变换特性还是事务特性

一般地说，一个系统中的所有信息流都可以认为是变换流。但是，当遇到有明显事务特性的信息流时，建议采用事务分析方法进行设计。在这一步，设计人员应该根据数据流图中占优势的属性，确定数据流的全局特性。此外，还应该把具有和全局特性不同特点的局部区域孤立出来，以后可以按照这些子数据流的特点，精化根据全局特性得出的软件结构。

从图 4.14 可以看出，数据沿着 2 条输入通路进入系统，然后沿着 5 条通路离开，没有明显的事务中心，因此，可以认为这个信息流具有变换流的总特征。

（4）确定输入流和输出流的边界，从而孤立出变换中心。输入流和输出流的边界和对它们的解释有关，也就是说，不同设计人员可能会在流内选取稍微不同的点作为边界的位置。当然在确定边界时应该仔细认真，但是把边界沿着数据流通路移动一个处理框的距离，通常对最后的软件结构只有很小的影响。

对于汽车数字仪表板的例子，设计人员确定的流的边界如图 4.15 所示。

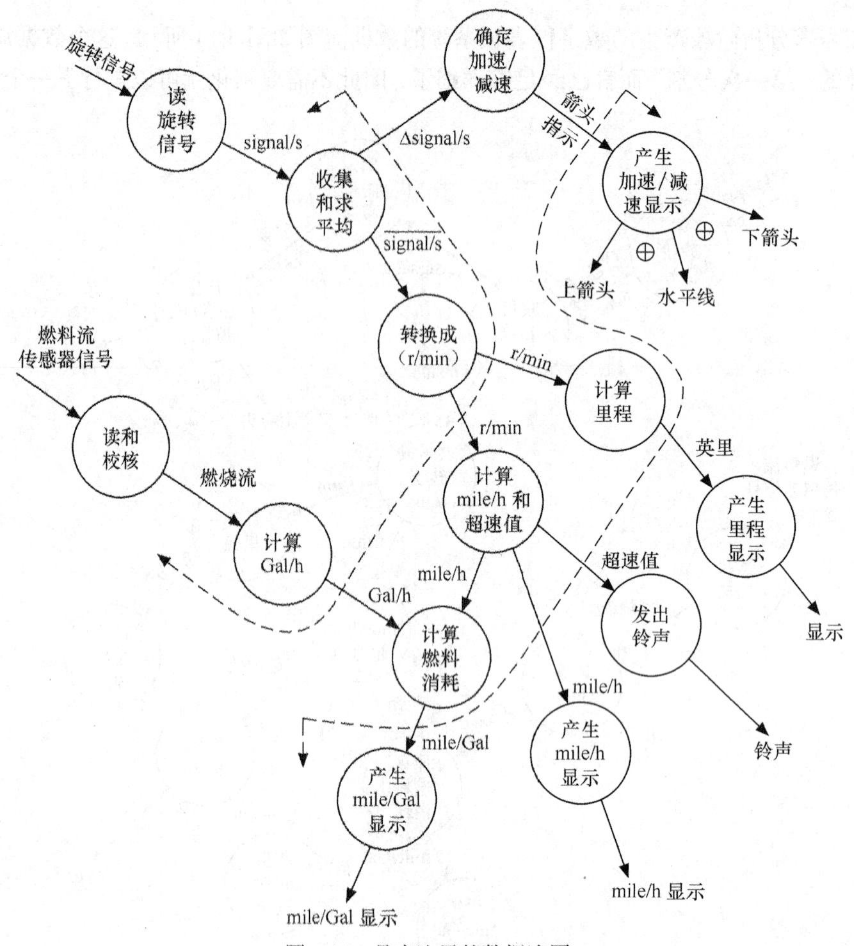

图 4.15　具有边界的数据流图

（5）完成“第一级分解”

软件结构代表对控制的自顶向下的分配，所谓分解就是分配控制的过程。

对于变换流的情况，数据流图被映射成一个特殊的软件结构，这个结构控制输入、变换、输出等信息处理过程。图 4.16 所示为第一级分解的方法。位于软件结构最顶层的控制模块 Cm 协调下述从属的控制功能：

◇ 输入信息处理控制模块 Ca，协调对所有输入数据的接收；

◇ 变换中心控制模块 Ct，管理对内部形式的数据的所有操作；

◇ 输出信息处理控制模块 Ce，协调输出信息的产生过程。

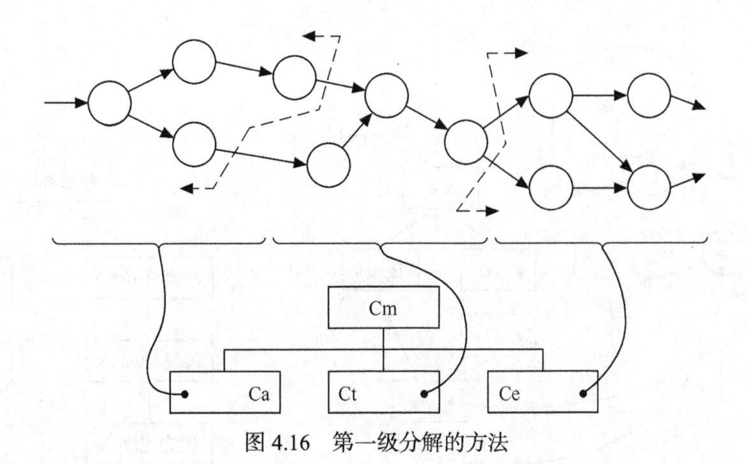

图 4.16　第一级分解的方法

虽然图 4.16 意味着一个三叉的控制结构，但是，对一个大型系统中的复杂数据流可以用两个或多个模块完成上述一个模块的控制功能。应该在能够完成控制功能并且保持好的耦合和内聚特性的前提下，尽量使第一级控制中的模块数目取最小值。

对于数字仪表板的例子，第一级分解得出的结构如图 4.17 所示。每个控制模块的名字表明了为它所控制的那些模块的功能。

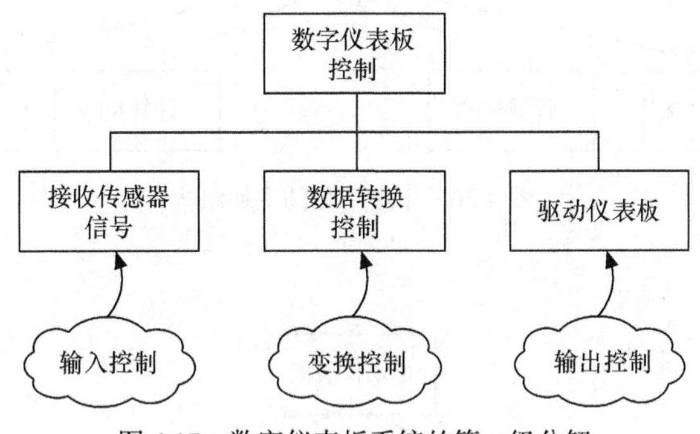

图 4.17　数字仪表板系统的第一级分解

（6）完成“第二级分解”

所谓第二级分解，就是把数据流图中的每个处理映射成软件结构中一个适当的模块。完成第二级分解的方法是，从变换中心的边界开始沿着输入通路向外移动，把输入通路中每个处理映射成软件结构中 Ca 控制下的一个低层模块；然后沿输出通路向外移动，把输出通路中每个处理映射成直接或间接受模块 Ce 控制的一个低层模块；最后把变换中心内的每个处理映射成受 Ct 控制的一个模块。图 4.18 所示为进行第二级分解的普遍途径。

虽然图 4.18 描绘了在数据流图中的处理和软件结构中的模块之间的一对一的映射关系，但是，不同的映射经常出现。应该根据实际情况以及“好”设计的标准，进行实际第 2 级分解。对于数字仪表板系统的例子，第 2 级分解的结果分别如图 4.19、图 4.20 和图 4.21 所示。这 3 张图表示对软件结构的初步设计结果。虽然图中每个模块的名字表明了它的基本功能，但是仍然应该为每个模块写一个简要说明和描述：

◇ 进出该模块的信息（接口描述）；

◇ 模块内部的信息；

◇ 过程陈述，包括主要判定点及任务等；

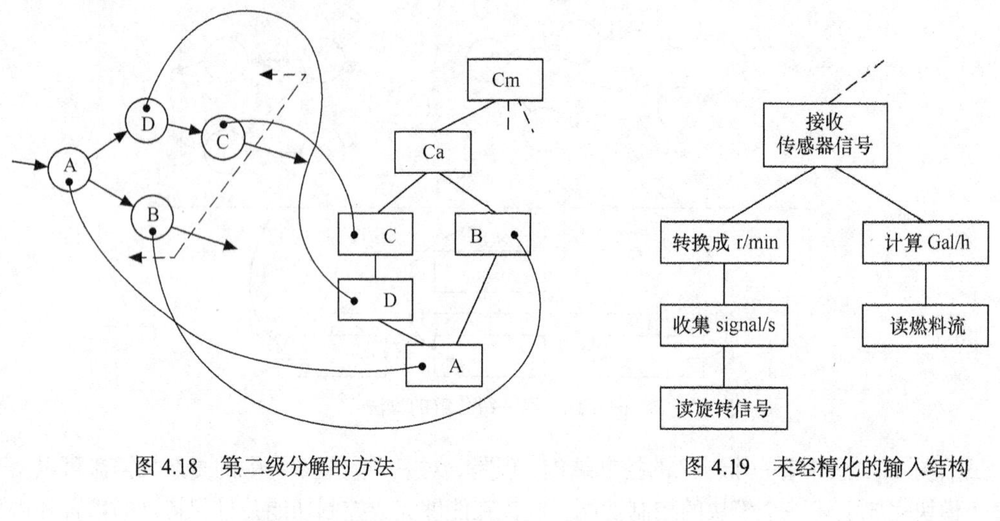

图 4.18　第二级分解的方法　　　　图 4.19　未经精化的输入结构

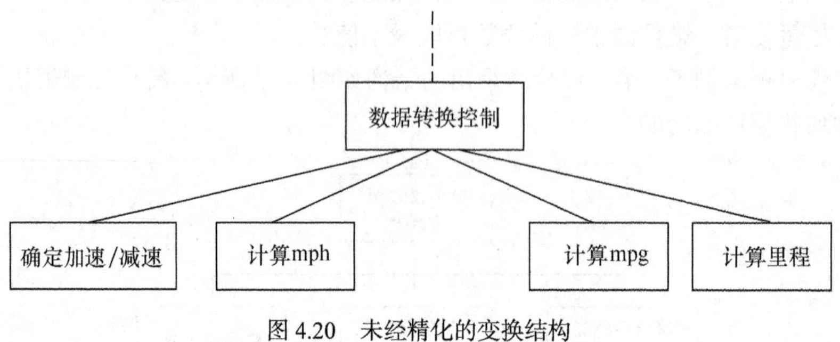

图 4.20　未经精化的变换结构

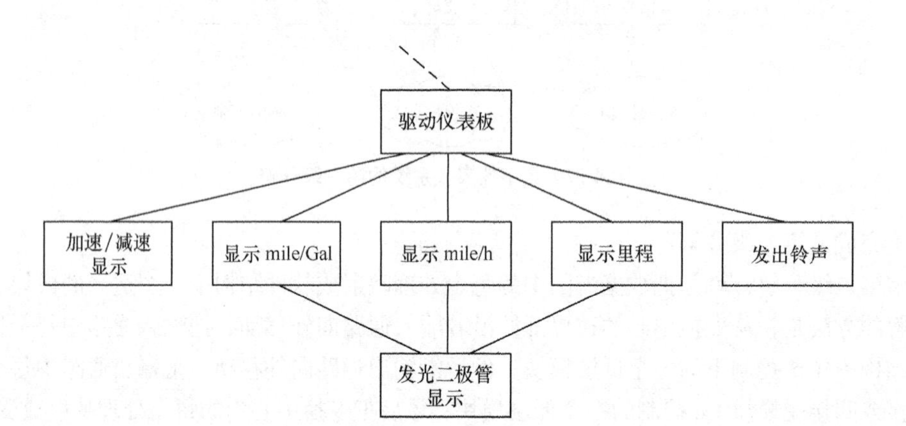

图 4.21　未经精化的输出结构

◇ 对约束和特殊特点的简短讨论。

当然，也可以用 4.5.1 小节中讲述的 IPO 表来描述每个模块。

这些描述是第一代的设计规格说明，在这个设计时期进一步的精化和补充是经常发生的。

（7）使用设计度量和启发规则，对第一次分割得到的软件结构进一步精化

对第一次分割得到的软件结构，总可以根据模块独立原理进行精化。为了产生合理的分解，得到尽可能高的内聚、尽可能松散的耦合，最重要的是，为了得到一个易于实现、易于测试和易于维护的软件结构，应该对初步分割得到的模块进行再分解或合并。

具体到数字仪表板的例子，对于从前面的设计步骤得到的软件结构，还可以做许多修改。下面是某些可能的修改：

◇ 输入结构中的模块“转换成 r/min”和“收集 signal/s”可以合并；

◇ 模块“确定加速/减速”可以放在模块“计算 mile/h”下面，以减少耦合；

◇ 模块“加速/减速显示”可以相应地放在模块“显示 mile/h”的下面。

经过上述修改后的软件结构如图 4.22 所示。

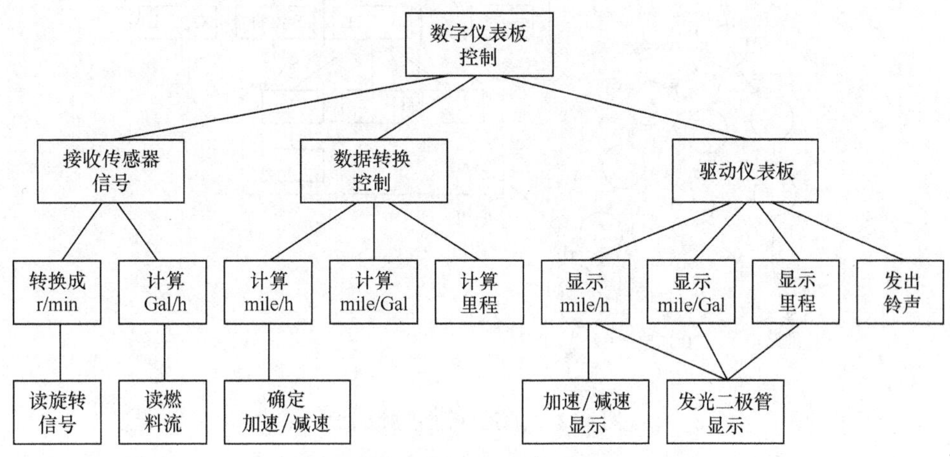

图 4.22　精化后的数字仪表板系统的软件结构

上述 7 个设计步骤的目的是，开发出软件的整体表示。也就是说，一旦确定了软件结构就可以把它作为一个整体来复查，从而能够评价和精化软件结构。在这个时期进行修改只需要很少的附加工作，但是却能够对软件的质量特别是软件的可维护性产生深远的影响。

至此读者应该暂停片刻，思考上述设计途径和“写程序”的差别。如果程序代码是对软件的唯一描述，那么软件开发人员将很难站在全局的高度来评价和精化软件，而且事实上也不能做到“既见树木又见森林”。

4.6.3　事务分析

虽然在任何情况下都可以使用变换分析方法设计软件结构，但是在数据流具有明显的事务特点时，也就是有一个明显的“发射中心”（事务中心）时，还是以采用事务分析方法为宜。

事务分析的设计步骤和变换分析的设计步骤大部分相同或类似，主要差别仅在于由数据流图到软件结构的映射方法不同。

由事务流映射成的软件结构包括一个接收分支和一个发送分支。映射出接收分支结构的方法和变换分析映射出输入结构的方法很相像，即从事务中心的边界开始，把沿着接收流通路的处理映射成模块。发送分支的结构包含一个调度模块，它控制下层的所有活动模块，然后把数据流图中的每个活动流通路映射成与它的流特征相对应的结构。图 4.23 所示为上述映射过程。对于一个大系统，常常把变换分析和事务分析应用到同一个数据流图的不同部分，由此得到的子结构形成“构件”，可以利用它们构造出完整的软件结构。

一般说来，如果数据流不具有显著的事务特点，最好使用变换分析；反之，如果具有明显的事务中心，则应该采用事务分析技术。但是，机械地遵循变换分析或事务分析的映射规则，很可能会得到一些不必要的控制模块，如果它们确实用处不大，那么可以而且应该把它们合并。反之，如果一个控制模块功能过分复杂，则应该分解为两个或多个控制模块，或者增加中间层次的控制模块。

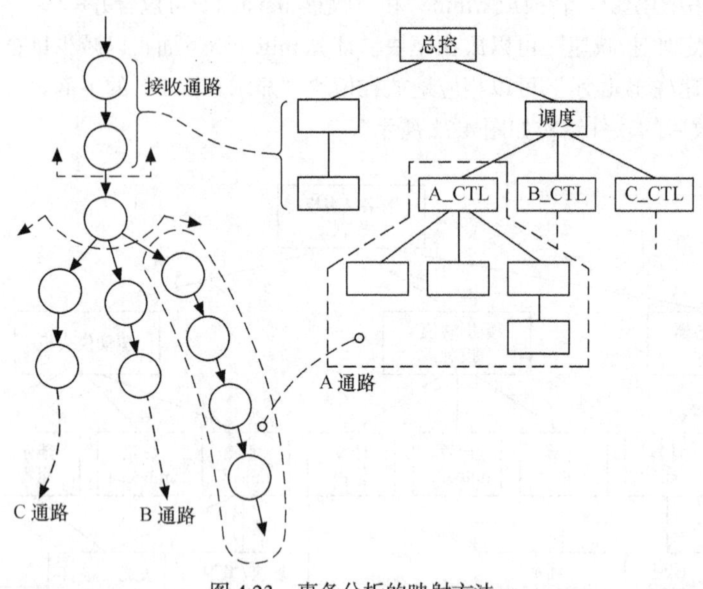

图 4.23 事务分析的映射方法

4.6.4 设计优化

考虑设计优化问题时应该记住，“一个不能工作的‘最佳设计’的价值是值得怀疑的”。软件设计人员应该致力于开发能够满足所有功能和性能要求，而且按照设计原理和启发式设计规则衡量是值得接受的软件。

应该在设计的早期阶段尽量对软件结构进行精化。由此可以导出不同的软件结构，然后对它们进行评价和比较，力求得到“最好”的结果。这种优化的可能，是把软件结构设计和过程设计分开的真正优点之一。

注意，结构简单通常既表示设计风格优雅，又表明效率高。设计优化应该力求做到在有效模块化的前提下使用最少量的模块，以及在能够满足信息要求的前提下使用最简单的数据结构。

对于时间是决定性因素的应用场合，可能有必要在详细设计阶段，也可能在编写程序的过程中进行优化。软件开发人员应该认识到，程序中相对比较小的部分（典型的为 10%～20%），通常占用全部处理时间的大部分（50%～80%）。用下述方法对时间起决定性作用的软件进行优化是合理的：

◇ 在不考虑时间因素的前提下开发并精化软件结构；

◇ 在详细设计阶段选出最耗费时间的那些模块，仔细地设计它们的处理过程（算法），以求提高效率；

◇ 使用高级程序设计语言编写程序；

◇ 在软件中孤立出那些大量占用处理机资源的模块；

◇ 必要时重新设计或用依赖于机器的语言重写上述大量占用资源的模块的代码，以求提高效率。

上述优化方法遵守了一句格言：“先使它能工作，然后再使它快起来。”

4.7 人—机界面设计

人—机界面设计是接口设计的一个组成部分。对于交互式系统来说，人—机界面设计和数据设计、体系结构设计、过程设计一样重要。近年来，人—机界面在系统中所占的比例越来越大，在个别系统中人—机界面的设计工作量甚至占设计总量的一半以上。

人—机界面的设计质量，直接影响用户对软件产品的评价，从而影响软件产品的竞争力和寿命，因此，必须对人—机界面设计给以足够重视。

4.7.1 人—机界面设计问题

在设计用户界面的过程中，几乎总会遇到下述 4 个问题：系统响应时间、用户帮助设施、出错信息处理和命令交互。然而许多设计者直到设计过程的后期才开始考虑这些问题，这样做往往导致出现不必要的设计反复、项目延期和用户产生挫折感。最好在设计初期就把这些问题作为设计问题来考虑，这时修改比较容易，代价也低。下面讨论这 4 个问题。

1. 系统响应时间

系统响应时间是许多交互式系统用户经常抱怨的问题。一般说来，系统响应时间指从用户完成某个控制动作（如按回车键或单击鼠标），到软件给出预期的响应（输出或做动作）之间的这段时间。

系统响应时间有两个重要属性，分别是长度和易变性。如果系统响应时间过长，用户就会感到紧张和沮丧。但是，当用户工作速度是由人—机界面决定的时候，系统响应时间过短也不好，这会迫使用户加快操作节奏，从而可能犯错误。

易变性指系统响应时间相对于平均响应时间的偏差。在许多情况下，这是系统响应时间更重要的属性。即使系统响应时间较长，响应时间易变性低也有助于用户建立起稳定的工作节奏。例如，稳定在 1s 的响应时间比从 0.1 ~ 2.5s 变化的响应时间要好。用户往往比较敏感，他们总是担心响应时间变化暗示系统工作出现异常。

2. 用户帮助设施

几乎交互式系统的每个用户都需要帮助，当遇到复杂问题时甚至需要查看用户手册以寻找答案。大多数现代软件都提供联机帮助设施，这使得用户可以不离开用户界面就能够解决自己的问题。

常见的帮助设施有集成的和附加的两类。集成的帮助设施从一开始就设计在软件里面，它通常对用户工作内容是敏感的，因此，用户可以从与刚刚完成的操作有关的主题中选择一个，请求帮助。显然，这可以缩短用户获得帮助的时间，增加界面的友好性。附加的帮助设施是在系统建成后再添加到软件中的，在多数情况下，它实际上是一种查询能力有限的联机用户手册。人们普遍认为，集成的帮助设施优于附加的帮助设施。

具体设计帮助设施时，必须解决下述的一系列问题。

① 在用户与系统交互期间，是否在任何时间都能获得关于系统任何功能的帮助信息。有 2 种选择：提供部分功能的帮助信息和提供全部功能的帮助信息。

② 用户怎样请求帮助。有 3 种选择：帮助菜单、特殊功能键和 help 命令。

③ 怎样显示帮助信息。有 2 种选择：在独立的窗口中，指出参考某个文档（不理想）和在屏

幕固定位置显示简短提示。

④ 用户怎样返回到正常的交互方式。有 2 种选择：屏幕上的返回按钮和功能键。

⑤ 怎样组织帮助信息。有 3 种选择：平面结构（所有信息都通过关键字访问）、信息的层次结构（用户可在该结构中查到更详细的信息）和超文本结构。

3. 出错信息处理

出错信息和警告信息，是出现问题时交互式系统给出的“坏消息”。出错信息设计得不好，将向用户提供无用的或误导的信息，反而增加了用户的挫折感。

一般说来，交互式系统给出的出错信息或警告信息，应该具有下述属性。

① 信息应该以用户可以理解的术语描述问题。

② 信息应该提供有助于从错误中恢复的建设性意见。

③ 信息应该指出错误可能导致哪些负面后果（例如，破坏数据文件），以便用户检查是否出现了这些问题，并在确实出现问题时予以改正。

④ 信息应该伴随着听觉上或视觉上的提示，也就是说，在显示信息时应该同时发出警告声，或者信息用闪烁方式显示，或者信息用明显表示出错的颜色显示。

⑤ 信息不能带有指责色彩，也就是说，不能责怪用户。

当确实出现了问题的时候，有效的出错信息能够提高交互式系统的质量，减少用户的挫折感。

4. 命令交互

命令行曾经是用户和系统软件交互的最常用方式，而且也曾经广泛地用于各种应用软件中。现在，面向窗口的、点击和拾取方式的界面已经减少了用户对命令行的依赖。但是，许多高级用户仍然偏爱面向命令的交互方式。在多数情况下，用户既可以从菜单中选择软件功能也可以通过键盘命令序列调用软件功能。

在提供命令交互方式时，必须考虑下列设计问题。

① 是否每个菜单选项都有对应的命令。

② 采用何种命令形式。有 3 种选择：控制序列（如命令 Ctrl+P）、功能键和键入命令。

③ 学习和记忆命令的难度有多大，忘记了命令怎么办。

④ 用户是否可以定制或缩写命令。

在越来越多的应用软件中，界面设计者都提供了“命令宏机制”，使用这种机制用户可以用自己定义的名字代表一个常用的命令序列。需要使用这个命令序列时，用户无须依次键入每个命令，只需输入命令宏的名字就可以顺序执行它所代表的全部命令。

在理想的情况下，所有应用软件都有一致的命令使用方法。如果在一个应用软件中，命令 Ctrl+D 表示复制一个图形对象，而在另一个应用软件中 Ctrl+D 命令的含义是删除一个图形对象，这样会使用户感到困惑，并且往往会导致错误。

4.7.2 人—机界面设计过程

用户界面设计是一个迭代的过程。也就是说，通常先创建设计模型，再用原型实现这个设计模型，并由用户试用和评估，然后根据用户的意见进行修改。为了支持这种迭代过程，各种用于界面设计和原型开发的工具应运而生。这些工具被称为用户界面工具箱或用户界面开发系统（UIDS），它们为简化窗口、菜单、设备交互、出错信息、命令及交互环境的许多其他元素的创建，提供了各种例程或对象。这些工具所提供的功能既可以用基于语言的方式也可以用基于图形的方式来实现。

一旦建立起用户界面原型，就必须对它进行评估，以确定其是否满足用户的需求。评估可以是非正式的，如用户即兴发表一些反馈意见；评估也可以十分正式，如运用统计学方法评价全体终端用户填写的调查表。

用户界面评估周期如下所述：完成初步设计后就创建第一级原型；用户试用并评估该原型，直接向设计者提出对界面功效的评价；设计者根据用户意见修改设计并实现下一级原型。上述评估过程不断进行下去，直到用户感到满意，不需要再修改界面设计时为止。

当然，也可以在创建原型之前就对用户界面设计的质量进行初步评估。如果能及早发现并改正潜在的问题，就可以减少评估周期执行的次数，从而缩短软件的开发时间。在创建了界面的设计模型之后，可以运用下述评估标准对设计进行早期复审。

◇ 系统及其界面的规格说明的长度和复杂程度，预示了用户学习使用该系统所需要的工作量。

◇ 命令或动作的数量、命令的平均参数个数或动作中单个操作的个数，预示了系统的交互时间和总体效率。

◇ 设计模型中给出的动作、命令和系统状态的数量，预示了用户学习使用系统时需要记忆的内容的多少。

◇ 界面风格、帮助设施和出错处理协议，预示了界面的复杂程度和用户接受该界面的程度。

4.7.3 界面设计指南

用户界面设计主要依靠设计者的经验。总结众多设计者的经验而得出的设计指南，有助于设计者设计出友好、高效的人—机界面。本节介绍 3 类人—机界面设计指南。

1. 一般交互

一般交互指南涉及信息显示、数据输入和整体系统控制，因此这些指南是全局性的，忽略它们将承担较大风险。下面叙述一般交互指南。

① 保持一致性。为人—机界面中的菜单选择、命令输入、数据显示以及众多的其他功能，使用一致的格式。

② 提供有意义的反馈。向用户提供视觉的和听觉的反馈，以保证在用户和界面之间建立双向通信。

③ 在执行有较大破坏性的动作之前要求用户确认。如果用户要删除一个文件，或覆盖一些重要信息，或请求终止一个程序运行，应该给出“您是否确实要……”的信息，以请求用户确认他的命令。

④ 允许取消绝大多数操作。UNDO 或 REVERSE 功能使众多终端用户避免了大量时间浪费。每个交互式应用系统都应该能方便地取消已完成的操作。

⑤ 减少在两次操作之间必须记忆的信息量。不应该期望用户能记住一大串数字或名字，以便在下一步操作中使用它们。应该尽量减少记忆量。

⑥ 提高对话、移动和思考的效率。应该尽量减少击键次数，设计屏幕布局时应该考虑尽量减少鼠标移动的距离，应该尽量避免出现用户问：“这是什么意思”的情况。

⑦ 允许犯错误。系统应该保护自己不受致命错误的破坏。

⑧ 按功能对动作分类，并据此设计屏幕布局。下拉菜单的一个主要优点就是能按动作类型组织命令。实际上，设计者应该尽力提高命令和动作组织的“内聚性”。

⑨ 提供对工作内容敏感的帮助设施（见 4.7.1 小节）。

⑩ 用简单动词或动词短语作为命令名。过长的命令名难于识别和记忆，也会占据过多的菜单空间。

2. 信息显示

如果人—机界面显示的信息是不完整的、含糊的或难于理解的，则应用软件显然不能满足用户的需求。可以用多种不同方式“显示”信息：用文字、图片和声音；按位置、移动和大小；使用颜色、分辨率和省略。下面是关于信息显示的设计指南。

① 只显示与当前工作内容有关的信息。用户在获得有关系统的特定功能的信息时，不必看到与之无关的数据、菜单和图形。

② 不要用数据淹没用户，应该用便于用户迅速地吸取信息的方式来表示数据，如可以用图形或图表来取代巨大的表格。

③ 使用一致的标记、标准的缩写和可预知的颜色。显示的含义应该非常明确，用户不必参照其他信息源就能理解。

④ 允许用户保持可视化的语境。如果对图形显示进行缩放，原始的图像应该一直显示着（以缩小的形式放在显示屏的一角），以使用户知道当前观察的图像部分在原图中所处的相对位置。

⑤ 产生有意义的出错信息（见4.7.1小节）。

⑥ 使用大小写、缩进和文本分组以帮助理解。人—机界面显示的信息大部分是文字，文字的布局和形式对用户从中吸取信息的难易程度有很大影响。

⑦ 使用窗口分隔不同类型的信息。利用窗口用户能够方便地“保存”多种不同类型的信息。

⑧ 使用“模拟”显示方式表示信息，以使信息更容易被用户吸取。例如，显示炼油厂储油罐的压力时，如果使用简单的数字表示压力，则不易引起用户注意。但是，如果用类似温度计的形式来表示压力，用垂直移动和颜色变化来指示危险的压力状况，就能引起用户的警觉，因为这样做为用户提供了绝对和相对两方面的信息。

⑨ 高效率地使用显示屏。当使用多窗口时，应该有足够的空间使得每个窗口至少都能显示出一部分。此外，屏幕大小应该选得和应用系统的类型相配套（这实际上是一个系统工程问题）。

3. 数据输入

用户的大部分时间用在选择命令、键入数据和向系统提供输入。在许多应用系统中，键盘仍然是主要的输入介质，但是鼠标、数字化仪和语音识别系统正迅速地成为重要的输入手段。下面是关于数据输入的设计指南。

① 尽量减少用户的输入动作。最重要的是减少击键次数，这可以用下列方法实现：用鼠标从预定义的一组输入中选一个；用“滑动标尺”在给定的值域中指定输入值；利用宏把一次击键转变成更复杂的输入数据集合。

② 保持信息显示和数据输入之间的一致性。显示的视觉特征（如文字大小、颜色和位置）应该与输入域一致。

③ 允许用户自定义输入。专家级的用户可能希望定义自己专用的命令或略去某些类型的警告信息和动作确认，人—机界面应该允许用户这样做。

④ 交互应该是灵活的，并且可调整成用户最喜欢的输入方式。用户类型与喜欢的输入方式有关，秘书可能非常喜欢键盘输入，而经理可能更喜欢使用鼠标之类的点击设备。

⑤ 使在当前动作语境中不适用的命令不起作用。这可使用户不去做那些肯定会导致错误的动作。

⑥ 让用户控制交互流。用户应该能够跳过不必要的动作，改变所需做的动作的顺序（在应用环境允许的前提下），以及在不退出程序的情况下从错误状态中恢复正常。

⑦ 对所有输入动作都提供帮助（见 4.7.1 小节）。

⑧ 消除冗余的输入。除非可能发生误解，否则不要要求用户指定工程输入的单位；不要要求用户在整钱数后面键入.00；尽可能提供默认值；绝对不要要求用户提供程序可以自动获得或计算出来的信息。

4.8 过程设计

过程设计应该在数据设计、体系结构设计和接口设计完成之后进行，它是详细设计阶段应该完成的主要任务。

过程设计的任务还不是具体地编写程序，而是要设计出程序的“蓝图”，以后程序员将根据这个蓝图写出实际的程序代码，因此，过程设计的结果基本上决定了最终的程序代码的质量。考虑程序代码的质量时必须注意，程序的“读者”有两个，那就是计算机和人。在软件的生命周期中，设计测试方案、诊断程序错误、修改和改进程序等都必须首先读懂程序。实际上对于长期使用的软件系统而言，人读程序的时间可能比写程序的时间还要长得多，因此，衡量程序的质量不仅要看它的逻辑是否正确，性能是否满足要求，更主要的是要看它是否容易阅读和理解。过程设计的目标不仅仅是逻辑上正确地实现每个模块的功能，更重要的是设计出的处理过程应该尽可能简明易懂。结构程序设计技术是实现上述目标的关键技术，因此，是过程设计的逻辑基础。

结构程序设计的概念最早由 E. W. Dijkstra 提出。1965 年他在一次会议上指出：“可以从高级语言中取消 GOTO 语句”，“程序的质量与程序中所包含的 GOTO 语句的数量成反比”。

1966 年 Böhm 和 Jacopini 证明了，只用 3 种基本的控制结构就能实现任何单入口单出口的程序。这 3 种基本的控制结构是“顺序”、“选择”和“循环”，它们的流程图分别如图 4.24（a）、图 4.24（b）和图 4.24（c）所示。

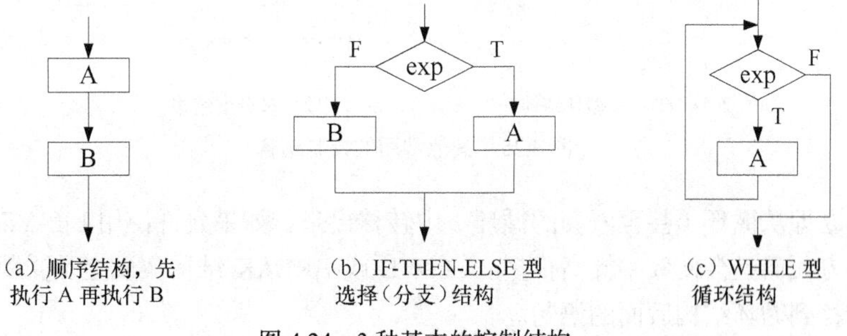

图 4.24　3 种基本的控制结构

实际上用顺序结构和循环结构（又称 WHILE 结构）完全可以实现选择结构（又称 IF-THEN-ELSE 结构），因此，理论上最基本的控制结构只有两种。

Böhm 和 Jacopini 的证明给结构程序设计技术奠定了理论基础。

1968 年 Dijkstra 再次建议从一切高级语言中取消 GOTO 语句，只使用 3 种基本控制结构写程序。他的建议引起了激烈争论，经过讨论人们认识到，不是简单地去掉 GOTO 语句的问题，而是要创立一种新的程序设计思想、方法和风格，以显著地提高软件生产率和降低软件维护代价。

1972 年 IBM 公司的 Mills 进一步提出，程序应该只有一个入口和一个出口，从而补充了结构程序设计的规则。

1971年IBM公司在纽约时报信息库管理系统的设计中成功地使用了结构程序设计技术，随后在美国宇航局空间实验室飞行模拟系统的设计中，结构程序设计技术再次获得圆满成功。这两个系统都相当庞大，前者包含8.3万行高级语言源程序，后者包含40万行源程序，而且在设计过程中用户需求又曾有过很多改变，然而两个系统的开发工作都按时并且高质量地完成了。这表明，软件生产率比以前提高了一倍，结构程序设计技术成功地经受了实践的检验。

结构程序设计的经典定义如下所述。

如果一个程序的代码块仅仅通过顺序、选择和循环这3种控制结构进行连接，并且每个代码块只有一个入口和一个出口，则称这个程序是结构化的。

这个经典定义过于狭隘了，结构程序设计本质上并不是无GOTO语句的编程方法，而是一种使程序代码容易阅读、容易理解的编程方法。在大多数情况下，无GOTO的代码确实是容易阅读、容易理解的代码。但是，在某些情况下，为了达到容易阅读和容易理解的目的，反而需要使用GOTO语句。例如，当出现了错误条件时，重要的是在数据库崩溃或栈溢出之前，尽可能快地从当前程序退到一个出错处理程序，实现这个目标的最好方法就是使用前向GOTO语句（或与之等效的专用语句），机械地使用3种基本控制结构实现这个目标反而会使程序晦涩难懂。因此，下述的结构程序设计的定义可能更全面一些。

结构程序设计是尽可能少用 GOTO 语句的程序设计方法。最好仅在检测出错误时才使用GOTO语句，而且应该总是使用前向GOTO语句。虽然从理论上只用上述3种基本控制结构就可以实现任何单入口单出口的程序，但是为了实际使用方便起见，常常还允许使用 DO-UNTIL 和DO-CASE两种控制结构，它们的流程图分别如图4.25（a）和图4.25（b）所示。

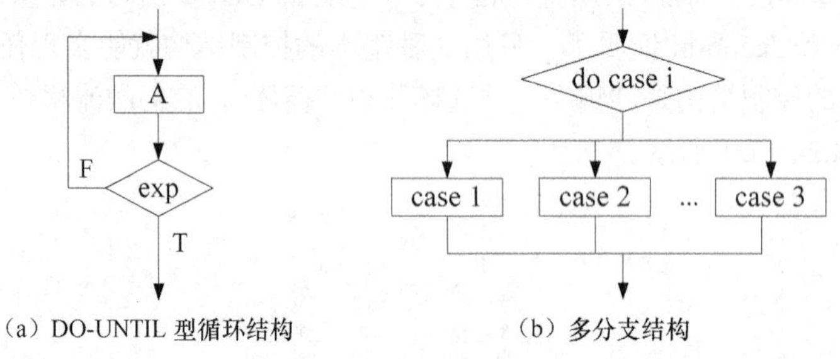

（a）DO-UNTIL 型循环结构　　（b）多分支结构

图4.25　其他常用的控制结构

有时需要立即从循环（甚至嵌套的循环）中转移出来，如果允许使用LEAVE（或BREAK）结构，则不仅方便而且会使效率提高很多。LEAVE 或 BREAK 结构实质上是受限制的 GOTO 语句，是用于转移到循环结构后面的语句。

如果只允许使用顺序、IF-THEN-ELSE型分支和DO-WHILE型循环这3种基本控制结构，则称为经典的结构程序设计；如果除了上述3种基本控制结构之外，还允许使用DO-CASE型多分支结构和DO-UNTIL型循环结构，则称为扩展的结构程序设计；如果再加上允许使用LEAVE（或BREAK）结构，则称为修正的结构程序设计。

4.9　过程设计的工具

描述程序处理过程的工具称为过程设计的工具，它们可以分为图形、表格和语言3类。不论是哪类工具，对它们的基本要求都是能提供对设计的无歧义的描述，也就是应该能指明控制流程、处理功能、数据组织以及其他方面的实现细节，从而在编码阶段能把对设计的描述直接翻译成程序代码。除了在 4.5.1 小节中已经介绍过的 HIPO 图等工具之外，本节再介绍另外一些过程设计的工具。

4.9.1　程序流程图

程序流程图又称为程序框图，它是历史最悠久、使用最广泛的描述过程设计的方法，然而它也是用得最混乱的一种方法。

在 4.8 节中已经用程序流程图描绘了一些常用的控制结构，相信读者对程序流程图中使用的基本符号已经有了一些了解。图 4.26 所示为程序流程图中使用的各种符号。

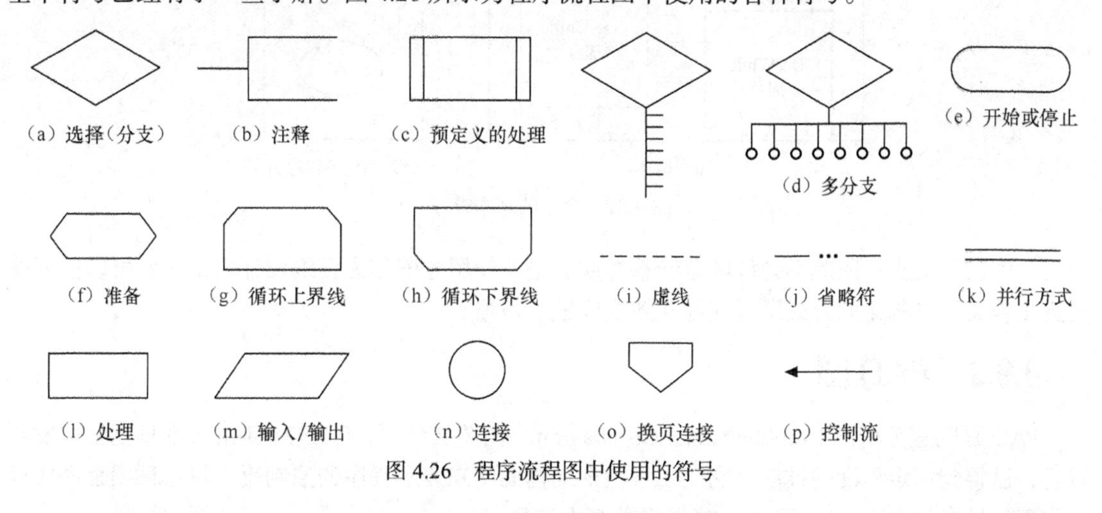

图 4.26　程序流程图中使用的符号

从 20 世纪 40 年代末到 70 年代中期，程序流程图一直是过程设计的主要工具。它的主要优点是对控制流程的描绘很直观，便于初学者掌握。由于程序流程图历史悠久，为最广泛的人所熟悉，尽管它有种种缺点，许多人建议停止使用它，但至今仍在广泛使用着。不过总的趋势是越来越多的人不再使用程序流程图了。

程序流程图的主要缺点如下。

① 程序流程图本质上不是逐步求精的好工具，它诱使程序员过早地考虑程序的控制流程，而不去考虑程序的全局结构。

② 程序流程图中用箭头代表控制流，因此程序员不受任何约束，可以完全不顾结构程序设计的精神，随意转移控制。

③ 程序流程图不易表示数据结构。

应该指出，详细的微观程序流程图——每个符号对应于源程序的一行代码，对于提高大型系统的可理解性作用甚微。

4.9.2　盒图（N-S 图）

出于要有一种不允许违背结构程序设计精神的图形工具的考虑，Nassi 和 Shneiderman 提出了盒图，又称为 N-S 图。它有下述特点。

① 功能域（即一个特定控制结构的作用域）明确，可以从盒图上一眼就看出来。

② 不可能任意转移控制。

③ 很容易确定局部和全程数据的作用域。

④ 很容易表现嵌套关系，也可以表示模块的层次结构。

图4.27所示为盒图的基本符号。

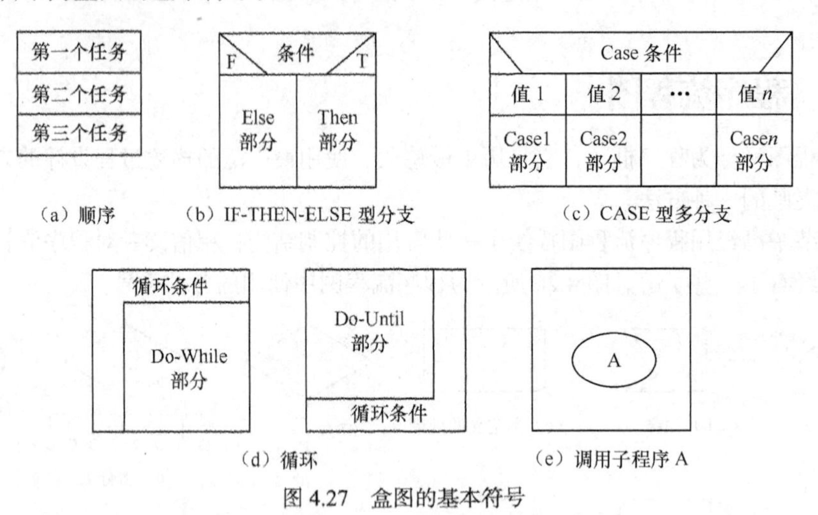

图4.27 盒图的基本符号

盒图没有箭头，因此不允许随意转移控制。坚持使用盒图作为详细设计的工具，可以使程序员逐步养成用结构化的方式思考问题和解决问题的习惯。

4.9.3 PAD图

PAD是问题分析图（Problem Analysis Diagram）的英文缩写，自1973年由日本日立公司发明以后，已得到一定程度的推广。它用二维树形结构的图来表示程序的控制流，将这种图翻译成程序代码比较容易。图4.28所示为PAD图的基本符号。

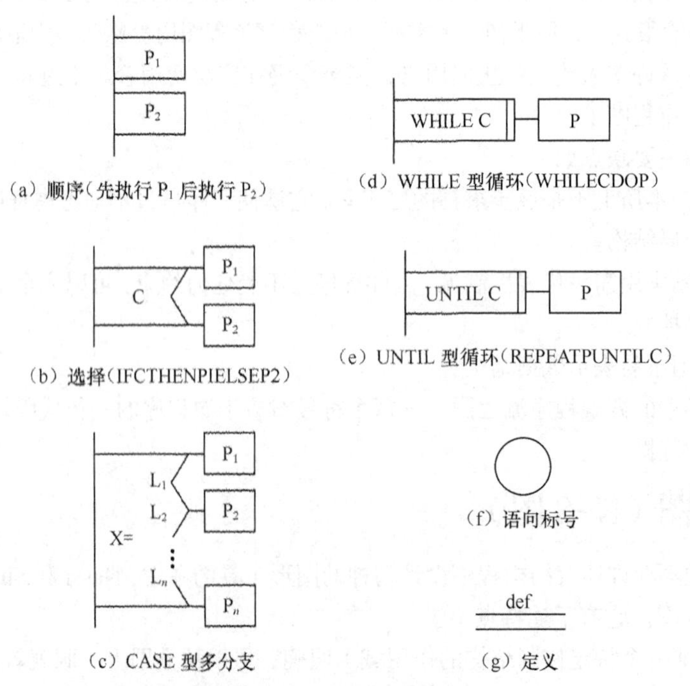

图4.28 PAD图的基本符号

PAD图的主要优点如下。

① 使用表示结构化控制结构的PAD符号所设计出来的程序必然是结构化程序。

② PAD图所描绘的程序结构十分清晰。图4.28中最左面的竖线是程序的主线，即第1层结构。

③ 随着程序层次的增加，PAD图逐渐向右延伸，每增加一个层次，图形向右扩展一条竖线。PAD图中竖线的总条数就是程序的层次数。

④ 用PAD图表现程序逻辑，易读、易懂、易记。PAD图是二维树形结构的图形，程序从图中最左竖线上端的结点开始执行，自上而下，从左向右顺序执行，遍历所有结点。

⑤ 容易将PAD图转换成高级语言源程序，这种转换可用软件工具自动完成，从而可省去人工编码的工作，有利于提高软件可靠性和软件生产率。

⑥ 既可用于表示程序逻辑，也可用于描绘数据结构。

⑦ PAD 图的符号支持自顶向下、逐步求精方法的使用。开始时设计者可以定义一个抽象的程序，随着设计工作的深入而使用def符号逐步增加细节，直至完成详细设计，如图4.29所示。

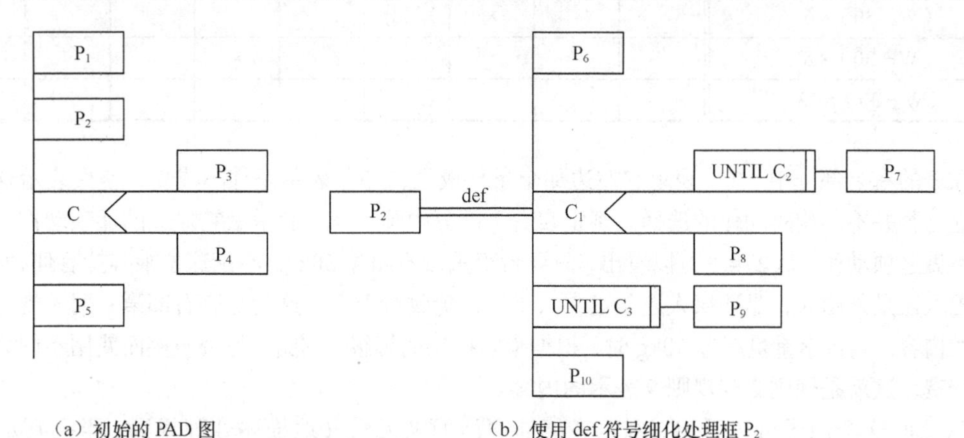

（a）初始的PAD图　　（b）使用def符号细化处理框P_2

图4.29　使用PAD图提供的定义功能来逐步求精的例子

PAD图是面向高级程序设计语言的，为FORTRAN、COBOL、PASCAL等每种常用的高级程序设计语言都提供了一整套相应的图形符号。由于每种控制语句都有一个图形符号与之对应，显然将PAD图转换成与之对应的高级语言程序比较容易。

4.9.4 判定表

当算法中包含多重嵌套的条件选择时，用程序流程图、盒图、PAD图或后面即将介绍的过程设计语言（PDL）都不易清楚地描述。然而判定表却能够清晰地表示复杂的条件组合与应做的动作之间的对应关系。

一张判定表由4部分组成，左上部列出所有条件，左下部是所有可能做的动作，右上部是表示各种条件组合的一个矩阵，右下部是和每种条件组合相对应的动作。判定表右半部的每一列实质上是一条规则，规定了与特定的条件组合相对应的动作。

下面以行李托运费的算法为例说明判定表的组织方法。假设某航空公司规定，乘客可以免费托运重量不超过30kg的行李。当行李重量超过30kg时，对头等舱的国内乘客超重部分每公斤收费4元，对其他舱的国内乘客超重部分每公斤收费6元，对外国乘客超重部分每公斤收费比国内乘客多一倍，对残疾乘客超重部分每公斤收费比正常乘客少一半。用判定表可以清楚地表示与上述每种条件组合相对应的动作（算法），如表4.1所示。

表 4.1　　　　　用判定表表示计算行李费的算法

	规则								
	1	2	3	4	5	6	7	8	9
国内乘客		T	T	T	T	F	F	F	F
头等舱		T	F	T	F	T	F	T	F
残疾乘客		F	F	T	T	F	F	T	T
行李重量 W≤30	T	F	F	F	F	F	F	F	F
免费	×								
（W－30）×2				×					
（W－30）×3					×				
（W－30）×4		×						×	
（W－30）×6			×						×
（W－30）×8						×			
（W－30）×12							×		

在表的右上部分中“T”表示它左边那个条件成立，“F”表示条件不成立，空白表示这个条件成立与否并不影响对动作的选择。判定表右下部分中画“×”表示做它左边的那项动作，空白表示不做这项动作。从表 4.1 可以看出，只要行李重量不超过 30kg，不论这位乘客持有何种机票，是中国人还是外国人，是残疾人还是正常人，一律免收行李费，这就是表右部第一列（规则 1）表示的内容。当行李重量超过 30kg 时，根据乘客机票的等级、国籍、是否残疾而使用不同算法计算行李费，这就是规则 2 到规则 9 表示的内容。

从上面这个例子可以看出，判定表能够简洁而又无歧义地描述处理规则。当把判定表和布尔代数或卡诺图结合起来使用时，可以对判定表进行校验或化简。但是，判定表并不适于作为一种通用的设计工具，没有一种简单的方法使它能同时清晰地表示顺序和重复等处理特性。

4.9.5　判定树

判定表虽然能清晰地表示复杂的条件组合与应做的动作之间的对应关系，但其含义却不是一眼就能看出来的，初次接触这种工具的人要理解它需要有一个简短的学习过程。此外，当数据元素的值多于两个时（如 4.9.4 小节例子中假设对机票需细分为头等舱、二等舱、经济舱等多种级别时），判定表的简洁程度也将下降。

判定树是判定表的变种，也能清晰地表示复杂的条件组合与应做的动作之间的对应关系。判定树的优点在于，它的形式简单到不需任何说明，一眼就可以看出其含义，因此易于掌握和使用。多年来判定树一直受到人们的重视，是一种比较常用的系统分析和设计的工具。图 4.30 所示为与表 4.1 等价的判定树。从图 4.30 可以看出，虽然判定树比判定表更直观，但简洁性却不如判定表，数据元素的同一个值往往要重复写多遍，而且越接近树的叶端重复次数越多。此外还可以看出，画判定树时分枝的次序可能对最终画出的判定树的简洁程度有较大影响，在这个例子中如果不是把行李重量作为第一个分枝，而是将它作为最后一个分枝，则画出的判定树将有 16 片树叶而不是只有 9 片树叶。显然判定表并不存在这样的问题。

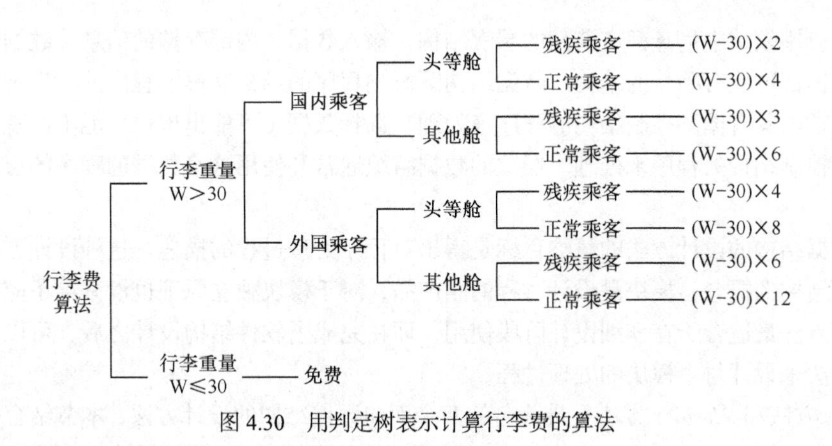

图 4.30 用判定树表示计算行李费的算法

4.9.6 过程设计语言

过程设计语言（Procedure Design Language，PDL）也称为伪码，是一个笼统的名称，现在有许多种不同的过程设计语言在使用。它是用正文形式表示数据和处理过程的设计工具。

PDL 具有严格的关键字外部语法，用于定义控制结构和数据结构；另一方面，PDL 表示实际操作和条件的内部语法通常又是灵活自由的，以便可以适应各种工程项目的需要。因此，一般说来 PDL 是一种“混杂”语言，它使用一种语言（通常是某种自然语言）的词汇，同时却使用另一种语言（某种结构化的程序设计语言）的语法。

PDL 应该具有下述特点。

① 关键字的固定语法，它提供了结构化控制结构、数据说明和模块化的特点。为了使结构清晰和可读性好，通常在所有可能嵌套使用的控制结构的头和尾都有关键字，如 if...fi（或 endif）等。

② 自然语言的自由语法，它描述处理特点。

③ 数据说明的手段。应该既包括简单的数据结构（例如纯量和数组），又包括复杂的数据结构（如链表或层次的数据结构）。

④ 模块定义和调用的技术，应该提供各种接口描述模式。

PDL 作为一种设计工具有如下一些优点。

① 可以作为注释直接插在源程序中间。这样做能促使维护人员在修改程序代码的同时也相应地修改 PDL 注释，因此，有助于保持文档和程序的一致性，提高了文档的质量。

② 可以使用普通的正文编辑程序或文字处理系统，很方便地完成 PDL 的书写和编辑工作。

③ 已经有自动处理程序存在，而且可以自动由 PDL 生成程序代码。

PDL 的缺点是不如图形工具形象直观，描述复杂的条件组合与动作间的对应关系时，不如判定表清晰简单。

4.10 面向数据结构的设计方法

计算机软件本质上是信息处理系统，因此，可以根据软件所处理的信息的特征来设计软件。本章 4.6 节曾经介绍了面向数据流的设计方法，也就是根据数据流确定软件结构的方法，本节将介绍面向数据结构的设计方法，即根据数据结构设计程序处理过程的方法。

在许多应用领域中信息都有清楚的层次结构，输入数据、内部存储的信息（数据库或文件）以及输出数据都可能有独特的结构。数据结构既影响程序的结构又影响程序的处理过程，重复出现的数据通常由具有循环控制结构的程序来处理，选择数据（可能出现也可能不出现的信息）要用带有分支控制结构的程序来处理。层次的数据组织通常和使用这些数据的程序的层次结构十分相似。

面向数据结构的设计方法的最终目标是得出对程序处理过程的描述。这种设计方法并不明显地使用软件结构的概念，模块是设计过程的副产品，对于模块独立原理也没有给予应有的重视，因此，这种方法最适合于在详细设计阶段使用，即在完成了软件结构设计之后，可以使用面向数据结构的方法来设计每个模块的处理过程。

Jackson 方法和 Warnier 方法是最著名的两个面向数据结构的设计方法，本节结合一个简单例子扼要地介绍 Jackson 方法，使读者对面向数据结构的设计方法有初步了解。希望了解 Warnier 方法的读者，请参阅《软件工程导论（第三版）》，需要深入了解 Warnier 方法的读者，请参阅 Warnier 本人的专著。

使用面向数据结构的设计方法，首先需要分析确定数据结构，并且用适当的工具清晰地描绘数据结构。本节先介绍 Jackson 方法的工具——Jackson 图，然后介绍 Jackson 程序设计方法的基本步骤。

4.10.1 Jackson 图

虽然程序中实际使用的数据结构种类繁多，但是它们的数据元素彼此间的逻辑关系却只有顺序、选择和重复 3 类，因此，逻辑数据结构也只有这 3 类。

1. 顺序结构

顺序结构的数据由一个或多个数据元素组成，每个元素按确定次序出现一次。图 4.31 所示为顺序结构的 Jackson 图的一个例子。图中，A 由 B、C、D 3 个元素顺序组成（每个元素只出现一次，出现的次序依次是 B、C 和 D）。

2. 选择结构

选择结构的数据包含两个或多个数据元素，每次使用这个数据时按一定条件从这些数据元素中选择一个。图 4.32 所示为从 3 个条件中选一个结构的 Jackson 图。图中，根据条件 A 是 B 或 C 或 D 中的某一个（注意：在 B、C 和 D 的右上角有小圆圈做标记）。

3. 重复结构

重复结构的数据，根据使用时的条件由一个数据元素出现零次或多次构成。图 4.33 所示为重复结构的 Jackson 图。图中，A 由 B 出现 N 次（$N \geq 0$）组成（注意：在 B 的右上角有星号标记）。

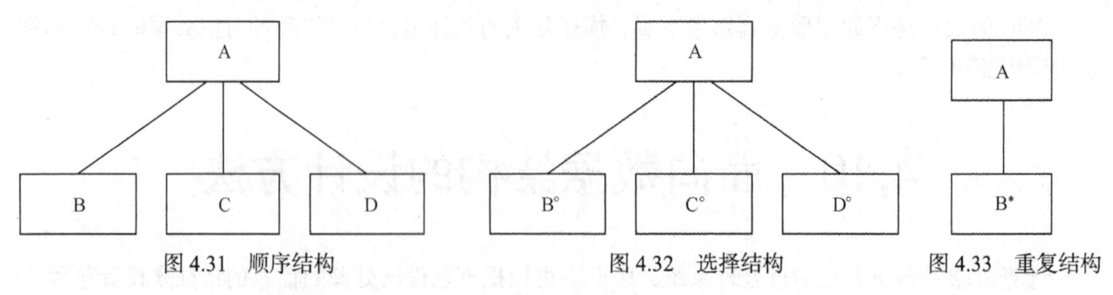

图 4.31 顺序结构　　图 4.32 选择结构　　图 4.33 重复结构

Jackson 图有下述优点：

◇ 便于表示层次结构，而且是对结构进行自顶向下分解的有力工具；

◇ 形象直观可读性好；

◇ 既能表示数据结构也能表示程序结构（因为结构程序设计也只使用上述 3 种基本结构）。

4.10.2　改进的 Jackson 图

上一小节介绍的 Jackson 图的缺点是，用这种图形工具表示选择或重复结构时，选择条件或循环结束条件不能直接在图上表示出来，影响了图的表达能力，也不易直接把图翻译成程序。此外，框间连线为斜线，不易在行式打印机上输出。为了解决上述问题，本书建议使用图 4.34 中给出的改进的 Jackson 图。

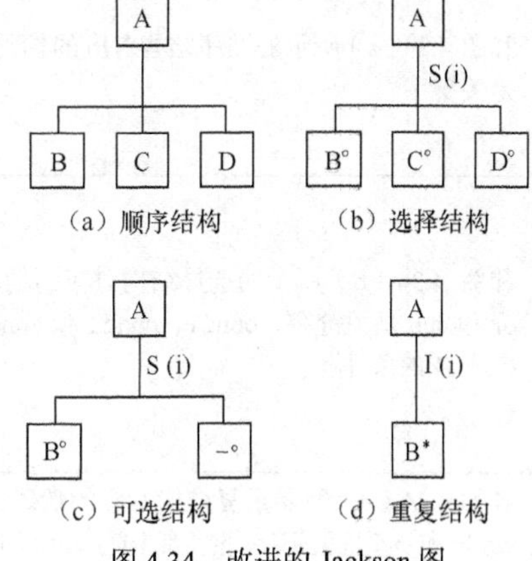

图 4.34　改进的 Jackson 图

图 4.34（a）所示为顺序结构，B、C、D 中任一个都不能是选择出现或重复出现的数据元素（即不能是右上角有小圆或星号标记的）。

图 4.34（b）所示为选择结构，S 右面括号中的数字 i 是分支条件的编号。

图 4.34（c）所示为可选结构，A 或者是元素 B 或者不出现（可选结构是选择结构的一种常见的特殊形式）。

图 4.34（d）所示为重复结构，循环结束条件的编号为 i。

请读者注意，虽然 Jackson 图和描绘软件结构的层次图形式相当类似，但是含义却很不相同：层次图中的一个方框通常代表一个模块；Jackson 图即使在描绘程序结构时，一个方框也并不代表一个模块，通常一个方框只代表几个语句。层次图表现的是调用关系，通常一个模块除了调用下级模块外，还完成其他操作；Jackson 图表现的是组成关系，即一个方框中包括的操作仅仅由它下层框中的那些操作组成。

4.10.3　Jackson 方法

Jackson 结构程序设计方法基本上由下述 5 个步骤组成。

① 分析并确定输入数据和输出数据的逻辑结构，并用 Jackson 图描绘这些数据结构。

② 找出输入数据结构和输出数据结构中有对应关系的数据单元。所谓有对应关系是指有直接的因果关系，在程序中可以同时处理的数据单元（对于重复出现的数据单元必须重复的次序和次数都相同才可能有对应关系）。

③ 用下述 3 条规则从描绘数据结构的 Jackson 图导出描绘程序结构的 Jackson 图。

◇ 为每对有对应关系的数据单元，按照它们在数据结构图中的层次在程序结构图的相应层次画一个处理框（注意，如果这对数据单元在输入数据结构和输出数据结构中所处的层次不同，则和它们对应的处理框在程序结构图中所处的层次与它们之中在数据结构图中层次低的那个对应）。

◇ 根据输入数据结构中剩余的每个数据单元所处的层次，在程序结构图的相应层次分别为它们画上对应的处理框。

◇ 根据输出数据结构中剩余的每个数据单元所处的层次，在程序结构图的相应层次分别为它们画上对应的处理框。总之，描绘程序结构的 Jackson 图应该综合输入数据结构和输出数据结构的层次关系而导出来。在导出程序结构图的过程中，由于改进的 Jackson 图规定在构成顺序结构的元素中不能有重复出现或选择出现的元素，因此可能需要增加中间层次的处理框。

④ 列出所有操作和条件（包括分支条件和循环结束条件），并且把它们分配到程序结构图的适当位置。

⑤ 用伪码表示程序。Jackson 方法中使用的伪码和 Jackson 图是完全对应的，下面是和 3 种基本结构对应的伪码。

<table>
<tr><td>和图 4.34（a）所示的顺序结构对应的伪码，其中 seq 和 end 是关键字</td><td><pre>A   seq
      B
      C
      D
A   end</pre></td></tr>
<tr><td>和图 4.34（b）所示的选择结构对应的伪码，其中 select、or 和 end 是关键字，cond1、cond2 和 cond3 分别是执行 B、C 或 D 的条件</td><td><pre>A   select cond1
      B
A   or cond2
      C
A   or cond3
      D
A   end</pre></td></tr>
<tr><td>和图 4.34（d）所示重复结构对应的伪码，其中 iter、until、while 和 end 是关键字（重复结构有 until 和 while 两种形式），cond 是条件</td><td><pre>A   iter until（或 while）cond
      B
A   end</pre></td></tr>
</table>

下面结合一个具体例子进一步说明 Jackson 结构程序设计方法。一个正文文件由若干个记录组成，每个记录是一个字符串。要求统计每个记录中空格字符的个数，以及文件中空格字符的总个数。要求的输出数据格式是，每复制一行输入字符串之后，另起一行印出这个字符串中的空格数，最后印出文件中空格的总个数。对于这个简单例子而言，输入和输出数据的结构很容易确定。图 4.35 所示为用 Jackson 图描绘的输入/输出数据结构。

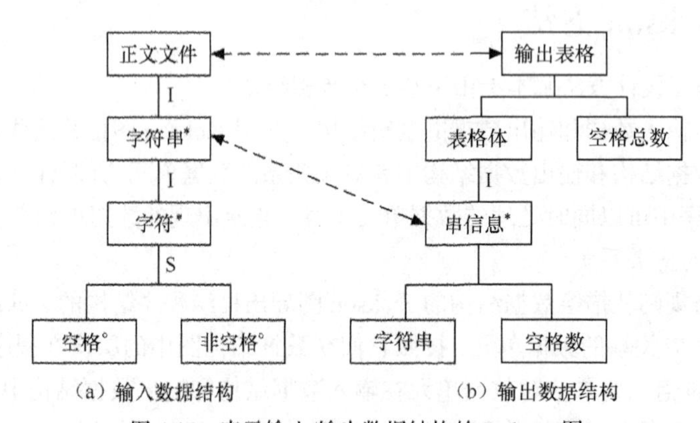

图 4.35　表示输入/输出数据结构的 Jackson 图

确定了输入/输出数据结构之后，下一步是分析确定在输入数据结构和输出数据结构中有对应关系的数据单元。在这个例子中，输出数据总是通过对输入数据的处理而得到的，因此，在输入/输出数据结构最高层次的两个单元（在这个例子中是“正文文件”和“输出表格”）总是有对应关系的。这一对单元将和程序结构图中最顶层的方框（代表程序）相对应，也就是说经过程序的处理由正文文件得到输出表格。因为每处理输入数据中一个“字符串”之后，就可以得到输出数据中一个“串信息”，它们都是重复出现的数据单元，而且出现次序和重复次数都完全相同，因此，

“字符串”和“串信息”也是一对有对应关系的单元。

下面我们依次考察输入数据结构中余下的每个数据单元看是否还有其他有对应关系的单元。“字符”不可能和多个字符组成的“字符串”对应，也不能和输出数据结构中的其他数据单元对应。单个空格并不能决定一个记录中包含的空格个数，因此也没有对应关系。通过类似的考察发现，输入数据结构中余下的任何一个单元在输出数据结构中都找不到对应的单元，也就是说，在这个例子中输入/输出数据结构中只有上述两对有对应关系的单元。在图 4.35 中用一对虚线箭头把有对应关系的数据单元连接起来，以突出表明这种对应关系。

Jackson 程序设计方法的第 3 步是从数据结构图导出程序结构图。按照前面已经讲述过的规则，这个步骤的大致过程如下。

首先，在描绘程序结构的 Jackson 图的最顶层画一个处理框“统计空格”，它与“正文文件”和“输出表格”这对最顶层的数据单元相对应。但是接下来还不能立即画与另一对数据单元（“字符串”和“串信息”）相对应的处理框，因为在输出数据结构中“串信息”的上层还有“表格体”和“空格总数”两个数据单元，在程序结构图的第 2 层应该有与这两个单元对应的处理框——“程序体”和“印总数”，因此，在程序结构图的第 3 层才是与“字符串”和“串信息”相对应的处理框——“处理字符串”。在程序结构图的第 4 层似乎应该是和“字符串”、“字符”及“空格数”等数据单元对应的处理框“印字符串”、“分析字符”及“印空格数”，这 3 个处理是顺序执行的。但是，“字符”是重复出现的数据单元，因此“分析字符”也应该是重复执行的处理。改进的 Jackson 图规定顺序执行的处理中不允许混有重复执行或选择执行的处理，所以在“分析字符”这个处理框上面又增加了一个处理框“分析字符串”。最后得到的程序结构图如图 4.36 所示。

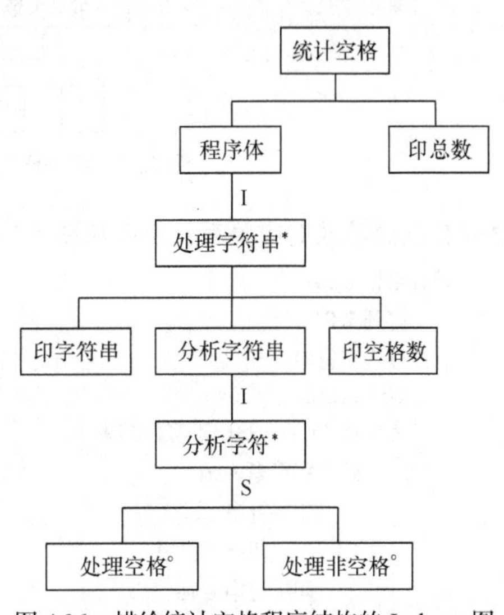

图 4.36　描绘统计空格程序结构的 Jackson 图

Jackson 程序设计方法的第 4 步是列出所有操作和条件，并且把它们分配到程序结构图的适当位置。首先，列出统计空格个数需要的全部操作和条件如下：

（1）停止
（2）打开文件
（3）关闭文件
（4）印出字符串
（5）印出空格数目
（6）印出空格总数
（7）sum：= sum + 1
（8）totalsum：= totalsum + sum
（9）读入字符串
（10）sum：= 0
（11）totalsum：= 0
（12）pointer：= 1
（13）pointer：= pointer + 1
I（1）文件结束
I（2）字符串结束
S（3）字符是空格

在上面的操作表，sum 是保存空格个数的变量，totalsum 是保存空格总数的变量，而 pointer 是用来指示当前分析的字符在字符串中的位置的变量。

经过简单分析不难把这些操作和条件分配到程序结构图的适当位置，结果如图 4.37 所示。

Jackson 方法的最后一步是用伪码表示程序处理过程。因为 Jackson 使用的伪码和 Jackson 图

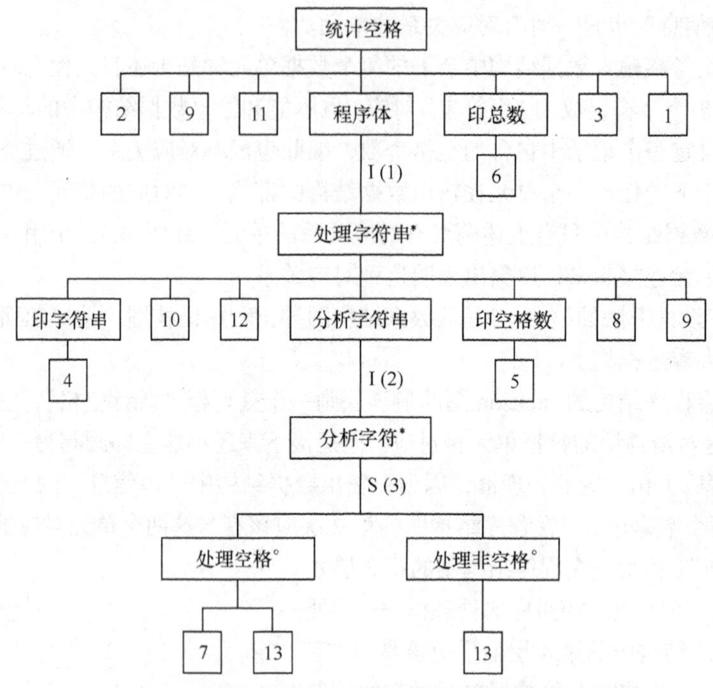

图 4.37　把操作和条件分配到程序结构图的适当位置

之间存在简单的对应关系，所以从图 4.37 很容易得出下面的伪码：

```
统计空格 seq
    打开文件
    读入字符串
    totalsum := 0
    程序体 iter until 文件结束
        处理字符串 seq
            印字符串 seq
                印出字符串
            印字符串 end
            sum := 0
            pointer := 1
            分析字符串 iter until 字符串结束
                分析字符 select 字符是空格
                    处理空格 seq
                    sum := sum + 1
                    pointer := pointer + 1
                处理空格 end
                分析字符 or 字符不是空格
                    处理非空格 seq
                    pointer := pointer + 1
                    处理非空格 end
                分析字符 end
            分析字符串 end
            印空格数 seq
                印出空格数目
            印空格数 end
```

```
                totalsum := totalsum + sum
                读入字符串
            处理字符串 end
        程序体 end
        印总数 seq
            印出空格总数
        印总数 end
        关闭文件
        停止
    统计空格 end
```

以上简单介绍了由英国人 M. Jackson 提出的结构程序设计方法，这个方法在设计比较简单的数据处理系统时特别方便。当设计比较复杂的程序时，常常遇到输入数据可能有错、条件不能预先测试、数据结构冲突等问题。为了克服上述困难，把 Jackson 方法应用到更广阔的领域，需要采用一系列比较复杂的辅助技术，详细介绍这些技术已经超出本书的范围。需要更深入了解 Jackson 方法的读者，请参阅 Jackson 本人的专著。

小　　结

软件设计的目标是设计出所要开发的软件的模型，传统的软件工程方法学采用结构化设计技术完成软件设计工作。

软件设计在软件工程过程中处于技术核心地位，是软件开发过程中决定软件产品质量的关键阶段。

软件设计必须依据对软件产品的需求来进行，因此，结构化设计把结构化分析的结果作为基本输入信息。由数据模型、功能模型和行为模型描述的软件需求被传送给软件设计者，以便他们采用适当的设计方法完成数据设计、体系结构设计、接口设计和过程设计。

为了获得高质量的软件设计结果，应该遵循模块化、抽象、逐步求精、信息隐藏、模块独立等基本设计原理，特别是其中的模块独立原理，对软件体系结构设计和接口设计具有非常重要、十分具体的指导作用。总结众多软件工程师在开发软件的长期实践中所积累的丰富经验，形成了一些启发规则，这些启发规则虽然不像上述基本原理那样普遍适用，但在许多场合仍然能给软件设计者以有益的启示，有助于设计出有效模块化的软件。

通常，使用层次图或结构图表示软件结构，这些图形工具具有形象直观、容易理解的优点，读者应该学会用这类图形描绘软件结构。

面向数据流的设计方法是设计软件体系结构的一种系统化的方法，它定义了一些映射规则，可以把数据流图变换成软件的初步结构。得出软件的初步结构之后，还必须根据好设计的标准，用基本设计原理和启发规则为指南，对所得到的软件结构进行仔细优化，才能设计出令人满意的软件体系结构。

人—机界面设计是接口设计的一个组成部分。对于交互式系统来说，人—机界面设计和数据设计、体系结构设计、过程设计一样重要。人—机界面的质量直接影响用户对软件产品的接受程度，因此，必须对人—机界面设计给予足够重视。在设计人—机界面的过程中，必须充分重视并认真处理好系统响应时间、用户帮助设施、出错信息处理和命令交互 4 个设计问题。用户界面设计是一个迭代过程。通常，先创建设计模型，接下来用原型实现这个设计模型并由用户试用和评估原型，然后根据用户意见修改原型，直到用户满意为止。总结人们在设计人—机界面过程中积累的经验，得出了一些关于用户界面设计的指南，认真对待这些设计指南有助于设计出友好、高效的人—机界面。

过程设计应该在数据设计、体系结构设计和接口设计完成之后进行，它是详细设计阶段的主要任务。过程设计的目标不仅是保证算法正确，更重要的是设计出的处理过程应该尽可能简明易懂。结构程序设计技术是实现上述目标的关键技术，因此是过程设计的逻辑基础。

描述程序处理过程的工具，可分为图形、表格和语言 3 类，这 3 类工具各有所长，读者应该能够根据需要选用适当的工具。

在许多应用领域中信息都有清楚的层次结构，在开发这类应用系统时可以采用面向数据结构的设计方法完成过程设计。

习　题

一、判断题

1. 软件设计说明书是软件概要设计的主要成果。（　　）
2. 软件设计中设计复审和设计本身一样重要，其主要作用是避免后期付出高昂代价。（　　）
3. HIPO 法既是需求分析方法，又是软件设计方法。（　　）
4. 划分模块可以降低软件的复杂度和工作量，所以应该将模块分得越小越好。（　　）
5. SD 法是一种面向数据结构的设计方法，强调程序结构与问题结构相对应。（　　）
6. 判定表的优点是容易转换为计算机实现，缺点是不能够描述组合条件。（　　）
7. 模块独立要求高耦合低内聚。（　　）

二、选择题

1. 为了提高模块的独立性，模块之间最好是（　　）。
   A. 公共环境耦合　B. 控制耦合　C. 数据耦合　D. 特征耦合
2. 在面向数据流的软件设计方法中，一般将信息流分为（　　）。
   A. 数据流和控制流　B. 变换流和控制流
   C. 事务流和控制流　D. 变换流和事务流
3. 模块独立性是软件模块化所提出的要求，衡量模块独立性的度量标准是模块的（　　）。
   A. 内聚性和耦合性　B. 局部化和封装化
   C. 抽象和信息隐藏　D. 逐步求精和结构图
4. 模块的独立性是由内聚性和耦合性来度量的，其中内聚性是（　　）。
   A. 模块间的联系程度　B. 信息隐藏程度
   C. 模块的功能强度　D. 接口的复杂程度
5. 当算法中需要用一个模块去计算多种条件的复杂组合，并根据这些条件完成适当的功能时，从供选择的答案中，选出合适的描述工具。（　　）
   A. 程序流程图　B. N-S 图　C. PAD 图　D. 判定表
6. 面向数据流的软件设计方法可将（　　）映射成软件结构。
   A. 控制结构　B. 模块　C. 数据流　D. 事物流

7. Jackson 方法根据（　　）来导出程序结构。

A. 数据流图　　B. 数据间的控制结构

C. 数据结构　　D. IPO 图

三、简答题

1. 请简述软件设计与需求分析的关系。
2. 请简述软件设计的工作目标和任务。
3. 请简述在软件设计的过程中需要遵循的规则。
4. 软件设计如何分类，分别有哪些活动？
5. 什么是模块、模块化？软件设计为什么要模块化？
6. 为什么说“高内聚、低耦合”的设计有利于提高系统的独立性？
7. 请简述面向数据流设计方法的主要思想。
8. 请简述界面设计应该遵循的原则。
9. 改进的 Jackson 图与传统的 Jackson 图相比有哪些优点？
10. 请简述软件设计优化的准则。
11. 请简述结构化设计的优点。

四、应用题

1. 旅游价格折扣分类如下表，请用判定表和判定树分别画出表达该逻辑问题的算法。

旅游时间	7-9，12 月		1-6，10，11 月	
订票量	≤20	>20	≤20	>20
折扣量	5%	15%	20%	30%

2. 如果要求两个正整数的最小公倍数，请用程序流程图、N-S 图和 PAD 图分别表示出求解该问题的算法。

第5章 结构化实现

通常把编码和测试统称为实现。所谓编码就是把软件设计翻译成计算机可以理解的形式——用某种程序设计语言书写的程序。作为软件工程过程的一个阶段，编码是设计的自然结果，因此，程序的质量主要取决于软件设计的质量。但是，所选用的程序设计语言的特点和编码风格，也会对程序的可靠性、可读性、可测试性和可维护性产生深远的影响。

无论怎样强调软件测试的重要性和它对软件可靠性的影响都不过分。在开发大型软件系统的漫长过程中，面对着极其错综复杂的问题，人的主观认识不可能完全符合客观现实，与工程密切相关的各类人员之间的沟通和配合也不可能完美无缺，因此，在软件生命周期的每个阶段都不可避免地会产生差错。我们力求在每个阶段结束之前通过严格的技术审查，尽可能早地发现并纠正差错。但是，经验表明审查并不能发现所有差错，在编码过程中还不可避免地会引入新的错误。如果在软件投入生产性运行之前，没有发现并纠正软件中的大部分差错，则这些差错迟早会在生产过程中暴露出来，那时不仅改正这些错误的代价更高，而且往往会造成很恶劣的后果。测试的目的就是在软件投入生产性运行之前，尽可能多地发现软件中的错误。目前软件测试仍然是保证软件质量的关键步骤，它是对软件规格说明、设计和编码的最后复审。

软件测试在软件生命周期中横跨两个阶段。通常在编写出每个模块之后就对它做必要的测试（称为单元测试），模块的编写者和测试者是同一个人，编码和单元测试属于软件生命周期的同一个阶段。在这个阶段结束之后，对软件系统还应该进行各种综合测试，这是软件生命周期中的另一个独立的阶段，通常由专门的测试人员承担这项工作。

大量统计资料表明，软件测试的工作量往往占软件开发总工作量的40%以上，在极端情况，测试那种关系人的生命安全的软件所花费的成本，可能相当于软件工程其他步骤总成本的 3～5 倍，因此，必须高度重视软件测试工作，绝不要以为写出程序之后软件开发工作就接近完成了。实际上，大约还有同样多的开发工作量需要完成。

仅就测试而言，它的目标是发现软件中的错误，但是，发现错误并不是我们的最终目的。软件工程的根本目标是开发出高质量的完全符合用户需要的软件，因此，通过测试发现错误之后还必须诊断并改正错误，这才是调试的目的。调试是测试阶段最困难的工作。

在对测试结果进行收集和评价的时候，软件所达到的可靠性也开始明朗了。软件可靠性模型使用故障率数据，估计软件将来出现故障的情况并预测软件的可靠性。

5.1　编　　码

5.1.1　选择程序设计语言

程序设计语言是人和计算机通信的基本工具，它的特点不可避免地会影响人思维和解决问题的方式，会影响人和计算机通信的方式和质量，也会影响其他人阅读和理解程序的难易程度，因此，编码之前的一项重要工作就是选择一种适当的程序设计语言。适当的程序设计语言能使程序员在根据设计编码时遇到的困难最少，可以减少需要的程序测试量，并且可以写出更容易阅读和更容易维护的程序。由于软件系统的绝大部分成本用在生命周期的测试和维护阶段，因此容易测试和容易维护是极端重要的。

使用汇编语言编码需要把软件设计翻译成机器操作的序列，由于这两种表示方法很不相同，因此汇编程序设计既困难又容易出差错。一般说来，高级语言的源程序语句和汇编代码指令之间有一句对多句的对应关系。统计资料表明，程序员在相同时间内可以写出的高级语言语句数和汇编语言指令数大体相同，因此，用高级语言写程序比用汇编语言写程序生产率可以提高好几倍。高级语言一般都允许用户给程序变量和子程序赋予含义鲜明的名字，通过名字很容易把程序对象和它们所代表的实体联系起来；此外，高级语言使用的符号和概念更符合人的习惯，因此，用高级语言写的程序容易阅读，容易测试，容易调试，容易维护。

总的说来，高级语言明显优于汇编语言，因此，除了在很特殊的应用领域（如对程度执行时间和使用的空间都有很严格限制的情况；需要产生任意的甚至非法的指令序列；体系结构特殊的微处理机，以致在这类机器上通常不能实现高级语言编译程序），或者大型系统中执行时间非常关键的（或直接依赖于硬件的）一小部分代码需要用汇编语言书写之外，其他程序应该一律用高级语言书写。

为了使程序容易测试和维护以减少生命周期的总成本，选用的高级语言应该有理想的模块化机制，以及可读性好的控制结构和数据结构；为了便于调试和提高软件可靠性，语言特点应该使编译程序能够尽可能多地发现程序中的错误；为了降低软件开发和维护的成本，选用的语言应该有良好的独立编译机制。上述这些要求虽是选择语言的理想标准，但是在实际选用语言时不能仅仅考虑理论上的标准，还必须同时考虑实用方面的各种限制。重要的实用标准有下述几条。

（1）系统用户的要求：如果所开发的系统由用户负责维护，用户通常要求用他们熟悉的语言书写程序。

（2）可以使用的编译程序：运行目标系统的环境中可以提供的编译程序往往限制了可以选用的语言的范围。

（3）可以得到的软件工具：如果某种语言有支持程序开发的软件工具可以利用，则目标系统的实现和验证都变得比较容易。

（4）工程规模：如果工程规模很庞大，现有的语言又不完全适用，那么设计并实现一种供这个工程项目专用的程序设计语言，可能是一个正确的选择。

（5）程序员的知识：虽然对于有经验的程序员来说，学习一种新语言并不困难，但是要完全掌握一种新语言却需要实践。如果和其他标准不矛盾，那么应该选择一种已经为程序员所熟悉的语言。

（6）软件可移植性要求：如果目标系统将在几台不同的计算机上运行，或者预期的使用寿命很长，那么选择一种标准化程度高、程序可移植性好的语言就是很重要的。

（7）软件的应用领域：所谓的通用程序设计语言实际上并不是对所有应用领域都同样适用。例如，FORTRAN 语言特别适合于工程和科学计算，COBOL 语言适合于商业领域应用，C 语言和 Ada 语言适用于系统和实时应用领域，LISP 语言适用于组合问题领域，PROLOG 语言适于表达知识和推理。因此，选择语言时应该充分考虑目标系统的应用范围。

5.1.2 编码风格

源程序代码的逻辑简明清晰、易读易懂是好程序的一个重要标准。为了做到这一点，应该遵循下述规则。

1. 程序内部的文档

所谓程序内部的文档包括恰当的标识符、适当的注解、程序的视觉组织等。选取含义鲜明的名字，使它能正确地提示程序对象所代表的实体，这对于帮助阅读者理解程序是很重要的。如果使用缩写，那么缩写规则应该一致，并且应该给每个名字加注解。注解是程序员和程序读者通信的重要手段，正确的注解非常有助于读者对程序的理解。通常在每个模块开始处有一段序言性的注解，简要描述模块的功能、主要算法、接口特点、重要数据以及开发简史。插在程序中间与一段程序代码有关的注解，主要解释包含这段代码的必要性。

对于用高级语言书写的源程序，不需要用注解的形式把每个语句翻译成自然语言，应该利用注解提供一些额外的信息。应该用空格或空行清楚地区分注解和程序。注解的内容一定要正确，错误的注解不仅对理解程序毫无帮助，反而会妨碍对程序的理解。程序清单的布局对于程序的可读性也有很大影响，应该利用适当的阶梯（即缩进）形式使程序的层次结构清晰明显。

2. 数据说明

虽然在设计期间已经确定了数据结构的组织和复杂程度，然而数据说明的风格却是在写程序时确定的。为了使数据更容易理解和维护，有一些比较简单的原则应该遵循。

数据说明的次序应该标准化（如按照数据结构或数据类型确定说明的次序）。有次序就容易查阅，也就能够加速测试、调试和维护的过程。

当多个变量名在一个语句中说明时，应该按字母顺序排列这些变量。

如果设计时使用了一个复杂的数据结构，则应该用注解说明用程序设计语言实现这个数据结构的方法和特点。

3. 语句构造

设计期间确定了软件的逻辑结构，然而个别语句的构造却是编写程序的一个主要任务。构造语句时应该遵循的原则是，每个语句都应该简单而直接，不能为了提高效率而使程序变得过分复杂。下述规则有助于使语句简单明了：

◇ 不要为了节省空间而把多个语句写在同一行；

◇ 尽量避免复杂的条件测试；

◇ 尽量减少对“非”条件的测试；

◇ 避免大量使用循环嵌套和条件嵌套；

◇ 利用括号使逻辑表达式或算术表达式的运算次序清晰直观。

4. 输入/输出

在设计和编写程序时应该考虑下述有关输入/输出风格的规则：

◇ 对所有输入数据都进行检验；

◇ 检查输入项重要组合的合法性；

◇ 保持输入格式简单；

◇ 使用数据结束标记，不要要求用户指定数据的数目；

◇ 明确提示交互式输入的请求，详细说明可用的选择或边界数值；

◇ 当程序设计语言对格式有严格要求时，应保持输入格式一致；

◇ 设计良好的输出报表；

◇ 给所有输出数据加标志。

5. 效率

效率主要指处理机时间和存储器容量两个方面。虽然应该提出提高效率的要求，但是在进一步讨论这个问题之前应该记住 3 条原则：首先，效率是性能要求，因此应该在需求分析阶段确定效率方面的要求。软件应该像对它要求的那样有效，而不应该如同人类可能做到的那样有效。其次，效率是靠好设计来提高的。第三，程序的效率和程序的简单程度是一致的。不要牺牲程序的清晰性和可读性来不必要地提高效率。下面从 3 个方面进一步讨论效率问题。

（1）程序运行时间。源程序的效率直接由详细设计阶段确定的算法的效率决定，但是写程序的风格也能对程序的执行速度和存储器要求产生影响。在把详细设计结果翻译成程序时，总可以应用下述规则：

◇ 写程序之前先简化算术的和逻辑的表达式；

◇ 仔细研究嵌套的循环，以确定是否有语句可以从内层往外移；

◇ 尽量避免使用多维数组；

◇ 尽量避免使用指针和复杂的表；

◇ 使用执行时间短的算术运算；

◇ 不要混合使用不同的数据类型；

◇ 尽量使用整数运算和布尔表达式。

在效率是决定性因素的应用领域，尽量使用有良好优化特性的编译程序，以自动生成高效目标代码。

（2）存储器效率。在大型计算机中必须考虑操作系统页式调度的特点，一般说来，使用能保持功能域的结构化控制结构，是提高效率的好方法。

在微处理机中如果要求使用最少的存储单元，则应选用有紧缩存储器特性的编译程序，在非常必要时可以使用汇编语言。

提高执行效率的技术通常也能提高存储器效率。提高存储器效率的关键同样是“简单”。

（3）输入/输出的效率。如果用户为了给计算机提供输入信息或为了理解计算机输出的信息，所需花费的脑力劳动是经济的，那么人和计算机之间通信的效率就高。因此，简单清晰同样是提高人—机通信效率的关键。

硬件之间的通信效率是很复杂的问题，但从写程序的角度看，却有些简单的原则可以提高输入/输出的效率。例如：

◇ 所有输入/输出都应该有缓冲，以减少用于通信的额外开销；

◇ 对二级存储器（如磁盘）应选用最简单的访问方法；

◇ 二级存储器的输入/输出应该以信息组为单位进行；

◇ 如果“超高效的”输入/输出很难被人理解，则不应采用这种方法。

这些简单原则对于软件工程的设计和编码两个阶段都适用。

5.2 软件测试基础

本节介绍软件测试的基本概念和基础知识。

表面看来，软件测试的目的与软件工程所有其他阶段的目的都相反。软件工程的其他阶段都是“建设性”的：软件工程师力图从抽象的概念出发，逐步设计出具体的软件系统，直到用一种适当的程序设计语言写出可以执行的程序代码。但是，在测试阶段测试人员努力设计出一系列测试方案，目的却是为了“破坏”已经建造好的软件系统——竭力证明程序中有错误，不能按照预定要求正确工作。

当然，这种反常仅仅是表面的，或者说是心理上的。暴露问题并不是软件测试的最终目的，发现问题是为了解决问题，测试阶段的根本目标是尽可能多地发现并排除软件中潜藏的错误，最终把一个高质量的软件系统交给用户使用。不过，仅就测试本身而言，它的目标可能和许多人原来设想的很不相同。

5.2.1 测试目标

G. Myers 给出了关于测试的一些规则，这些规则也可以看做是测试的目标或定义：

◇ 测试是为了发现程序中的错误而执行程序的过程；

◇ 好的测试方案是极可能发现迄今为止尚未发现的错误的测试方案；

◇ 成功的测试是发现了至今为止尚未发现的错误的测试。

从上述规则可以看出，测试的正确定义是“为了发现程序中的错误而执行程序的过程”。这和某些人通常想象的“测试是为了表明程序是正确的”，“成功的测试是没有发现错误的测试”等是完全相反的。正确认识测试的目标是十分重要的，测试目标决定了测试方案的设计。如果为了表明程序是正确的而进行测试，就会设计一些不易暴露错误的测试方案；相反，如果测试是为了发现程序中的错误，就会力求设计出最能暴露错误的测试方案。

由于测试的目标是暴露程序中的错误，从心理学角度看，由程序的编写者自己进行测试是不恰当的。因此，在综合测试阶段通常由其他人员组成测试小组来完成测试工作。

此外，应该认识到测试决不能证明程序是正确的。即使经过了最严格的测试之后，仍然可能还有没被发现的错误潜藏在程序中。测试只能查找出程序中的错误，不能证明程序中没有错误。关于这个结论下面还要讨论。

5.2.2 黑盒测试和白盒测试

测试任何产品都有两种方法：如果已经知道了产品应该具有的功能，可以通过测试来检验是否每个功能都能正常使用；如果知道产品内部工作过程，可以通过测试来检验产品内部动作是否按照规格说明书的规定正常进行。前一个方法称为黑盒测试，后一个方法称为白盒测试。对于软件测试而言，黑盒测试法是把程序看成一个黑盒子，完全不考虑程序的内部结构和处理过程。也就是说，黑盒测试是在程序接口进行的测试，它只检查程序功能是否能按照规格说明书的规定正常使用，程序是否能适当地接收输入数据产生正确的输出信息，并且保持外部信息（如数据库或文件）的完整性。黑盒测试又称为功能测试。白盒测试法的前提是可以把程序看成装在一个透明的白盒子里，也就是完全了解程序的结构和处理过程。这种方法按照程序内部的逻辑测试程序，检验程序中的每条通路是否都能按预定要求正确工作。白盒测试又称为结构测试。

5.2.3 测试准则

为了能设计出有效的测试方案，软件工程师必须充分理解并正确运用指导软件测试的基本准则。主要的测试准则如下所述。

① 所有的测试都应该能追溯到用户需求。正如前面讲过的，软件测试的目标是发现错误。从用户角度看，最严重的错误是导致程序不能满足用户需求的那些错误。

② 应该在测试开始之前的相当长时间，就制定出测试计划。一旦完成了需求模型就可以着手制定测试计划，在确定了设计模型之后就可以立即开始设计详细的测试方案。因此，在编码之前就可以对所有测试工作进行计划和设计。

③ 把 Pareto 原理应用于软件测试。Pareto 原理告诉我们，测试发现的错误中的 80%很可能是由程序中 20%的模块造成的。当然，问题是怎样找出这些可疑的模块并彻底地测试它们。

④ 测试应该从“小规模”开始，并逐步进行“大规模”测试。通常，首先重点测试单个程序模块，然后把测试重点转向在集成的模块簇中寻找错误，最后在整个系统中寻找错误。

⑤ 穷举测试是不可能的。所谓穷举测试就是把程序所有可能的执行路径都检查遍的测试。即使是一个中等规模的程序，其路径排列数也是非常大的。由于受时间、人力和资源的限制，在测试过程中不可能执行路径的每一种组合。这就表明，测试只能证明程序中有错误，不能证明程序中没有错误。但是，通过精心设计测试方案，有可能充分覆盖程序逻辑并确保把过程设计中使用的所有条件都检查一遍。

⑥ 为了达到最佳的测试效果，应该由独立的第三方来从事测试工作。所谓“最佳效果”，是指具有最大可能性发现错误的测试（这是测试的基本目标）。由于前面已经讲过的原因，创建软件系统的软件工程师并不是完成全部软件测试工作的最佳人选（通常他们主要承担模块测试工作）。

5.2.4 流图

在设计测试方案时，往往需要仔细分析程序的控制流。为了突出表示程序的控制流，可以使用流图（也称为程序图）。流图仅仅描绘程序的控制流程，它完全不表现对数据的具体操作以及分支或循环的具体条件。

在流图中用圆表示节点，一个圆代表一条或多条语句。程序流程图中的一个处理框序列和一个菱形判定框，可以映射成流图中的一个节点。流图中的箭头线称为边，它和程序流程图中的箭头线类似，代表控制流。在流图中一条边必须终止于一个节点，即使这个节点并不代表任何语句（实际上相当于一个空语句）。由边和节点围成的面积称为区域，当计算区域数时应该包括图外部未被围起来的那个区域。

图 5.1 所示为把程序流程图映射成流图的方法。

用任何方法表示的过程设计结果，都可以翻译成流图。图 5.2 所示为用 PDL 表示的处理过程及与之对应的流图。

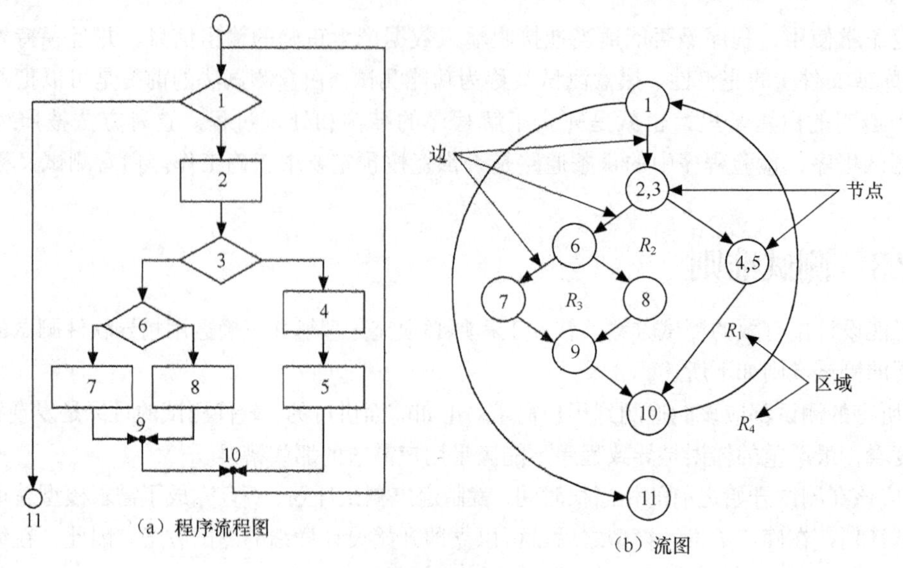

图 5.1　把程序流程图映射成流图

当过程设计中包含复合条件时，生成流图的方法稍微复杂一些。所谓复合条件，就是在条件中包含了一个或多个布尔运算符（逻辑 OR、AND、NAND、NOR）。在这种情况下，应该把复合条件分解为若干个简单条件，每个简单条件对应流图中一个节点。包含条件的节点称为判定节点，从每个判定节点引出两条或多条边。图 5.3 所示为由包含复合条件的 PDL 映射成的流图。

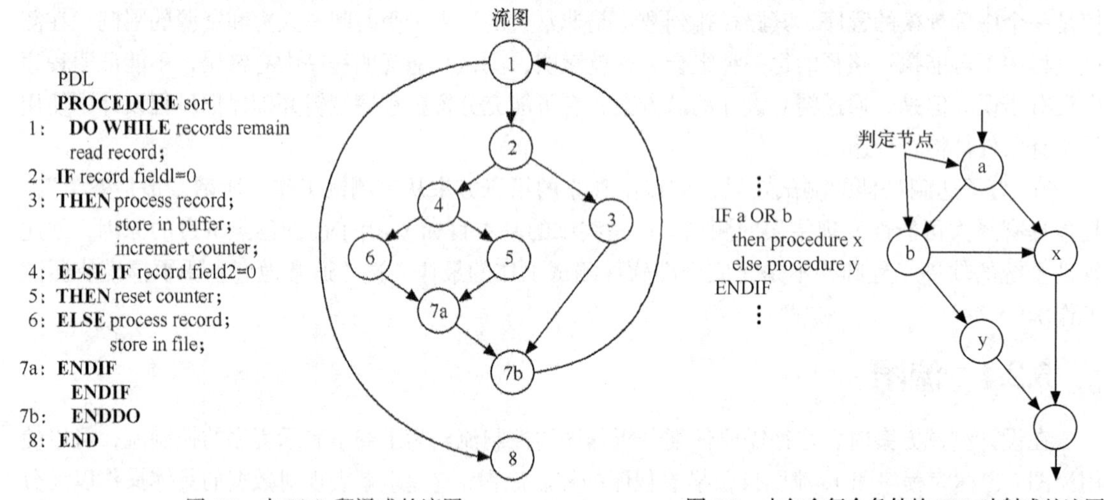

图 5.2　由 PDL 翻译成的流图　　　　图 5.3　由包含复合条件的 PDL 映射成的流图

5.3 逻辑覆盖

逻辑覆盖是设计白盒测试方案的一种技术。设计测试方案是测试阶段的关键技术问题。所谓测试方案包括具体的测试目的（如要测试的具体功能），应该输入的测试数据和预期的输出结果。通常又把测试数据和预期的输出结果称为测试用例。

不同的测试数据发现程序错误的能力差别很大，为了提高测试效率降低测试成本，应该选用高效的测试数据。因为不可能进行穷尽的测试，选用少量“最有效的”测试数据，做到尽可能完备的测试就更重要了。

有选择地执行程序中某些最有代表性的通路是对穷尽测试的唯一可行的替代办法。所谓逻辑覆盖是对一系列测试过程的总称，这组测试过程逐渐进行越来越完整的通路测试。测试数据执行（或叫覆盖）程序逻辑的程度可以划分成哪些不同的等级呢？从覆盖源程序语句的详尽程度分析，大致有以下一些不同的覆盖标准。

1. 语句覆盖

为了暴露程序中的错误，至少每个语句应该执行一次。语句覆盖的含义是，选择足够多的测试数据，使被测程序中每个语句至少执行一次。

例如，图 5.4 所示为一个被测模块的流程图，它的源程序（用 PASCAL 语言书写）如下：

```
PRCEDURE EXAMPLE(A, B:REAL;VAR X:REAL);
 READ
 BGIN
   IF (A>1) AND (B=0)
     THEN X:=X/A;
   IF (A=2) OR (X>1)
     THEN X:=X+1
 END;
```

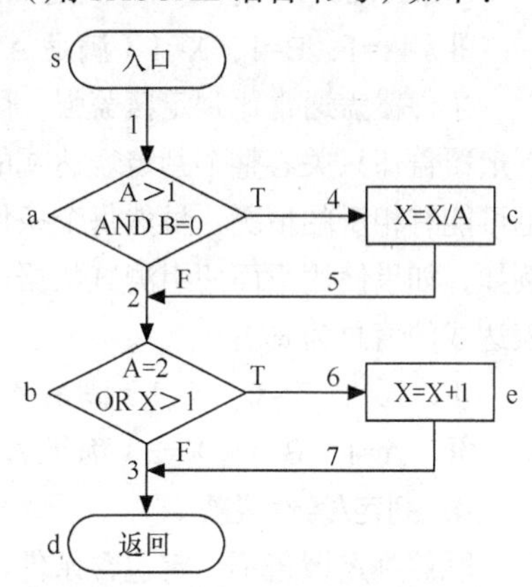

图 5.4　被测试模块的流程图

为了使每个语句都执行一次，程序的执行路径应该是 sacbed。为此只需要输入下面的测试数据（实际上 X 可以是任意实数）：

A=2，B=0，X=4

语句覆盖对程序的逻辑覆盖很少。在上面例子中两个判定条件都只测试了条件为真的情况，如果条件为假时处理有错误，显然不能发现。此外，语句覆盖只关心判定表达式的值，而没有分别测试判定表达式中每个条件取不同值时的情况。在上面的例子中，为了执行 sacbed 路径，以测试每个语句，只需两个判定表达式（A>1）AND（B=0）和（A=2）OR（X>1）都取真值，因此使用上述一组测试数据就够了。但是，如果程序中把第 1 个判定表达式中的逻辑运算符“AND”错写成“OR”，或把第 2 个判定表达式中的条件“X>1”误写成“X<1”，使用上面的测试数据并不能查出这些错误。

综上所述，可以看出语句覆盖是很弱的逻辑覆盖标准。为了更充分地测试程序，可以采用下述的逻辑覆盖标准。

2. 判定覆盖

判定覆盖又叫做分支覆盖，它的含义是，不仅每个语句必须至少执行一次，而且每个判定的每种可能的结果都应该至少执行一次，也就是每个判定的每个分支都至少执行一次。

对于上述例子来说，能够分别覆盖路径 sacbed 和 sabd 的两组测试数据，或者可以分别覆盖路径 sacbd 和 sabed 的两组测试数据，都满足判定覆盖标准。例如，用下面两组测试数据就可做到判定覆盖：

Ⅰ. A=3，B=0，X=3　（覆盖 sacbd）

Ⅱ. A=2，B=1，X=1　（覆盖 sabed）

判定覆盖比语句覆盖强，但是对程序逻辑的覆盖程度仍然不高，如上面的测试数据只覆盖了程序全部路径的一半。

3. 条件覆盖

条件覆盖的含义是，不仅每个语句至少执行一次，而且使判定表达式中的每个条件都取到各种可能的结果。

图 5.4 所示的例子中共有两个判定表达式，每个表达式中有两个条件，为了做到条件覆盖，应该选取测试数据使得在 a 点有下述各种结果出现：

$$A>1, A\leqslant 1, B=0, B\neq 0$$

在 b 点有下述各种结果出现：

$$A=2, A\neq 2, X>1, X\leqslant 1$$

只需要使用下面两组测试数据就可以达到上述覆盖标准：

Ⅰ. A=2，B=0，X=4（满足 A>1，B=0，A=2 和 X>1 的条件，执行路径 sacbed）

Ⅱ. A=1，B=1，X=1（满足 A≤1，B≠0，A≠2 和 X≤1 的条件，执行路径 sabd）

条件覆盖通常比判定覆盖强，因为它使判定表达式中每个条件都取到了两个不同的结果，而判定覆盖却只关心整个判定表达式的值，如上面两组测试数据也同时满足判定覆盖标准。但是，也可能有相反的情况：虽然每个条件都取到了两个不同的结果，判定表达式却始终只取一个值。例如，如果使用下面两组测试数据，则只满足条件覆盖标准并不满足判定覆盖标准（第 2 个判定表达式的值总为真）：

Ⅰ. A=2，B=0，X=1（满足 A>1，B=0，A=2 和 X≤1 的条件，执行路径 sacbed）

Ⅱ. A=1，B=1，X=2（满足 A≤1，B≠0，A≠2 和 X>1 的条件，执行路径 sabed）

4. 判定/条件覆盖

既然判定覆盖不一定包含条件覆盖，条件覆盖也不一定包含判定覆盖，自然会提出一种能同时满足这两种覆盖标准的逻辑覆盖，这就是判定/条件覆盖。它的含义是，选取足够多的测试数据，使得判定表达式中的每个条件都取到各种可能的值，而且每个判定表达式也都取到各种可能的结果。

对于图 5.4 所示的例子而言，下述两组测试数据满足判定/条件覆盖标准：

Ⅰ. A=2，B=0，X=4

Ⅱ. A=1，B=1，X=1

但是，这两组测试数据也就是为了满足条件覆盖标准最初选取的两组数据，因此，有时判定/条件覆盖也并不比条件覆盖更强。

5. 条件组合覆盖

条件组合覆盖是更强的逻辑覆盖标准，它要求选取足够多的测试数据，使得每个判定表达式中条件的各种可能组合都至少出现一次。

对于图 5.4 所示的例子，共有 8 种可能的条件组合，它们是：

（1）A＞1，B=0

（2）A＞1，B≠0

（3）A≤1，B=0

（4）A≤1，B≠0

（5）A=2，X＞1

（6）A=2，X≤1

（7）A≠2，X＞1

（8）A≠2，X≤1

和其他逻辑覆盖标准中的测试数据一样，条件组合（5）~（8）中的X值是指在程序流程图第2个判定框（b点）的X值。

下面的4组测试数据可以使上面列出的8种条件组合每种至少出现一次：

Ⅰ. A=2，B=0，X=4（针对1，5两种组合，执行路径sacbed）

Ⅱ. A=2，B=1，X=1（针对2，6两种组合，执行路径sabed）

Ⅲ. A=1，B=0，X=2（针对3，7两种组合，执行路径sabed）

Ⅳ. A=1，B=1，X=1（针对4，8两种组合，执行路径sabd）

显然，满足条件组合覆盖标准的测试数据，也一定满足判定覆盖、条件覆盖和判定/条件覆盖标准，因此，条件组合覆盖是前述几种覆盖标准中最强的。但是，满足条件组合覆盖标准的测试数据并不一定能使程序中的每条路径都执行到，如上述4组测试数据都没有测试到路径sacbd。

5.4 控制结构测试

许多种白盒测试技术，都是根据程序的控制结构来设计测试用例的，本节介绍其中一些常用的技术。

5.4.1 基本路径测试

基本路径测试是Tom McCabe提出的一种白盒测试技术。使用这种技术设计测试用例时，首先计算过程设计结果的逻辑复杂度，并以该复杂度为指南定义执行路径的基本集合。从该基本集合导出的测试用例可以保证程序中的每条语句至少执行一次，而且每个条件在执行时都将分别取true（真）和false（假）值。

使用基本路径测试技术设计测试用例的步骤如下。

1. 根据过程设计结果画出相应的流图

```
PRCEDURE average;
*这个过程计算不超过100个在规定值域内的有效数字的平均值；同时计算有效数字的总和及个数。
INTERFACE RETURNS average,total.input,total.valid;
INTERFACE ACCEPTS value,minimum,maximum;
TYPE value [1..100] IS SCALAR ARRAY;
TYPE average, total.input, total.valid;
     minimum,maximum,sum IS SCALAR;
TYPE i IS INTEGER;
1:   i=1;
     total.input=total.valid=0;
     sum=0;
2:   DO WHILE value[i]<>-999
3:   AND total.input<100
4:   increment total.input by 1;
5:   IF value[i]>=minimum
6:   AND value[i]<=maximum
7:   THEN increment total.valid by 1;
     sum=sum+value[i];
8:   ENDIF
     increment I by 1;
9:   ENDDO
```

```
10: IF total.valid>0
11: THEN average=sum/total.valid;
12: ELSE average=-999;
13: ENDIF
END average
```

例如，为了测试下列的用 PDL 描述的求平均值（average）过程，首先画出如图 5.5 所示的流图。注意，为了正确地画出流图，我们把被映射为流图节点的 PDL 语句编了号。

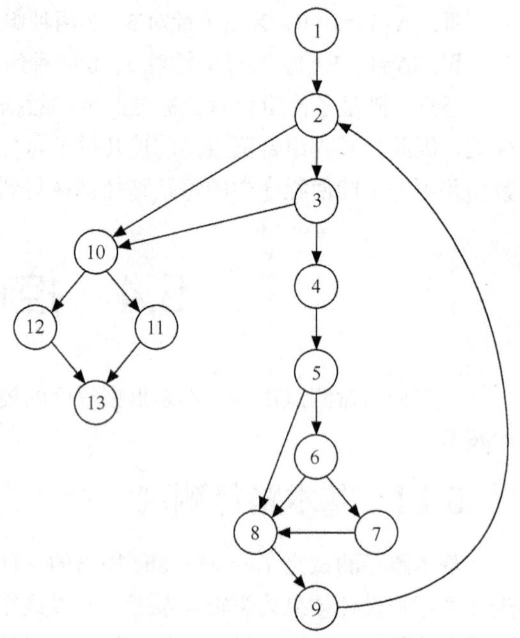

图 5.5　求平均值过程的流图

2. 计算流图的环形复杂度

用环形复杂度来定量度量程序的逻辑复杂性。有了描绘程序控制流的流图之后，可以用下述 3 种方法之一来计算环形复杂度。

◇ 流图中的区域数等于环形复杂度。

◇ 流图 G 的环形复杂度 V(G) = E−N+2，其中 E 是流图中边的条数，N 是流图中节点数。

◇ 流图 G 的环形复杂度 V(G) = P+1，其中 P 是流图中判定节点的数目。

使用上述任何一种方法，都可以计算出图 5.5 所示流图的环形复杂度为 6。

3. 确定线性独立路径的基本集合

所谓独立路径，是指至少引入程序的一个新处理语句集合或一个新条件的路径。用流图术语描述，独立路径至少包含一条在定义该路径之前不曾用过的边。

使用基本路径测试法设计测试用例时，程序的环形复杂度决定了程序中独立路径的数量，而且这个数是确保程序中所有语句至少被执行一次所需的测试数量的上界。

对于图 5.5 所描述的求平均值过程来说，由于环形复杂度为 6，因此共有 6 条独立路径。下面列出了 6 条独立路径：

路径 1：1—2—10—11—13

路径 2：1—2—10—12—13

路径 3：1—2—3—10—11—13

路径 4：1—2—3—4—5—8—9—2—…

路径 5：1—2—3—4—5—6—8—9—2—…

路径 6：1—2—3—4—5—6—7—8—9—2—…

路径 4、5、6 后面的省略号（…），表示可以后接通过控制结构其余部分的任意路径（如 10—11—13）。

通常在导出测试用例时，识别出判定节点是很有必要的。本例中节点 2、3、5、6 和 10 是判定节点。

4. 设计可强制执行基本集合中每条路径的测试用例

应该选取数据，使得在测试每条路径时都适当地设置好了各个判定节点的条件。可以测试上述基本集合的测试用例如表 5.1 所示。

表 5.1　测试基本集合的测试用例

测试用例	输　入	预期结果
路径 1	value[k]=有效输入值，其中 k<i（i 的定义在下面） value[i]= −999，其中 2≤i≤100	基于 k 的正确平均值和总数 注意，路径 1 无法独立测试，必须作为路径 4、5 和 6 的一部分来测试
路径 2	value[1]= −999	average= −999，其他都保持初始值
路径 3	试图处理 101 个或更多个值前 100 个数值应该是有效输入值	与测试用例 1 相同 注意，路径 3 也无法独立测试，必须作为路径 4、5 和 6 的一部分来测试
路径 4	value[i]=有效输入值，其中 i<100 value[k]<minimum，其中 k<i	基于 k 的正确平均值和总数
路径 5	value[i]=有效输入值，其中 i<100 value[k]>maximum，其中 k<i	其于 k 的正确平均值和总数
路径 6	value[i]=有效输入值，其中 i<100	正确的平均值和总数

在测试过程中，执行每个测试用例并把实际输出结果与预期结果相比较。一旦执行完所有测试用例，就可以确保程序中所有语句都至少被执行了一次，而且每个条件都分别取过 true 值和 false 值。

应该注意，某些独立路径（如本例中的路径 1 和路径 3）不能以独立的方式测试，也就是说，程序的正常流程不能形成独立执行该路径所需要的数据组合（如为了执行本例中的路径 1，需要满足条件 total.valid>0）。在这种情况下，这些路径必须作为另一个路径的一部分来测试。

5.4.2　条件测试

尽管基本路径测试技术简单而且高效，但是仅有这种技术还不够，还需要使用其他控制结构测试技术，才能进一步提高白盒测试的质量。

用条件测试技术设计出的测试用例，能够检查程序模块中包含的逻辑条件。一个简单条件是一个布尔变量或一个关系表达式，在布尔变量或关系表达式之前还可能有一个 NOT（“−”）算符。关系表达式的形式如下：

E1<关系算符>E2

其中，E1 和 E2 是算术表达式，而<关系算符>是下列算符之一：“<”、“≤”、“=”、“≠”、“>”或“≥”。复合条件由两个或多个简单条件、布尔算符和括弧组成。布尔算符有 OR（“|”）、AND（“&”）和 NOT（“−”）。不包含关系表达式的条件称为布尔表达式。

因此，条件成分的类型包括布尔算符、布尔变量、布尔括弧（括住简单条件或复合条件）、关系算符及算术表达式。

如果条件不正确，则至少条件的一个成分不正确。条件错误的类型如下：

◇ 布尔算符错（布尔算符不正确，遗漏布尔算符或有多余的布尔算符）；

◇ 布尔变量错；

◇ 布尔括弧错；

◇ 关系算符错；

◇ 算术表达式错。

条件测试方法着重测试程序中的每个条件。本节下面将讲述的条件测试策略有两个优点：①容易度量条件的测试覆盖率；②程序内条件的测试覆盖率可指导附加测试的设计。条件测试的目的不仅是检测程序条件中的错误，而且是检测程序中的其他错误。如果程序 P 的测试集能有效地检测 P 中条件的错误，则它很可能也可以有效地检测 P 中的其他错误。此外，如果一个测试策略对检测条件错误是有效的，则很可能该策略对检测程序的其他错误也是有效的。

人们已经提出了许多条件测试策略。分支测试可能是最简单的条件测试策略：对于复合条件 C 来说，C 的真分支和假分支以及 C 中的每个简单条件，都应该至少执行一次。域测试要求对一个关系表达式执行 3 个或 4 个测试。对于形式为 E1<关系算符>E2 的关系表达式来说，需要 3 个测试分别使 E1 的值大于、等于或小于 E2 的值。如果<关系算符>错误而 E1 和 E2 正确，则这 3 个测试能够发现关系算符的错误。为了发现 E1 和 E2 中的错误，让 E1 值大于或小于 E2 值的测试数据应该使这两个值之间的差别尽可能小。

包含 n 个变量的布尔表达式需要 $2n$ 个（每个变量分别取真或假这两个可能值的组合数）测试。这个策略可以发现布尔算符、变量和括弧的错误。但是，该策略仅在 n 很小时才是实用的。

在上述种种条件测试技术的基础上，K. C. Tai 提出了一种被称为分支与关系运算符（Branch and Relational Operator，BRO）测试的条件测试策略。如果在条件中所有布尔变量和关系算符都只出现一次而且没有公共变量，则 BRO 测试保证能发现该条件中的分支错和关系算符错。

BRO 测试利用条件 C 的条件约束来设计测试用例。包含 n 个简单条件的条件 C 的条件约束定义为（D1，D2，…，Dn），其中 Di（0<i≤n）表示条件 C 中第 i 个简单条件的输出约束。如果在条件 C 的一次执行过程中，C 中每个简单条件的输出都满足 D 中对应的约束，则称 C 的这次执行覆盖了 C 的条件约束 D。

对于布尔变量 B 来说，B 的输出约束指出，B 必须是真（t）或假（f）。类似地，对于关系表达式来说，用符号>、=和<指定表达式的输出约束。作为一个例子，考虑下列条件

C1：B1&B2

其中，B1 和 B2 是布尔变量。C1 的条件约束形式为（D1，D2），其中 D1 和 D2 中的每一个都是“t”或“f”。值（t，f）是 C1 的一个条件约束，并由使 B1 值为真 B2 值为假的测试所覆盖。BRO 测试策略要求，约束集{（t，t），（f，t），（t，f）}被 C1 的执行所覆盖。如果 C1 因布尔算符错误而不正确，则至少上述约束集中的一个约束将迫使 C1 失败。

作为第 2 个例子，考虑条件

C2：B1&（E3=E4）

其中，B1 是布尔变量，E3 和 E4 是算术表达式。C2 的条件约束形式为（D1，D2），其中 D1 是“t”或“f”，D2 是>、=或<。除了 C2 的第 2 个简单条件是关系表达式之外，C2 和 C1 相同，因此，可以通过修改 C1 的约束集{（t，t），（f，t），（t，f）}得出 C2 的约束集。注意，对于（E3=E4）来说，“t”意味“=”，而“f”意味着“<”或“>”，因此，分别用（t，=）和（f，=）替换（t，t）和（f，t），并用（t，<）和（t，>）替换（t，f），就得到 C2 的约束集{（t，=），（f，=），（t，<），（t，>）}。覆盖上述条件约束集的测试，保证可以发现 C2 中布尔算符和关系算符的错误。

作为第 3 个例子，考虑条件

C3：（E1>E2）&（E3=E4）

其中，E1、E2、E3 和 E4 是算术表达式。C3 的条件约束形式为（D1，D2），而 D1 和 D2 的每一个都是>、=或<。除了 C3 的第一个简单条件是关系表达式之外，C3 和 C2 相同，因此，可以通过修改 C2 的约束集得到 C3 的约束集，结果为

{（>，=），（=，=），（<，=），（>，<），（>，>）}

覆盖上述条件约束集的测试，保证可以发现 C3 中关系算符的错误。

5.4.3　数据流测试

数据流测试方法是根据程序中变量定义和使用的位置，选择程序的测试路径。为了说明数据流测试方法，假设已赋予程序每条语句一个唯一的语句号，而且每个函数都不修改它的参数或全局变量。对于语句号为 S 的语句，则

DEF（S）={X|语句 S 包含变量 X 的定义}

USE（S）={X|语句 S 使用变量 X}

如果 S 是 if 或循环语句，则它的 DEF 集为空，而它的 USE 集取决于 S 的条件。如果存在从语句 S 到语句 S′的路径，而且在该路径中不包含 X 的任何其他定义，则称变量 X 在语句 S 中的定义在语句 S′仍然有效。

变量 X 的定义 – 使用链（或称为 DU 链）的形式为[X, S, S′]，其中 S 和 S′是语句号，X 在集合 DEF（S）和 USE（S′）中，而且在语句 S 中对 X 的定义在语句 S′仍然有效。

一种简单的数据流测试策略，要求每个 DU 链至少被覆盖一次，这种策略称为 DU 测试策略。

在为包含嵌套 if 和循环语句的程序选择测试路径时，数据流测试策略是有效的。例如，使用 DU 测试策略为如下的用 PDL 描述的处理过程选择测试路径：

```
proc x
  B1;
  do while C1
    if C2
      then
        if C4
          then B4;
          else B5;
        endif;
      else
        if C3
          then B2;
          else B3;
        endif
    endif;
  enddo;
  B6;
End proc;
```

为了应用 DU 测试策略选择测试路径，需要知道 PDL 内每个条件或语句块中变量定义和使用的情况。假设变量 X 在语句块 B1、B2、B3、B4 和 B5 的最后一条语句中定义，在语句块 B2、B3、B4、B5 和 B6 的第一条语句中使用。DU 测试策略要求，执行从每个 Bi（$0<i\leqslant5$）到每个 Bj（$1<j\leqslant6$）的最短路径（这样的测试也覆盖了变量 X 在条件 C1、C2、C3 和 C4 中的使用）。尽管有变量 X 的 25 条 DU 链，却只需 5 条测试路径就可以覆盖这些 DU 链。原因是，为了覆盖 X 的从 Bi（$0<i\leqslant5$）到 B6 的 DU 链需要 5 条路径，而通过使这 5 条路径包含循环迭代，可以同时覆盖其他 DU 链。

由于程序内的语句因变量的定义和使用而彼此相关，因此，数据流测试方法能有效地发现错误。但是，在度量测试覆盖率和选择测试路径时，数据流测试比条件测试更困难。

5.4.4 循环测试

循环是绝大多数软件算法的基础，但是，在测试软件时却往往未对循环结构进行足够的测试。循环测试是一种白盒测试技术，它专注于测试循环结构的有效性。在结构化的程序中通常只有 3 种循环，分别是简单循环、嵌套循环和串接循环，如图 5.6 所示。下面分别讨论不同类型循环的测试方法。

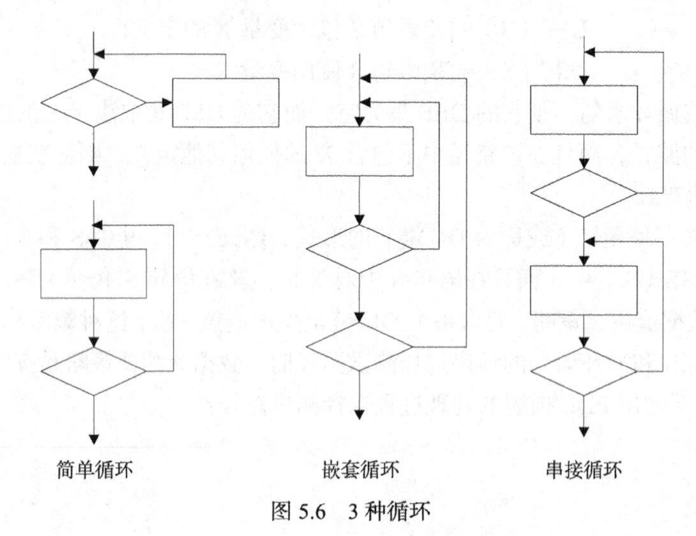

图 5.6 3 种循环

1. 简单循环

应该使用下列测试集来测试简单循环，其中 n 是允许通过循环的最大次数。

◇ 跳过循环。

◇ 只通过循环一次。

◇ 通过循环两次。

◇ 通过循环 m 次，其中 $m<n-1$。

◇ 通过循环 $n-1$，n，$n+1$ 次。

2. 嵌套循环

如果把简单循环的测试方法直接应用到嵌套循环，可能的测试数就会随嵌套层数的增加按几何级数增长，这会导致不切实际的测试数目。B. Beizer 提出了一种能减少测试数的方法。

◇ 从最内层循环开始测试，把所有其他循环都设置为最小值。

◇ 对最内层循环使用简单循环测试方法，而使外层循环的迭代参数（如循环计数器）取最小值，并为越界值或非法值增加一些额外的测试。

◇ 由内向外，对下一个循环进行测试，但保持所有其他外层循环为最小值，其他嵌套循环为“典型”值。

◇ 继续进行下去，直到测试完所有循环。

3. 串接循环

如果串接循环的各个循环都彼此独立，则可以使用前述的测试简单循环的方法来测试串接循环。但是，如果两个循环串接，而且第 1 个循环的循环计数器值是第 2 个循环的初始值，则这两个循环并不是独立的。当循环不独立时，建议使用测试嵌套循环的方法来测试串接循环。

5.5 黑盒测试技术

黑盒测试着重测试软件的功能需求，也就是说，黑盒测试让软件工程师设计出能充分检查程序所有功能需求的输入条件集。黑盒测试并不能取代白盒测试技术，它是与白盒测试互补的方法，它很可能发现白盒测试不易发现的其他不同类型的错误。

黑盒测试力图发现下述类型的错误：①功能不正确或遗漏了功能；②界面错误；③数据结构错误或外部数据库访问错误；④性能错误；⑤初始化和终止错误。

白盒测试在测试过程的早期阶段进行，而黑盒测试主要用于测试过程的后期。黑盒测试故意不考虑程序的控制结构，而把注意力集中于信息域。设计黑盒测试方案时应该考虑下述问题。

◇ 怎样测试功能的有效性。

◇ 哪些类型的输入将构成好测试用例。

◇ 系统是否对特定的输入值特别敏感。

◇ 怎样划定数据类的边界。

◇ 系统能够承受什么样的数据率和数据量。

◇ 数据的特定组合将对系统运行产生什么影响。

应用黑盒测试技术，可以设计出满足下述标准的测试用例集：①所设计出的测试用例能够减少为达到合理测试所需要设计的附加测试用例的数目；②所设计出的测试用例能够告诉我们，是否存在某些类型的错误，而不是仅仅指出与特定测试相关的错误是否存在。

5.5.1 等价划分

等价划分是一种黑盒测试方法，这种方法把程序的输入域划分成数据类，据此可以导出测试用例。一个理想的测试用例能独自发现一类错误（如对所有字符数据的处理都不正确）。以前曾经讲过，穷尽的黑盒测试（即使用所有有效的和无效的输入数据测试程序）通常是不现实的，因此，只能选取少量最有代表性的输入数据作为测试数据，以期用较小的代价暴露出较多程序错误。等价划分法力图定义一个能发现若干类错误的测试用例，从而减少必须设计的测试用例的数目。

如果把所有可能的输入数据（有效的和无效的）划分成若干个等价类，则可以合理地做出下述假定：每类中的一个典型值在测试中的作用与这一类中所有其他值的作用相同。因此，可以从每个等价类中只取一组数据作为测试数据。这样选取的测试数据最有代表性，最可能发现程序中的错误。

使用等价划分法设计测试方案首先需要划分输入数据的等价类，为此需要研究程序的功能说明，从而确定输入数据的有效等价类和无效等价类。在确定输入数据的等价类时，常常还需要分析输出数据的等价类，以便根据输出数据的等价类导出对应的输入数据的等价类。

划分等价类需要经验，下述几条启发式规则可能有助于等价类的划分。

① 如果规定了输入值的范围，则可划分出一个有效的等价类（输入值在此范围内），两个无效的等价类（输入值小于最小值或大于最大值）。

② 如果规定了输入数据的个数，则类似地也可以划分出一个有效的等价类和两个无效的等价类。

③ 如果规定了输入数据的一组值，而且程序对不同输入值做不同处理，则每个允许的输入值是一个有效的等价类，此外还有一个无效的等价类（任一个不允许的输入值）。

④ 如果规定了输入数据必须遵循的规则，则可以划分出一个有效的等价类（符合规则）和若干个无效的等价类（从各种不同角度违反规则）。

⑤ 如果规定了输入数据为整型，则可以划分出正整数、零和负整数3个有效类。

⑥ 如果程序的处理对象是表格，则应该使用空表，以及含一项或多项的表。以上列出的启发式规则只是测试时可能遇到的情况中的很小一部分，实际情况千变万化，根本无法一一列出。为了正确划分等价类，一是要注意积累经验，二是要正确分析被测程序的功能。此外，在划分无效的等价类时还必须考虑编译程序的检错功能。一般说来，不需要设计测试数据用来暴露编译程序肯定能发现的错误。最后说明一点，上面列出的启发式规则虽然都是针对输入数据说的，但是其中绝大部分也同样适用于输出数据。

划分出等价类以后，根据等价类设计测试方案时主要使用下面两个步骤。

① 设计一个新的测试方案以尽可能多地覆盖尚未被覆盖的有效等价类，重复这一步骤直到所有有效等价类都被覆盖为止。

② 设计一个新的测试方案，使它覆盖一个而且只覆盖一个尚未被覆盖的无效等价类，重复这一步骤直到所有无效等价类都被覆盖为止。

注意，通常程序发现一类错误后就不再检查是否还有其他错误，因此，应该使每个测试方案只覆盖一个无效的等价类。

下面用等价划分法设计一个简单程序的测试方案。假设有一个把数字串转变成整数的函数。运行程序的计算机字长16位，用二进制补码表示整数。这个函数是用PASCAL语言编写的，它的说明如下：

```
function strtoint (dstr：shortstr): integer;
```

函数的参数类型是shortstr，它的说明如下

```
type shortstr=array[1..6] of char;
```

被处理的数字串是右对齐的，也就是说，如果数字串比6个字符短，则在它的左边补空格。如果数字串是负的，则负号和最高位数字紧相邻（负号在最高位数字左边一位）。

考虑到PASCAL编译程序固有的检错功能，测试时不需要使用长度不等于6的数组做实在参数，更不需要使用任何非字符数组类型的实在参数。

分析这个程序的规格说明，可以划分出如下等价类。

① 有效输入的等价类有：

◇ 1~6个数字字符组成的数字串（最高位数字不是零）；

◇ 最高位数字是零的数字串；

◇ 最高位数字左邻是负号的数字串。

② 无效输入的等价类有：

◇ 空字符串（全是空格）；

◇ 左部填充的字符既不是零也不是空格；

◇ 最高位数字右面由数字和空格混合组成；

◇ 最高位数字右面由数字和其他字符混合组成；

◇ 负号与最高位数字之间有空格。

③ 合法输出的等价类有：

◇ 在计算机能表示的最小负整数和零之间的负整数；

◇ 零；

◇ 在零和计算机能表示的最大正整数之间的正整数。

④ 非法输出的等价类有：

◇ 比计算机能表示的最小负整数还小的负整数；

◇ 比计算机能表示的最大正整数还大的正整数。

因为所用的计算机字长 16 位，用二进制补码表示整数，所以能表示的最小负整数是−32 768，能表示的最大正整数是 32 767。

根据上面划分出的等价类，可以设计出如表 5.2 所示的测试方案（注意，每个测试方案由 3 部分内容组成）。

表 5.2　测试方案

编　号	等　价　类	输　　入	预期的输出
1	1 ~ 6 个数字组成的数字串，输出是合法的正整数	'1'	1
2	最高位数字是零的数字串，输出是合法的正整数	'000001'	1
3	负号与最高位数字紧相邻，输出合法的负整数	'−00001'	−1
4	最高位数字是零，输出也是零	'000000'	0
5	太小的负整数	'−47561'	"错误—无效输入"
6	太大的正整数	'132767'	"错误—无效输入"
7	空字符串	'　　'	"错误—没有数字"
8	字符串左部字符既不是零也不是空格	'XXXXX1'	"错误—填充错"
9	最高位数字后面有空格	'1　　2'	"错误—无效输入"
10	最高位数字后面有其他字符	'1XX2'	"错误—无效输入"
11	负号和最高位数字之间有空格	'−　　12'	"错误—负号位置错"

5.5.2　边界值分析

经验表明，处理边界情况时程序最容易发生错误。例如，许多程序错误出现在下标、纯量、数据结构、循环等的边界附近。因此，设计使程序运行在边界情况附近的测试方案，暴露出程序错误的可能性更大一些。

使用边界值分析方法设计测试方案首先应该确定边界情况，这需要经验和创造性。通常输入等价类和输出等价类的边界，就是应该着重测试的程序边界情况。选取的测试数据应该刚好等于、刚刚小于和刚刚大于边界值。也就是说，按照边界值分析法，应该选取刚好等于、稍小于和稍大于等价类边界值的数据作为测试数据，而不是选取每个等价类内的典型值或任意值作为测试数据。

通常，设计测试方案时总是联合使用等价划分和边界值分析两种技术。例如，为了测试前述的把数字串转变成整数的程序，除了上一小节已经用等价划分法设计出的测试方案外，还应该用边界值分析法再补充下述测试方案。

编　号	等　价　类	输　　入	预期的输出
12	使输出刚好等于最小的负整数	'−327 68'	−32 768
13	使输出刚好等于最大的正整数	'32 767'	32 767

前面用等价划分法设计出来的第 5 个和第 6 个测试方案最好改为如下方案。

编 号	等 价 类	输 入	预期的输出
5	使输出刚刚小于最小的负整数	‘−327 69’	“错误—无效输入”
6	使输出刚刚大于最大的正整数	‘327 68’	“错误—无效输入”

此外，根据边界值分析方法的要求，应该分别使用长度为 0、1 和 6 的数字串作为测试数据。表 5.2 中设计的测试方案第 1～4 和第 7 已经包含了这些边界情况。

5.5.3 错误推测

使用边界值分析和等价划分技术，可以帮助我们设计出具有代表性的，因而也就容易暴露程序错误的测试方案。但是，不同类型、不同特点的程序通常又有一些特殊的容易出错的情况。此外，有时分别使用每组测试数据时程序都能正常工作，但这些输入数据的组合却可能检测出程序的错误。一般说来，即使是一个比较小的程序，可能的输入组合数也往往十分巨大，因此，必须依靠测试人员的经验和直觉，从各种可能的测试方案中选出一些最可能引起程序出错的方案。对于程序中可能存在哪类错误的推测，是挑选测试方案时的一个重要因素。

错误推测法在很大程度上靠直觉和经验进行。它的基本想法是列举出程序中可能有的错误和容易发生错误的特殊情况，并且根据它们选择测试方案。例如，输入数据为零或输出数据为零往往容易发生错误；如果输入或输出的数目允许变化（如被检索的或生成的表的项数），则输入或输出的数目为 0 和 1 的情况（如表为空或只有一项）是容易出错的情况。还应该仔细分析程序规格说明书，注意找出其中遗漏或省略的部分，以便设计相应的测试方案，检测程序员对这些部分的处理是否正确。

此外，经验还告诉我们，在一段程序中已经发现的错误数目往往和尚未发现的错误数成正比。例如，在 IBM OS/370 操作系统中，用户发现的全部错误的 47%只与该系统 4%的模块有关，因此，在进一步测试时要着重测试那些已发现了较多错误的程序段。

等价划分法和边界值分析法都只孤立地考虑各个输入数据的测试功效，而没有考虑多个输入数据的组合效应，可能会遗漏了输入数据易于出错的组合情况。选择输入组合的一个有效途径是利用判定表或判定树为工具，列出输入数据各种组合与程序应作的动作（及相应的输出结果）之间的对应关系，然后为判定表的每一列至少设计一个测试用例。

选择输入组合的另一个有效途径是，把计算机测试和人工检查代码结合起来。例如，通过代码检查发现程序中两个模块使用并修改某些共享的变量，如果一个模块对这些变量的修改不正确，则会引起另一个模块出错，因此这是程序发生错误的一个可能的原因。应该设计测试方案，在程序的一次运行中同时检测这两个模块，特别要着重检测一个模块修改了共享变量后，另一个模块能否像预期的那样正常使用这些变量。反之，如果两个模块相互独立，则没有必要测试它们的输入组合情况。通过代码检查也能发现模块相互依赖的关系，如某个算术函数的输入是数字字符串，调用 5.5.1 小节例子中的“strtoint”函数，把输入的数字串转变成内部形式的整数。在这种情况下，不仅必须测试这个转换函数，还应该测试调用它的算术函数在转换函数接收到无效输入时的响应。

5.6 测试策略

软件测试策略是把软件测试用例的设计方法集成到一系列经过周密计划的步骤中去，从而使得软件开发获得成功。任何测试策略都必须与测试计划、测试用例设计、测试执行以及测试结果数据的收集与分析紧密地结合在一起。

5.6.1 测试步骤

除非是测试一个小程序，否则一开始就把整个系统作为一个单独的实体来测试是不现实的。与开发过程类似，测试过程也必须分步骤进行，后一个步骤在逻辑上是前一个步骤的继续。

从过程的观点考虑测试，在软件工程环境中的测试过程，实际上是顺序进行的 4 个步骤的序列。最开始，着重测试每个单独的模块，以确保它作为一个单元来说功能是正确的，这种测试称为单元测试。单元测试大量使用白盒测试技术，检查模块控制结构中的特定路径，以确保做到完全覆盖并发现最大数量的错误。接下来，必须把模块装配（即集成）在一起形成完整的软件包，在装配的同时进行测试，因此称为集成测试。集成测试同时解决程序验证和程序构造这两个问题。在集成过程中最常用的是黑盒测试用例设计技术。当然，为了保证覆盖主要的控制路径，也可能使用一定数量的白盒测试。在软件集成完成之后，还需要进行一系列高级测试。必须测试在需求分析阶段确定下来的确认标准，确认测试是对软件满足所有功能的、行为的和性能需求的最终保证。在确认测试过程中仅使用黑盒测试技术。

高级测试的最后一个步骤已经超出了软件工程的范畴，而成为计算机系统工程的一部分。软件一旦经过确认之后，就必须和其他系统元素（如硬件、人员、数据库）结合在一起。系统测试的任务是，验证所有系统元素都能正常配合，从而可以完成整个系统的功能，并能达到预期的性能。

5.6.2 单元测试

通常，单元测试和编码属于软件工程过程的同一个阶段。在编写出源程序代码并通过了编译程序的语法检查之后，可以应用人工测试和计算机测试这样两种类型的测试，完成单元测试工作。这两种类型的测试各有所长，互相补充。下面分别讨论人工测试和计算机测试的问题。

1. 代码审查

人工测试源程序可以由编写者本人非正式地进行，也可以由审查小组正式进行。后者称为代码审查，它是一种非常有效的程序验证技术，对于典型的程序来说，可以查出 30%～70%的逻辑设计错误和编码错误。审查小组最好由下述 4 人组成：

◇ 组长，他应该是一个很有能力的程序员，而且没有直接参与这项工程；
◇ 程序的设计者；
◇ 程序的编写者；
◇ 程序的测试者。

如果一个人既是程序的设计者又是编写者，或既是编写者又是测试者，则审查小组中应该再增加一个程序员。

审查之前，小组成员应该先研究设计说明书，力求理解这个设计。为了帮助理解，可以先由设计者扼要地介绍他的设计。在审查会上由程序的编写者解释他是怎样用程序代码实现这个设计的，通常是逐个语句地讲述程序的逻辑，小组其他成员仔细倾听他的讲解，并力图发现其中的错误。当发现错误时由组长记录下来，审查会继续进行（审查小组的任务是发现错误而不是改正错误）。

审查会还有另外一种常见的进行方法（称为预排）：由一个人扮演“测试者”，其他人扮演“计算机”。会前测试者准备好测试方案，会上由扮演计算机的成员模拟计算机执行被测试的程序。当然，由于人执行程序速度极慢，因此测试数据必须简单，测试方案的数目也不能过多。但是，测试方案本身并不十分关键，它只起一种促进思考引起讨论的作用。在大多数情况下，通过向程序员提出关于他的程序的逻辑和他编写程序时所做的假设的疑问，可以发现的错误比由测试方案直接发现的错误还多。

代码审查比计算机测试优越的是：一次审查会上可以发现许多错误；用计算机测试的方法发现错误之后，通常需要先改正这个错误才能继续测试，因此错误是一个一个地发现并改正的。也就是说，采用代码审查的方法可以减少系统验证的总工作量。

实践表明，对于查找某些类型的错误来说，人工测试比计算机测试更有效；对于其他类型的错误来说则刚好相反。因此，人工测试和计算机测试是互相补充，相辅相成的，缺少其中任何一种方法都会使查找错误的效率降低。

2. 测试软件

模块并不是一个独立的程序，因此，必须为每个单元测试开发驱动软件和（或）存根软件。通常驱动程序也就是一个“主程序”，它接收测试数据，把这些数据传送给被测试的模块，并且印出有关的结果。存根程序代替被测试的模块所调用的模块，因此存根程序也可以称为“虚拟子程序”。它使用被它代替的模块的接口，可能做最少量的数据操作，印出对入口的检验或操作结果，并且把控制归还给调用它的模块。

例如，图 5.7 所示为一个正文加工系统的部分层次图，假定要测试其中编号为 3.0 的关键模块——正文编辑模块。因为正文编辑模块不是一个独立的程序，所以需要有一个测试驱动程序来调用它。这个驱动程序说明必要的变量，接收测试数据——字符串，并且设置正文编辑模块的编辑功能。因为在原来的软件结构中，正文编辑模块通过调用它的下层模块来完成具体的编辑功能，所以需要有存根程序简化地模拟这些下层模块。为了简单起见，测试时可以设置的编辑功能只有修改（CHANGE）和添加（APPEND）两种，用控制变量 CFUNCT 标记要求的编辑功能，而且只用一个存根程序模拟正文编辑模块的所有下层模块。下面是用伪码书写的存根程序和驱动程序。

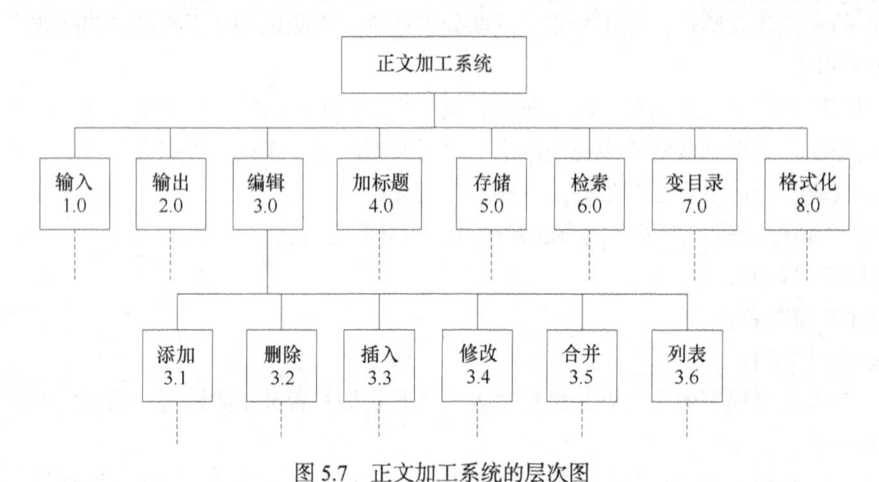

图 5.7　正文加工系统的层次图

```
I.  TEST STUB（*测试正文编辑模块用的存根程序*）
    初始化；
    输出信息“进入了正文编辑程序”；
    输出“输入的控制信息是”CFUNCT；
    输出缓冲区中的字符串；
    IF CFUNCT=CHANGE
       THEN
          把缓冲区中第二个字改为***
```

```
        ELSE
            在缓冲区的尾部加???
        ENDIF;
        输出缓冲区中的新字符串;
    END TEST STUB
    II. TEST DRIVER（*测试正文编辑模块用的驱动程序*）
        说明长度为 2 500 个字符的一个缓冲区;
        把 CFUNCT 置为希望测试的状态;
        输入字符串;
        调用正文编辑模块;
        停止或再次初启;
    END TEST DRIVER
```

驱动程序和存根程序代表开销，也就是说，为了进行单元测试必须编写测试软件，但是通常并不把它们作为软件产品的一部分交给用户。许多模块不能用简单的测试软件充分测试，为了减少开销可以使用下一小节将要介绍的渐增式测试方法，在集成测试的过程中同时完成对模块的详尽测试。

模块的内聚程度高可以简化单元测试过程。如果每个模块只完成一种功能，则需要的测试方案数目将明显减少，模块中的错误也更容易预测和发现。

5.6.3　集成测试

集成测试是测试和组装软件的系统化技术，是把模块按照设计要求组装起来的同时进行测试，主要目标是发现与接口有关的问题。例如，数据穿过接口时可能丢失；一个模块对另一个模块可能有由于疏忽而造成的有害影响；把子功能组合起来可能不产生预期的主功能；个别看来是可以接受的误差可能积累到不能接受的程度；全程数据结构可能有问题等。事实上，可能发生的接口问题多得不胜枚举。

由模块组装成程序时有两种方法：一种方法是先分别测试每个模块，再把所有模块按设计要求放在一起结合成所要的程序，这种方法称为非渐增式测试方法；另一种方法是把下一个要测试的模块同已经测试好的那些模块结合起来进行测试，测试完以后再把下一个应该测试的模块结合进来测试。这种每次增加一个模块的方法称为渐增式测试。

非渐增式测试一下子把所有模块放在一起，并把整个程序作为一个整体来进行测试，测试者面对的场面往往混乱不堪。测试时会遇到许许多多的错误，改正错误更是极端困难，因为在庞大的程序中想要诊断定位一个错误是非常复杂、非常困难的。而且一旦改正一个错误之后，马上又会遇到新的错误，这个过程会继续下去，看起来好像永远也没有尽头。

渐增式测试与“一步到位”的非渐增式测试相反，把程序划分成小段来构造和测试，在这个过程中比较容易分离和改正错误；对接口可能进行更彻底的测试；而且可以使用系统化的测试方法，因此，在进行集成测试时普遍使用渐增式测试方法。下面讨论两种不同的渐增式集成策略。

1. 自顶向下集成

自顶向下的集成（结合）方法是一个日益为人们广泛采用的组装软件的途径。从主控制模块（主程序）开始，沿着软件的控制层次向下移动，从而逐渐把各个模块结合起来。在把附属于（以及最终附属于）主控制模块的那些模块组装到软件结构中去时，或者使用深度优先的策略，或者使用宽度优先的策略。

参见图 5.8，深度优先的结合方法先组装在软件结构的一条主控制通路上的所有模块。选择一条主控制通路取决于应用的特点，并且有很大任意性。例如，选取左通路，首先结合模块 M1、M2 和 M5；其次，M8 或 M6（如果为了使 M2 具有适当功能需要 M6 的话）将被结合进来。然后构造中央的和右侧的控制通路。而宽度优先的结合方法，是沿软件结构水平地移动，把处于同一个控制层次上的所有模块组装起来。对于图 5.8 来说，首先结合模块 M2、M3 和 M4（代替存根程序 S4）。然后结合下一个控制层次中的模块 M5、M6 和 M7（代替存根程序 S7）；如此继续进行下去，直到所有模块都被结合进来为止。

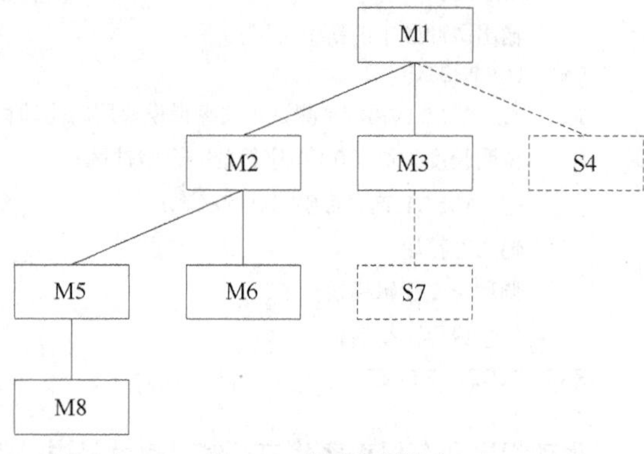

图 5.8　自顶向下结合

把模块结合进软件结构的具体过程由下述 4 个步骤完成。

① 对主控制模块进行测试，测试时用存根程序代替所有直接附属于主控制模块的模块。

② 根据选定的结合策略（深度优先或宽度优先），每次用一个实际模块代换一个存根程序（新结合进来的模块往往又需要新的存根程序）。

③ 在结合进一个模块的同时进行测试。

④ 为了保证加入模块没有引进新的错误，可能需要进行回归测试（即全部或部分地重复以前做过的测试）。

从第 2 步开始不断地重复进行上述过程，直到构造起完整的软件结构为止。图 5.8 描绘了这个过程。假设选取深度优先的结合策略，软件结构已经部分地构造起来了，下一步存根程序 S7 将被模块 M7 取代。M7 可能本身又需要存根程序，以后这些存根程序也将被相应的模块所取代。

自顶向下的结合策略能够在测试的早期对主要的控制或关键的抉择进行检验。在一个分解得好的软件结构中，关键的抉择位于层次系统的较上层，因此首先碰到。如果主要控制确实有问题，早期认识到这类问题是很有好处的，可以及早想办法解决。如果选择深度优先的结合方法，可以在早期实现软件的一个完整的功能并且验证这个功能。早期证实软件的一个完整的功能，可以增强开发人员和用户双方的信心。

自顶向下的方法讲起来比较简单，但是实际使用时可能遇到逻辑上的问题。这类问题中最常见的是，为了充分地测试软件系统的较高层次，需要用到在较低层次上的处理。然而在自顶向下测试的初期，存根程序代替了低层次的模块，因此，在软件结构中没有重要的数据自下往上流。为了解决这个问题，测试人员有两种选择：

◇ 把许多测试推迟到用真实模块代替了存根程序以后再进行；

◇ 从层次系统的底部向上组装软件。

第 1 种方法失去了在特定的测试和组装特定的模块之间的精确对应关系，这可能导致在确定错误的位置和原因时发生困难。第 2 种方法称为自底向上的测试，下面讨论这种方法。

2. 自底向上集成

自底向上测试从“原子”模块（即在软件结构最低层的模块）开始组装和测试。因为是从底部向上结合模块，总能得到需要的下层模块处理功能，所以不需要存根程序。

用下述 4 个步骤可以实现自底向上的结合策略。

（1）把低层模块组合成实现某个特定的软件子功能的簇。

（2）写一个驱动程序（用于测试的控制程序），协调测试数据的输入和输出。

（3）对由模块组成的子功能簇进行测试。

（4）去掉驱动程序，沿软件结构自下向上移动，把子功能簇组合起来形成更大的子功能簇。

上述第（2）步到第（4）步实质上构成了一个循环。图 5.9 所示描绘了自底向上的结合过程。首先把模块组合成簇 1、簇 2 和簇 3，使用驱动程序（图中用虚线方框表示）对每个子功能簇进行测试。簇 1 和簇 2 中的模块附属于模块 Ma，去掉驱动程序 D1 和 D2，把这两个簇直接同 Ma 连接起来。类似地，在和模块 Mb 结合之前去掉簇 3 的驱动程序 D3。最终 Ma 和 Mb 这两个模块都与模块 Mc 结合起来。

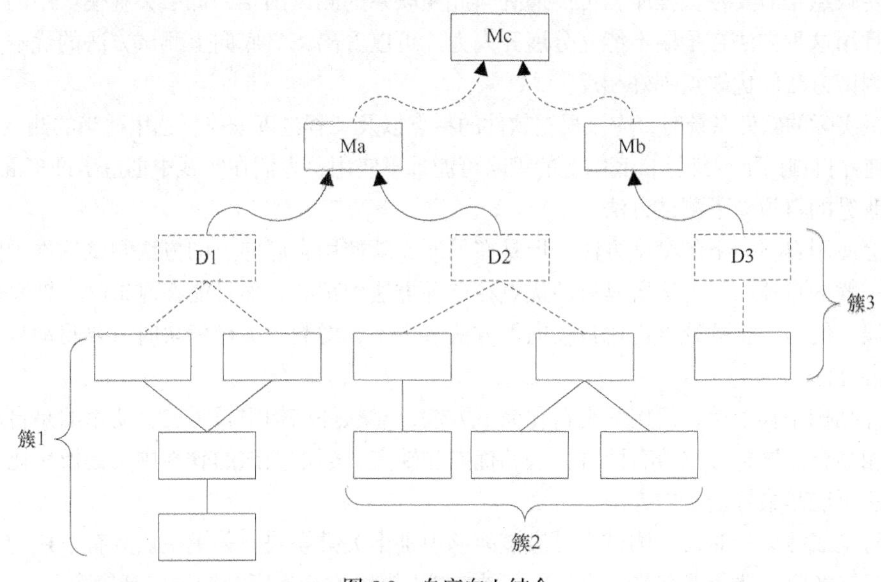

图 5.9　自底向上结合

随着结合向上移动，对测试驱动程序的需要也减少了。事实上，如果软件结构的顶部两层用自顶向下的方法组装，可以明显减少驱动程序的数目，而且簇的结合也将大大简化。

3. 回归测试

每当一个新模块作为集成测试的一部分加进来的时候，软件就发生了变化：建立了新的数据流路径，可能出现了新的 I/O 操作，激活了新的控制逻辑。这些变化可能使原来工作正常的功能出现问题。在集成测试的范畴中，所谓回归测试是指重新执行已经做过的测试的某个子集，以保证上述这些变化没有带来非预期的副作用。

更广义地说，任何成功的测试都会发现错误，而且错误必须被改正。每当改正软件错误的时候，软件配置的某些成分（程序、文档或数据）也被修改了。回归测试就是用于保证由于测试或其他原因引起的变化，不会导致非预期的行为或额外错误的活动。

回归测试可以通过重新执行所有测试用例的一个子集人工地进行，也可以使用自动化的捕获回放工具自动进行。利用捕获回放工具，软件工程师能够捕获测试用例和实际运行结果，然后可以回放（即重新执行测试用例）并比较所得到的运行结果。

回归测试集（已执行过的测试用例的子集）包括下述 3 种不同的测试用例。

◇ 检测软件全部功能的代表性测试用例。

◇ 专门针对可能受修改影响的软件功能的附加测试。

◇ 针对被修改过的软件成分的测试。

在进行集成测试的过程中，回归测试的数量可能变得非常大。因此，应该把回归测试集设计为只包括那样一些测试，这些测试检测程序每个主要功能中的一类或多类错误。一旦修改了软件之后就重新执行检测程序每个功能的全部测试用例，是低效而且不切实际的。

4. 不同集成测试策略的比较

上面介绍了集成测试的两种策略，到底哪种方法更好一些呢？一般说来，一种方法的优点正好对应于另一种方法的缺点。自顶向下测试方法的主要优点是不需要测试驱动程序，能够在测试阶段的早期实现并验证系统的主要功能，而且能在早期发现上层模块的接口错误。自顶向下测试方法的主要缺点是需要存根程序，可能遇到与此相联系的测试困难，低层关键模块中的错误发现较晚，而且用这种方法在早期不能充分展开人力。可以看出，自底向上测试方法的优缺点与上述自顶向下测试方法的优缺点刚好相反。

在测试实际的软件系统时，应该根据软件的特点以及工程进度安排，选用适当的测试策略。一般说来，纯粹自顶向下或纯粹自底向上的策略可能都不实用，人们在实践中创造出许多混合策略。

（1）改进的自顶向下测试方法

基本上使用自顶向下的测试方法，但是在早期，就使用自底向上的方法测试软件中的少数关键模块。一般的自顶向下方法所具有的优点在这种方法中都有，而且能在测试的早期发现关键模块中的错误；但是，它的缺点也比自顶向下方法多一条，即测试关键模块时需要驱动程序。

（2）混合法

对软件结构中较上层，使用的是自顶向下方法；对软件结构中较下层，使用的是自底向上方法，两者相结合。这种方法兼有两种方法的优点和缺点，当被测试的软件中关键模块比较多时，这种混合法可能是最好的折中方法。

在进行集成测试的时候，测试人员应该能够识别出关键模块。关键模块具有下述的一个或多个特征：①与多项软件需求有关；②含有高层控制（模块位于程序结构的较高层次）；③本身是复杂的或容易出错的（可以用环形复杂度来指示）；④有确定的性能需求。应该尽可能早地测试关键模块，此外，回归测试也应该着重测试关键模块的功能。

5.6.4 确认测试

确认测试也称为验收测试，它的目标是验证软件的有效性。

上面我们使用了确认（Validation）和验证（Verification）这样两个不同的术语，验证指的是保证软件正确地实现了某一特定要求的一系列活动，而确认指的是保证软件的实现满足了用户需求的一系列活动。

B. W. Boehm 用另一种方式说明了这两个术语的区别。验证："我们是否正确地构造了产品？"确认："我们是否构造了正确的产品？"

那么，什么样的软件才是有效的呢？软件有效性的一个简单定义是：如果软件的功能和性能如同用户所合理地期待的那样，那么，软件就是有效的。需求分析阶段产生的软件需求规格说明，准确地描述了用户对软件的合理期望，因此是软件有效性的标准，也是进行确认测试的基础。

1. 确认测试的范围

确认测试必须有用户积极参与，或者以用户为主进行。用户应该参加设计测试方案，使用用户接口输入测试数据并且分析评价测试的输出结果。为了使用户能够积极主动地参与确认测试，特别是为了使用户能有效地使用这个系统，通常在验收之前由开发部门对用户进行培训。确认测试一般使用黑盒测试法。应该仔细设计测试计划和测试过程，测试计划包括要进行的测试的种类和进度安排，测试过程规定用来检验软件是否与需求一致的测试方案。通过测试要保证软件能满足所有功能要求，能达到每个性能要求，文档资料是准确而完整的。此外，还应该保证软件能满足其他预定的要求（如可移植性、兼容性、可维护性等）。

确认测试有两种可能的结果：

◇ 功能和性能与用户要求一致，软件是可以接受的；

◇ 功能或性能与用户的要求有差距。

在这个阶段发现的问题往往和需求分析阶段的差错有关，涉及的面通常比较广，解决起来比较困难。为了确定解决确认测试过程中发现的软件缺陷或错误的策略，通常需要和用户充分协商。

2. 软件配置复查

确认测试的一个重要内容是复查软件配置。复查的目的是保证软件配置的所有成分都齐全，各方面的质量都符合要求，文档与程序一致，具有维护阶段所必须的细节，而且已经编排好目录。

除了按合同规定的内容和要求，由人工审查软件配置之外，在确认测试的过程中应该严格遵循用户指南以及其他操作程序，以便检验这些使用手册的完整性和正确性。必须仔细记录发现的遗漏或错误，并且适当地补充和改正。

3. Alpha 测试和 Beta 测试

如果软件是为一个客户开发的，可以进行一系列验收测试以便用户确认所有需求都得到满足了。验收测试是由最终用户而不是系统的开发者进行的。事实上，验收测试可以持续几个星期或几个月，因此可以发现随着时间流逝可能会降低系统质量的累积错误。

如果一个软件是为许多客户开发的（如向大众出售的盒装软件产品），那么让每个客户都进行正式的验收测试是不现实的。在这种情况下，绝大多数软件开发商都使用 Alpha 测试和 Beta 测试，来发现那些看起来只有最终用户才能发现的错误。

Alpha 测试由用户在开发者的场所进行，并且在开发者对用户的“指导”下进行测试。开发者负责记录错误和使用中遇到的问题。总之，Alpha 测试是在受控的环境中进行的。

Beta 测试由软件的最终用户在一个或多个客户场所进行。与 Alpha 测试不同，开发者通常不在 Beta 测试的现场，因此，Beta 测试是软件在开发者不能控制的环境中的“真实”应用。用户记录下在 Beta 测试过程中遇到的一切问题（真实的或想像的），并且定期把这些问题报告给开发者。接收到 Beta 测试期间报告的问题之后，软件开发者对产品进行修改，并准备向全体客户发布最终的软件产品。

5.7 调　试

调试（也称为纠错）作为成功的测试的后果而出现，也就是说，调试是在测试发现错误之后排除错误的过程。虽然调试可以而且应该是一个有序的过程，但是在很大程度上它仍然是一项技巧。软件工程师在评估测试结果时，往往仅面对着软件问题的症状，也就是说，错误的外部表现和它的内在原因之间可能并没有明显的联系。调试就是把症状和原因联系起来的尚未被人很好理解的智力过程。

5.7.1 调试过程

调试不是测试，但是它总是发生在测试之后。如图 5.10 所示，调试过程从执行一个测试用例开始，评估测试结果，如果发现实际结果与预期结果不一致，则这种不一致就是一个症状，它表明在软件中存在着隐藏的问题。调试过程试图找出产生症状的原因，以便改正错误。

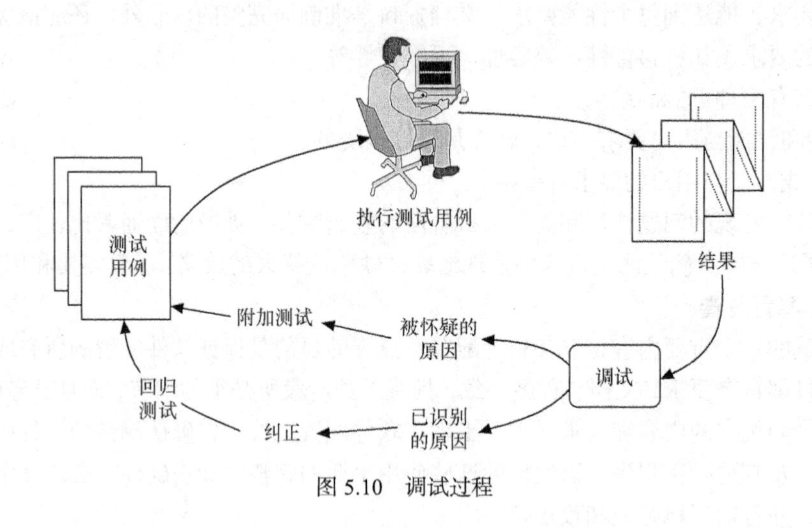

图 5.10　调试过程

调试过程总会有以下两种结果之一：①找到了问题的原因并把问题改正和排除掉了；②没找出问题的原因。在后一种情况下，调试人员可以猜想一个原因，并设计测试用例来验证这个假设，重复此过程直至找到原因并改正了错误。

调试是软件开发过程中最艰巨的脑力劳动。调试工作如此困难，可能心理方面的原因多于技术方面的原因，但是，软件错误的下述特征也是相当重要的原因。

◇ 症状和产生症状的原因可能在程序中相距甚远，即症状可能出现在程序的一个部分，而实际的原因可能在与之相距很远的另一部分。紧耦合的程序结构更加剧了这种情况。

◇ 当改正了另一个错误之后，症状可能暂时消失了。

◇ 症状可能实际上并不是由错误引起的（如舍入误差）。

◇ 症状可能是由不易跟踪的人为错误引起的。

◇ 症状可能是由定时问题而不是由处理问题引起的。

◇ 可能很难重新产生完全一样的输入条件（如输入顺序不确定的实时应用系统）。

◇ 症状可能时有时无，这种情况在硬件和软件紧密地耦合在一起的嵌入式系统中特别常见。

◇ 症状可能是由分布在许多任务中的原因引起的，这些任务运行在不同的处理机上。

在调试过程中会遇到从恼人的小错误（如不正确的输出格式），到灾难性的大错误（如系统失效导致严重的经济损失）等各种不同的错误。错误的后果越严重，查找错误原因的压力也越大。通常，这种压力会导致软件开发人员在改正一个错误的同时引入两个甚至更多个错误。

5.7.2　调试途径

无论采用什么方法，调试的根本目标都是寻找软件错误的原因并改正之。这个目标是通过把系统地评估、直觉和运气组合起来实现的。一般来说，有下列 3 种调试途径可以采用：

◇ 蛮干法；

◇ 回溯法；

◇ 原因排除法。

蛮干法可能是为了找到软件错误的原因而最常使用的最低效的方法。仅当所有其他方法都失败了的情况下，才应该使用这种方法。按照“让计算机自己寻找错误”的策略，这种方法打印出内存内容，激活对运行过程的跟踪并在程序中到处都写上 WRITE（输出）语句，希望在这样生成的信息海洋中的某个地方发现错误原因的线索。虽然所生成的大量信息也可能最终导致成功，但是，在更多的情况下这样做只会浪费时间和精力。在使用任何一种调试方法之前，必须首先进行周密的思考，必须有明确的目的，尽量减少无关信息的数量。

回溯是一种相当常用的调试方法，当调试小程序时这种方法是有效的。这种方法的具体做法是，从发现症状的地方开始，人工沿程序的控制流往回追踪源程序代码，直到找出错误原因为止。但是，随着程序规模扩大，应该回溯的路径数目也变得越来越大，以至彻底回溯变成完全不可能了。

原因排除法采用对分查找法或归纳法或演绎法完成调试工作。对分查找法的基本思路是，如果已经知道每个变量在程序内若干个关键点的正确值，则可以用赋值语句（或输入语句）在程序中点附近“注入”这些变量的正确值，然后运行程序并检查程序的输出。如果输出结果是正确的，则错误原因在程序的前半部分；反之，错误原因在程序的后半部分。对错误原因所在的那部分再重复使用这个方法，直到把出错范围缩小到容易诊断的程度为止。

归纳法是从个别现象推断出一般性结论的思维方法。采用这种方法调试程序时，首先把和错误有关的数据组织起来进行分析，以便发现可能的错误原因。然后导出对错误原因的一个或多个假设，并利用已有的数据来证明或排除这些假设。当然，如果已有的数据尚不足以证明或排除这些假设，则需设计并执行一些新的测试用例，以获得更多的数据。

演绎法从一般原理或前提出发，经过排除和精化的过程推导出结论。采用这种方法调试程序时，首先设想出所有可能的出错原因，然后试图用测试来排除每一个假设的原因，如果测试表明某个假设的原因可能是真的原因，则对数据进行细化以精确定位错误。

上述每一种方法都可以使用调试工具辅助完成，但是工具并不能代替对全部设计文档和源程序的仔细评估。

如果各种调试方法和调试工具都用过了却仍然找不出错误的原因，则应该请求别人帮助。把遇到的问题向同行陈述并一起分析讨论，往往能开阔思路，很快找出错误原因。

一旦找到错误就必须改正它。但是，前面已经提醒过，改正一个错误可能引入更多的其他错误，以至“得不偿失”。因此，在动手改正软件错误之前，每个软件工程师都应该仔细考虑下述 3 个问题。

（1）是否同样的错误也存在于程序的其他地方。在许多情况下，一个程序错误是由错误的逻辑思维模式引起的，而这种逻辑思维模式也可能用在别的地方。仔细分析这种逻辑模式，可能会发现其他错误。

（2）将要进行的修改可能会引入的“下一个错误”是什么。在改正错误之前应该仔细研究源程序（最好也研究设计文档），以评估逻辑和数据结构的耦合程度。如果所要做的修改位于程序的高耦合段中，则在修改时必须特别小心谨慎。

（3）为防止今后出现类似的错误，应该做什么。如果我们不仅修改了软件产品还改进了软件过程，则不仅排除了现有程序中的错误，还避免了今后在程序中可能出现的错误。

5.8 软件可靠性

测试阶段的根本目标是消除错误，保证软件的可靠性。读者可能会问，什么是软件的可靠性？

应该进行多少测试，软件才能达到所要求的可靠程度？这些正是本节要着重讨论的问题。

5.8.1 基本概念

1. 软件可靠性的定义

对于软件可靠性有许多不同的定义，其中多数人承认的一个定义是：软件可靠性是程序在给定的时间间隔内，按照规格说明书的规定成功地运行的概率。在上述定义中包含的随机变量是时间间隔。显然，随着运行时间的增加，运行时遇到程序错误的概率也将增加，即可靠性随着给定的时间间隔的加大而减少。

根据 IEEE 的规定，术语“错误”的含义是由开发人员造成的软件差错（bug），而术语“故障”的含义是由错误引起的软件的不正确行为。在下面的论述中，我们将按照 IEEE 规定的含义使用这两个术语。

2. 软件的可用性

通常用户也很关注软件系统可以使用的程度。一般来说，对于任何其故障是可以修复的系统，都应该同时使用可靠性和可用性衡量它的优劣程度。

软件可用性的一个定义是：软件可用性是程序在给定的时间点，按照规格说明书的规定，成功地运行的概率。

可靠性和可用性之间的主要差别是，可靠性意味着在 $0\sim t$ 这段时间间隔内系统没有失效，而可用性只意味着在时刻 t，系统是正常运行的。因此，如果在时刻 t 系统是可用的，则有下述种种可能：在 $0\sim t$ 这段时间内，系统一直没失效（可靠）；在这段时间内失效了一次，但是又修复了；在这段时间内失效了两次修复了两次……

如果在一段时间内，软件系统故障停机时间分别为 $t_{d1},t_{d2},\cdots$，正常运行时间分别为 $t_{u1},t_{u2},\cdots$，则系统的稳态可用性为

$$A_{ss}=\frac{T_{up}}{T_{up}+T_{down}} \tag{5.1}$$

其中，$T_{up}=\sum t_{ui}$，$T_{down}=\sum t_{di}$。

如果引入系统平均无故障时间（Mean Time To Failure，MTTF）和平均维修时间（Mean Time To Repair，MTTR）的概念，则式（5.1）可以变成

$$A_{ss}=\frac{\text{MTTF}}{\text{MTTF}+\text{MTTR}} \tag{5.2}$$

其中，MTTR 是修复一个故障平均需要用的时间，它取决于维护人员的技术水平和对系统的熟悉程度，也和系统的可维护性有重要关系；MTTF 是系统按规格说明书规定成功地运行的平均时间，它主要取决于系统中潜伏的错误的数目，因此和测试的关系十分密切。

5.8.2 估算平均无故障时间的方法

软件的 MTTF 是一个重要的质量指标，往往作为对软件的一项要求，由用户提出来。为了估算 MTTF，首先引入一些有关的量。

1. 符号

在估算 MTTF 的过程中使用下述符号表示有关的数量：

E_T——测试之前程序中错误总数；

I_T——程序长度（机器指令总数）；

τ——测试（包括调试）时间；

$E_d(\tau)$——在 $0\sim\tau$ 期间发现的错误数；

$E_c(\tau)$——在 $0\sim\tau$ 期间改正的错误数。

2. 基本假定

根据经验数据，可以作出下述假定。

◇ 在类似的程序中，单位长度里的错误数 E_T/I_T 近似为常数。美国的一些统计数字表明，通常

$$0.5\times10^{-2}\leqslant E_T/I_T\leqslant 2\times10^{-2}$$

也就是说，在测试之前每 1 000 条指令中大约有 5 ~ 20 个错误。

◇ 失效率正比于软件中剩余的（潜藏的）错误数，而 MTTF 与剩余的错误数成反比。

此外，为了简化讨论，假设发现的每一个错误都立即正确地改正了（即调试过程没有引入新的错误），因此

$$E_c(\tau)=E_d(\tau) \tag{5.3}$$

剩余的错误数为

$$E_r(\tau)=E_T-E_d(\tau)$$

单位长度程序中剩余的错误数为

$$\varepsilon_r(\tau)=E_T/I_T-E_c(\tau)/I_T \tag{5.4}$$

3. 估算平均无故障时间

经验表明，平均无故障时间与单位长度程序中剩余的错误数成反比，即

$$\text{MTTF}=\frac{1}{K(E_T/I_T-E_c(\tau)/I_T)} \tag{5.5}$$

其中，K 为常数，它的值应该根据经验选取。美国的一些统计数字表明，K 的典型值是 200。估算平均无故障时间的公式，可以评价软件测试的进展情况。此外，由式（5.5）可得

$$E_c(\tau)=E_T-\frac{I_T}{K\times\text{MTTF}} \tag{5.6}$$

因此，也可以根据对软件平均无故障时间的要求，估计需要改正多少个错误之后，测试工作才能结束。

4. 估计错误总数的方法

程序中潜藏的错误的数目是一个十分重要的量，它既直接标志软件的可靠程度，又是计算软件平均无故障时间的重要参数。显然，程序中的错误总数 E_T 与程序规模、类型、开发环境、开发方法论、开发人员的技术水平和管理水平等都有密切关系。下面介绍估计 E_T 的两个方法。

（1）植入错误法。使用这种估计方法，在测试之前由专人在程序中随机地植入一些错误，测试之后，根据测试小组发现的错误中原有的和植入的两种错误的比例，来估计程序中原有错误的总数 E_T。

假设人为地植入的错误数为 N_s，经过一段时间的测试之后发现 n_s 个植入的错误，此外还发现了 n 个原有的错误。如果可以认为测试方案发现植入错误和发现原有错误的能力相同，则能够估计出程序中原有错误的总数为

$$N=\frac{n}{n_s}N_s \tag{5.7}$$

其中，N 即是错误总数 E_T 的估计值。

（2）分别测试法。植入错误法的基本假定是所用的测试方案发现植入错误和发现原有错误的概率相同。但是，人为地植入的错误和程序中原有的错误可能性质很不相同，发现它们的难易程度自然也不相同，因此，上述基本假定可能有时和事实不完全一致。

如果有办法随机地把程序中一部分原有的错误加上标记，然后根据测试过程中发现的有标记错误和无标记错误的比例，估计程序中的错误总数，则这样得出的结果比用植入错误法得到的结果更可信一些。

为了随机地给一部分错误加标记，分别测试法使用两个测试员（或测试小组），彼此独立地测试同一个程序的两个副本，把其中一个测试员发现的错误作为有标记的错误。具体做法是，在测试过程的早期阶段，由测试员甲和测试员乙分别测试同一个程序的两个副本，由另一名分析员分析他们的测试结果。用 τ 表示测试时间，假设：

$\tau=0$ 时错误总数为 B_0；

$\tau=\tau_1$ 时测试员甲发现的错误数为 B_1；

$\tau=\tau_1$ 时测试员乙发现的错误数为 B_2；

$\tau=\tau_1$ 时两个测试员发现的相同错误数为 b_c。

如果认为测试员甲发现的错误是有标记的，即程序中有标记的错误总数为 B_1，则测试员乙发现的 B_2 个错误中有 b_c 个是有标记的。假定测试员乙发现有标记错误和发现无标记错误的概率相同，则可以估计出测试前程序中的错误总数为

$$B_0=\frac{B_2}{b_c}B_1 \tag{5.8}$$

使用分别测试法，在测试阶段的早期，每隔一段时间分析员分析两名测试员的测试结果，并且用式（5.8）计算 B_0。如果几次估算的结果相差不多，则可用 B_0 的平均值作为 E_T 的估计值。此后一名测试员可以改做其他工作，由余下的一名测试员继续完成测试工作，因为他可以继承另一名测试员的测试结果，所以分别测试法增加的测试成本并不太多。

小　结

实现包括编码和测试两个阶段。按照传统的软件工程方法学，编码是在对软件进行了概要设计和详细设计之后进行的，编码不过是把软件设计的结果翻译成用某种程序设计语言书写的程序，因此，程序的质量基本上由设计的质量决定。但是，编码使用的语言，特别是写程序的风格，也对程序质量有相当大的影响。

大量实践结果表明，高级程序设计语言较汇编语言有很多优点。因此，除非在非常必要的场合，一般不要使用汇编语言写程序。至于具体选用哪种高级程序设计语言，则不仅要考虑语言本身的特点，还应该考虑使用环境等一系列实际因素。

程序内部的良好文档资料，有规律的数据说明格式，简单清晰的语句构造，输入/输出格式等，都对提高程序的可读性有很大作用，也在相当大的程度上改进了程序的可维护性。

目前，软件测试仍然是保证软件可靠性的主要手段。测试阶段的根本任务是发现并改正软件中的错误。

设计测试方案是测试阶段的关键技术问题，其基本目标是选用尽可能少的高效测试数据，

做到尽可能完善的测试，从而尽可能多地发现软件中的错误。白盒测试和黑盒测试是软件测试的两类不同方法，这两类方法各有所长，相互补充，在测试过程中应该联合使用这两类方法。通常，在测试过程的早期阶段主要使用白盒测试技术，而在测试的后期主要使用黑盒测试技术。

为了设计出有效的测试方案，软件工程师必须深入理解并应用指导软件测试的基本准则。设计白盒测试方案的技术主要有逻辑覆盖和控制结构测试；设计黑盒测试方案的技术主要有等价划分、边界值分析和错误推测。

大型软件的测试应该分阶段进行，通常分为单元测试、集成测试、确认测试和系统测试（如果软件是新开发的计算机系统的一部分）4 个阶段。

在测试过程中发现的软件错误必须及时改正，这就是调试的任务。为了改正错误，首先必须确定错误的准确位置，这是调试过程中最困难的任务，需要审慎周密的思考和推理。改正错误往往需要修正原来的设计，必须通盘考虑而不能“头疼医头脚疼医脚”，应该尽量避免在调试过程中引进新的错误。

测试和调试是软件测试阶段中的两个关系极其密切的过程，它们常常交替进行。程序中潜藏的错误的数目，直接决定了软件的可靠性。通过测试可以估计出程序中剩余的错误数。根据测试和调试过程中已经发现和改正的错误数，可以估计软件的平均无故障时间；反之，根据要求达到的软件平均无故障时间，可以估计应该发现和改正的错误数，从而能够判断测试阶段何时可以结束。

习　题

一、判断题

1. 程序设计语言是指编程时表现出来的特点、习惯、逻辑思维等。　（　）
2. 进行程序设计语言的选择时，首先考虑的是应用领域。　（　）
3. 好程序的一个重要标准是源程序代码的逻辑简明清晰、易读易懂。　（　）
4. 软件测试的目的是尽可能多地发现软件中存在的错误，将它作为纠错的依据。（　）
5. 测试用例由输入数据和预期的输出结果两部分组成。　（　）
6. 白盒测试是结构测试，主要以程序的内部逻辑为基础设计测试用例。　（　）
7. 软件测试的目的是证明软件是正确的。　（　）
8. 单元测试通常应该先进行“人工走查”，再以白盒法为主，辅以黑盒法进行动态测试。　（　）
9. 白盒法是一种静态测试方法，主要用于模块测试。　（　）
10. 在等价分类法中，为了提高测试效率，一个测试用例可以覆盖多个无效等价类。（　）
11. 发现错误多的模块，残留在模块中的错误也多。　（　）

二、选择题

1. 程序语言的特性包括（　　）。

　A. 习惯特性　B. 算法特性　C. 工程特性　D. 技术特性

2. 软件实现是软件产品由概念到实体的一个关键过程，它将（　　）的结果翻译成用某种程序设计语言编写的并且最终可以运行的程序代码。虽然软件的质量取决于软件设计，但是规范的程序设计风格将会对后期的软件维护带来不可忽视的影响。

A. 软件设计　B. 详细设计　C. 架构设计　D. 总体设计

3. 成功的测试是指运行测试用例后（　　）。

A. 发现了程序错误　B. 未发现程序错误

C. 证明程序正确　D. 改正了程序错误

4. 白盒测试法是根据程序的（　　）来设计测试用例的方法。

A. 输出数据　B. 内部逻辑　C. 功能　D. 输入数据

5. 软件的集成测试工作最好由（　　）承担，以提高集成测试的效果。

A. 该软件的设计人员

B. 该软件开发组的负责人

C. 不属于该软件开发组的软件设计人员

D. 该软件的编程人员

6. 黑盒测试是从（　　）观点的测试，白盒测试是从（　　）观点的测试。

A. 开发人员、管理人员　B. 用户、管理人员

C. 用户、开发人员　D. 开发人员、用户

7. 软件测试可能发现软件中的（　　），但不能证明软件（　　）。

A. 所有错误、没有错误　B. 设计错误、没有错误

C. 逻辑错误、没有错误　D. 错误、没有错误

8. 软件测试的目的是（　　）。

A. 证明软件的正确性　B. 找出软件系统中存在的所有错误

C. 证明软件系统中存在错误　D. 尽可能多的发现软件系统中的错误

9. 使用白盒测试方法时确定测试数据应根据（　　）和指定的覆盖标准。

A. 程序的内部逻辑　B. 程序的复杂程度

C. 程序的难易程度　D. 程序的功能

10. 黑盒测试方法根据（　　）设计测试用例。

A. 程序的调用规则　B. 软件要完成的功能

C. 模块间的逻辑关系　D. 程序的数据结构

11. 在软件测试中，逻辑覆盖标准主要用于（　　）。

A. 白盒测试方法　B. 黑盒测试方法

C. 灰盒测试方法　D. 软件验收方法

12. 集成测试的主要方法有两个，一个是（　　）一个是（　　）。

A. 白盒测试方法、黑盒测试方法

B. 等价类划分方法、边缘值分析方法

C. 渐增式测试方法、非渐增式测试方法

D. 因果图方法、错误推测方法

13. 验收测试的任务是验证软件的（　　）。

A. 可靠性　B. 正确性　C. 移植性　D. 有效性

14. 软件测试的目的是尽可能发现软件中的错误，通常（　　）是代码编写阶段可进行的测试，它是整个测试工作的基础。

A. 集成测试　B. 系统测试　C. 验收测试　D. 单元测试

三、简答题

1. 在选择编程语言时，通常要考虑哪些因素？
2. 请简述编码风格的重要性。要形成良好的编码风格可以从哪些方面做起？
3. 什么是调试？什么是测试？二者有何区别？
4. 请简述软件测试的原则。
5. 请简述静态测试和动态测试的区别。
6. 请对比黑盒测试与白盒测试。
7. 软件测试的目的是什么？
8. 什么是黑盒测试？有哪些常用的黑盒测试方法？
9. 什么是白盒测试？有哪些常用的白盒测试方法？
10. 请简述验证与确认之间的区别。
11. 软件测试应该划分几个阶段？各个阶段应重点测试的内容是什么？

四、应用题

1. 使用 Microsoft Visual Studio 2010 和 C#对求两个整数的最大公约数进行编程。

2. 现有一段判定三角形类型的程序，可以根据输入的三角形的三边长来判定可构成的三角形是否为等腰三角形。请用等价类划分法来为此段代码设计测试用例。

3. 图 5.11 给出了用盒图描绘的一个程序的算法，请用逻辑覆盖法设计测试方案，要求做到语句覆盖和路径覆盖。

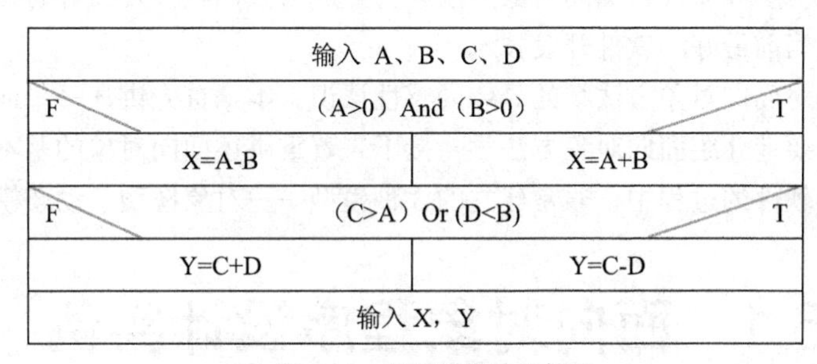

图 5.14　用盒图描绘的算法

第 3 篇　面向对象方法学

第 6 章　面向对象方法学导论

传统的软件工程方法学曾经给软件产业带来了巨大进步，部分地缓解了软件危机，使用这种方法学开发的许多中、小规模软件项目都获得了成功。但是，当把这种方法学应用于大型软件产品的开发时，却很少取得成功。

在 20 世纪 60 年代后期出现的面向对象编程语言 Simula-67 中首次引入了类和对象的概念，自 20 世纪 80 年代中期起，人们开始注重对面向对象分析和设计的研究，从而逐步形成了面向对象方法学。到了 20 世纪 90 年代，面向对象方法学已经成为人们在开发软件时首选的范型。可以说，面向对象技术是当前最好的软件开发技术。

为帮助读者获得对面向对象方法学的具体的感性认识，本章首先讲述一个面向对象程序设计的简单例子，然后概要地介绍面向对象方法学，接下来着重讲述面向对象的基本概念，以及在用面向对象方法学开发软件的过程中，通常建立的 3 种模型——对象模型、动态模型和功能模型。

6.1　面向对象程序设计实例

对一个简单的图形程序的需求如下所述：

在显示器荧光屏上圆心坐标为（100，100）的位置画一个半径为 40 的圆，在圆心坐标为（200，300）的位置画一个半径为 20 的圆，在圆心坐标为（400，150）的位置画一条弧，弧的起始角度为 30°，结束角度为 120°，半径为 50。

怎样设计上述这个程序呢?

6.1.1　用对象分解取代功能分解

在传统的结构化方法设计上述的图形程序时，通常首先定义两个函数，其中一个函数的功能是在荧光屏上用由参数传入的圆心坐标值和半径值画一个圆，另一个函数的功能是在荧光屏上用由参数传入的圆心坐标、半径、起始角度和结束角度之值画一条弧。然后，在主函数中说明 5 个变量，分别用于保存圆心的 x、y 坐标值，圆的半径，弧的起始角度和结束角度。最后，用输入语句给这些变量赋上指定的值，并用它们作为变元调用相应的函数来画出指定的圆或弧。

正如本书第 4 章已经讲过的，传统的程序设计方法，实质上是自顶向下的功能分解，也就是通过逐步求精的设计过程把程序分解成一系列完成单一处理功能的模块，然后传送适当的变元来调用这些模块以完成程序的功能。

传统的程序设计方法是面向过程的设计方法，这种方法以算法为核心，把数据和处理过程作为相互独立的部分，数据代表问题域中的实体，而程序代码则用于处理这些数据。

把数据和代码作为分离的实体，反映了计算机的观点，因为在计算机内部数据和程序代码是分开存放的。但是，这样做的时候总存在使用错误的数据调用正确的程序模块，或使用正确的数据调用错误的程序模块的危险。使数据和操作保持一致，是软件工程师的一个沉重负担，在多人分工合作开发一个大型软件的过程中，如果负责设计数据结构的人中途改变了对某个数据的设计，而又没有及时通知所有有关人员，则会发生许多不该发生的错误。

实际上，用计算机解决的问题都是现实世界中的问题，这些问题无非由一些相互间存在一定联系的事物（或称为实体）所组成。每个具体的事物都具有行为和属性两方面的特征。因此，把描述事物静态属性的数据结构和表示事物动态行为的操作放在一起构成一个整体，才能完整、自然、准确地代表客观世界中的实体。

面向对象的程序设计技术以对象（object）为核心，用这种技术开发出的程序由一系列对象组成。对象是对现实世界实体的正确抽象，它是由描述内部状态、表示静态属性的数据，以及可以对这些数据施加的操作（实现对象的动态行为），封装在一起所构成的统一体。对象之间通过传递消息互相通信，以模拟现实世界中不同实体彼此之间的联系。

传统的程序设计方法把精力集中于设计解题算法（即处理数据的过程），因此也称为面向过程的程序设计方法。这样做实质上也是在用计算机的观点进行程序设计工作。因为计算机的工作过程是一步一步进行的，为了完成指定的功能必须告诉它详细的解题步骤，也就是必须向计算机详细描述解题算法。面向过程程序设计就是按照计算机的要求，围绕算法进行程序设计。设计者站在计算机的立场，“设身处地”地设计解题步骤，并用适当的程序设计语言把解题步骤描述出来。

但是，计算机观点与人类观点终究有很大区别，面向过程的思维方式也并不符合人类习惯的思维方式。由于用面向过程方法开发软件的方法与过程，不同于人类认识世界解决问题时习惯采用的方法与过程，因此，实现解法的解空间与描述问题的问题空间在结构上明显不同，这不仅增加了开发软件的难度，也使得所开发出的软件难于理解。

那么，什么是人类习惯采用的解决问题的方法呢？让我们观察一个日常生活中常见的事例：一位厨师头发长了需要理发，他走进理发馆，告诉理发师要理什么发式。也就是说，为了解决头发过长的问题，厨师只需向理发师提出要求，告诉他“做什么”（即理什么发式），并不需要告诉理发师“怎样做”，理发师自己知道工作步骤。类似地，理发师肚子饿了，只需走进餐馆点好自己要吃的菜，厨师自己知道怎样做菜，并不需要顾客告诉他做菜的具体步骤，事实上顾客并不需要知道做菜的步骤。

从上述事例可以看出，人类习惯的解决问题的方法是使用“顾客—服务员”的工作模式。

人类社会中不同职业的人具有不同技能，需要完成一项复杂任务时，只需把具有完成这项任务所需技能的各类人员集中起来，向每个人提出具体要求即可。至于每个人如何完成自己承担的具体任务，并不需要在布置任务时详细说明，因为他们具备完成自己承担的任务所需要的技能。

面向对象程序设计方法模仿人类习惯的解题方法，用对象分解取代功能分解，也就是把程序分解成一系列对象，每个对象都既有自己的数据（描述该对象所代表的实体的属性），又有处理这些数据的函数（通常称为服务或方法，它们实现该对象应有的行为）。不同对象之间通过发送消息向对方提出服务要求，接收消息的对象主动完成指定功能提供所要求的服务。程序中所有对象分工协作，共同完成整个程序的功能。事实上，对象是组成面向对象程序的基本模块。面向对象程序设计方法的提出，是软件开发方法的一次革命，它代表了计算机程序设计的一种新颖的思维方法，是解决软件开发所面临的困难的最有希望的方法之一。

具体到我们这个简单的图形程序，从本节开头给出的需求陈述中很容易看出，这个程序中只涉及两类实体（用面向对象术语说，是两类对象），它们分别是圆（circle）和弧（ard）。在这个问题中实际上要求画两个具体的圆和一条具体的弧，即在问题域中有圆类的两个实例和弧类的一个实例。所谓“实例”也就是具体的对象。

从需求陈述中不难看出，圆的基本属性是圆心坐标和半径，弧的基本属性是圆心坐标、半径、起始角度和结束角度。但是，通常不可能在需求陈述中找到所有属性，还必须借助于领域知识和常识，才能分析得出所需要的全部属性。众所周知，一个图形既可以在荧光屏上显示出来，也可以不显示出来，即一个图形可以处于两种可能的状态之一（可见或不可见），因此，本问题中的圆和弧都应该再增加一个属性——可见性。

分析需求陈述得知，圆和弧都应该提供在荧光屏上“画自己”的服务。所谓画自己，就是用当前的前景颜色在屏幕上显示自己的形状。这个例子是一个简单的图形应用程序，它的功能很简单，在需求陈述中只提出了这一项最基本的要求。但是，根据常识我们知道，一个图形既可以在屏幕上显示出来，也可以隐藏起来（实际上是用背景颜色显示）。在属性中我们已经设置了“可见性”这个属性来标志图形当前是否处于可见状态，因此，相应地也应该提供“隐藏自己”这样一个服务。

此外，为了便于使用，通常对象的每个属性都是可以访问的。当然，可以访问并不是可以从对象外面随意读/写对象的属性，那样做将违反信息隐藏原理，也违背由对象主动提供服务而不是被动地接受处理的面向对象设计准则。所谓可以访问是指提供了读/写对象属性的服务。

我们可以用图来形象地描绘程序中的对象（严格地说是对象类），如图 6.1 所示。图中用一个矩形框代表一个对象类，矩形框被两条水平线段分割成 3 个区域，最上面的区域中写类名，中部区域内列出该类对象的属性，下部区域内列出该类对象提供的服务。

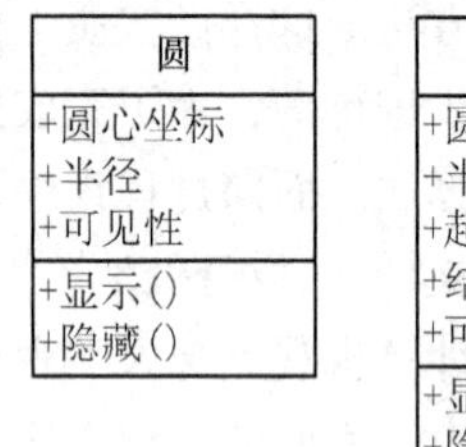

图 6.1　圆类和弧类

6.1.2　设计类等级

上一小节中介绍的简单的图形程序需要使用圆类和弧类这两类对象，也就是说，我们把该程序中的对象划分成两类。实际上，在设计任何面向对象的程序时，应该把程序中使用的所有对象都划分成对象类（简称为类，class），每个对象类都定义了一组数据（即属性）和一组操作（即服务）。每当建立该对象类的一个新实例时，就按照类中对数据的定义为这个新对象生成一组专用的数据，以便描述该对象独特的属性值。例如，在荧光屏不同位置显示的半径不同的几个圆，虽然都是圆类的对象，但各自都有自己专用的数据，以便记录各自的圆心位置、半径等值。

类中定义的服务，是允许施加于该类对象数据上的操作，是该类所有对象共享的，并不需要为每个对象都复制操作的代码。

除了把对象分类之外，还应该进一步按照子类（或称为派生类）与父类（或称为基类）的关系，把若干个相关的对象类组成一个层次结构的系统（也称为类等级）。在这种层次结构中，下层的派生类自动具有和上层的基类相同的特性（包括数据和操作），这种现象称为继承。

面向对象程序的许多突出优点来源于继承性。为了利用继承机制减少冗余信息，必须建立适当的类等级。只要不违背领域知识和常识，就应该抽取出相似类的公共属性和公共服务，以建立这些相似类的父类，并在类等级的适当层次中正确地定义各个属性和服务。

从图 6.1 中可以看出，圆和弧的许多属性和服务都是公共的。如果分别定义圆类和弧类，则这些公共的属性和服务需要在每个类中重复定义，这样做势必形成许多冗余信息。反之，如果让圆作为父类，弧作为从圆派生出来的子类，则在圆类中定义了圆心坐标、半径、可见性等属性之后，弧类就可以直接继承这些属性而无须再次重复定义它们，在弧类中仅需定义本类特有的属性（起始角度和结束角）。类似地，在圆类中定义了读/写圆心坐标、读/写半径和读/写可见性等服务之后，在弧类中只需定义读/写起始角度和读/写结束角度等弧类特有的服务。需要注意的是，虽然在图 6.1 中圆类和弧类都有名字相同的服务“显示”和“隐藏”，但是它们的具体功能是不同的（显示或隐藏的图形形状不同），因此，在把弧类作为圆类的子类之后，仍然需要在这两个类中分别定义“显示”和“隐藏”服务。

在我们这个简单例子中，仅涉及圆和弧两类图形，当开发更复杂的图形程序时，将涉及更多的图形种类。但是，无论何种图形都有“坐标”、“可见性”等基本属性。当然，针对不同图形“坐标”的物理含义可能不同，如对圆来说指圆心坐标，对矩形来说指某个顶点的坐标。坐标和可见性实质上是荧光屏上一个“点”的属性，如果我们把这两个基本属性抽象出来，放在点（point）类中定义，并把点类作为各种图形类的公共父类，则可进一步减少冗余信息，并能增加程序的可扩充性。类似地，读/写坐标、读/写可见性等服务也应该放在点类中定义。当然，点类中还需要定义其专用的显示和隐藏服务。

进一步分析“点”的属性，我们发现可以把它们划分为两类基本信息：一类信息描述点在哪儿（位置），另一类信息描述点的状态（可见性）。在上述两类信息中，位置是更基本的信息，因此，我们可以定义一个更基本的基类“位置”，它仅仅含有坐标信息，代表一个几何意义上的点。从位置（location）类派生出屏幕上的点类，它继承了位置类中定义的每样东西（属性和服务），并且加进了该类特有的新内容。

综上所述，得到图 6.2 所示的类等级。为简明起见，图中没有列出读/写属性值的常规服务。注意，图中用一端为空心三角形的连线表示继承关系，三角形的顶角紧挨着基类。

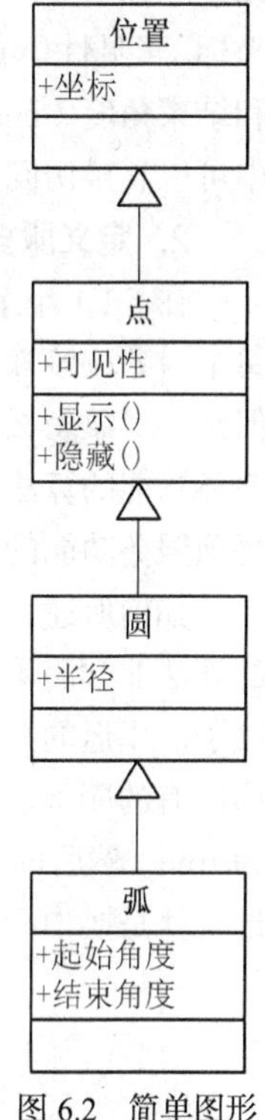

图 6.2　简单图形程序的类等级

6.1.3　定义属性和服务

在上述设计类等级的过程中，已经把需要的属性和服务分配到类等级的适当层次上了。但是，为了能最终实现这个程序，还必须进一步定义属性和服务。

1. 定义属性

首先考虑定义属性的问题，所谓定义属性就是确定每个属性的数据类型和数据结构，同时还要确定每个属性的访问权限。

参见图 6.2，在“位置”类中应该定义属性“坐标”。由于程序处理的是平面上的点，因此坐标由 x 坐标和 y 坐标组成。我们用屏幕上的像素作为坐标值的单位，这样每个坐标值都是整数。根据上述分析，位置类中包含的属性坐标，由两个简单的整型变量来定义，我们把它们分别命名为 x 和 y。“点”类中的属性“可见性”只有两个可能取的值：true（真，即可见）和 false（假，即不可见）。通常把只能取值 true 或 false 的数据类型称为布尔型。我们把可见性属性命名为 visible。

圆的属性“半径”同样用像素为单位，因此也是整型的简单变量，我们把它命名为radius。

弧的属性“起始角度”和“结束角度”都用度为单位，在本例中假设角度只取整数值，因此，这两个属性都用简单的整型变量来表示，我们分别把它们命名为startAngle和endAngle。接下来再考虑每个属性的访问权限(即可访问性)。面向对象程序的一个基本特征就是具有信息隐藏能力，这同时也是面向对象程序的一个突出优点。通常，不允许从对象外面直接访问对象的属性，只能通过对象向外界公开提供的接口访问对象的属性。

但是，父类的某些属性被子类继承之后，在子类中往往需要频繁地使用这些属性。如果子类使用从父类继承来的属性时也需要通过接口，则会明显降低效率，因此，这些属性的访问权限应该是“在本类及其子类中可以直接访问，超出上述范围则不能直接访问”。在本例中，*x*坐标、*y*坐标、可见性(visible)、半径(radius)等属性的访问权限就应该是这样的，而起始角度(startAngle)和结束角度(endAngle)这两个属性，因为没有子类需要使用它们，访问权限应该是“仅在本类中可以直接访问”。

2. 定义服务

在6.1.1小节中曾经讲过，人类习惯的解决问题的方法，是采用“顾客—服务员”工作模式。每个对象应该知道怎样完成自己负责提供的服务功能，使用者只需向对象发送消息提出要求即可。但是，对象怎么知道完成服务功能的具体步骤呢？回答是，需要由程序的开发者设计出完成每项服务功能的算法，从而“教会”对象完成其承担任务的方法。定义服务的主要任务就是设计完成每项服务功能的算法。在设计算法时应该使用第4章4.8节中讲述的结构程序设计技术。

如前所述，本例每个类中定义的属性都是简单变量，因此，实现常规服务(即读/写属性值)的算法非常简单，仅用一条读/写语句即可实现。但是，显示(或隐藏)各类图形的算法就比较烦琐了。幸运的是，各种程序设计语言一般都提供了实现这类常用功能的库函数，我们可以直接调用已有的库函数完成画图功能。实现“显示”服务的算法概括起来，就是把“可见性”属性设置为true，然后调用相应的库函数用当前的前景颜色画出所要的图形。实现“隐藏”服务的算法概括地说就是把“可见性”属性设置为false，然后调用相应的库函数用当前的背景颜色画出所要的图形。

6.2 面向对象方法学概述

6.2.1 面向对象方法学的要点

面向对象方法学的出发点和基本原则，是尽可能模拟人类习惯的思维方式，使开发软件的方法与过程尽可能接近人类认识世界解决问题的方法与过程，也就是使描述问题的问题空间(也称为问题域)与实现解法的解空间(也称为求解域)在结构上尽可能一致。客观世界的问题都是由客观世界中的实体及实体相互间的关系构成的。我们把客观世界中的实体抽象为问题域中的对象(object)。因为所要解决的问题具有特殊性，因此对象是不固定的。一个雇员可以作为一个对象，一家雇用了许多雇员的公司也可以作为一个对象，到底应该把什么抽象为对象，由所要解决的问题决定。

从本质上说，我们用计算机解决客观世界的问题，是借助于某种程序设计语言的规定，对计算机中的实体施加某种处理，并用处理结果去映射解。我们把计算机中的实体称为解空间对象。显然，解空间对象取决于所使用的程序设计语言。例如，汇编语言提供的对象是存储单元；面向过程的高级语言提供的对象是各种预定义类型的变量、数组、记录、文件等。一旦提供了某种解空间对象，就隐含规定了允许对该类对象施加的操作。

从动态观点看，向对象施加的操作就是该对象的行为。在问题空间中，对象的行为是极其丰富多彩的，然而解空间中的对象的行为却是非常简单呆板的。只有借助于十分复杂的算法，才能操纵解空间对象从而得到解。这就是人们常说的"语义断层"，也是长期以来程序设计始终是一门学问的原因。

通常，客观世界中的实体既具有静态的属性，又具有动态的行为。然而传统语言提供的解空间对象实质上却仅是描述实体属性的数据，必须在程序中从外部对它施加操作，才能模拟它的行为。

众所周知，软件系统本质上是信息处理系统。数据和处理原本是密切相关的，把数据和处理人为地分离成两个独立的部分，会增加软件开发的难度。与传统方法相反，面向对象方法是一种以数据或信息为主线，把数据和处理相结合的方法。面向对象方法把对象作为由数据及可以施加在这些数据上的操作所构成的统一体。对象与传统的数据有本质区别，它不是被动地等待外界对它施加操作，相反，它是进行处理的主体。必须发消息请求对象主动地执行它的某些操作，处理它的私有数据，而不能从外界直接对它的私有数据进行操作。

面向对象方法学所提供的"对象"概念，是让软件开发者自己定义或选取解空间对象，然后把软件系统作为一系列离散的解空间对象的集合。应该使这些解空间对象与问题空间对象尽可能一致。这些解空间对象彼此间通过发送消息而相互作用，从而得出问题的解。也就是说，面向对象方法是一种新的思维方法，它不是把程序看做是工作在数据上的一系列过程或函数的集合，而是把程序看做是相互协作而又彼此独立的对象的集合。每个对象就像一个微型程序，有自己的数据、操作、功能和目的。这样做就向着减少语义断层的方向迈了一大步，在许多系统中解空间对象都可以直接模拟问题空间的对象，解空间与问题空间的结构十分一致，因此，这样的程序易于理解和维护。

通过上一节讲述的简单图形程序的设计过程，读者对面向对象方法已经有了初步的感性认识，下面再对面向对象方法做一个概要的总结。

概括地说，面向对象方法具有下述 4 个要点。

① 认为客观世界是由各种对象组成的，任何事物都是对象，复杂的对象可以由比较简单的对象以某种方式组合而成。按照这种观点，可以认为整个世界就是一个最复杂的对象，因此，面向对象的软件系统是由对象组成的，软件中的任何元素都是对象，复杂的软件对象由比较简单的对象组合而成。

由此可见，面向对象方法用对象分解取代了传统方法的功能分解。

② 把所有对象都划分成各种对象类，每个对象类都定义了一组数据和一组方法。数据用于表示对象的静态属性，是对象的状态信息。每当建立该对象类的一个新实例时，就按照类中对数据的定义为这个新对象生成一组专用的数据，以便描述该对象独特的属性值。例如，荧光屏上不同位置显示的半径不同的几个圆，虽然都是 circle 类的对象，但是，各自都有自己专用的数据，以便记录各自的圆心位置、半径等。

类中定义的方法，是允许施加于该类对象上的操作，是该类所有对象共享的，并不需要为每个对象都复制操作的代码。

③ 按照子类（或称为派生类）与父类（或称为基类）的关系，把若干个对象类组成一个层次结构的系统（也称为类等级）。在这种层次结构中，通常下层的派生类具有和上层的基类相同的特性（包括数据和方法），这种现象称为继承（inheritance）。但是，如果在派生类中对某些特性又做了重新描述，则在派生类中的这些特性将以新描述为准，也就是说，低层的特性将屏蔽高层的同

名特性。

④ 对象彼此之间仅能通过传递消息互相通信。

对象与传统的数据有本质区别，它不是被动地等待外界对它施加操作，相反，它是进行处理的主体，必须发消息请求它执行它的某个操作，处理它的私有数据，而不能从外界直接对它的私有数据进行操作。也就是说，一切局部于该对象的私有信息，都被封装在该对象类的定义中，就好像装在一个不透明的黑盒子中一样，在外界是看不见的，更不能直接使用，这就是“封装性”。

Coad 和 Yourdon 将面向对象概念概括为以下方程

面向对象 = 对象 + 类 + 继承 + 通信

也就是说，面向对象就是既使用对象又使用类和继承等机制，而且对象之间仅能通过传递消息实现彼此通信。

如果仅使用对象和消息，则这种方法可以称为基于对象的（object-based）方法，而不能称为面向对象的方法；如果进一步要求把所有对象都划分为类，则这种方法可称为基于类的（class-based）方法，但仍然不是面向对象的方法。只有同时使用对象、类、继承和消息的方法，才是真正面向对象的方法。

6.2.2 面向对象的软件过程

在开发本章 6.1 节所述的面向对象的图形程序的过程中，我们首先陈述了对这个程序的需求，然后用面向对象观点分析需求，确定了问题域中的对象并把对象划分成类，接下来设计出了适当的类等以及每个类的属性和服务，最后用 C++语言编写出这个面向对象的图形程序。

事实上，不论采用什么方法学开发软件，都必须完成一系列性质各异的工作。这些必须完成的工作要素是：确定“做什么”、确定“怎样做”、“实现”和“完善”。使用不同的方法学开发软件的时候，完成这些工作要素的顺序、工作要素的名称和相对重要性有可能不尽相同，但是却不能忽略其中任何一个工作要素。

一般说来，使用面向对象方法学开发软件时，工作重点应该放在生命周期中的分析阶段。这种方法在开发的早期阶段定义了一系列面向问题的对象，并且在整个开发过程中不断充实和扩充这些对象。由于在整个开发过程中都使用统一的软件概念“对象”，所有其他概念（如功能、关系、事件等）都是围绕对象组成的，目的是保证分析工作中得到的信息不会丢失或改变，因此，对生命周期各阶段的区分自然就不重要、不明显了。分析阶段得到的对象模型也适用于设计阶段和实现阶段。由于各阶段都使用统一的概念和表示符号，因此，整个开发过程都是吻合一致的，或者说是“无缝”连接的。这自然就很容易实现各个开发步骤的多次反复迭代，达到认识的逐步深化。每次反复都会增加或明确一些目标系统的性质，但却不是对先前工作结果的本质性改动，这样就减少了不一致性，降低了出错的可能性。迭代是软件开发过程中普遍存在的一种内在属性。经验表明，软件过程各个阶段之间的迭代或一个阶段内各个工作步骤之间的迭代，在面向对象范型中比在结构化范型中更常见，也更容易实现。

6.3 面向对象方法学的主要优点

1. 与人类习惯的思维方法一致

传统的程序设计技术是面向过程的设计方法，这种方法以算法为核心，把数据和过程作为相互独立的部分，数据代表问题空间中的客体，程序代码则用于处理这些数据。

把数据和代码作为分离的实体，反映了计算机的观点，因为在计算机内部，数据和程序是分开存放的。但是，这样做的时候总存在使用错误的数据调用正确的程序模块，或使用正确的数据调用错误的程序模块的危险。使数据和操作保持一致，是程序员的一个沉重负担，在多人分工合作开发一个大型软件系统的过程中，如果负责设计数据结构的人中途改变了某个数据的结构而又没有及时通知所有人员，则会发生许多不该发生的错误。

传统的程序设计技术忽略了数据和操作之间的内在联系，用这种方法所设计出来的软件系统其解空间与问题空间并不一致，令人感到难于理解。实际上，用计算机解决的问题都是现实世界中的问题，这些问题无非由一些相互间存在一定联系的事物所组成。每个具体的事物都具有行为和属性两方面的特征，因此，把描述事物静态属性的数据结构和表示事物动态行为的操作放在一起构成一个整体，才能完整、自然地表示客观世界中的实体。

面向对象的软件技术以对象（object）为核心，用这种技术开发出的软件系统由对象组成。对象是对现实世界实体的正确抽象，它是由描述内部状态表示静态属性的数据，以及可以对这些数据施加的操作（表示对象的动态行为），封装在一起所构成的统一体。对象之间通过传递消息互相联系，以模拟现实世界中不同事物彼此之间的联系。面向对象的设计方法与传统的面向过程的方法有本质不同，这种方法的基本原理是，使用现实世界的概念抽象地思考问题从而自然地解决问题。它强调模拟现实世界中的概念而不强调算法，它鼓励开发者在软件开发的绝大部分过程中都用应用领域的概念去思考。在面向对象的设计方法中，计算机的观点是不重要的，现实世界的模型才是最重要的。面向对象的软件开发过程从始至终都围绕着建立问题领域的对象模型来进行：对问题领域进行自然的分解，确定需要使用的对象和类，建立适当的类等级，在对象之间传递消息实现必要的联系，从而按照人们习惯的思维方式建立起问题领域的模型，模拟客观世界。

传统的软件开发方法可以用“瀑布”模型来描述，这种方法强调自顶向下按部就班地完成软件开发工作。事实上，人们认识客观世界解决现实问题的过程，是一个渐进的过程，人的认识需要在继承以前的有关知识的基础上，经过多次反复才能逐步深化。在人的认识深化过程中，既包括了从一般到特殊的演绎思维过程，也包括了从特殊到一般的归纳思维过程。人在认识和解决复杂问题时使用的最强有力的思维工具是抽象，也就是在处理复杂对象时，为了达到某个分析目的集中研究对象的与此目的有关的实质，忽略该对象的那些与此目的无关的部分。

面向对象方法学的基本原则是按照人类习惯的思维方法建立问题域的模型，开发出尽可能直观、自然地表现求解方法的软件系统。面向对象的软件系统中广泛使用的对象，是对客观世界中实体的抽象。对象实际上是抽象数据类型的实例，提供了比较理想的数据抽象机制，同时又具有良好的过程抽象机制（通过发消息使用公有成员函数）。对象类是对一组相似对象的抽象，类等级中上层的类是对下层类的抽象，因此，面向对象的环境提供了强有力的抽象机制，便于用户在利用计算机软件系统解决复杂问题时使用习惯的抽象思维工具。此外，面向对象方法学中普遍进行的对象分类过程，支持从特殊到一般的归纳思维过程；面向对象方法学中通过建立类等级而获得的继承特性，支持从一般到特殊的演绎思维过程。

面向对象的软件技术为开发者提供了随着对某个应用系统的认识逐步深入和具体化的过程，而逐步设计和实现该系统的可能性，因为可以先设计出由抽象类构成的系统框架，随着认识深入和具体化再逐步派生出更具体的派生类。这样的开发过程符合人们认识客观世界解决复杂问题时逐步深化的渐进过程。

2. 稳定性好

传统的软件开发方法以算法为核心，开发过程基于功能分析和功能分解。用传统方法所建立起来的软件系统的结构紧密依赖于系统所要完成的功能，当功能需求发生变化时将引起软件结构的整体修改。事实上，用户需求变化大部分是针对功能的，因此，这样的软件系统是不稳定的。

面向对象方法基于构造问题领域的对象模型，以对象为中心构造软件系统。它的基本作法是用对象模拟问题领域中的实体，以对象间的联系刻画实体间的联系。因为面向对象的软件系统的结构是根据问题领域的模型建立起来的，而不是基于对系统应完成的功能的分解，所以，当对系统的功能需求变化时并不会引起软件结构的整体变化，往往仅需要作一些局部性的修改。例如，从已有类派生出一些新的子类以实现功能扩充或修改，增加或删除某些对象等。总之，由于现实世界中的实体是相对稳定的，因此，以对象为中心构造的软件系统也是比较稳定的。

3. 可重用性好

用已有的零部件装配新的产品，是典型的重用技术，如可以用已有的预制件建筑一幢结构和外形都不同于从前的新大楼。重用是提高生产率的最主要的方法。传统的软件重用技术是利用标准函数库，也就是试图用标准函数库中的函数作为“预制件”来建造新的软件系统。但是，标准函数缺乏必要的“柔性”，不能适应不同应用场合的不同需要，并不是理想的可重用的软件成分。实际的库函数往往仅提供最基本、最常用的功能，在开发一个新的软件系统时，通常多数函数是开发者自己编写的，甚至绝大多数函数都是新编的。

使用传统方法学开发软件时，人们认为具有功能内聚性的模块是理想的模块。也就是说，如果一个模块完成一个且只完成一个相对独立的子功能，那么这个模块就是理想的可重用模块。基于这种认识，通常尽量把标准函数库中的函数做成功能内聚的。但是，即使是具有功能内聚性的模块也并不是自含的和独立的，相反，它必须运行在相应的数据结构上。如果要重用这样的模块，则相应的数据也必须重用。如果新产品中的数据与最初产品中的数据不同，则要么修改数据，要么修改这个模块。

事实上，离开了操作便无法处理数据，而脱离了数据的操作也是毫无意义的，我们应该对数据和操作同样重视。在面向对象方法所使用的对象中，数据和操作正是作为平等伙伴出现的，因此，对象具有很强的自含性。此外，对象所固有的封装性和信息隐藏机理，使得对象的内部实现与外界隔离，具有较强的独立性。由此可见，对象是比较理想的模块和可重用的软件成分。

面向对象的软件技术在利用可重用的软件成分构造新的软件系统时，有很大的灵活性。有两种方法可以重复使用一个对象类：一种方法是创建该类的实例，从而直接使用它；另一种方法是从它派生出一个满足当前需要的新类。继承性机制使得子类不仅可以重用其父类的数据结构和程序代码，而且可以在父类代码的基础上方便地修改和扩充，这种修改并不影响对原有类的使用。由于可以像使用集成电路（IC）构造计算机硬件那样，比较方便地重用对象类来构造软件系统，因此，有人把对象类称为“软件IC”。

面向对象的软件技术所实现的可重用性是自然的和准确的，在软件重用技术中它是最成功的一个。关于软件重用问题，在11.3节中还要详细讨论。

4. 较易开发大型软件产品

在开发大型软件产品时，组织开发人员的方法不恰当往往是出现问题的主要原因。用面向对象方法学开发软件时，构成软件系统的每个对象就像一个微型程序，有自己的数据、操作、功能和用途，因此，可以把一个大型软件产品分解成一系列本质上相互独立的小产品来处理，不仅降低了开发的技术难度，而且也使得对开发工作的管理变得容易多了。这就是为什么对于大型软件产品来说，面向对象范型优于结构化范型的原因之一。许多软件开发公司的经验都表明，当把面向对象方法学用于大型软件的开发时，软件成本明显地降低了，软件的整体质量也提高了。

5. 可维护性好

用传统方法和面向过程语言开发出来的软件很难维护，这是长期困扰人们的一个严重问题，是软件危机的突出表现。

由于下述因素的存在，使得用面向对象方法所开发的软件可维护性好。

（1）面向对象的软件稳定性比较好

如前所述，当对软件的功能或性能的要求发生变化时，通常不会引起软件的整体变化，往往只需对局部做一些修改。由于对软件所需做的改动较小且限于局部，自然比较容易实现。

（2）面向对象的软件比较容易修改

如前所述，类是理想的模块机制，它的独立性好，修改一个类通常很少会牵扯到其他类。如果仅修改一个类的内部实现部分（私有数据成员或成员函数的算法），而不修改该类的对外接口，则可以完全不影响软件的其他部分。

面向对象软件技术特有的继承机制，使得对软件的修改和扩充比较容易实现，通常只须从已有类派生出一些新类，无须修改软件原有成分。

面向对象软件技术的多态性机制（见 6.4.2 小节），使得当扩充软件功能时对原有代码所需做的修改进一步减少，需要增加的新代码也比较少。

（3）面向对象的软件比较容易理解

在维护已有软件的时候，首先需要对原有软件与此次修改有关的部分有深入理解，才能正确地完成维护工作。传统软件之所以难于维护，在很大程度上是因为修改所涉及的部分分散在软件各个地方，需要了解的面很广，内容很多，而且传统软件的解空间与问题空间的结构很不一致，更增加了理解原有软件的难度和工作量。

面向对象的软件技术符合人们习惯的思维方式，用这种方法所建立的软件系统的结构与问题空间的结构基本一致，因此，面向对象的软件系统比较容易理解。

对面向对象软件系统所做的修改和扩充，通常通过在原有类的基础上派生出一些新类来实现。由于对象类有很强的独立性，当派生新类的时候通常不需要详细了解基类中操作的实现算法，因此，了解原有系统的工作量可以大幅度下降。

（4）面向对象的软件易于测试和调试

为了保证软件质量，对软件进行维护之后必须进行必要的测试，以确保要求修改或扩充的功能按照要求正确地实现了，而且没有影响到软件不该修改的部分。如果测试过程中发现了错误，还必须通过调试改正过来。显然，软件是否易于测试和调试，是影响软件可维护性的一个重要因素。

对面向对象的软件进行维护，主要通过从已有类派生出一些新类来实现，维护后的测试和调试工作也主要围绕这些新派生出来的类进行。类是独立性很强的模块，向类的实例发消息即可运行它，观察它是否能正确地完成要求它做的工作，对类的测试通常比较容易实现，如果发现错误也往往集中在类的内部，比较容易调试。

6.4　面向对象的概念

“对象”是面向对象方法学中使用的最基本的概念，前面也已经多次用到。本节再从多种角度进一步阐述这个概念，并介绍面向对象的其他基本概念。

6.4.1 对象

在应用领域中有意义的、与所要解决的问题有关系的任何事物都可以作为对象，它既可以是具体的物理实体的抽象，也可以是人为的概念，或者是任何有明确边界和意义的东西。例如，一名职工、一家公司、一个窗口、一座图书馆、一本图书、贷款、借款等，都可以作为一个对象。总之，对象是对问题域中某个实体的抽象，设立某个对象就反映了软件系统具有保存有关它的信息并与它进行交互的能力。

由于客观世界中的实体通常都既具有静态的属性，又具有动态的行为，因此，面向对象方法学中的对象是由描述该对象属性的数据以及可以对这些数据施加的所有操作封装在一起构成的统一体。对象可以进行的操作表示它的动态行为，在面向对象分析和面向对象设计中，通常把对象的操作称为服务或方法。

1. 对象的形象表示

为有助于读者理解对象的概念，图6.3形象地描绘了具有3个操作的对象。

看了图6.3之后，读者可能会联想到一台录音机。确实，可以用一台录音机比喻一个对象，通俗地说明对象的某些特点，如图6.3所示。

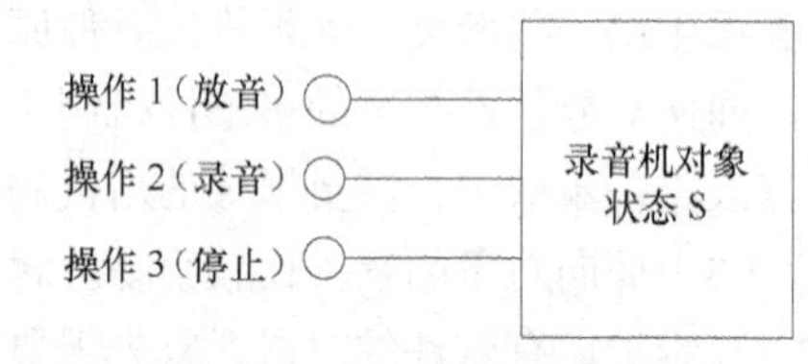

图6.3 对象的形象表示

当使用一台录音机的时候，总是通过按键来操作：按下“play（放音）”键，则录音带正向转动，通过喇叭放出录音带中记录的歌曲或其他声音；按下“record（录音）”键，则录音带正向转动，在录音带中录下新的音响等。完成录音机各种功能的电子线路被装在录音机的外壳中，人们无须了解这些电子线路的工作原理就可以随心所欲地使用录音机。为了使用录音机，根本没有必要打开外壳去触动壳内的各种零部件。事实上，不是专业维修人员的一般用户，完全不允许打开录音机外壳。

一个对象很像一台录音机。当在软件中使用一个对象的时候，只能通过对象与外界的界面来操作它。对象与外界的界面也就是该对象向公众开放的操作，如C++语言中对象的公有的（public）成员函数。使用对象向公众开放的操作就好像使用录音机的按键，只需知道该操作的名字（如录音机的按键名）和所需要的参数（提供附加信息或设置状态，如听录音前先装录音带并把录音带转到指定位置），根本无须知道实现这些操作的方法。事实上，实现对象操作的代码和数据是隐藏在对象内部的，一个对象好像是一个黑盒子，表示它内部状态的数据和实现各个操作的代码及局部数据，都被封装在这个黑盒子内部，在外面是看不见的，更不能从外面去访问或修改这些数据或代码。

使用对象时只需知道它向外界提供的接口形式而无须知道它的内部实现算法，不仅使得对象的使用变得非常简单、方便，而且具有很高的安全性和可靠性。对象内部的数据只能通过对象的公有方法（如C++的公有成员函数）来访问或处理，这就保证了对这些数据的访问或处理，在任何时候都是使用统一的方法进行的，不会像使用传统的面向过程的程序设计语言那样，由于每个使用者各自编写自己的、处理某个全局数据的过程，而发生错误。

此外，录音机中放置的录音带很像一个对象中表示其内部状态的数据，当录音带处于不同位置时按下“play”键所放出的歌曲是不相同的，同样，当对象处于不同状态时，做同一个操作所得到的效果也是不同的。

2. 对象的定义

目前，对对象所下的定义并不完全统一，人们从不同角度给出对象的不同定义。这些定义虽然形式不同，但基本含义是相同的。下面给出对象的几个定义。

定义1：对象是具有相同状态的一组操作的集合。

这个定义主要是从面向对象程序设计的角度看“对象”。

定义2：对象是对问题域中某个东西的抽象，这种抽象反映了系统保存有关这个东西的信息或与它交互的能力。也就是说，对象是对属性值和操作的封装。

这个定义着重从信息模拟的角度看待“对象”。

定义3：对象::=<ID，MS，DS，MI>。其中，ID是对象的标识或名字，MS是对象中的操作集合，DS是对象的数据结构，MI是对象受理的消息名集合（即对外接口）。

这个定义是一个形式化的定义。

总之，对象是封装了数据结构及可以施加在这些数据结构上的操作的封装体，这个封装体有可以唯一地标识它的名字，而且向外界提供一组服务（即公有的操作）。对象中的数据表示对象的状态，一个对象的状态只能由该对象的操作来改变。每当需要改变对象的状态时，只能由其他对象向该对象发送消息。对象响应消息时，按照消息模式找出与之匹配的方法，并执行该方法。从动态角度或对象的实现机制来看，对象是一台自动机。具有内部状态S，操作f_i（i=1, 2, …, n），且与操作f_i对应的状态转换函数为g_i（i=1, 2, …, n）的一个对象，可以用图6.4所示的自动机来模拟。

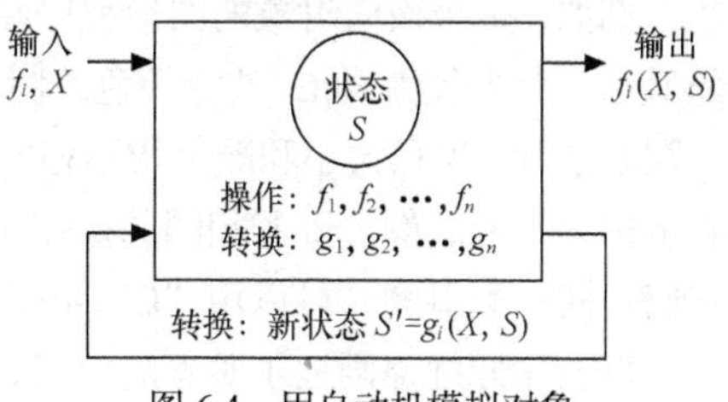

图6.4 用自动机模拟对象

3. 对象的特点

对象有如下一些基本特点。

（1）以数据为中心

操作围绕对其数据所需要做的处理来设置，不设置与这些数据无关的操作，而且操作的结果往往与当时所处的状态（数据的值）有关。对象是主动的，它与传统的数据有本质不同，不是被动地等待对它进行处理，相反，它是进行处理的主体。为了完成某个操作，不能从外部直接加工它的私有数据，而是必须通过它的公有接口向对象发消息，请求它执行它的某个操作，处理它的私有数据。

（2）实现了数据封装

对象好像是一只黑盒子，它的私有数据完全被封装在盒子内部，对外是隐藏的、不可见的，对私有数据的访问或处理只能通过公有的操作进行。为了使用对象内部的私有数据，只需知道数据的取值范围（值域）和可以对该数据施加的操作（即对象提供了哪些处理或访问数据的公有方法），根本无须知道数据的具体结构以及实现操作的算法。这也就是抽象数据类型的概念，因此，一个对象类型也可以看做是一种抽象数据类型。

（3）本质上具有并行性

对象是描述其内部状态的数据及可以对这些数据施加的全部操作的集合。不同对象各自独立地处理自身的数据，彼此通过发消息传递信息完成通信，因此，本质上具有并行工作的属性。

（4）模块独立性好

对象是面向对象的软件的基本模块，为了充分发挥模块化简化开发工作的优点，希望模块的独立性强。具体来说，也就是要求模块的内聚性强，耦合性弱。如前所述，对象是由数据及可以对这些数据施加的操作所组成的统一体，而且对象是以数据为中心的，操作围绕对其数据所需做的处理来设置，没有无关的操作，因此，对象内部各种元素彼此结合得很紧密，内聚性相当强。由于完成对象功能所需要的元素（数据和方法）基本上都被封装在对象内部，它与外界的联系自然就比较少，因此，对象之间的耦合通常比较松。

6.4.2 其他概念

1. 类

现实世界中存在的客观事物有些是彼此相似的，如张三、李四、王五……虽说每个人职业、性格、爱好、特长等各有不同，但是，他们的基本特征是相似的，都是黄皮肤、黑头发、黑眼睛，于是人们把他们统称为“中国人”。人类习惯于把有相似特征的事物归为一类，分类是人类认识客观世界的基本方法。

在面向对象的软件技术中，类（class）就是对具有相同数据和相同操作的一组相似对象的定义。也就是说，类是对具有相同属性和行为的一个或多个对象的描述，通常在这种描述中也包括对怎样创建该类的新对象的说明。

例如，一个面向对象的图形程序在屏幕左下角显示一个半径为 3cm 的红颜色的圆，在屏幕中部显示一个半径为 4cm 的绿颜色的圆，在屏幕右上角显示一个半径为 1cm 的黄颜色的圆。这 3 个圆心位置、半径大小和颜色均不相同的圆，是 3 个不同的对象。但是，它们都有相同的数据（圆心坐标、半径、颜色）和相同的操作（显示自己、放大缩小半径、在屏幕上移动位置等），因此，它们是同一类事物，可以用“Circle 类”来定义。

以上先详细地阐述了对象的定义，然后在此基础上定义了类。也可以先定义类再定义对象，如可以像下面这样定义类和对象：类是支持继承的抽象数据类型，而对象就是类的实例。

2. 实例

实例就是由某个特定的类所描述的一个具体的对象。类是对具有相同属性和行为的一组相似的对象的抽象，类在现实世界中并不能真正存在。在地球上并没有抽象的“中国人”，只有一个个具体的中国人，如张三、李四、王五等。同样，谁也没见过抽象的“圆”，只有一个个具体的圆。

实际上类是建立对象时使用的“样板”，按照这个样板所建立的一个个具体的对象就是类的实际例子，通常称为实例（instance）。

当使用“对象”这个术语时，既可以指一个具体的对象，也可以泛指一般的对象。但是，当使用“实例”这个术语时，必然是指一个具体的对象。

3. 消息

消息（message）就是要求某个对象执行在定义它的那个类中所定义的某个操作的规格说明。通常，一个消息由下述 3 部分组成：

◇ 接收消息的对象；

◇ 消息选择符（也称为消息名）；

◇ 零个或多个变元。

例如，myCircle 是一个半径为 4cm、圆心位于（100, 200）的 Circle 类的对象，也就是 Circle 类的一个实例。当要求它以绿颜色在屏幕上显示时，在 C++语言中应该向它发下列消息

```
myCircle.Show (GREEN);
```

其中 myCircle 是接收消息的对象的名字，Show 是消息选择符（即消息名），圆括号内的 GREEN 是消息的变元。当 myCircle 接收到这个消息后，将执行在 Circle 类中所定义的 Show 操作。

4. 方法

方法（method）就是对象所能执行的操作，也就是类中所定义的服务。方法描述了对象执行操作的算法，响应消息的方式。在 C++语言中把方法称为成员函数。

例如，为了 Circle 类的对象能够响应让它在屏幕上显示自己的消息 Show（GREEN），在 Circle 类中必须给出成员函数 Show（int color）的定义，也就是要给出这个成员函数的实现代码。

5. 属性

属性（attribute）就是类中所定义的数据，它是对客观世界实体所具有的性质的抽象。类的每个实例都有自己特有的属性值。

在 C++语言中把属性称为数据成员，如 Circle 类中定义的代表圆心坐标、半径、颜色等的数据成员，就是圆的属性。

6. 封装

从字面上理解，所谓封装（encapsulation）就是把某个事物包起来，使外界不知道该事物的具体内容。在面向对象的程序中，把数据和实现操作的代码集中起来放在对象内部。一个对象好像是一个不透明的黑盒子，表示对象状态的数据和实现操作的代码与局部数据，都被封装在黑盒子里面，从外面是看不见的，更不能从外面直接访问或修改这些数据和代码。

使用一个对象的时候，只需知道它向外界提供的接口形式，而无须知道它的数据结构细节和实现操作的算法。

综上所述，对象具有封装性的条件如下。

① 有一个清晰的边界。所有私有数据和实现操作的代码都被封装在这个边界内，从外面看不见更不能直接访问。

② 有确定的接口（即协议）。这些接口就是对象可以接收的消息，只能通过向对象发送消息来使用它。

③ 受保护的内部实现。实现对象功能的细节（私有数据和代码）不能在定义该对象的类的范围外进行访问。

封装也就是信息隐藏，通过封装对外界隐藏了对象的实现细节。对象类实质上是抽象数据类型。类把数据说明和操作说明与数据表达和操作实现分离开了，使用者仅需知道它的说明（值域及可对数据施加的操作）就可以使用它。

7. 继承

广义地说，继承（inheritance）是指能够直接获得已有的性质和特征，而不必重复定义它们。在面向对象的软件技术中，继承是子类自动地共享基类中定义的数据和方法的机制。

面向对象软件技术的许多强有力的功能和突出的优点，都来源于把类组成一个层次结构的系统（类等级）：一个类的上层可以有父类，下层可以有子类。这种层次结构系统的一个重要性质是继承性，一个类直接继承其父类的全部描述（数据和操作）。为了更深入、具体地理解继承性的含义，图 6.5 描绘了实现继承机制的原理。

图 6.5 中以 A、B 两个类为例，其中 B 类是从 A 类派生出来的子类，它除了具有自己定义的特性（数据和操作）之外，还从父类 A 继承特性。当创建 A 类的实例 a1 的时候，a1 以 A 类为样板建立实例变量（在内存中分配所需要的空间），但是它并不从 A 类中拷贝所定义的方法。

当创建 B 类的实例 b1 的时候，b1 既要以 B 类为样板建立实例变量，又要以 A 类为样板建立实例变量，b1 所能执行的操作既有 B 类中定义的方法，又有 A 类中定义的方法，这就是继承。当然，如果 B 类中又定义了和 A 类中同名的数据或操作，则 b1 仅使用 B 类中定义的这个数据或操作，除非采用特别措施，否则A类中与之同名的数据或操作在b1中就不能使用。

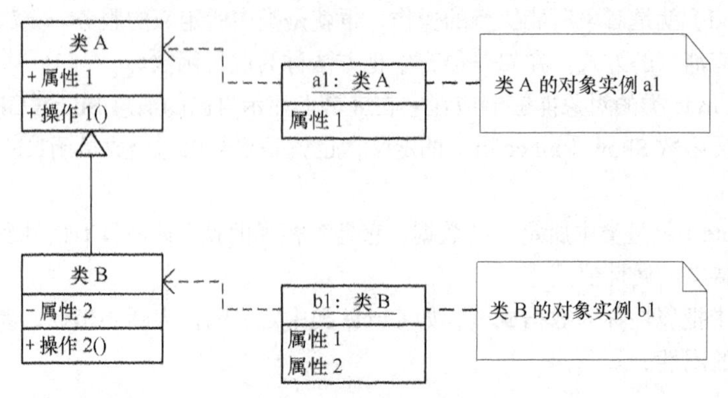

图6.5 实现继承机制的原理

继承具有传递性，如果类C继承类B，类B继承类A，则类C继承类A。一个类实际上继承了它所在的类等级中在它上层的全部基类的所有描述，也就是说，属于某类的对象除了具有该类所描述的性质外，还具有类等级中该类上层全部基类描述的一切性质。

当一个类只允许有一个父类时，即当类等级为树形结构时，类的继承是单继承；当允许一个类有多个父类时，类的继承是多重继承。多重继承的类可以组合多个父类的性质构成所需要的性质，因此，功能更强，使用更方便。但是，使用多重继承时要注意避免二义性。继承性使得相似的对象可以共享程序代码和数据结构，从而大大减少了程序中的冗余信息。在程序执行期间，对对象某一性质的查找是从该对象类在类等级中所在的层次开始，沿类等级逐层向上进行的，并把第一个被找到的性质作为所要的性质。因此，低层的性质将屏蔽高层的同名性质。

使用从原有类派生出新的子类的办法，使得对软件的修改变得比过去容易得多了。当需要扩充原有的功能时，派生类的方法可以调用其基类的方法，并在此基础上增加必要的程序代码；当需要完全改变原有操作的算法时，可以在派生类中实现一个与基类方法同名而算法不同的方法；当需要增加新的功能时，可以在派生类中实现一个新的方法。

继承性使得用户在开发新的应用系统时不必完全从零开始，可以继承原有的相似系统的功能或者从类库中选取需要的类，再派生出新的类以实现所需要的功能。

有了继承性以后，还可以用把已有的一般性的解加以具体化的办法，来达到软件重用的目的：首先使用抽象的类开发出一般性问题的解，然后在派生类中增加少量代码使一般性的解具体化，从而开发出符合特定应用需要的具体解。

8. 多态性

多态性（polymorphism）一词来源于希腊语，意思是“有许多形态”。在面向对象的软件技术中，多态性是指子类对象可以像父类对象那样使用，同样的消息既可以发送给父类对象也可以发送给子类对象。也就是说，在类等级的不同层次中可以共享（公用）一个行为（方法）的名字，然而不同层次中的每个类却各自按自己的需要来实现这个行为。当对象接收到发送给它的消息时，根据该对象所属于的类动态选用在该类中定义的实现算法。

在C++语言中，多态性是通过虚函数来实现的。在类等级不同层次中可以说明名字、参数特征和返回值类型都相同的虚拟成员函数，而不同层次的类中的虚函数实现算法各不相同。虚函数机制使得程序员能在一个类等级中使用相同函数的多个不同版本，在运行时刻才根据接收消息的对象所属于的类，决定到底执行哪个特定的版本，这称为动态联编，也叫滞后联编。

多态性机制不仅增加了面向对象软件系统的灵活性，进一步减少了信息冗余，而且显著提高了软件的可重用性和可扩充性。当扩充系统功能增加新的实体类型时，只需派生出与新实体类相应的新的子类，并在新派生出的子类中定义符合该类需要的虚函数，完全无须修改原有的程序代码，甚至不需要重新编译原有的程序（仅需编译新派生类的源程序，再与原有程序的.OBJ 文件连接）。

9. 重载

有两种重载（overloading）：函数重载是指在同一作用域内的若干个参数特征不同的函数可以使用相同的函数名字；运算符重载是指同一个运算符可以施加于不同类型的操作数上面。当然，当参数特征不同或被操作数的类型不同时，实现函数的算法或运算符的语义是不相同的。

在 C++语言中函数重载是通过静态联编（也叫先前联编）实现的，也就是在编译时根据函数变元的个数和类型，决定到底使用函数的哪个实现代码；对于重载的运算符，同样是在编译时根据被操作数的类型，决定使用该算符的哪种语义。

重载进一步提高了面向对象系统的灵活性和可读性。

6.5　面向对象建模

众所周知，在解决问题之前必须首先理解所要解决的问题。对问题理解得越透彻，就越容易解决它。当完全、彻底地理解了一个问题的时候，通常就已经解决了这个问题。

为了更好地理解问题，人们常常采用建立问题模型的方法。所谓模型，就是为了理解事物而对事物做出的一种抽象，是对事物的一种无歧义的书面描述。通常，模型由一组图示符号和组织这些符号的规则组成，利用它们来定义和描述问题域中的术语和概念。更进一步讲，模型是一种思考工具，利用这种工具可以把知识规范地表示出来。模型可以帮助我们思考问题、定义术语、在选择术语时做出适当的假设，并且可以帮助我们保持定义和假设的一致性。

为了开发复杂的软件系统，系统分析员应该从不同角度抽象出目标系统的特性，使用精确的表示方法构造系统的模型，验证模型是否满足用户对目标系统的需求，并在设计过程中逐渐把和实现有关的细节加进模型中，直至最终用程序实现模型。对于那些因过分复杂而不能直接理解的系统，特别需要建立模型，目的是为了减少复杂性。人的头脑每次只能处理一定数量的信息，模型通过把系统的重要部分分解成人的头脑一次能处理的若干个子部分,从而减少系统的复杂程度。

在对目标系统进行分析的初始阶段，面对大量模糊的、涉及众多专业领域的、错综复杂的信息，系统分析员往往感到无从下手。模型提供了组织大量信息的一种有效机制。

一旦建立起模型之后，这个模型就要经受用户和各个领域专家的严格审查。由于模型的规范化和系统化，因此，比较容易暴露出系统分析员对目标系统认识的片面性和不一致性。通过审查，往往会发现许多错误，发现错误是正常现象，这些错误可以在成为目标系统中的错误之前，就被预先清除掉。

通常，用户和领域专家可以通过快速建立的原型亲身体验，从而对系统模型进行更有效的审查。模型常常会经过多次必要的修改，通过不断改正错误的或不全面的认识，最终使软件开发人员对问题有了透彻的理解，从而为后续的开发工作奠定了坚实基础。

用面向对象方法成功地开发软件的关键，同样是对问题域的理解。面向对象方法最基本的原则，是按照人们习惯的思维方式，用面向对象观点建立问题域的模型，开发出尽可能自然地表现求解方法的软件。

用面向对象方法开发软件，通常需要建立 3 种形式的模型，它们分别是描述系统数据结构的对象模型，描述系统控制结构的动态模型，描述系统功能的功能模型。这 3 种模型都涉及数据、控制、操作等共同的概念，只不过每种模型描述的侧重点不同。这 3 种模型从 3 个不同但又密切相关的角度模拟目标系统，它们各自从不同侧面反映了系统的实质性内容，综合起来则全面地反映了对目标系统的需求。一个典型的软件系统组合了上述 3 方面内容：它使用数据结构（对象模型），执行操作（动态模型），并且完成数据值的变化（功能模型）。

为了全面地理解问题域，对任何大系统来说，上述 3 种模型都是必不可少的。当然，在不同的应用问题中，这 3 种模型的相对重要程度会有所不同。但是，用面向对象方法开发软件，在任何情况下，对象模型始终都是最重要、最基本、最核心的。在整个开发过程中，3 种模型一直都在发展、完善。在面向对象分析过程中，构造出完全独立于实现的应用域模型；在面向对象设计过程中，把求解域的结构逐渐加入到模型中；在实现阶段，把应用域和求解域的结构都编成程序代码并进行严格的测试验证。

下面分别介绍上述 3 种模型。

6.6 对象模型

对象模型表示静态的、结构化的系统的“数据”性质。它是对模拟客观世界实体的对象以及对象彼此间的关系的映射，描述了系统的静态结构。正如 6.2.1 小节所述，面向对象方法强调围绕对象而不是围绕功能来构造系统。对象模型为建立动态模型和功能模型，提供了实质性的框架。

在建立对象模型时，我们的目标是从客观世界中提炼出对具体应用有价值的概念。为了建立对象模型，需要定义一组图形符号，并且规定一组组织这些符号以表示特定语义的规则。也就是说，需要用适当的建模语言来表达模型，建模语言由记号（即模型中使用的符号）和使用记号的规则（语法、语义和语用）组成。

通常，使用统一建模语言（UML）所提供的类图来建立对象模型。在 UML 中术语“类”的实际含义是，“一个类及属于这个类的对象”。下面简要地介绍 UML 类图。

6.6.1 表示类的符号

类图描述类及类与类之间的静态关系。类图是一种静态模型，它是创建其他 UML 图的基础。一个系统可以由多张类图来描述，一个类也可以出现在几张类图中。

类图不仅定义软件系统中的类，描述类与类之间的关系，它还表示类的内部结构（类的属性和操作）。类图描述的是一种静态关系，它是从静态角度表示系统的，因此，类图建立的是一种静态模型，它在系统的整个生命周期内都是有效的。类图是构建其他图的基础，没有类图就没有状态图等其他图，也就无法表示系统其他方面的特性。

1. 定义类

UML 中类的图形符号为长方形，用两条横线把长方形分成上、中、下 3 个区域（下面两个区域可省略），3 个区域分别放类的名字、属性和操作，如图 6.6 所示。

类名
-属性
+操作()

图 6.6 类的图形符号

类名是一类对象的名字。命名是否恰当对系统的可理解性影响相当大，因此，为类命名时应该遵守以下几条准则。

（1）使用标准术语

应该使用在应用领域中人们习惯的标准术语作为类名，不要随意创造名字。例如，“交通信号灯”比“信号单元”这个名字好，“传送带”比“零件传送设备”好。

（2）使用具有确切含义的名词

尽量使用能表示类的含义的日常用语作名字，不要使用空洞的或含义模糊的词作名字。例如，“库房”比“房屋”或“存物场所”更确切。

（3）必要时用名词短语作名字

为使名字的含义更准确，必要时用形容词加名词或其他形式的名词短语作名字。例如，“最小的领土单元”、“储藏室”、“公司员工”等都是比较恰当的名字。

总之，名字应该是富于描述性的、简洁的而且无二义性的。

2. 定义类的属性

类的属性描述该类对象的共同特征，放在表示类的长方形的中部区域（可省略）。选取属性时应考虑下述原则：

◇ 类的属性应能描述并区分该类的每个对象；

◇ 只有系统需要使用的那些特征才抽取出来作为类的属性；

◇ 系统建模的目的也影响属性的选取。

UML 描述属性的语法格式如下

可见性　属性名：类型名=初值｛性质串｝

其中，属性名和类型名必须有，其他部分根据需要可有可无。

属性的可见性（即可访问性）通常分为 3 种：公有的（public）、私有的（private）和保护的（protected），分别用加号（+）、减号（−）和井号（#）表示。如果在属性名前面没有标注任何符号，则表示该属性的可见性尚未定义。注意，这里没有默认的可见性。属性名和类型名之间用冒号（:）分隔。类型名表示该属性的数据类型，它可以是基本数据类型，如整数、实数、布尔型等，也可以是用户自定义的类型，一般说来，可用的类型由所涉及的程序设计语言决定。

属性的默认值用初值表示，类型名和初值之间用等号隔开。

最后是用花括号括起来的性质串，列出该属性所有可能的取值。枚举类型的属性经常使用性质串，串中每个枚举值之间用逗号分隔。当然，也可以用性质串说明该属性的其他信息，如约束说明｛只读｝表明该属性是只读属性。例如，“发货单”类的属性“管理员”，在 UML 类图中像下面那样描述

−管理员：String=“未定”

类的属性中还可以有一种能被该类所有对象共享的属性，称为类的作用域属性，也称为类变量。C++语言中的静态数据成员就是这样的属性。类变量在类图中表示为带下划线的属性，例如，发货单类的类变量“货单数”，用来统计发货单的总数，在该类所有对象中这个属性的值都是一样的，下面是对这个属性的描述

−货单数：Integer

3. 定义类的操作

操作用于修改、检索类的属性或执行某些动作。操作也称为功能，但是只能作用于该类的对象上。在类图中操作放在表示类的长方形的下部区域内（可省略）。

选取类的操作时应该遵守下述准则：

◇ 操作围绕对类的属性数据所需要做的处理来设置，不设置与这些数据无关的操作；

◇ 只有系统需要使用的那些操作才抽取出来作为类的操作；

◇ 选取操作时应该充分考虑用户的需求。

UML 描述操作的语法格式如下

可见性　操作名（参数表）：返回值类型｛性质串｝

其中，可见性和操作名是不可缺少的。

操作的可见性通常分为公有（用加号表示）和私有（用减号表示）两种，其含义与属性可见性的含义相同。

参数表由若干个参数（用逗号隔开）构成。参数的语法格式如下

参数名：参数类型名=默认值

类也有类作用域操作，在类图中表示为带下划线的操作。这种操作只能存取本类中的类作用域属性。

6.6.2　表示关系的符号

如前所述，类图描述类及类与类之间的关系。定义了类之后就可以定义类与类之间的各种关系了。类与类之间最常见的关系，是关联关系和泛化（即继承）关系。

1. 关联

关联表示两个类的对象之间存在某种语义上的联系，如作家使用计算机，我们就认为在作家和计算机之间存在某种语义连接，因此，在类图中应该在作家类和计算机类之间建立关联关系。

（1）普通关联

普通关联是最常见的关联关系，只要在类与类之间存在连接关系就可以用普通关联表示。

普通关联的图示符号是连接两个类之间的直线，如图 6.7 所示。

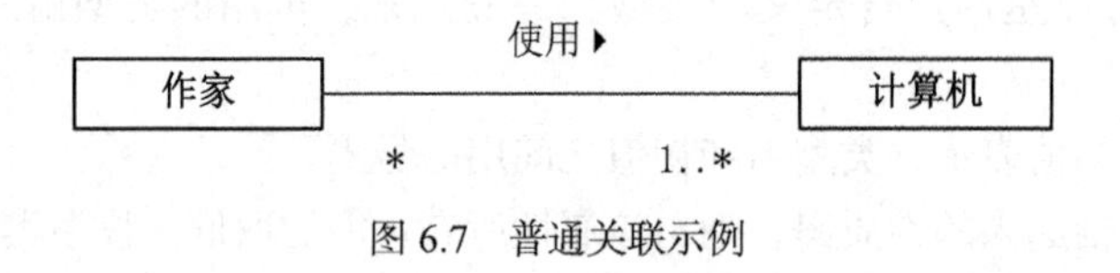

图 6.7　普通关联示例

通常，关联是双向的，可在一个方向上为关联起一个名字，在另一个方向上起另一个名字（也可不起名字）。为避免混淆，在名字前面（或后面）加一个表示关联方向的黑三角。

在表示关联的直线两端可以写上重数（multiplicity），它表示该类有多少个对象与对方的一个对象连接。重数的表示方法通常有：

0.. 1	表示 0 到 1 个对象
0.. *或*	表示 0 到多个对象
1+或 1.. *	表示 1 到多个对象
1.. 15	表示 1 到 15 个对象
3	表示 3 个对象

如果图中未明确标出关联的重数，则默认重数是 1。

图 6.7 表示一个作家可以使用 1 到多台计算机，一台计算机可被 0 至多个作家使用。

（2）关联类

为了说明关联的性质可能需要一些附加信息，可以引入一个关联类来记录这些信息。关联中的每个连接与关联类的一个对象相联系，关联类通过一条虚线与关联连接。例如，图 6.8 所示为一个电梯系统的类模型，队列就是电梯控制器类与电梯类的关联关系上的关联类。从图中可以看出，一个电梯控制器控制着 4 部电梯，这样，控制器和电梯之间的实际连接就有 4 个，每个连接都对应一个队列（对象），每个队列（对象）存储着来自控制器和电梯内部按钮的请求服务信息。电梯控制器通过读取队列信息，选择一个合适的电梯为乘客服务。关联类与一般的类一样，也有属性、操作和关联。

（3）关联的角色

在任何关联中都会涉及参与此关联的对象所扮演的角色（即起的作用），在某些情况下显式标明角色名有助于别人理解类图。例如，图 6.9 所示为一个递归关联（即一个类与它本身有关联关系）的例子。一个人与另一个人结婚，必然一个人扮演丈夫的角色，另一个人扮演妻子的角色。

如果没有显式标出角色名，则意味着用类名作为角色名。

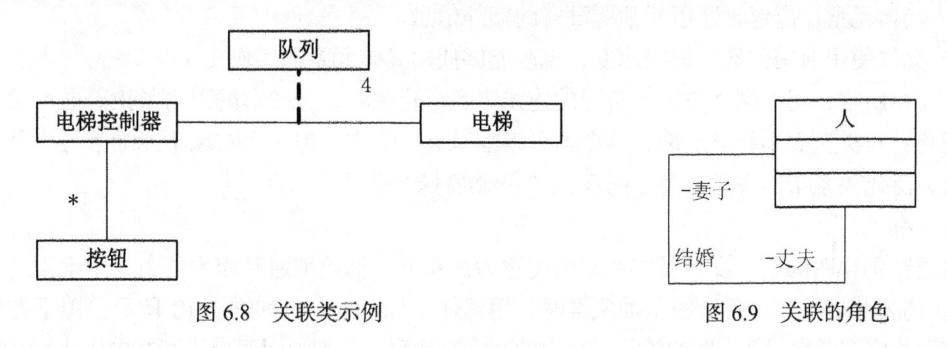

图 6.8　关联类示例　　图 6.9　关联的角色

（4）聚集

聚集也称为聚合，是关联的特例。聚集表示类与类之间的关系是整体与部分的关系。在陈述需求时使用的“包含”、“组成”、“分为……部分”等字句，往往意味着存在聚集关系。除了一般聚集之外，还有两种特殊的聚集关系，分别是共享聚集和组合聚集。

◇ 共享聚集

如果在聚集关系中处于部分方的对象可同时参与多个处于整体方对象的构成，则该聚集称为共享聚集。例如，一个课题组包含许多成员，每个成员又可以是另一个课题组的成员，则课题组和成员之间是共享聚集关系，如图 6.10 所示。一般聚集和共享聚集的图示符号，都是在表示关联关系的直线末端紧挨着整体类的地方画一个空心菱形。

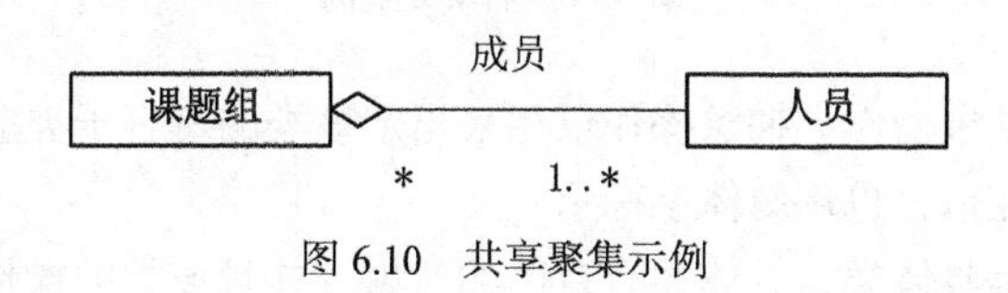

图 6.10　共享聚集示例

◇ 组合

如果部分类完全隶属于整体类，部分与整体共存，整体不存在了部分也会随之消失（或失去存在价值了），则该聚集称为组合聚集（简称为组成）。例如，在屏幕上打开一个窗口，它就由文本框、列表框、按钮和菜单组成。一旦关闭了窗口，各个组成部分也同时消失，窗口和它的组成部分之间存在着组合聚集关系。图 6.11 所示为窗口的组成，从图上可以看出，组成关系用实心菱形表示。

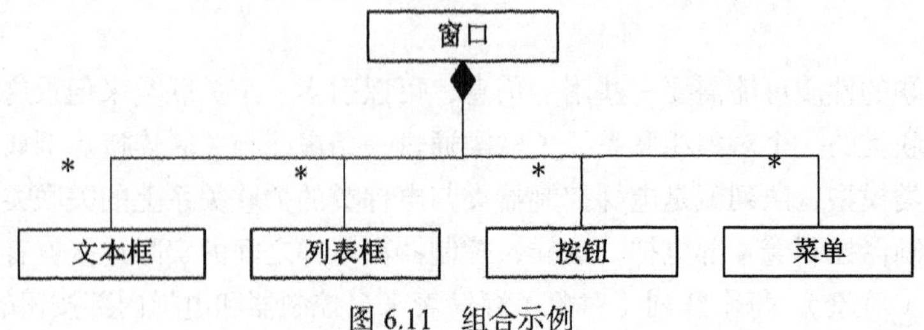

图 6.11　组合示例

2. 泛化

UML 中的泛化关系就是通常所说的继承关系，它是通用元素和具体元素之间的一种分类关系。具体元素完全拥有通用元素的信息，并且还可以附加一些其他信息。UML 对定义泛化关系有下述 3 条要求。

◇ 具体元素应与通用元素完全一致，通用元素具有的属性、操作和关联，具体元素也都隐含地具有。

◇ 具体元素还应包含通用元素所没有的额外信息。

◇ 允许使用通用元素实例的地方，也应能够使用具体元素的实例。

在 UML 中，用一端为空心三角形的连线表示泛化关系，三角形的顶角紧挨着通用元素。注意，泛化针对类型而不针对实例，一个类可以继承另一个类，但一个对象不能继承另一个对象。实际上，泛化关系指出在类与类之间存在“一般/特殊”关系。

（1）继承

需要特别说明的是，没有具体对象的类称为抽象类。抽象类通常作为父类，用于描述其他类（子类）的公共属性和行为。图示抽象类时，用斜体字标示类名，如图 6.12 所示。图下方的两个折角矩形是模型元素“笔记”的符号，其中的文字是注释，分别说明两个子类的操作 drive 的功能。

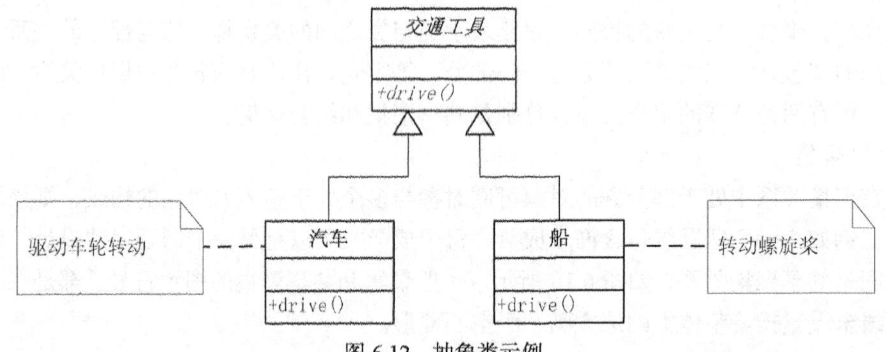

图 6.12　抽象类示例

抽象类通常都具有抽象操作。抽象操作仅用来指定该类的所有子类应具有哪些行为。抽象操作的图示方法与抽象类相似，也用斜体字标示。

与抽象类相反的类是具体类，具体类有自己的对象，并且该类的操作都有具体的实现方法。

图 6.13 所示为一个比较复杂的类图示例，这个例子综合应用了前面讲过的许多概念和图示符号。图 6.13 表明，一幅工程蓝图由许多图形组成，图形可以是直线、圆、多边形或组合图，而多边形由直线组成，组合图由各种线型混合而成。当客户要求画一幅蓝图时，系统便通过蓝图与图形之间的关联（聚集）关系，由图形来完成画图工作，但是图形是抽象类，因此当涉及某种具体图形（如直线、圆等）时，便使用其相应子类中具体实现的 draw 功能完成绘图工作。

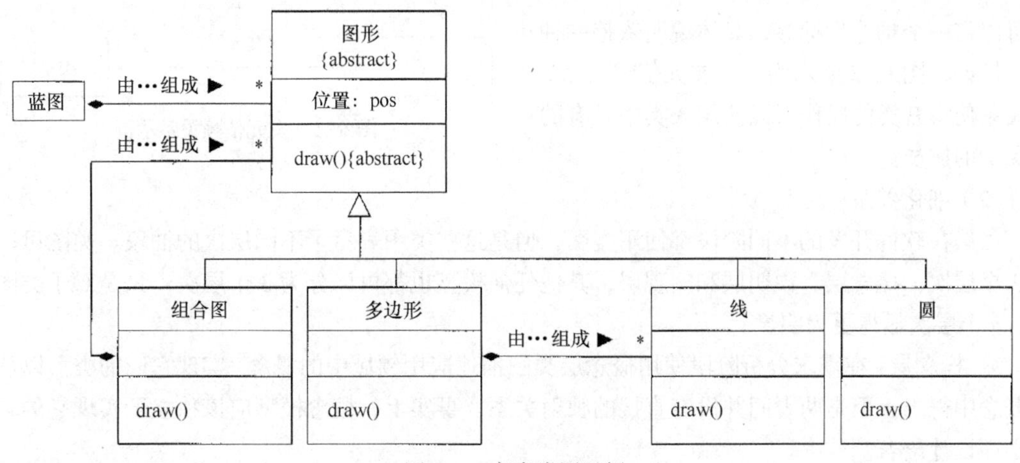

图 6.13　复杂类图示例

（2）多重继承

多重继承指的是一个子类可以同时多次继承同一个上层基类，如图 6.14 中的水陆两用类继承了两次交通工具类。

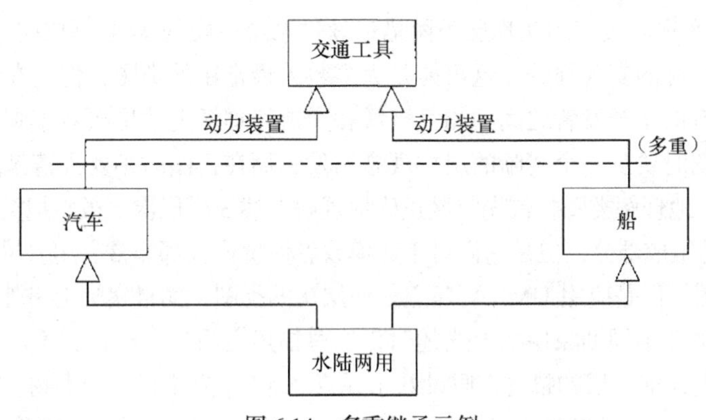

图 6.14　多重继承示例

与多重继承相反的是不相交继承，即一个子类不能多次继承同一个基类（这样的基类相当于 C++ 语言中的虚基类）。如果图中没有指定{多重}约束，则是不相交继承，一般的继承都是不相交继承。

完全继承指的是父类的所有子类都已在类图中穷举出来了，图示符号是指定{完全}约束。非完全继承与完全继承恰好相反，父类的子类并没有都穷举出来，随着对问题理解的深入，可不断补充和维护，这为日后系统的扩充和维护带来很大的方便。非完全继承是一般情况下默认的继承关系。

3. 依赖和细化

（1）依赖关系

依赖关系描述两个模型元素（类、用例等）之间的语义连接关系，其中一个模型元素是独立的，另一个模型元素不是独立的，它依赖于独立的模型元素，如果独立的模型元素改变了，将影响依赖于它的模型元素。例如，一个类使用另一个类的对象作为操作的参数，一个类用另一个类的对象作为它的数据成员，一个类向另一个类发消息等，这样的两个类之间都存在依赖关系。

在 UML 的类图中，用带箭头的虚线连接有依赖关系的两个类，箭头指向独立的类。在虚线上可以带一个构造型标签，具体说明依赖的种类，例如，图6.15所示为一个友元依赖关系，该关系使得B类的操作可以使用A类中私有的或保护的成员。

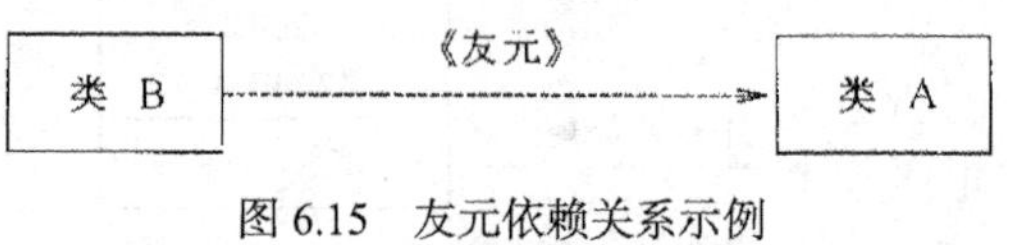

图6.15　友元依赖关系示例

（2）细化关系

虽然在软件开发的不同阶段都使用类图，但是这些类图表示了不同层次的抽象。类图可以分为3个层次：概念层、说明层和实现层，其他任何模型也都可以分为3个层次，只是对于类图来说，3个层次显得更为明显。

◇ 概念层：在需求分析阶段使用概念层类图描述应用领域中的概念。实现它们的类可以从这些概念中得出，但是两者间并没有直接的映射关系。事实上，概念模型应该独立于实现它的软件和程序设计语言。

◇ 说明层：在设计阶段使用说明层类图描述软件的接口部分（类与类之间的接口），而不是描述软件的实现部分。面向对象开发方法非常重视区分接口与实现之间的差异，但在实际应用中却常常忽略了这一差异。这主要是因为面向对象语言中类的概念把接口与实现合在一起了，多数开发方法受语言的影响，也仿效这一作法。现在情况正在发生变化，可以用一个类型描述一个接口，而在实现这个接口时可根据实际情况有多种实现方法。

◇ 实现层：在实现阶段使用实现层类图描述软件系统中类的实现。只有在实现层才真正有类的概念，并描述了软件的实现部分。这可能是大多数人最常用的类图，但是在许多情况下概念层和说明层的类图更有助于开发者之间的相互理解和交流。理解上述层次对于画类图和读懂类图都是至关重要的。画图时要从一个清晰的层次观念出发；而在读图时则要弄清该图是根据哪种层次观点绘制的。要正确地理解类图，首先应该正确地理解上述3个层次。虽然把类图分成3个层次的观点并不是UML的组成部分，但是它们对于建模或者评价模型都非常有用。尽管迄今为止人们似乎更强调实现层类图，但是应用UML可建立任何层次的类图，而且实际上另外两个层次的类图更有用。当对同一事物在不同抽象层次上描述时，这些描述之间具有细化关系。细化是UML中的术语，表示对事物更详细一层的描述。假设两个元素A和B描述同一个事物，它们的区别是抽象层次不同，如果B是在A的基础上的更详细的描述，则称B细化了A，或称A细化成了B。细化的图示符号为由元素B指向元素A的、一端为空心三角的虚线（不是实线），如图6.16所示。细化主要用于模型之间的合作，表示各开发阶段不同抽象层次的模型的相关性，常用于跟踪模型的演变。

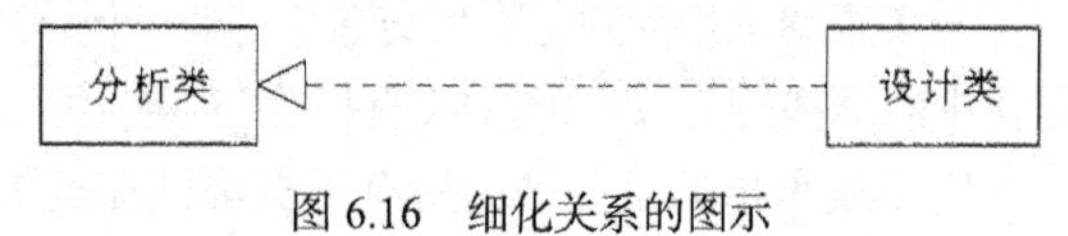

图6.16　细化关系的图示

6.7 动态模型

动态模型表示瞬时的、行为化的系统的“控制”性质，它规定了对象模型中的对象的合法变化序列。

一旦建立起对象模型之后，就需要考察对象的动态行为。所有对象都具有自己的生命周期（或称为运行周期）。对一个对象来说，生命周期由许多阶段组成，在每个特定阶段中，都有适合该对象的一组运行规律和行为规则，用以规范该对象的行为。生命周期中的阶段也就是对象的状态。所谓状态，是对对象属性值的一种抽象。当然，在定义状态时应该忽略那些不影响对象行为的属性。各对象之间相互触发（即作用）就形成了一系列的状态变化。我们把一个触发行为称做一个事件。对象对事件的响应，取决于接受该触发的对象当时所处的状态，响应包括改变自己的状态或者又形成一个新的触发行为。

状态有持续性，它占用一段时间间隔。状态与事件密不可分，一个事件分开两个状态，一个状态隔开两个事件。事件表示时刻，状态代表时间间隔。

通常，用 UML 提供的状态图来描绘对象的状态、触发状态转换的事件以及对象的行为（对事件的响应）。

每个类的动态行为用一张状态图来描绘，各个类的状态图通过共享事件合并起来，从而构成系统的动态模型。也就是说，动态模型是基于事件共享而互相关联的一组状态图的集合。

本书 3.6 节已经介绍过状态图，此处不再赘述。

6.8 功能模型

功能模型表示变化的系统的“功能”性质，它指明了系统应该“做什么”，因此更直接地反映了用户对目标系统的需求。

通常，功能模型由一组数据流图组成。在面向对象方法学中，数据流图远不如在结构分析、设计方法中那样重要。一般说来，与对象模型和动态模型比较起来，数据流图并没有增加新的信息。但是，建立功能模型有助于软件开发人员更深入地理解问题域，改进和完善自己的设计，因此，不能忽视功能模型的作用。

在本书 3.5 节中已经详细讲述了数据流图的符号和画法，此处不再赘述。

UML 提供的用例图也是进行需求分析和建立功能模型的强有力工具。一幅用例图包含的模型元素有系统、行为者、用例以及用例之间的关系。在 UML 中把用用例图建立起来的系统功能模型称为用例模型，其描述的是外部行为者所理解的系统功能。本书 10.2.1 小节将介绍用例图的符号和画法。

6.9 3 种模型之间的关系

面向对象建模技术所建立的 3 种模型，分别从 3 个不同侧面描述了所要开发的系统。这 3 种模型相互补充，相互配合，使得我们对系统的认识更加全面：功能模型指明了系统应该“做什么”；动态模型明确规定了什么时候（即在何种状态下接受了什么事件的触发）做；对象模型则定义了做事情的实体。

在面向对象方法学中，对象模型是最基本最重要的，它为其他两种模型奠定了基础，我们依靠对象模型完成 3 种模型的集成。下面扼要地叙述 3 种模型之间的关系。

① 针对每个类建立的动态模型，描述了类实例的生命周期或运行周期。

② 状态转换驱使行为发生，这些行为在数据流图中被映射成处理，在用例图中被映射成用例，它们同时与类图中的服务相对应。

③ 功能模型中的用例对应于复杂对象提供的服务，简单的用例对应于更基本的对象提供的服务。有时一个用例对应多个服务，也有一个服务对应多个用例的时候。

④ 数据流图中的数据存储，以及数据的源点/终点，通常是对象模型中的对象。

⑤ 数据流图中的数据流，往往是对象模型中对象的属性值，也可能是整个对象。

⑥ 功能模型中的用例可能产生动态模型中的事件。

⑦ 对象模型描述了数据流图中的数据流、数据存储以及数据源点/终点的结构。

小　结

近年来，面向对象方法学日益受到人们的重视，特别是在用这种方法开发大型软件产品时，可以把该产品看做是由一系列本质上相互独立的小产品组成，不仅降低了开发工作的技术难度，而且也使得对开发工作的管理变得比较容易了，因此，对于大型软件产品来说，面向对象范型明显优于结构化范型。此外，使用面向对象范型能够开发出稳定性好、可重用性好和可维护性好的软件。这些都是面向对象方法学的突出优点。

面向对象方法学比较自然地模拟了人类认识客观世界的思维方式，它所追求的目标和遵循的基本原则，就是使描述问题的问题空间和在计算机中解决问题的解空间，在结构上尽可能一致。

面向对象方法学认为，客观世界由对象组成。任何事物都是对象，每个对象都有自己的内部状态和运动规律，不同对象彼此间通过消息相互作用、相互联系，从而构成了我们所要分析和构造的系统。系统中每个对象都属于一个特定的对象类。类是对具有相同属性和行为的一组相似对象的定义。应该按照子类、父类的关系，把众多的类进一步组织成一个层次系统，这样做了之后，如果不加特殊描述，则处于下一层次上的类可以自动继承位于上一层次的类的属性和行为。

用面向对象观点建立系统的模型，能够促进和加深对系统的理解，有助于开发出更容易理解、更容易维护的软件。通常，人们从3个互不相同然而又密切相关的角度建立起3种不同的模型，它们分别是描述系统静态结构的对象模型、描述系统控制结构的动态模型，以及描述系统计算结构的功能模型。其中，对象模型是最基本、最核心、最重要的。

统一建模语言（UML）已成为国际对象管理组织（OMG）最频繁使用的、基于面向对象技术的标准建模语言。通常，使用UML的类图来建立对象模型，使用UML的状态图来建立动态模型，使用数据流图或UML的用例图来建立功能模型。在UML中把用用例图建立起来的系统模型称为用例模型。

本章所讲述的面向对象方法及定义的概念和表示符号，可以适用于整个软件开发过程。软件开发人员无须像用结构分析、设计技术那样，在开发过程的不同阶段转换概念和表示符号。实际上，用面向对象方法开发软件时，阶段的划分是十分模糊的，通常在分析、设计和实现等阶段间多次迭代。喷泉模型是典型的面向对象软件过程模型。

习　题

一、判断题

1. 类是指具有相同或相似性质的对象的抽象，类的具体化就是对象。（　　）

2. 继承性是父类和子类之间共享数据结构和消息的机制，这是类之间的一种关系。（　　）

3. 多态性增强了软件的灵活性和重用性，允许用更为明确、易懂的方式去建立通用软件，多态性和继承性相结合使软件具有更广泛的重用性和可扩充性。（　　）

4. 类的设计过程包括：确定类，确定关联类，确定属性，识别继承关系。（　　）

5. 用面向对象方法开发的软件系统，可维护性好。（　　）

6. 模型是对现实的简化，建模是为了更好地理解所开发的系统。（　　）

7. 多态性防止了程序相互依赖而带来的变动影响。（　　）

8. 类封装比对象封装更具体、更细致。（　　）

9. 面向对象的继承性是子类自动共享父类数据结构和方法的机制。（　　）

二、选择题

1. 汽车有一个发动机，汽车和发动机之间的关系是（　　）关系。

A. 组装　B. 整体部分　C. 分类　D. 一般具体

2.（　　）是把对象的属性和操作结合在一起，构成一个独立的对象，其内部信息对外界是隐藏的，外界只能通过有限的接口与对象发生联系。

A. 多态性　B. 继承　C. 消息　D. 封装

3.（　　）意味着一个操作在不同的类中可以有不同的实现方式。

A. 多继承　B. 多态性　C. 消息　D. 封装

4. 每个对象可用它自己的一组属性和它可以执行的一组（　　）来表征。

A. 操作　B. 功能　C. 行为　D. 数据

5. 应用执行对象的操作可以改变该对象的（　　）。

A. 行为　B. 功能　C. 属性　D. 数据

6. 面向对象的主要特征除了对象唯一性、封装性、继承性外，还有（　　）。

A. 兼容性　B. 完整性　C. 可移植性　D. 多态性

7. 关联是建立（　　）之间关系的一种手段。

A. 对象　B. 类　C. 功能　D. 属性

8. 面向对象软件技术的许多强有力的功能和突出的优点，都来源于把类组织成一个层次结构的系统，一个类的上层可以有父亲，下层可以有子类，这种层次结构系统的一个重要性质是（　　），一个类可获得其父亲的全部描述（数据和操作）。

A. 兼容性　B. 继承性　C. 复用性　D. 多态性

9. 所有的对象可以成为各种对象类，每个对象类都定义了一组（　　）。

A. 说明　B. 类型　C. 过程　D. 方法

10. 通过执行对象的操作改变对象的属性，但它必须通过（　　）的传递。

A. 操作　B. 消息　C. 信息　D. 继承

11. 下列不属于面向对象的要素有（　　）。

A. 继承　B. 抽象　C. 分类性　D. 封装

三、简答题

1. 请阐述面向对象的基本概念。

2. 与面向结构化开发过程相比，为什么面向对象能更真实地反映客观世界？

3. 什么是面向对象技术？面向对象方法的特点是什么？

4. 什么是类？类与传统的数据类型有什么关系？

5. 与传统的软件工程方法相比，面向对象的软件工程方法有哪些优点？

第7章 面向对象分析

不论采用哪种方法开发软件，分析的过程都是提取系统需求的过程。分析工作主要包括 3 项内容，即理解、表达和验证。首先，系统分析员通过与用户及领域专家的充分交流，力求完全理解用户需求和该应用领域中的关键性的背景知识，并用某种无二义性的方式把这种理解表达成文档资料。分析过程得出的最重要的文档资料是软件需求规格说明（在面向对象分析中，主要由对象模型、动态模型和功能模型组成）。

由于问题复杂，而且人与人之间的交流带有随意性和非形式化的特点，上述理解过程通常不能一次就达到理想的效果，因此，还必须进一步验证软件需求规格说明的正确性、完整性和有效性，如果发现了问题则进行修正。显然，需求分析过程是系统分析员与用户及领域专家反复交流和多次修正的过程。也就是说，理解和验证的过程通常交替进行，反复迭代，而且往往需要利用原型系统作为辅助工具。

面向对象分析（OOA）的关键，是识别出问题域内的对象，并分析它们相互间的关系，最终建立起问题域的简洁、精确、可理解的正确模型。在用面向对象观点建立起的 3 种模型中，对象模型是最基本、最重要、最核心的。

7.1 分析过程

7.1.1 概述

面向对象分析，就是抽取和整理用户需求并建立问题域精确模型的过程。

通常，面向对象分析过程从分析陈述用户需求的文件开始。可能由用户（包括出资开发该软件的业主代表及最终用户）单方面写出需求陈述，也可能由系统分析员配合用户，共同写出需求陈述。当软件项目采用招标方式确定开发单位时，“标书”往往可以作为初步的需求陈述。需求陈述通常是不完整、不准确的，而且往往是非正式的。通过分析，可以发现和改正原始陈述中的二义性和不一致性，补充遗漏的内容，从而使需求陈述更完整、更准确。因此，不应该认为需求陈述是一成不变的，而应该把它作为细化和完善实际需求的基础。在分析需求陈述的过程中，系统分析员需要反复多次地与用户协商、讨论、交流信息，还应该调研，了解现有的类似的系统。正如以前多次讲过的，快速建立起一个可在计算机上运行的原型系统，非常有助于分析员和用户之间的交流和理解，从而能更正确地提炼出用户的需求。

接下来，系统分析员应该深入理解用户需求，抽象出目标系统的本质属性，并用模型准确地表示出来。用自然语言书写的需求陈述，通常是有二义性的，内容往往不完整、不一致。分析模型应该成为对问题的精确而又简洁的表示。后续的设计阶段将以分析模型为基础。更重要的是，通过建立分析模型，能够纠正在开发早期对问题域的误解。

在面向对象建模的过程中，系统分析员必须认真向领域专家学习。尤其是建模过程中的分类工作往往有很大难度。继承关系的建立实质上是知识抽取过程，它必须反映出一定深度的领域知识，这不是系统分析员单方面努力所能做到的，必须有领域专家的密切配合才能完成。

在面向对象建模的过程中，还应该仔细研究以前针对相同的或类似的问题域进行面向对象分析所得到的结果。由于面向对象分析结果的稳定性和可重用性，这些结果在当前项目中往往有许多是可以重用的。

7.1.2　3 个子模型与 5 个层次

正如本书 6.5 节所述，面向对象建模得到的模型包含系统的 3 个要素，即静态结构（对象模型）、交互次序（动态模型）和数据变换（功能模型）。解决的问题不同，这 3 个子模型的重要程度也不同：几乎解决任何一个问题，都需要从客观世界实体及实体间相互关系抽象出极有价值的对象模型；当问题涉及交互作用和时序时（如用户界面及过程控制等），动态模型是重要的；解决运算量很大的问题时（如高级语言编译、科学与工程计算等），则涉及重要的功能模型。动态模型和功能模型中都包含了对象模型中的操作（即服务或方法）。

复杂问题（大型系统）的对象模型通常由下述 5 个层次组成：主题层（也称为范畴层）、类与对象层、结构层、属性层和服务层，如图 7.1 所示。

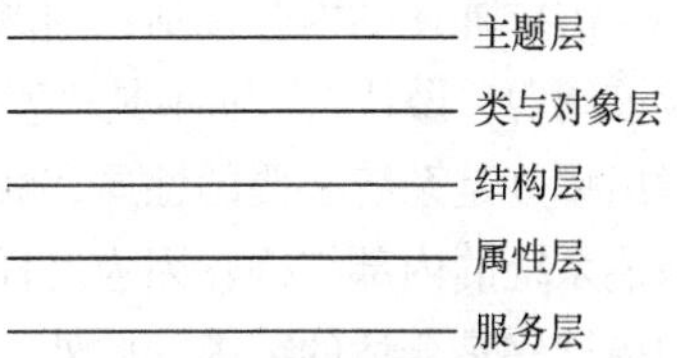

这 5 个层次很像叠在一起的 5 张透明塑料片，它们一层比一层显现出对象模型的更多细节。在概念上，这 5 个层次是整个模型的 5 张水平切片。

主题层
类与对象层
结构层
属性层
服务层

图 7.1　复杂问题的对象模型的 5 个层次

在本书第 6 章中已经讲述了类与对象（即 UML 的“类”）、结构（即类或对象之间的关系）、属性和服务的概念，现在再简要地介绍一下主题（或范畴）的概念。主题是指导读者（包括系统分析员、软件设计人员、领域专家、管理人员、用户等，总之，“读者”泛指所有需要读懂系统模型的人）理解大型、复杂模型的一种机制。也就是说，通过划分主题，把一个大型、复杂的对象模型分解成几个不同的概念范畴。心理研究表明，人类的短期记忆能力一般限于一次记忆 5～9 个对象，这就是著名的 7±2 原则。面向对象分析从下述两个方面来体现这条原则：控制可见性和指导读者的注意力。

首先，面向对象分析通过控制读者能见到的层次数目来控制可见性。其次，面向对象分析增加了一个主题层，它可以从一个相当高的层次描述总体模型，并对读者的注意力加以指导。上述 5 个层次对应着在面向对象分析过程中建立对象模型的 5 项主要活动：划分主题；找出类与对象；识别结构；识别主题；定义属性；定义服务。必须强调指出的是，我们说的是“5 项活动”，而没有说 5 个步骤。事实上，这 5 项工作完全没有必要顺序完成，也无须彻底完成一项工作以后再开始另外一项工作。虽然这 5 项活动的抽象层次不同，但是在进行面向对象分析时并不需要严格遵守自顶向下的原则。人们往往喜欢先在一个较高的抽象层次上工作，如果在思考过程中突然想到一个具体事物，就会把注意力转移到深入分析发掘这个具体领域，然后又返回到原先所在的较高的抽象层次。例如，分析员找出一个类与对象，想到在这个类中应该包含的一个服务，于是把这个服务的名字写在服务层，然后又返回到类与对象层，继续寻找问题域中的另一个类与对象。

通常在完整地定义每个类中的服务之前，需要先建立起动态模型和功能模型，通过对这两种模型的研究，能够更正确、更合理地确定每个类应该提供哪些服务。

综上所述，在概念上可以认为，面向对象分析大体上按照下列顺序进行：寻找类与对象，识别结构，识别主题，定义属性，建立动态模型，建立功能模型，定义服务。但是，正如前面已经多次强调指出过的，分析不可能严格地按照预定顺序进行，大型、复杂系统的模型需要反复构造多遍才能建成。通常，先构造出模型的子集，然后再逐渐扩充，直到完全、充分地理解了整个问题，才能最终把模型建立起来。

分析也不是一个机械的过程。大多数需求陈述都缺乏必要的信息，所缺少的信息主要从用户和领域专家那里获取，同时也需要从分析员对问题域的背景知识中提取。在分析过程中，系统分析员必须与领域专家及用户反复交流，以便澄清二义性，改正错误的概念，补足缺少的信息。面向对象建立的系统模型，尽管在最终完成之前还是不准确、不完整的，但对做到准确、无歧义的交流仍然是大有益处的。

7.2 需求陈述

7.2.1 书写要点

需求陈述的内容包括：问题范围，功能需求，性能需求，应用环境及假设条件等。需求陈述应该阐明“做什么”而不是“怎样做”。它应该描述用户的需求而不是提出解决问题的方法。应该指出哪些是系统必要的性质，哪些是任选的性质。应该避免对设计策略施加过多的约束，也不要描述系统的内部结构，因为这样做将限制实现的灵活性。对系统性能及系统与外界环境交互协议的描述，是合适的需求。此外，对采用的软件工程标准、模块构造准则、将来可能做的扩充以及可维护性要求等方面的描述，也都是适当的需求。

书写需求陈述时，要尽力做到语法正确，而且应该慎重选用名词、动词、形容词和同义词。不少用户书写的需求陈述，都把实际需求和设计决策混为一谈。系统分析员必须把需求与实现策略区分开，后者是一类伪需求，分析员至少应该认识到它们不是问题域的本质性质。需求陈述可简可繁。对人们熟悉的传统问题的陈述，可能相当详细，相反，对陌生领域项目的需求，开始时可能写不出具体细节。

绝大多数需求陈述都是有二义性的、不完整的，甚至不一致的。某些需求有明显错误，还有一些需求虽然表述得很准确，但它们对系统行为存在不良影响或者实现起来造价太高。另外一些需求初看起来很合理，但却并没有真正反映用户的需要。应该看到，需求陈述仅仅是理解用户需求的出发点，它并不是一成不变的文档。不能指望没有经过全面、深入分析的需求陈述是完整、准确、有效的。随后进行的面向对象分析的目的，就是全面深入地理解问题域和用户的真实需求，建立起问题域的精确模型。

系统分析员必须与用户及领域专家密切配合、协同工作，共同提炼和整理用户需求。在这个过程中，很可能需要快速建立起原型系统，以便与用户更有效地交流。

7.2.2 例子

图7.2所示的自动取款机（ATM）系统，是本书讲述面向对象分析和面向对象设计时使用的实例。

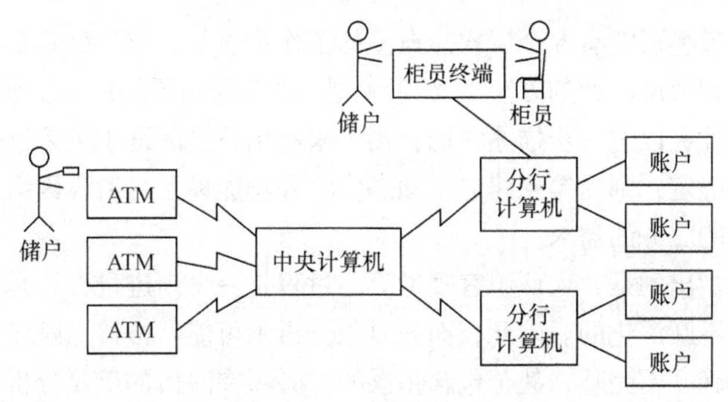

图 7.2　ATM 系统

下面陈述对 ATM 系统的需求。

某银行拟开发一个自动取款机系统，它是一个由自动取款机、中央计算机、分行计算机及柜员终端组成的网络系统。ATM 和中央计算机由总行投资购买。总行拥有多台 ATM，分别设在全市各主要街道上。分行负责提供分行计算机和柜员终端。柜员终端设在分行营业厅及分行下属的各个储蓄所内。该系统的软件开发成本由各个分行分摊。

银行柜员使用柜员终端处理储户提交的储蓄事务。储户可以用现金或支票向自己拥有的某个账户内存款或开新账户。储户也可以从自己的账户中取款。通常，一个储户可能拥有多个账户。柜员负责把储户提交的存款或取款事务输进柜员终端，接收储户交来的现金或支票，或付给储户现金。柜员终端与相应的分行计算机通信，分行计算机具体处理针对某个账户的事务并且维护账户。

拥有银行账户的储户有权申请领取现金兑换卡。使用现金兑换卡可以通过 ATM 访问自己的账户。目前仅限于用现金兑换卡在 ATM 上提取现金（即取款），或查询有关自己账户的信息（如某个指定账户上的余额）。将来可能还要求使用 ATM 办理转账、存款等事务。所谓现金兑换卡就是一张特制的磁卡，上面有分行代码和卡号。分行代码唯一标识总行下属的一个分行，卡号确定了这张卡可以访问哪些账户。通常，一张卡可以访问储户的若干个账户，但是不一定能访问这个储户的全部账户。每张现金兑换卡仅属于一个储户所有，但是，同一张卡可能有多个副本，因此，必须考虑同时在若干台 ATM 上使用同样的现金兑换卡的可能性。也就是说，系统应该能够处理并发的访问。

当用户把现金兑换卡插入 ATM 之后，ATM 就与用户交互，以获取有关这次事务的信息，并与中央计算机交换关于事务的信息。首先，ATM 要求用户输入密码，接下来 ATM 把从这张卡上读到的信息以及用户输入的密码传给中央计算机，请求中央计算机核对这些信息并处理这次事务。中央计算机根据卡上的分行代码确定这次事务与分行的对应关系，并且委托相应的分行计算机验证用户密码。如果用户输入的密码是正确的，ATM 就要求用户选择事务类型（取款、查询等）。当用户选择取款时，ATM 请求用户输入取款额。最后，ATM 从现金出口吐出现金，并且打印出账单交给用户。

7.3　建立对象模型

面向对象分析首要的工作，是建立问题域的对象模型。这个模型描述了现实世界中的“类与对象”以及它们之间的关系，表示了目标系统的静态数据结构。静态数据结构对应用细节依赖较少，比较容易确定。当用户的需求变化时，静态数据结构相对来说比较稳定。因此，用面向对象方法开发绝大多数软件时，都首先建立对象模型，然后再建立另外两个子模型。

需求陈述、应用领域的专业知识以及关于客观世界的常识，是建立对象模型时的主要信息来源。

如前所述，对象模型通常有5个层次。典型的工作步骤是：首先确定对象类和关联（因为它们影响系统整体结构和解决问题的方法），对于大型、复杂问题还要进一步划分出若干个主题；然后给类和关联增添属性，以进一步描述它们；接下来利用适当的继承关系进一步合并和组织类。而对类中操作的最后确定，则需等到建立了动态模型和功能模型之后，因为这两个子模型更准确地描述了对类中提供的服务的需求。

应该再一次强调指出的是，人认识客观世界的过程是一个渐进过程，是在继承前人知识的基础上，经反复迭代而不断深化的。因此，面向对象分析不可能严格按照顺序线性进行。初始的分析模型通常都是不准确、不完整，甚至包含错误的，必须在随后的反复分析中加以扩充和更正。此外，在面向对象分析的每一步，都应该仔细分析研究以前针对相同的或类似的问题域进行面向对象分析所得到的结果，并尽可能在本项目中重用这些结果。以后在讲述面向对象分析的具体过程时，对上述内容将不再赘述。

7.3.1 确定类与对象

类与对象是在问题域中客观存在的，系统分析员的主要任务，就是通过分析找出这些类与对象。首先，找出所有候选的类与对象；然后，从候选的类与对象中筛选掉不正确的或不必要的。

1. 找出候选的类与对象

对象是对问题域中有意义的事物的抽象，它们既可能是物理实体，也可能是抽象概念。具体地说，大多数客观事物可分为下述5类。

① 可感知的物理实体，例如，飞机、汽车、书和房屋等。

② 人或组织的角色，例如，医生、教师、雇主、雇员、计算机系和财务处等。

③ 应该记忆的事件，例如，飞行、演出、访问和交通事故等。

④ 两个或多个对象的相互作用，通常具有交易或接触的性质，如购买、纳税、结婚等。

⑤ 需要说明的概念，如保险政策、版权法等。

在分析所面临的问题时，可以参照上列5类常见事物，找出在当前问题域中的候选类与对象。另一种更简单的分析方法，是所谓的非正式分析。这种分析方法以用自然语言书写的需求陈述为依据，把陈述中的名词作为类与对象的候选者，用形容词作为确定属性的线索，把动词作为服务（操作）的候选者。当然，用这种简单方法确定的候选者是非常不准确的，其中往往包含大量不正确的或不必要的事物，还必须经过更进一步的严格筛选。通常，非正式分析是更详细、更精确的正式的面向对象分析的一个很好的开端。

下面以ATM系统为例，说明非正式分析过程。认真阅读7.2.2小节给出的需求陈述，从陈述中找出下列名词，可以把它们作为类与对象的初步的候选者。

银行，自动取款机（ATM），系统，中央计算机，分行计算机，柜员终端，网络，总行，分行，软件，成本，市，街道，营业厅，储蓄所，柜员，储户，现金，支票，账户，事务，现金兑换卡，余额，磁卡，分行代码，卡号，用户，副本，信息，密码，类型，取款额，账单，访问。

通常，在需求陈述中不会一个不漏地写出问题域中所有有关的类与对象。因此，分析员应该根据领域知识或常识进一步把隐含的类与对象提取出来。例如，在ATM系统的需求陈述中虽然没写“通信链路”和“事务日志”，但是，根据领域知识和常识可以知道，在ATM系统中应该包含这两个实体。

2. 筛选出正确的类与对象

显然，仅通过一个简单、机械的过程不可能正确地完成分析工作。非正式分析仅仅帮助我们找到一些候选的类与对象，接下来应该严格考察每个候选对象，从中去掉不正确的或不必要的，仅保留确实应该记录其信息或需要其提供服务的那些对象。筛选时主要依据下列标准，删除不正确或不必要的类与对象。

（1）冗余：如果两个类表达了同样的信息，则应该保留在此问题域中最富于描述力的名称。

以 ATM 系统为例，上面用非正式分析法得出了 34 个候选的类，其中储户与用户，现金兑换卡与磁卡及副本分别描述了相同的两类信息，因此，应该去掉"用户"、"磁卡"、"副本"等冗余的类，仅保留"储户"和"现金兑换卡"这两个类。

（2）无关：现实世界中存在许多对象，不能把它们都纳入到系统中去，仅需要把与本问题密切相关的类与对象放进目标系统中。有些类在其他问题中可能很重要，但与当前要解决的问题无关，同样也应该把它们删掉。

以 ATM 系统为例，这个系统并不处理分摊软件开发成本的问题，而且 ATM 和柜员终端放置的地点与本软件的关系也不大，因此，应该去掉候选类"成本"、"市"、"街道"、"营业厅"和"储蓄所"。

（3）笼统：在需求陈述中常常使用一些笼统的、泛指的名词，虽然在初步分析时把它们作为候选的类与对象列出来了，但是，要么系统无须记忆有关它们的信息，要么在需求陈述中有更明确更具体的名词对应它们所暗示的事务，因此，通常把这些笼统的或模糊的类去掉。

以 ATM 系统为例，"银行"实际指总行或分行，"访问"在这里实际指事务，"信息"的具体内容在需求陈述中随后就指明了。此外还有一些笼统含糊的名词。总之，在本例中应该去掉"银行"、"网络"、"系统"、"软件"、"信息"、"访问"等候选类。

（4）属性：在需求陈述中有些名词实际上描述的是其他对象的属性，应该把这些名词从候选类与对象中去掉。当然，如果某个性质具有很强的独立性，则应把它作为类而不是作为属性。

在 ATM 系统的例子中，"现金"、"支票"、"取款额"、"账单"、"余额"、"分行代码"、"卡号"、"密码"、"类型"等，实际上都应该作为属性对待。

（5）操作：在需求陈述中有时可能使用一些既可作为名词，又可作为动词的词，应该慎重考虑它们在本问题中的含义，以便正确地决定把它们作为类还是作为类中定义的操作。

例如，谈到电话时通常把"拨号"当作动词，当构造电话模型时确实应该把它作为一个操作，而不是一个类。但是，在开发电话的自动记账系统时，"拨号"需要有自己的属性（例如日期、时间、受话地点等），因此应该把它作为一个类。总之，本身具有属性需独立存在的操作，应该作为类与对象。

（6）实现：在分析阶段不应该过早地考虑怎样实现目标系统。因此，应该去掉仅和实现有关的候选的类与对象。在设计和实现阶段，这些类与对象可能是重要的，但在分析阶段过早地考虑它们反而会分散我们的注意力。

在 ATM 系统的例子中，"事务日志"无非是对一系列事务的记录，它的确切表示方式是面向对象设计的议题；"通信链路"在逻辑上是一种联系，在系统实现时它是关联类的物理实现。总之，应该暂时去掉"事务日志"和"通信链路"这两个类，在设计或实现时再考虑它们。

综上所述，在 ATM 系统的例子中，经过初步筛选，剩下下列类与对象：ATM、中央计算机、分行计算机、柜员终端、总行、分行、柜员、储户、账户、事务和现金兑换卡。

7.3.2 确定关联

多数人习惯于在初步分析确定了问题域中的类与对象之后，接下来就分析确定类与对象之间存在的关联关系。当然，这样的工作顺序并不是绝对必要的。由于在整个开发过程中面向对象概念和表示符号的一致性，分析员在选取自己习惯的工作方式时拥有相当大的灵活性。如前所述，两个或多个对象之间的相互依赖、相互作用的关系就是关联。分析确定关联，能促使分析员考虑问题域的边缘情况，有助于发现那些尚未被发现的类与对象。在分析确定关联的过程中，不必花过多的精力去区分关联和聚集。事实上，聚集不过是一种特殊的关联，是关联的一个特例。

1. 初步确定关联

在需求陈述中使用的描述性动词或动词词组，通常表示关联关系。因此，在初步确定关联时，大多数关联可以通过直接提取需求陈述中的动词词组而得出。通过分析需求陈述，还能发现一些在陈述中隐含的关联。最后，分析员还应该与用户及领域专家讨论问题域实体间的相互依赖、相互作用关系，根据领域知识再进一步补充一些关联。

以ATM系统为例，经过分析初步确定出下列关联。

（1）直接提取动词短语得出的关联

◇ ATM、中央计算机、分行计算机及柜员终端组成网络。

◇ 总行拥有多台ATM。

◇ ATM设在主要街道上。

◇ 分行提供分行计算机和柜员终端。

◇ 柜员终端设在分行营业厅及储蓄所内。

◇ 分行分摊软件开发成本。

◇ 储户拥有账户。

◇ 分行计算机处理针对账户的事务。

◇ 分行计算机维护账户。

◇ 柜员终端与分行计算机通信。

◇ 柜员输入针对账户的事务。

◇ ATM与中央计算机交换关于事务的信息。

◇ 中央计算机确定事务与分行的对应关系。

◇ ATM读现金兑换卡。

◇ ATM与用户交互。

◇ ATM吐出现金。

◇ ATM打印账单。

◇ 系统处理并发的访问。

（2）需求陈述中隐含的关联

◇ 总行由各个分行组成。

◇ 分行保管账户。

◇ 总行拥有中央计算机。

◇ 系统维护事务日志。

◇ 系统提供必要的安全性。

◇ 储户拥有现金兑换卡。

（3）根据问题域知识得出的关联

◇ 现金兑换卡访问账户。

◇ 分行雇用柜员。

2. 筛选

经初步分析得出的关联只能作为候选的关联，还需经过进一步筛选，以去掉不正确的或不必要的关联。筛选时主要根据下述标准删除候选的关联。

（1）已删去的类之间的关联。如果在分析确定类与对象的过程中已经删掉了某个候选类，则与这个类有关的关联也应该删去，或用其他类重新表达这个关联。

以 ATM 系统为例，由于已经删去了“系统”、“网络”、“市”、“街道”、“成本”、“软件”、“事务日志”、“现金”、“营业厅”、“储蓄所”和“账单”等候选类，因此，与这些类有关的下列 8 个关联也应该删去。

◇ ATM、中央计算机、分行计算机及柜员终端组成网络。

◇ ATM 设在主要街道上。

◇ 分行分摊软件开发成本。

◇ 系统提供必要的安全性。

◇ 系统维护事务日志。

◇ ATM 吐出现金。

◇ ATM 打印账单。

◇ 柜员终端设在分行营业厅及储蓄所内。

（2）与问题无关的或应在实现阶段考虑的关联。应该把处在本问题域之外的关联或与实现密切相关的关联删去。

例如，在 ATM 系统的例子中，“系统处理并发的访问”并没有标明对象之间的新关联，它只不过提醒我们在实现阶段需要使用实现并发访问的算法，以处理并发事务。

（3）瞬时事件。关联应该描述问题域的静态结构，而不应该是一个瞬时事件。

以 ATM 系统为例，“ATM 读现金兑换卡”描述了 ATM 与用户交互周期中的一个动作，它并不是 ATM 与现金兑换卡之间的固有关系，因此应该删去。类似地，还应该删去“ATM 与用户交互”这个候选的关联。

如果用动作表述的需求隐含了问题域的某种基本结构，则应该用适当的动词词组重新表示这个关联。例如，在 ATM 系统的需求陈述中，“中央计算机确定事务与分行的对应关系”隐含了结构上“中央计算机与分行通信”的关系。

（4）三元关联。3 个或 3 个以上对象之间的关联，大多可以分解为二元关联或用词组描述成限定的关联。

在 ATM 系统的例子中，“柜员输入针对账户的事务”可以分解成“柜员输入事务”和“事务修改账户”这样两个二元关联。而“分行计算机处理针对账户的事务”也可以做类似的分解。

“ATM 与中央计算机交换关于事务的信息”这个候选的关联，实际上隐含了“ATM 与中央计算机通信”和“在 ATM 上输入事务”这两个二元关联。

（5）派生关联应该去掉那些可以用其他关联定义的冗余关联。例如，在 ATM 系统的例子中，“总行拥有多台 ATM”实质上是“总行拥有中央计算机”和“ATM 与中央计算机通信”这两个关联组合的结果。而“分行计算机维护账户”的实际含义是，“分行保管账户”和“事务修改账户”。

3. 进一步完善

应该进一步完善经筛选后余下的关联，通常从下述几个方面进行改进。

（1）正名。好的名字是帮助读者理解的关键因素之一，因此，应该仔细选择含义更明确的名字作为关联名。

例如，“分行提供分行计算机和柜员终端”不如改为“分行拥有分行计算机”和“分行拥有柜员终端”。

（2）分解。为了能够适用于不同的关联，必要时应该分解以前确定的类与对象。

例如，在ATM系统中，应该把“事务”分解成“远程事务”和“柜员事务”。

（3）补充发现了遗漏的关联就应该及时补上。例如，在ATM系统中把“事务”分解成上述两类之后，需要补充“柜员输入柜员事务”、“柜员事务输进柜员终端”、“在ATM上输入远程事务”和“远程事务由现金兑换卡授权”等关联。

（4）标明重数。应该初步判定各个关联的类型，并粗略地确定关联的重数。但是，无须为此花费过多精力，因为在分析过程中随着认识的逐渐深入，重数也会经常改动。

图7.3所示为经上述分析过程之后得出的ATM系统原始的类图。

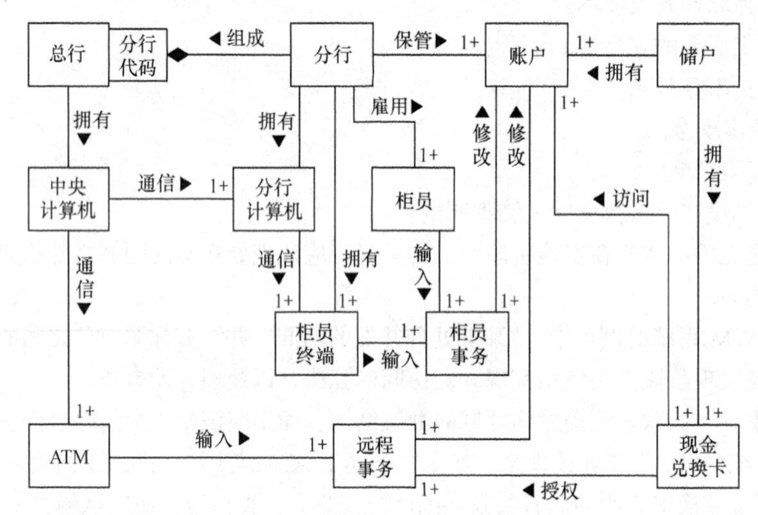

图7.3　ATM系统原始的类图

7.3.3 划分主题

在开发大型、复杂系统的过程中，为了降低复杂程度，人们习惯于把系统再进一步划分成几个不同的主题，也就是在概念上把系统包含的内容分解成若干个范畴。

在开发很小的系统时，可能根本无须引入主题层；对于含有较多对象的系统，则往往先识别出类与对象和关联，然后划分主题，并用它作为指导开发者和用户观察整个模型的一种机制；对于规模极大的系统，则首先由高级分析员粗略地识别对象和关联，然后初步划分主题，经进一步分析，对系统结构有更深入的了解之后，再进一步修改和精炼主题。

应该按问题领域而不是用功能分解方法来确定主题。此外，应该按照使不同主题内的对象相互间依赖和交互最少的原则来确定主题。

以ATM系统为例，可以把它划分成总行（包含总行和中央计算机这两个类）、分行（包含分行、分行计算机、柜员终端、柜员事务、柜员、账户等类）和ATM（包含ATM、远程事务、现金兑换卡和储户等类）等3个主题。事实上，我们描述的是一个简化的ATM系统，为了简单起见，在下面讨论这个例子时将忽略主题层。

7.3.4 确定属性

属性是对象的性质，借助于属性我们能对类与对象和结构有更深入更具体的认识。注意，在分析阶段不要用属性来表示对象间的关系，使用关联能够表示两个对象间的任何关系，而且能把关系表示得更清晰、更醒目。

一般说来，确定属性的过程包括分析和选择两个步骤。

1. 分析

通常，在需求陈述中用名词词组表示属性，如“汽车的颜色”或“光标的位置”。往往用形容词表示可枚举的具体属性，如“红色的”、“打开的”。但是，不可能在需求陈述中找到所有属性，分析员还必须借助于领域知识和常识才能分析得出需要的属性。幸运的是，属性对问题域的基本结构影响很小。随着时间的推移，问题域中的类始终保持稳定，属性却可能改变了，相应地，类中方法的复杂程度也将改变。

属性的确定既与问题域有关，也和目标系统的任务有关。应该仅考虑与具体应用直接相关的属性，不要考虑那些超出所要解决的问题范围的属性。在分析过程中应该首先找出最重要的属性，以后再逐渐把其余属性增添进去。在分析阶段不要考虑那些纯粹用于实现的属性。

2. 选择

认真考察经初步分析而确定下来的那些属性，从中删掉不正确的或不必要的属性。通常有以下几种常见情况。

（1）误把对象当作属性。如果某个实体的独立存在比它的值更重要，则应把它作为一个对象而不是对象的属性。在具体应用领域中具有自身性质的实体，必然是对象。同一个实体在不同应用领域中，到底应该作为对象还是属性，需要具体分析才能确定。例如，在邮政目录中，“城市”是一个属性，而在人口普查中却应该把“城市”当作对象。

（2）误把关联类的属性当作一般对象的属性。如果某个性质依赖于某个关联链的存在，则该性质是关联类的属性，在分析阶段不应该把它作为一般对象的属性。特别是在多对多关联中，关联类属性很明显，即使是在以后的开发阶段中，也不能把它归并成相互关联的两个对象中任一个的属性。

（3）把限定误当成属性。正如 9.4.2 小节所述，正确使用限定词往往可以减少关联的重数。如果把某个属性值固定下来以后能减少关联的重数，则应该考虑把这个属性重新表述成一个限定词。在 ATM 系统的例子中，“分行代码”、“账号”、“雇员号”、“站号”等都是限定词。

（4）误把内部状态当成了属性。如果某个性质是对象的非公开的内部状态，则应该从对象模型中删掉这个属性。

（5）过于细化在分析阶段应该忽略那些对大多数操作都没有影响的属性。

（6）存在不一致的属性。类应该是简单而且一致的。如果得出一些看起来与其他属性毫不相关的属性，则应该考虑把该类分解成两个不同的类。

经过筛选之后，得到 ATM 系统中各个类的属性，如图 7.4 所示。图中还标出了一些限定词。

◇“卡号”实际上是一个限定词。在研究卡号含义的过程中，发现以前在分析确定关联的过程中遗漏了“分行发放现金兑换卡”这个关联，现在把这个关联补上，卡号是这个关联上的限定词。

◇“分行代码”是关联“分行组成总行”上的限定词。

◇“账号”是关联“分行保管账户”上的限定词。

◇“雇员号”是“分行雇用柜员”上的限定词。

◇“站号”是“分行拥有柜员终端”、“柜员终端与分行计算机通信”及“中央计算机与 ATM 通信”等三个关联上的限定词。

应该说明的是，我们讨论的 ATM 系统是一个经过简化后的例子，而不是一个完整的实际应用系统，因此，图 7.4 中所示的属性较实际应用系统中的属性少。

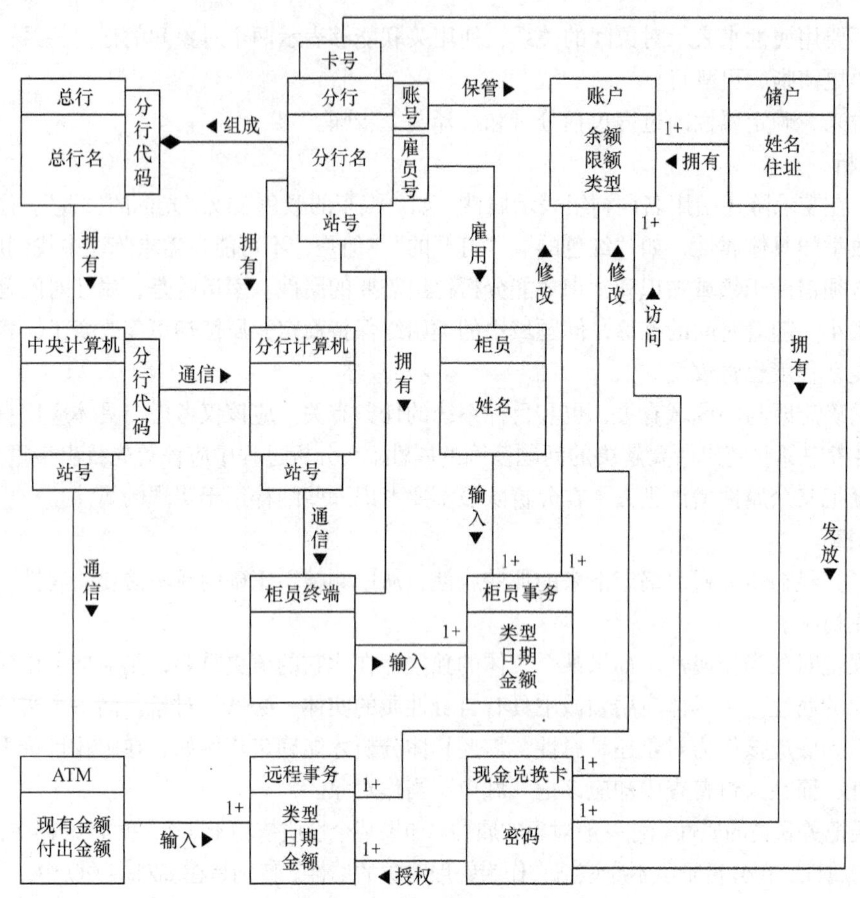

图 7.4 ATM 系统对象模型中的属性

7.3.5 识别继承关系

确定了类中应该定义的属性之后，就可以利用继承机制共享公共性质，并对系统中众多的类加以组织。正如以前曾经强调指出过的，继承关系的建立实质上是知识抽取过程，它应该反映出一定深度的领域知识，因此，必须有领域专家密切配合才能完成。通常，许多归纳关系都是根据客观世界现有的分类模式建立起来的，只要可能，就应该使用现有的概念。一般说来，可以使用两种方式建立继承（即泛化）关系。

① 自底向上：抽象出现有类的共同性质泛化出父类，这个过程实质上模拟了人类归纳思维过程。例如，在 ATM 系统中，“远程事务”和“柜员事务”是类似的，可以泛化出父类“事务”；类似地，可以从“ATM”和“柜员终端”泛化出父类“输入站”。

② 自顶向下：把现有类细化成更具体的子类，这模拟了人类的演绎思维过程。从应用域中常常能明显看出应该做的自顶向下的具体化工作。例如，带有形容词修饰的名词词组往往暗示了一些具体类。但是，在分析阶段应该避免过度细化。

利用多重继承可以提高共享程度，但是同时也增加了概念上以及实现时的复杂程度。使用多重继承机制时，通常应该指定一个主要父类，从它继承大部分属性和行为，次要父类只补充一些属性和行为。

图 7.5 所示为增加了继承关系之后的 ATM 对象模型。

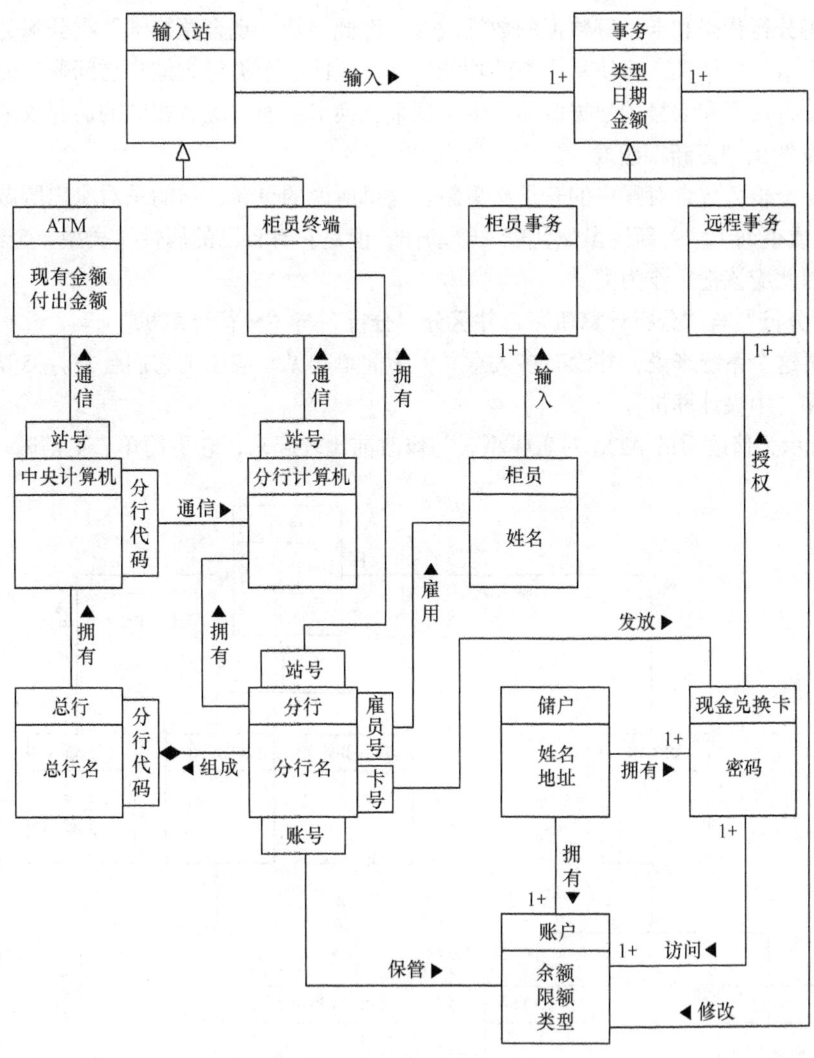

图 7.5　带有继承关系的 ATM 对象模型

7.3.6　反复修改

仅仅经过一次建模过程很难得到完全正确的对象模型。事实上，软件开发过程就是一个多次反复修改、逐步完善的过程。在建模的任何一个步骤中，如果发现了模型的缺陷，都必须返回到前期阶段进行修改。由于面向对象的概念和符号在整个开发过程中都是一致的，因此远比使用结构分析、设计技术更容易实现反复修改、逐步完善的过程。

实际上，有些细化工作（如定义服务）是在建立了动态模型和功能模型之后才进行的。在实际工作中，建模的步骤并不一定严格按照前面讲述的次序进行。分析员可以合并几个步骤的工作放在一起完成，也可以按照自己的习惯交换前述各项工作的次序，还可以先初步完成几项工作，再返回来加以完善。但是，如果你是初次接触面向对象方法，则最好先按本书所述次序，尝试用面向对象方法，开发几个较小的系统，取得一些实践经验后，再总结出更适合自己的工作方式。

下面以 ATM 系统为例，讨论可能做的修改。

1. 分解“现金兑换卡”类

实际上，“现金兑换卡”有两个相对独立的功能，它既是鉴别储户使用 ATM 的权限的卡，又是 ATM 获得分行代码和卡号等数据的数据载体。因此，把“现金兑换卡”类分解为“卡权限”和“现金兑换卡”两个类，将使每个类的功能更单一：前一个类标志储户访问账户的权限，后一个类是含有分行代码和卡号的数据载体。多张现金兑换卡可能对应着相同的访问权限。

2. “事务”由“更新”组成

通常，一个事务包含对账户的若干次更新。这里所说的更新，指的是对账户所做的一个动作（取款、存款或查询）。“更新”虽然代表一个动作，但是它有自己的属性（类型、金额等），应该独立存在，因此应该把它作为类。

3. 把“分行”与“分行计算机”合并区分“分行”与“分行计算机”

对于分析这个系统来说，并没有多大意义，为简单起见，应该把它们合并。类似地，应该合并“总行”和“中央计算机”。

图 7.6 所示为修改后的 ATM 对象模型，与修改前比较起来，它更简单、更清晰。

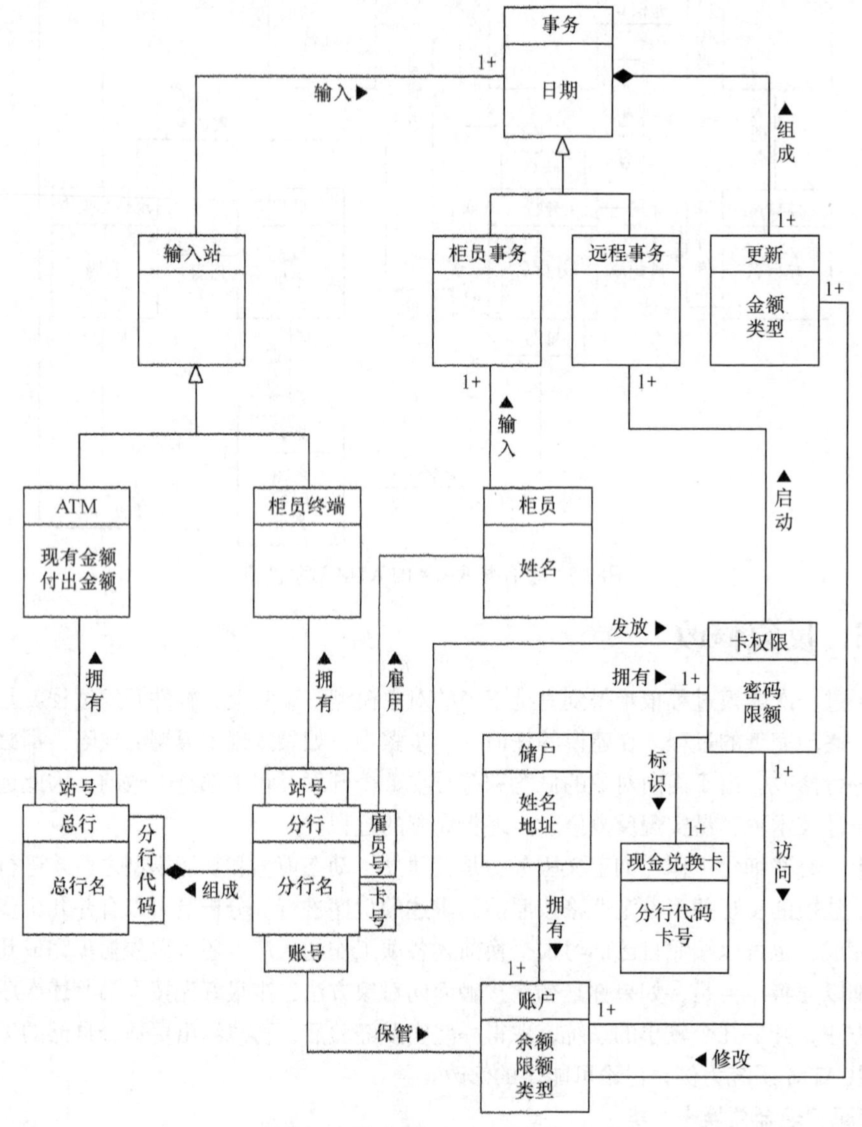

图 7.6　修改后的 ATM 对象模型

7.4　建立动态模型

本书 3.6 节和 6.7 节已经介绍了动态模型的概念和表示方法，本节结合 ATM 系统之例，进一步讲述建立动态模型的方法。

对于仅存储静态数据的系统（例如数据库）来说，动态模型并没有什么意义。然而在开发交互式系统时，动态模型却起着很重要的作用。如果收集输入信息是目标系统的一项主要工作，则在开发这类应用系统时建立正确的动态模型是至关重要的。

建立动态模型的第 1 步，编写典型交互行为的脚本。虽然脚本中不可能包括每个偶然事件，但是，至少必须保证不遗漏常见的交互行为。第 2 步，从脚本中提取出事件，确定触发每个事件的动作对象以及接受事件的目标对象。第 3 步，排列事件发生的次序，确定每个对象可能有的状态及状态间的转换关系，并用状态图描绘它们。第 4 步，比较各个对象的状态图，检查它们之间的一致性，确保事件之间的匹配。

7.4.1　编写脚本

“脚本”原意指“表演戏曲、话剧，拍摄电影、电视剧等所依据的本子，里面记载台词、故事情节等”。在建立动态模型的过程中，脚本是指系统在某一执行期间内出现的一系列事件。脚本描述用户（或其他外部设备）与目标系统之间的一个或多个典型的交互过程，以便对目标系统的行为有更具体的认识。编写脚本的目的，是保证不遗漏重要的交互步骤，它有助于确保整个交互过程的正确性和清晰性。

脚本描写的范围并不是固定的，既可以包括系统中发生的全部事件，也可以只包括由某些特定对象触发的事件。脚本描写的范围主要由编写脚本的具体目的决定。

即使在需求陈述中已经描写了完整的交互过程，也还需要花很大精力构思交互的形式。例如，ATM 系统的需求陈述里，虽然表明了应从储户那里获取有关事务的信息，但并没有准确说明获取信息的具体过程，对动作次序的要求也是模糊的。因此，编写脚本的过程，实质上就是分析用户对系统交互行为的要求的过程。在编写脚本的过程中，需要与用户充分交换意见，编写后还应该经过他们审查与修改。

编写脚本时，首先编写正常情况的脚本。然后，考虑特殊情况，如输入或输出的数据为最大值（或最小值）。最后，考虑出错情况，如输入的值为非法值或响应失败。对大多数交互式系统来说，出错处理都是最难实现的部分。如果可能，应该允许用户“异常中止”一个操作或“取消”一个操作。此外，还应该提供诸如“帮助”和状态查询之类的在基本交互行为之上的“通用”交互行为。

脚本描述事件序列。每当系统中的对象与用户（或其他外部设备）交换信息时，就发生一个事件。所交换的信息值就是该事件的参数（例如，“输入密码”事件的参数是所输入的密码）。也有许多事件是无参数的，这样的事件仅传递一个信息——该事件已经发生了。

对于每个事件，都应该指明触发该事件的动作对象（例如，系统、用户或其他外部事物）、接受事件的目标对象以及该事件的参数。

表 7.1 和表 7.2 分别给出了 ATM 系统的正常情况脚本和异常情况脚本。

表 7.1　　ATM 系统的正常情况脚本

ATM 请储户插卡；储户插入一张现金兑换卡
ATM 接受该卡并读它上面的分行代码和卡号
ATM 要求储户输入密码；储户输入自己的密码“1234”等数字
ATM 请求总行验证卡号和密码；总行要求“39”号分行核对储户密码，然后通知 ATM 说这张卡有效
ATM 要求储户选择事务类型（取款、转账、查询等）；储户选择“取款”
ATM 要求储户输入取款额；储户输入“880”
ATM 确认取款额在预先规定的限额内，然后要求总行处理这个事务；总行把请求转给分行，该分行成功地处理完这项事务并返回该账户的新余额
ATM 吐出现金并请储户拿走这些现金；储户拿走现金
ATM 问储户是否继续这项事务；储户回答“不”
ATM 打印账单，退出现金兑换卡，请储户拿走它们；储户取走账单和卡
ATM 请储户插卡

表 7.2　　ATM 系统的异常情况脚本

ATM 请储户插卡；储户插入一张现金兑换卡
ATM 接受这张卡并顺序读它上面的数字
ATM 要求密码；储户误输入“8888”
ATM 请求总行验证输入的数字和密码；总行在向有关分行咨询之后拒绝这张卡
ATM 显示“密码错”，并请储户重新输入密码；储户输入“1234”；ATM 请总行验证后知道这次输入的密码正确
ATM 请储户选择事务类型；储户选择“取款”
ATM 询问取款额；储户改变主意不想取款了，他敲“取消”键
ATM 退出现金兑换卡，并请储户拿走它；储户拿走他的卡
ATM 请储户插卡

7.4.2　设想用户界面

大多数交互行为都可以分为应用逻辑和用户界面两部分。通常，系统分析员首先集中精力考虑系统的信息流和控制流，而不是首先考虑用户界面。事实上，采用不同界面（例如，命令行或图形用户界面），可以实现同样的程序逻辑。应用逻辑是内在的、本质的内容，用户界面是外在的表现形式。动态模型着重表示应用系统的控制逻辑。

但是，用户界面的美观程度、方便程度、易学程度以及效率等，是用户使用系统时最先感受到的，用户对系统的“第一印象”往往从界面得来，用户界面的好坏往往对用户是否喜欢、是否接受一个系统起很重要的作用。因此，在分析阶段也不能完全忽略用户界面。在这个阶段用户界面的细节并不太重要，重要的是在这种界面下的信息交换方式。我们的目的是确保能够完成全部必要的信息交换，而不会丢失重要的信息。

不经过实际使用很难评价一个用户界面的优劣，因此，软件开发人员往往快速地建立起用户界面的原型，供用户试用与评价。

图 7.7 所示为初步设想出的 ATM 界面格式。

图 7.7　ATM 的界面格式

7.4.3　画事件跟踪图

完整、正确的脚本为建立动态模型奠定了必要的基础。但是，用自然语言书写的脚本往往不够简明，而且有时在阅读时会有二义性。为了有助于建立动态模型，通常在画状态图之前先画出事件跟踪图。为此首先需要进一步明确事件及事件与对象的关系。

1. 确定事件

应该仔细分析每个脚本，以便从中提取出所有外部事件。事件包括系统与用户（或外部设备）交互的所有信号、输入、输出、中断、动作等。从脚本中容易找出正常事件，但是，应该小心仔细，不要遗漏了异常事件和出错条件。

传递信息的对象的动作也是事件。例如，储户插入现金兑换卡、储户输入密码、ATM 吐出现金等都是事件。大多数对象到对象的交互行为都对应着事件。

应该把对控制流产生相同效果的那些事件组合在一起作为一类事件，并给它们取一个唯一的名字。例如，“吐出现金”是一个事件类，尽管这类事件中的每个个别事件的参数值不同（吐出的现金数额不同），然而这并不影响控制流。但是，应该把对控制流有不同影响的那些事件区分开来，不要误把它们组合在一起。例如“账户有效”、“账户无效”、“密码错”等都是不同的事件。一般说来，不同应用系统对相同事件的响应并不相同，因此，在最终分类所有事件之前，必须先画出状态图。如果从状态图中看出某些事件之间的差异对系统行为并没有影响，则可以忽略这些事件间的差异。

经过分析，应该区分出每类事件的发送对象和接受对象。一类事件相对它的发送对象来说是输出事件，但是相对它的接受对象来说则是输入事件。有时一个对象把事件发送给自己，在这种情况下，该事件既是输出事件又是输入事件。

2. 画出事件跟踪图

从脚本中提取出各类事件并确定了每类事件的发送对象和接受对象之后，就可以用事件跟踪图把事件序列以及事件与对象的关系，形象而清晰地表示出来。事件跟踪图实质上是扩充的脚本，而且可以把它看做是简化的 UML 顺序图。

在事件跟踪图中，一条竖线代表一个对象，每个事件用一条水平的箭头线表示，箭头方向从事件的发送对象指向接受对象。时间从上向下递增，也就是说，画在最上面的水平箭头线代表最先发生的事件，画在最下面的水平箭头线所代表的事件最晚发生。箭头线之间的间距并没有具体含义，图中仅用箭头线在垂直方向上的相对位置表示事件发生的先后，并不表示两个事件之间的精确时间差。

图 7.8 所示为 ATM 系统正常情况下脚本的事件跟踪图。

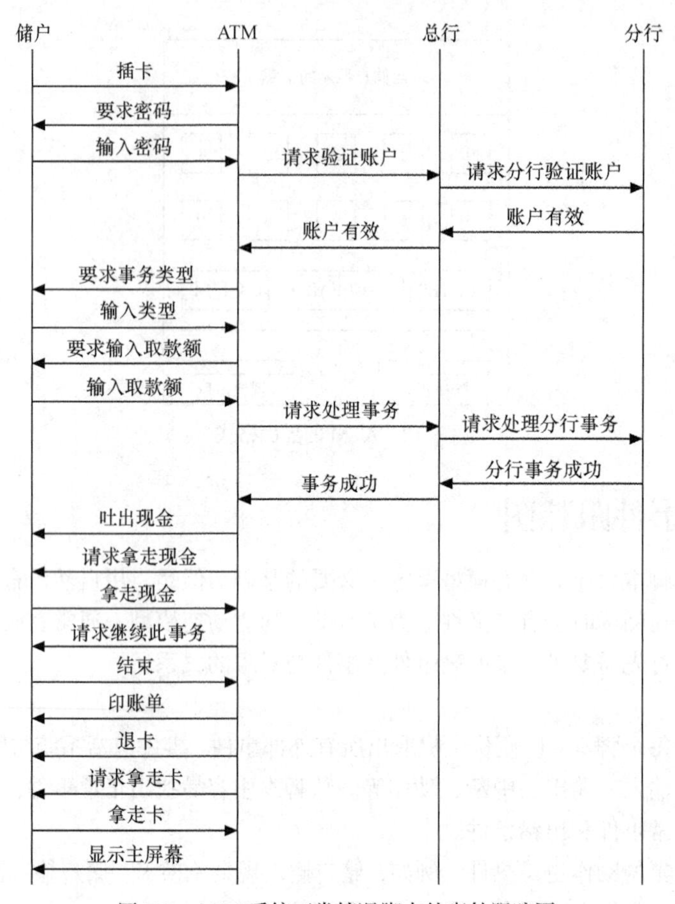

图 7.8　ATM 系统正常情况脚本的事件跟踪图

7.4.4　画状态图

状态图描绘事件与对象状态的关系。当对象接受了一个事件以后，它的下一个状态取决于当前状态及所接受的事件。由事件引起的状态改变称为“转换”。如果一个事件并不引起当前状态发生转换，则可忽略这个事件。

通常，用一张状态图描绘一类对象的行为，它确定了由事件序列引出的状态序列。但是，也不是任何一个类都需要有一张状态图描绘它的行为。很多对象仅响应与过去历史无关的那些输入事件，或者把历史作为不影响控制流的参数。对于这类对象来说，状态图是不必要的。系统分析员应该集中精力仅考虑具有重要交互行为的那些类。

从一张事件跟踪图出发画状态图时，应该集中精力仅考虑影响一类对象的事件，也就是说，仅考虑事件跟踪图中指向某条竖线的那些箭头线。把这些事件作为状态图中的有向边（即箭头线），边上标以事件名。两个事件之间的间隔就是一个状态。一般说来，如果同一个对象对相同事件的响应不同，则这个对象处在不同状态。应该尽量给每个状态取个有意义的名字。通常，从事件跟踪图中当前考虑的竖线射出的箭头线，是这条竖线代表的对象达到某个状态时所做的行为（往往是引起另一类对象状态转换的事件）。

根据一张事件跟踪图画出状态图之后，再把其他脚本的事件跟踪图合并到已画出的状态图中。为此需在事件跟踪图中找出以前考虑过的脚本的分支点（例如“验证账户”就是一个分支点，因为验证的结果可能是“账户有效”，也可能是“无效账户”），然后把其他脚本中的事件序列并入已有的状态图中，作为一条可选的路径。

考虑完正常事件之后再考虑边界情况和特殊情况，其中包括在不适当时候发生的事件（如系统正在处理某个事务时，用户要求取消该事务）。有时用户（或外部设备）不能作出快速响应，然而某些资源又必须及时收回，于是在一定间隔后就产生了“超时”事件。对用户出错情况往往需要花费很多精力处理，并且会使原来清晰、紧凑的程序结构变得复杂、烦琐，但是，出错处理是不能省略的。

当状态图覆盖了所有脚本，包含了影响某类对象状态的全部事件时，该类的状态图就构造出来了。利用这张状态图可能会发现一些遗漏的情况。测试完整性和出错处理能力的最好方法，是设想各种可能出现的情况，多问几个“如果……，则……”的问题。

以ATM系统为例。“ATM”、“柜员终端”、“总行”和“分行”都是主动对象，它们相互发送事件；而“现金兑换卡”、“事务”和“账户”是被动对象，并不发送事件。“储户”和“柜员”虽然也是动作对象，但是，它们都是系统外部的因素，无须在系统内实现它们。因此，只需要考虑“ATM”、“总行”“柜员终端”和“分行”的状态图。

图7.9、图7.10和图7.11分别为“ATM”、“总行”和“分行”的状态图。由于“柜员终端”的状态图和“ATM”的状态图类似，为节省篇幅把它省略了。这些状态图都是简化的，尤其对异常情况和出错情况的考虑是相当粗略的（如图7.9并没有表示在网络通信链路不通时的系统行为。实际上，在这种情况下，ATM停止处理储户事务）。

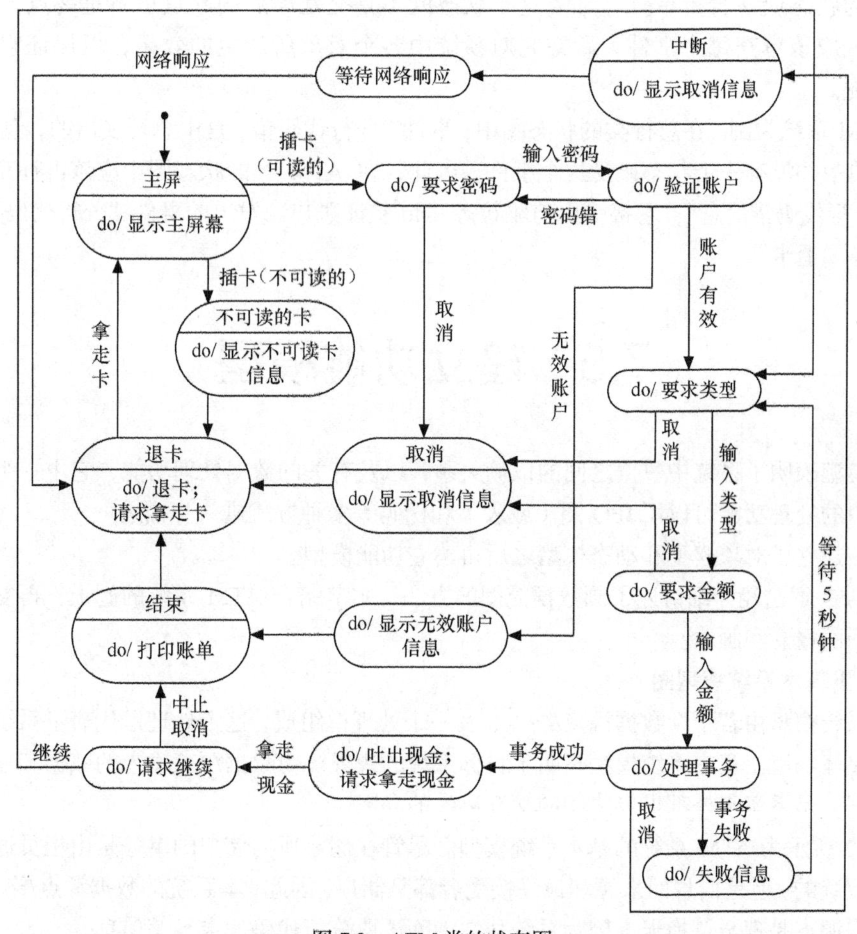

图7.9　ATM类的状态图

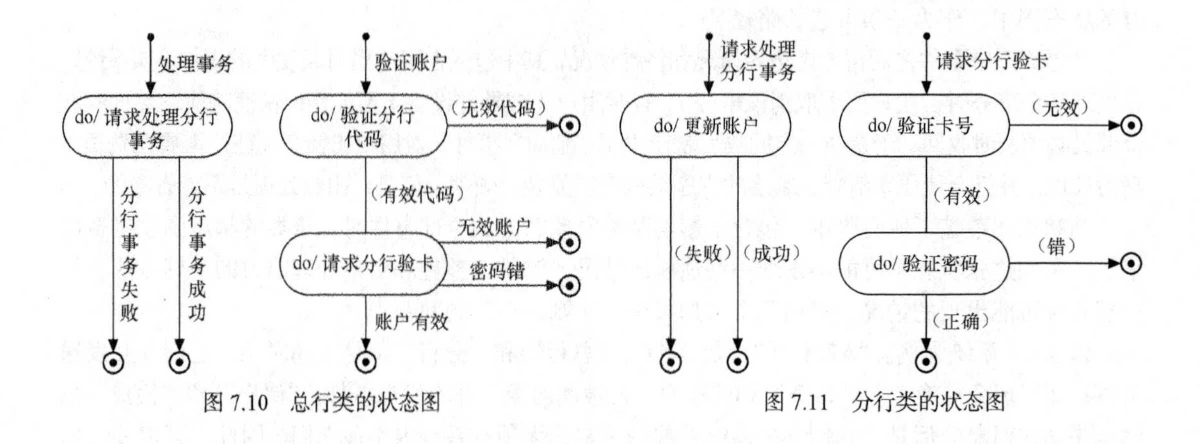

图 7.10　总行类的状态图　　　　图 7.11　分行类的状态图

7.4.5　审查动态模型

各个类的状态图通过共享事件合并起来，构成了系统的动态模型。在完成了每个具有重要交互行为的类的状态图之后，应该检查系统级的完整性和一致性。一般来说，每个事件都应该既有发送对象又有接受对象。当然，有时发送者和接受者是同一个对象。对于没有前驱或没有后继的状态应该着重审查，如果这个状态既不是交互序列的起点也不是终点，则发现了一个错误。应该审查每个事件，跟踪它对系统中各个对象所产生的效果，以保证它们与每个脚本都匹配。

以 ATM 系统为例。在总行类的状态图中，事件“分行代码错”是由总行发出的，但是在 ATM 类的状态图中并没有一个状态接受这个事件。因此，在 ATM 类的状态图中应该再补充一个状态“do/显示分行代码错信息”，它接受由前驱状态“do/验证账户”发出的事件“分行代码错”，它的后续状态是“退卡”。

7.5　建立功能模型

功能模型表明了系统中数据之间的依赖关系，以及有关的数据处理功能，它由一组数据流图组成。其中的处理功能可以用 IPO 图（或表）和伪码等多种方式进一步描述。

通常在建立了对象模型和动态模型之后再建立功能模型。

本书第 3 章已经详细讲述了画数据流图的方法，本节结合 ATM 系统的例子，再复习一遍有关数据流图的概念和画法。

1. 画出基本系统模型图

基本系统模型由若干个数据源点/终点，及一个处理框组成，这个处理框代表了系统加工和变换数据的整体功能。基本系统模型指明了目标系统的边界。由数据源点输入的数据和输出到数据终点的数据，是系统与外部世界之间的交互事件的参数。

图 7.12 所示为 ATM 系统的基本系统模型。尽管在储蓄所内储户的事务是由柜员通过柜员终端提交给系统的，但是信息的来源和最终接受者都是储户，因此，本系统的数据源点/终点为储户。另一个数据源点是现金兑换卡，因为系统从它上面读取分行代码、卡号等信息。

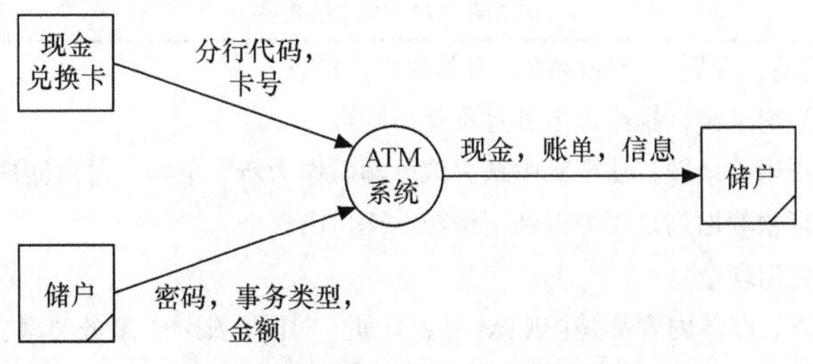

图 7.12　ATM 系统的基本系统模型

2. 画出功能级数据流图

把基本系统模型中单一的处理框分解成若干个处理框，以描述系统加工、变换数据的基本功能，就得到功能级数据流图。

ATM 系统的功能级数据流图如图 7.13 所示。

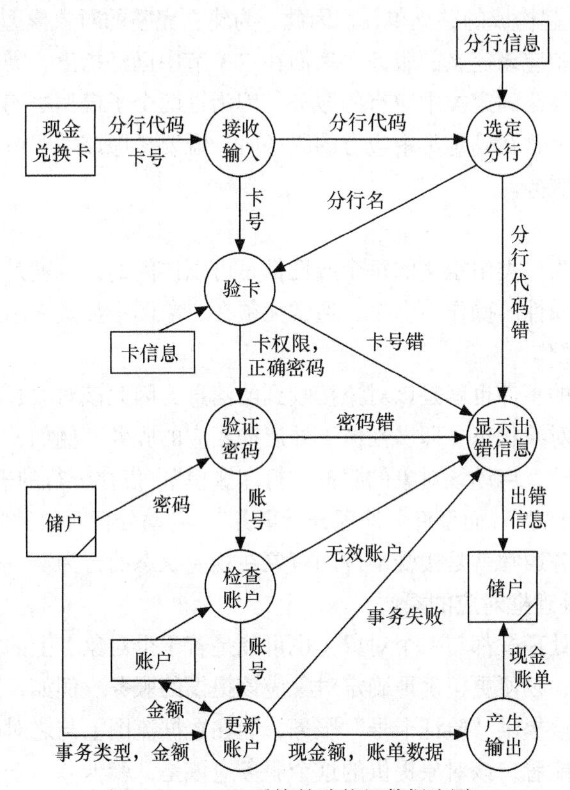

图 7.13　ATM 系统的功能级数据流图

3. 描述处理框功能

把数据流图分解细化到一定程度之后，就应该描述图中各个处理框的功能。应该注意的是，要着重描述每个处理框所代表的功能，而不是实现功能的具体算法。

描述既可以是说明性的，也可以是过程性的。说明性描述规定了输入值和输出值之间的关系，以及输出值应遵循的规律。过程性描述则通过算法说明“做什么”。一般来说，说明性描述优于过程性描述，因为这类描述中通常不会隐含具体实现方面的考虑。

ATM 系统数据流图中大多数处理框的功能都比较简单。作为一个例子，表 7.3 给出了对“更新账户”这个处理功能的描述。

表 7.3 对更新账户功能的描述

更新账户（账号，事务类型，金额）→现金额，账单数据，信息
◇ 如果取款额超过账户当前余额，拒绝该事务且不付出现金
◇ 如果取款额不超过账户当前余额，从余额中减去取款额后作为新的余额，付出储户要取的现金
◇ 如果事务是存款，把存款额加到余额中得到新余额，不付出现金
◇ 如果事务是查询，不付出现金
◇ 在上述任何一种情况下，账单内容都是：ATM 号、日期、时间、账号、事务类型、事务金额（如果有的话）和新余额

7.6 定义服务

正如本书 6.4 节指出的那样，“对象”是由描述其属性的数据，以及可以对这些数据施加的操作（即服务），封装在一起构成的独立单元。因此，为建立完整的对象模型，既要确定类中应该定义的属性，又要确定类中应该定义的服务。然而在 7.3 节中已经指出，需要等到建立了动态模型和功能模型之后，才能最终确定类中应有的服务，因为这两个子模型更明确地描述了每个类中应该提供哪些服务。事实上，在确定类中应有的服务时，既要考虑该类实体的常规行为，又要考虑在本系统中特殊需要的服务。

1. 常规行为

在分析阶段可以认为，类中定义的每个属性都是可以访问的，也就是说，假设在每个类中都定义了读、写该类每个属性的操作。但是，通常无须在对象图中显式表示这些常规操作。

2. 从事件导出的操作

状态图中发往对象的事件也就是该对象接收到的消息，因此该对象必须有由消息选择符指定的操作，这个操作修改对象状态（即属性值）并启动相应的服务。例如，在 ATM 系统中，发往 ATM 对象的事件“中止”，启动该对象的服务“打印账单”；发往分行的事件“请分行验卡”，启动该对象的服务“验证卡号”；而事件“处理分行事务”，启动分行对象的服务“更新账户”。可以看出，所启动的这些服务通常就是接受事件的对象在相应状态的行为。

3. 与数据流图中处理框对应的操作

数据流图中的每个处理框都与一个对象（也可能是若干个对象）上的操作相对应。应该仔细对照状态图和数据流图，以便更正确地确定对象应该提供的服务。例如，在 ATM 系统中，从状态图上看出分行对象应该提供“验证卡号”服务，而在数据流图上与之对应的处理框是“验卡”，根据实际应该完成的功能看，该对象提供的这个服务应该是“验卡”。

4. 利用继承减少冗余操作

应该尽量利用继承机制以减少所需定义的服务数目。只要不违背领域知识和常识，就尽量抽取出相似类的公共属性和操作，以建立这些类的新父类，并在类等级的不同层次中正确地定义各个服务。

7.7 面向对象分析实例

本章前面各节已经结合 ATM 系统之例详细地讲述了面向对象分析方法，本节再通过一个实际例子进一步讲述面向对象分析方法和步骤。

7.7.1 需求陈述

我们将要讨论的是电梯的控制问题，下面给出对这个问题的描述。

在一幢有 m 层楼的大厦中需要一套控制 n 部电梯的产品，要求这 n 部电梯根据下列约束条件在楼层间移动。

C1：每部电梯有 m 个按钮，每个按钮代表一个楼层。当按下一个按钮时该按钮指示灯亮，同时电梯驶向相应的楼层，当到达由按钮指定的楼层时指示灯熄灭。

C2：除了大厦的最低层和最高层之外，每层楼都有两个按钮分别指示电梯上行和下行。当这两个按钮之一被按下时相应的指示灯亮，当电梯到达此楼层时灯熄灭，电梯向要求的方向移动。

C3：当电梯无升降动作时，关门并停在当前楼层。

7.7.2 建立对象模型

面向对象分析的第1步是构造对象模型。在这个步骤中将抽象出类和它的属性，并用对象模型图描绘类与对象及它们彼此之间的关系。类所提供的服务将在面向对象分析后期或面向对象设计阶段再确定下来。

为了抽象出问题域中包含的类，可以用下述3个过程产生候选类，并对所得到的结果加以精化。

1. 精确地定义问题

应该尽可能简洁地定义所需要的产品，最好只用一句话来描述目标系统，如对电梯系统可以像下面那样描述。

在一个 m 层楼的大厦里，用每层楼的按钮和电梯内的按钮来控制 n 部电梯的移动。

2. 提出非形式化策略

为了提出一种解决上述问题的非形式化策略，必须确定问题的约束条件。在7.7.1小节中已经对电梯问题提出了3种约束。最好能用一小段文字把非形式化策略清楚地表达出来，对电梯问题来说，解决问题的非形式化策略可表达如下。

在一幢有 m 层楼的大厦里，用电梯内的和每个楼层的按钮来控制 n 部电梯的运动。当按下电梯按钮以请求在某一指定楼层停下时，按钮指示灯亮；当请求获得满足时，指示灯熄灭。当电梯无升降操作时，关门并停在当前楼层。

3. 把策略形式化

在以上这段描述非形式化策略的文字中，共有8个不同的名词：按钮、电梯、楼层、运动、大厦、指示灯、请求和门。这些名词所代表的事物可作为类的初步候选者。其中，楼层和大厦是处于问题边界之外的，因此可以忽略；运动、指示灯、请求和门可以作为其他类的属性。例如，指示灯（的状态）可作为按钮类的属性，门（的状态）可作为电梯类的属性。经过上述筛选后只剩下两个候选类，即电梯和按钮。

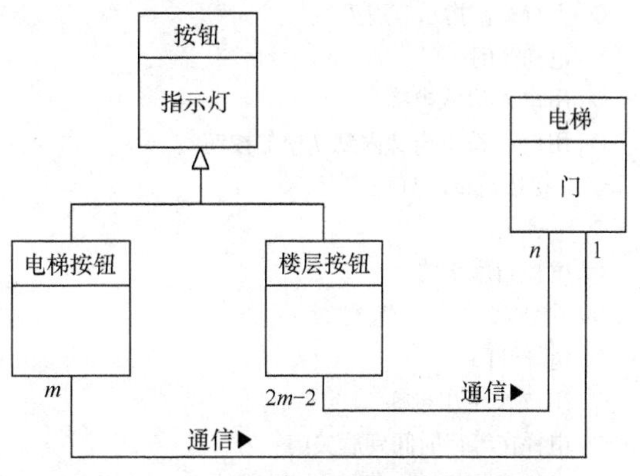

图7.14 电梯系统对象模型的第一次迭代

在非形式化策略中实际上指定了两类按钮，因此，应该为按钮类定义两个子类——电梯按钮和楼层按钮。总结以上分析结果，得出图7.14所示的对象模型。这个模型是非常初步的模型，在面向对象分析过程中将不断完善它。

分析图7.14所示的对象模型就会发现，这个模型还存在比较明显的缺陷：在实际的电梯系统中，按钮并不直接与电梯通信；为了决定分派哪一部电梯去响应一个特定的请求，必须有某种类型的电梯控制器。然而在需求陈述中并没有提到控制器，因此它未被列入候选类中。由此可见，语法分析只为寻找候选类提供了初步线索，但不能指望依靠这种方法找出全部候选类。系统分析员必须根据领域知识和常识做更深入细致的分析工作，才能找出问题域中所有类。

补充了电梯控制器类之后，得到了图7.15所示的对象模型。在这个模型中所有关系均为一对多关系，这使设计和实现变得容易。下面进行面向对象分析的第2步工作，即建立动态模型。读者必须始终记住，任何时候都可以返回到建立对象模型这项工作上来。

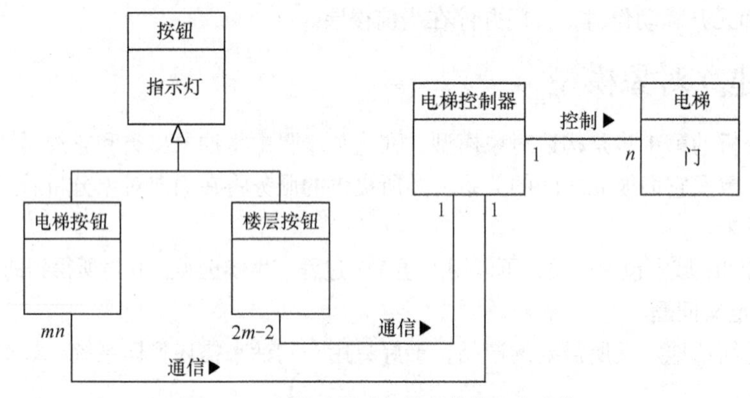

图7.15　电梯系统对象模型的第二次迭代

7.7.3　建立动态模型

1. 编写脚本

这一步的目的是决定每一个类应该做的操作。达到这个目的的一种有效的方法，是列出用户和系统之间相互作用的典型情况，即写出脚本（包括正常情况脚本和异常情况脚本）。表7.4和表7.5分别是正常情况脚本和异常情况脚本。

表7.4　电梯系统正常情况脚本

◇ 用户A在3楼按上行按钮呼叫电梯，用户A希望到7楼去
◇ 上行按钮指示灯亮
◇ 一部电梯到达3楼，电梯内的用户B已按下了到9楼的按钮
◇ 上行按钮指示灯熄灭
◇ 电梯开门
◇ 用户A进入电梯
◇ 用户A按下电梯内到7楼的按钮
◇ 7楼按钮指示灯亮
◇ 电梯关门
◇ 电梯到达7楼
◇ 7楼按钮指示灯熄灭
◇ 电梯开门
◇ 用户A走出电梯
◇ 电梯在等待时间到后关门
◇ 电梯载着用户B继续上行到达9楼

表 7.5　　　　　　　　　　　　　电梯系统异常情况脚本

◇ 用户 A 在 3 楼按上行按钮呼叫电梯，但是用户 A 希望到 1 楼
◇ 上行铵钮指示灯亮
◇ 一部电梯到达 3 楼，电梯内用户 B 已按下了到 9 楼的按钮
◇ 上行按钮指示灯熄灭
◇ 电梯开门
◇ 用户 A 进入电梯
◇ 用户 A 按下电梯内到 1 楼的按钮
◇ 电梯内 1 楼按钮指示灯亮
◇ 电梯在等待超时后关门
◇ 电梯上行到达 9 楼
◇ 电梯内 9 楼按钮指示灯熄灭
◇ 电梯开门
◇ 用户 B 走出电梯
◇ 电梯在等待超时后关门
◇ 电梯载着用户 A 下行驶向 1 楼

2. 画状态转换图

电梯控制器是在电梯系统中起核心控制作用的类，我们将画出这个类的状态转换图。为简单起见，仅考虑一部电梯（即 n=1）的情况。电梯控制器的动态模型如图 7.16 所示，这个状态图的画法与本书 3.6 节讲的画法大同小异，读者可对照电梯系统的脚本来理解它。

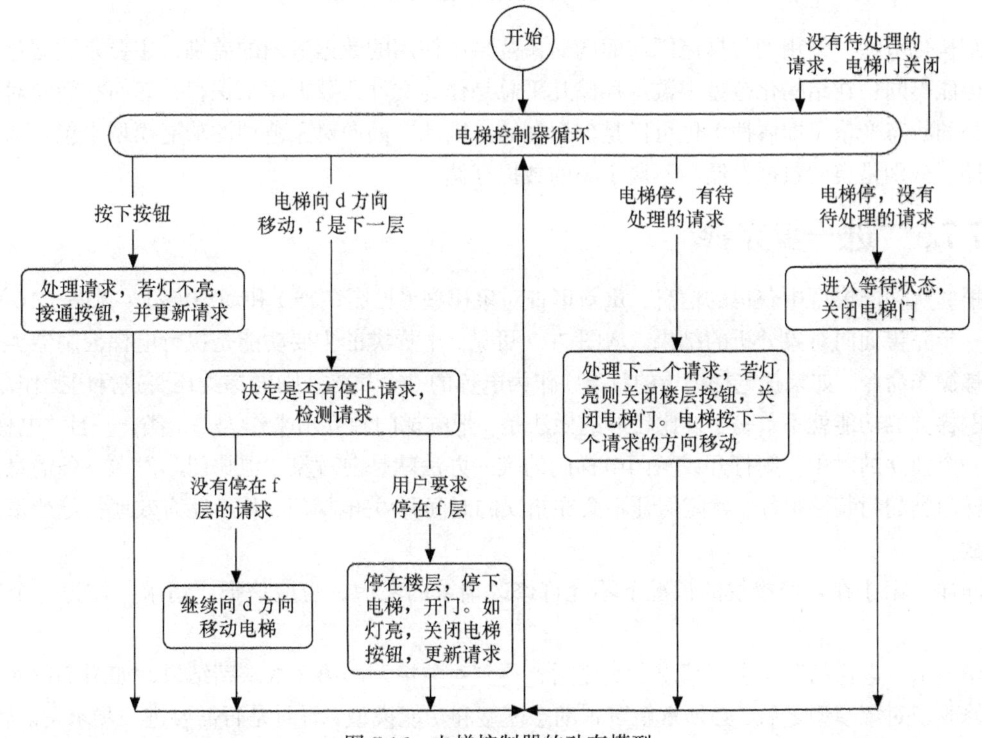

图 7.16　电梯控制器的动态模型

其他类的动态模型相对来说比较简单，作为习题请读者自行画出。一旦完成了电梯系统的动

态模型，就可根据在动态建模步骤中获得的信息，重新审视图 7.15 所示的对象模型，如果看起来仍然令人满意，则可开始进入面向对象分析的第 3 步——功能建模。

7.7.4 建立功能模型

面向对象分析的第 3 步是在不考虑动作次序的情况下，决定产品怎样做各种不同的动作。我们用数据流图来描绘在这一步所得到的信息，因为这样的图表示了在产品范围内的功能相关性，故称为功能模型。图 7.17 所示为电梯系统的功能模型。

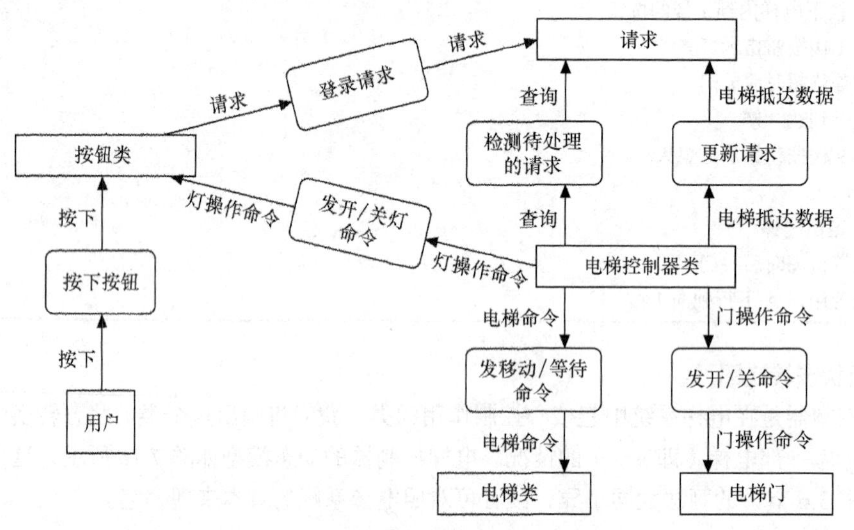

图 7.17　电梯系统功能模型的第一次迭代

结构化范型中使用的数据流图与面向对象范型中使用的数据流图的差别，主要是数据存储的含义可能不同：在结构化范型中数据存储几乎总是作为文件或数据库来保存，然而在面向对象范型中类的状态变量（即属性）也可以是数据存储。因此，面向对象范型的功能模型中包含两类数据存储，分别是类的数据存储和不属于类的数据存储。

7.7.5 进一步完善

根据从功能模型中获得的信息，重新审查对象模型（见图 7.15）和动态模型（见图 7.16），以便进一步完善面向对象分析的结果。从图 7.17 可见，电梯类的主要功能是执行电梯控制器类发来的电梯操作命令，如果把电梯门（的状态）作为电梯的一个属性，则电梯类还要执行门操作命令，这样电梯类的功能就不单一了。比较好的做法是，把电梯门独立出来作为一个类。一旦“电梯门”成为一个独立的对象，则打开或关闭电梯门的唯一办法就是向对象“电梯门”发送一条消息。如果电梯门类的封装性很好，就能保证不会在错误的时间开/关电梯门，从而能有效地杜绝严重的意外事故。

同样，出于在未经授权的情况下不允许修改请求的考虑，也应该把“请求”作为一个独立的类。

增加了“电梯门”类和“请求”类之后，得到对象模型的第 3 次求精结果，如图 7.18 所示。

修改了对象模型之后，必须重新审查动态模型和功能模型，看看是否需要进一步求精。显然，必须修改功能模型，把数据存储“电梯门”和“请求”标识为类，如图 7.19 所示。经审查发现，动态模型现在仍然适用。

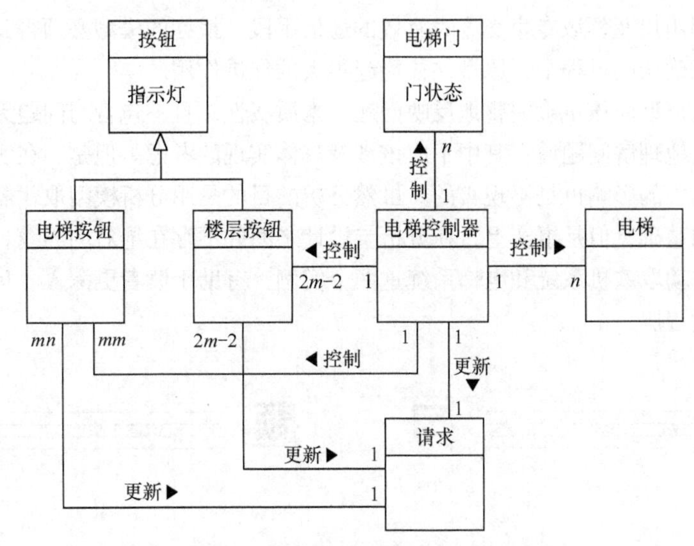

图 7.18　电梯系统对象模型的第三次迭代

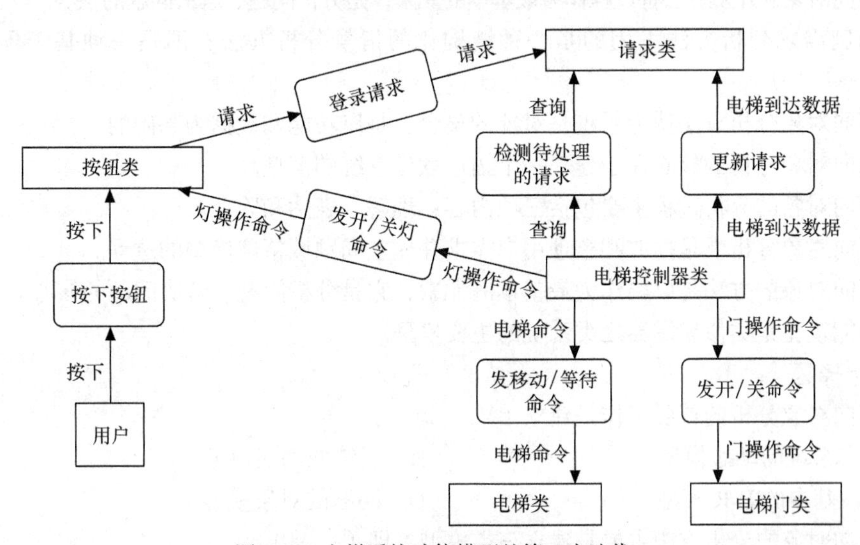

图 7.19　电梯系统功能模型的第二次迭代

小　结

分析就是提取系统需求并建立问题域精确模型的过程，它包括理解、表达和验证 3 项主要工作内容。面向对象分析的关键工作，是分析、确定问题域中的对象及对象间的关系，并建立起问题域的对象模型。

大型、复杂系统的对象模型通常由下述 5 个层次组成：主题层、类与对象层、结构层、属性层和服务层。它们对应着在建立对象模型的过程中所应完成的 5 项工作。

大多数分析模型都不是一次完成的，为了理解问题域的全部含义，必须反复多次地进行分析，因此，分析工作不可能严格地按照预定顺序进行；分析工作也不是机械地把需求陈述转变为分析模型的过程。分析员必须与用户及领域专家反复交流、多次磋商，及时纠正错误认识并补充缺少的信息。

分析模型是同用户及领域专家交流时有效的通信手段，最终的模型必须得到用户和领域专家的确认。在交流和确认的过程中，原型往往能起很大的促进作用。

一个好的分析模型应该正确完整地反映问题的本质属性，且不包含与问题无关的内容。分析的目标是全面深入地理解问题域，其中不应该涉及具体实现的考虑。但是，在实际的分析过程中完全不受与实现有关的影响也是不现实的。虽然分析的目的是用分析模型取代需求陈述，并把分析模型作为设计的基础，但是事实上，在分析与设计之间并不存在绝对的界线。认真阅读并仔细思考本章讲述的自动取款机系统和电梯系统这两个实例，有助于读者更深入、具体地理解面向对象分析的方法与过程。

习　题

一、判断题

1. 面向对象的开发方法将过程作为最基本的元素，是分析问题、解决问题的核心。　（　　）
2. 用例需求分析方法采用的是一种结构化的情景分析方法，即是一种基于场景建模的方法。　（　　）
3. 面向对象分析方法认为系统是对象的集合，是以功能和数据为基础的。　（　　）
4. 面向对象分析的核心在于建立一个描述软件系统的模型。　（　　）
5. 面向对象的分析过程主要包括三项内容：理解、表达和验证。　（　　）
6. 面向对象分析就是抽取和整理用户需求并建立问题域精确模型的过程。　（　　）
7. 面向对象的方法是以类作为最基本的元素，它是分析问题、解决问题的核心。　（　　）
8. 功能模型是类似编译器之类系统的主要模型。　（　　）

二、选择题

1. 面向对象分析的首要工作是建立（　　）。
   A. 系统的动态模型　　B. 系统的功能模型
   C. 基本的 E-R 模型　　D. 问题的对象模型
2. 面向对象的分析方法主要是建立三类模型，即（　　）。
   A. 系统模型、ER 模型、应用模型　　B. 对象模型、动态模型、功能模型
   C. ER 模型、对象模型、功能模型　　D. 对象模型、动态模型、应用模型
3. 软件开发过程中，抽取和整理用户需求并建立问题域精确模型的过程叫（　　）。
   A. 生命周期　B. 面向对象设计　C. 面向对象分析　D. 面向对象程序设计
4. 面向对象分析阶段建立的 3 个模型中，核心的模型是（　　）模型。
   A. 功能　B. 动态　C. 对象　D. 分析
5. 面向对象分析是对系统进行（　　）的一种方法。
   A. 设计评审　B. 程序设计　C. 需求建模　D. 测试验收
6. 应该在（　　），确定对象类中应有的服务。
   A. 建立对象模型之时　　B. 建立动态模型和功能模型之后
   C. 建立功能模型之后　　D. 建立动态模型之后
7. 面向对象的动态模型中，每张状态图表示（　　）的动态行为。
   A. 某一个类　B. 有关联的若干个类

C. 一系列事件　　D. 一系列状态

8. 在考察系统的一些涉及时序和改变的状况时，要用动态模型来表示。动态模型着重于系统的控制逻辑，它包括两个图：一个是事件追踪图，另一个是（　　）。

A. 顺序图　　B. 状态图　　C. 系统结构图　　D. 数据流图

9. 动态模型的描述工具是（　　）。

A. 设计图　　B. 结构图　　C. 状态图　　D. 对象图

10. 对象模型的描述工具是（　　）。

A. 状态图　　B. 数据流图　　C. 结构图　　D. 对象图

11. 功能模型中所有的（　　）往往形成一个层次结构，在这个层次结构中一个数据流图的过程可以由下一层数据流图做进一步的说明。

A. 事件追踪图　　B. 物理模型图　　C. 状态迁移图　　D. 数据流图

三、简答题

1. 对比面向对象需求分析方法和结构化需求分析方法。
2. 类间的外部关系有几种类型？每种关系表达什么语义？
3. 请简述面向对象分析的过程。
4. 什么是动态模型？
5. 请简述如何准备脚本。
6. 请简述如何准备时间跟踪图。
7. 请简述面向对象分析的目的。
8. 请简述面向分析的基本任务。

四、应用题

1. 一家图书馆藏有书籍、杂志、小册子、电影录像带、音乐 CD 和报纸等出版物供读者借阅。这些出版物有出版物名、出版者、获得日期、目录编号、书架位置、借出状态和借出限制等属性，并有借出、收回等服务。

请建立上述的图书馆馆藏出版物的对象模型。

2. 在温室管理系统中，有一个环境控制器，当没有种植作物时处于空闲状态。一旦种上作物，就要进行温度控制，定义气候，即在什么时期应达到什么温度。当处于夜晚时，由于温度下降，要调用调节温度过程，以便保持温度；太阳出来时，进入白天状态，由于温度升高，要调用调节温度过程，保持要求的温度。当日落时，进入夜晚状态。当作物收获，终止气候的控制，则进入空闲状态。

请建立环境控制器的动态模型。

3. 现在有一个医院病房监护系统，用户提出的系统功能要求如下：

在医院病房监护系统中，病症监视器安置在每个病房，将病人的病症信号实时传送到中央监视系统进行分析处理。在中心值班室里，值班护士使用中央监视系统对病员的情况进行监控，根据医生的要求随时打印病人的病情报告，系统会定期自动更新病历。

当病症出现异常时，系统会立即自动报警，通知值班医生及时进行处理，同时立即打印病人的病情报告和更新病历。

请建立医院病房监护系统的功能模型。

第8章 面向对象设计

如前所述，分析是提取和整理用户需求，并建立问题域精确模型的过程。设计则是把分析阶段得到的需求转变成符合成本和质量要求的、抽象的系统实现方案的过程。从面向对象分析到面向对象设计（通常缩写为 OOD），是一个逐渐扩充模型的过程。或者说，面向对象设计就是用面向对象观点建立求解域模型的过程。

尽管分析和设计的定义有明显区别，但是在实际的软件开发过程中二者的界限是模糊的。许多分析结果可以直接映射成设计结果，而在设计过程中又往往会加深和补充对系统需求的理解，从而进一步完善分析结果。因此，分析和设计活动是一个多次反复迭代的过程。面向对象方法学在概念和表示方法上的一致性，保证了在各项开发活动之间的平滑（无缝）过渡，领域专家和开发人员能够比较容易地跟踪整个系统开发过程，这是面向对象方法与传统方法比较起来所具有的一大优势。

使用瀑布模型开发软件时，设计阶段在分析阶段全部完成之后才开始，设计阶段彻底结束之后进入编码阶段。使用原型法时，分析、设计、编码等项活动可能要反复迭代多次。但是，不论使用何种开发模型，在试图决定"怎样做"之前，都必须先弄清楚想要"做什么"。即使使用原型法开发软件，在编码之前还是需要设计，而且在编码之后还要做进一步的设计工作（以便体现用户在试用原型时所提出的修改意见）。事实上，这种设计工作又处于再次编码之前，因此，从总体上说，设计工作处于分析之后和编码之前。

生命周期方法学把设计进一步划分成总体设计和详细设计两个阶段。类似地，也可以把面向对象设计再细分为系统设计和对象设计。系统设计确定实现系统的策略和目标系统的高层结构。对象设计确定解空间中的类、关联、接口形式及实现服务的算法。系统设计与对象设计之间的界限，比分析与设计之间的界限更模糊，本书不再对它们加以区分。

本章首先讲述为获得优秀设计结果应该遵循的准则，然后具体讲述面向对象设计的任务和方法。

8.1 面向对象设计的准则

所谓优秀设计，就是权衡了各种因素，从而使得系统在其整个生命周期中的总开销最小的设计。对大多数软件系统而言，60%以上的软件费用都用于软件维护，因此，优秀软件设计的一个主要特点就是容易维护。

本书第 4 章曾经讲述了指导软件设计的几条基本原理，这些原理在进行面向对象设计时仍然成立，但是增加了一些与面向对象方法密切相关的新特点，从而具体化为下列的面向对象设计准则。

1. 模块化

面向对象软件开发模式，很自然地支持了把系统分解成模块的设计原理：对象就是模块。它是把数据结构和操作这些数据的方法紧密地结合在一起所构成的模块。

2. 抽象

面向对象方法不仅支持过程抽象，而且支持数据抽象。类实际上是一种抽象数据类型，它对外开放的公共接口构成了类的规格说明（即协议），这种接口规定了外界可以使用的合法操作符，利用这些操作符可以对类实例中包含的数据进行操作。使用者无须知道这些操作符的实现算法和类中数据元素的具体表示方法，就可以通过这些操作符使用类中定义的数据。通常把这类抽象称为规格说明抽象。

此外，某些面向对象的程序设计语言还支持参数化抽象。所谓参数化抽象，是指当描述类的规格说明时并不具体指定所要操作的数据类型，而是把数据类型作为参数。这使得类的抽象程度更高，应用范围更广，可重用性更好。例如，C++语言提供的“模板”机制就是一种参数化抽象机制。

3. 信息隐藏

在面向对象方法中，信息隐藏通过对象的封装性实现：类结构分离了接口与实现，从而支持了信息隐藏。对于类的用户来说，属性的表示方法和操作的实现算法都应该是隐藏的。

4. 弱耦合

耦合指一个软件结构内不同模块之间互连的紧密程度。在面向对象方法中，对象是最基本的模块，因此，耦合主要指不同对象之间相互关联的紧密程度。弱耦合是优秀设计的一个重要标准，因为这有助于使得系统中某一部分的变化对其他部分的影响降到最低程度。在理想情况下，对某一部分的理解、测试或修改，无须涉及系统的其他部分。

如果一类对象过多地依赖其他类对象来完成自己的工作，则不仅给理解、测试或修改这个类带来很大困难，而且还将大大降低该类的可重用性和可移植性。显然，类之间的这种相互依赖关系是紧耦合的。

当然，对象不可能是完全孤立的，当两个对象必须相互联系相互依赖时，应该通过类的协议（即公共接口）实现耦合，而不应该依赖于类的具体实现细节。

一般来说，对象之间的耦合可分为两大类，下面分别讨论这两类耦合。

（1）交互耦合　如果对象之间的耦合通过消息连接来实现，则这种耦合就是交互耦合。为使交互耦合尽可能松散，应该遵守下述准则。

◇ 尽量降低消息连接的复杂程度。应该尽量减少消息中包含的参数个数，降低参数的复杂程度。

◇ 减少对象发送（或接收）的消息数。

（2）继承耦合　与交互耦合相反，继承耦合应该提高继承耦合程度。继承是一般化类与特殊类之间耦合的一种形式。从本质上看，通过继承关系结合起来的基类和派生类，构成了系统中粒度更大的模块，因此，它们彼此之间应该结合得越紧密越好。

为获得紧密的继承耦合，特殊类应该确实是对它的一般化类的一种具体化，也就是说，它们之间在逻辑上应该存在“is a”的关系。因此，如果一个派生类摒弃了它基类的许多属性，则它们之间是松耦合的。在设计时应该使特殊类尽量多继承并使用其一般化类的属性和服务，从而更紧密地耦合到其一般化类。

5. 强内聚

内聚衡量一个模块内各个元素彼此结合的紧密程度。也可以把内聚定义为：设计中使用的一个构件内的各个元素，对完成一个定义明确的目的所做出的贡献程度。在设计时应该力求做到高内聚。在面向对象设计中存在下述3种内聚。

（1）服务内聚。一个服务应该完成一个且仅完成一个功能。

（2）类内聚。设计类的原则是，一个类应该只有一个用途，它的属性和服务应该是高内聚的。类的属性和服务应该全都是完成该类对象的任务所必需的，其中不包含无用的属性或服务。如果某个类有多个用途，通常应该把它分解成多个专用的类。

（3）一般/特殊内聚。设计出的一般/特殊结构，应该符合多数人的概念，更准确地说，这种结构应该是对相应的领域知识的正确抽取。

例如，虽然表面看来飞机与汽车有相似的地方（都用发动机驱动，都有轮子……），但是，如果把飞机和汽车都作为"机动车"类的子类，则明显违背了人们的常识，这样的一般/特殊结构是低内聚的。正确的作法是，设置一个抽象类"交通工具"，把飞机和机动车作为交通工具类的子类，而汽车又是机动车类的子类。

一般来说，紧密的继承耦合与高度的一般/特殊内聚是一致的。

6. 可重用

软件重用是提高软件开发生产率和目标系统质量的重要途径，重用基本上从设计阶段开始。重用有两方面的含义：一是尽量使用已有的类（包括开发环境提供的类库，及以往开发类似系统时创建的类），二是如果确实需要创建新类，则在设计这些新类的协议时，应该考虑将来的可重复使用性。

8.2 启发规则

人们使用面向对象方法学开发软件的历史虽然不长，但也积累了一些经验。总结这些经验得出了几条启发规则，它们往往能帮助软件开发人员提高面向对象设计的质量。

1. 设计结果应该清晰易懂

使设计结果清晰、易读、易懂，是提高软件可维护性和可重用性的重要措施。显然，人们不会重用那些他们不理解的设计。保证设计结果清晰易懂的主要因素如下。

（1）用词一致。应该使名字与它所代表的事物一致，而且应该尽量使用人们习惯的名字。不同类中相似服务的名字应该相同。

（2）使用已有的协议。如果开发同一软件的其他设计人员已经建立了类的协议，或者在所使用的类库中已有相应的协议，则应该使用这些已有的协议。

（3）减少消息模式的数目。如果已有标准的消息协议，设计人员应该遵守这些协议。如果确需自己建立消息协议，则应该尽量减少消息模式的数目。只要可能，就使消息具有一致的模式，以利于读者理解。

（4）避免模糊的定义。一个类的用途应该是有限的，而且通过类名应该可以较容易地推想出它的用途。

2. 一般/特殊结构的深度应适当

应该使类等级中包含的层次数适当。一般来说，在一个中等规模（大约包含100个类）的系统中，类等级层次数应保持为7±2。不应该仅仅从方便编码的角度出发随意创建派生类，应该使一般/特殊结构与领域知识或常识保持一致。

3. 设计简单的类

应该尽量设计小而简单的类，以便于开发和管理。当类比较庞大的时候，要记住它的所有服务是非常困难的。经验表明，如果一个类的定义不超过一页纸（或两屏），则使用这个类是比较容易的。为保持类的简单，应该注意以下几点。

（1）避免包含过多的属性。属性过多通常表明这个类过分复杂了，它所完成的功能可能太多了。

（2）有明确的定义。为了使类的定义明确，分配给每个类的任务应该简单，最好能用一两个简单语句描述它的任务。

（3）尽量简化对象之间的合作关系。如果需要多个对象协同配合才能做好一件事，则破坏了类的简明性和清晰性。

（4）不要提供太多服务。一个类提供的服务过多，同样表明这个类过分复杂。典型地，一个类提供的公共服务不超过 7 个。

在开发大型软件系统时，遵循上述启发规则也会带来另一个问题：设计出大量较小的类，这同样会带来一定复杂性。解决这个问题的办法，是把系统中的类按逻辑分组，也就是划分"主题"。

4. 使用简单的协议

一般来说，消息中的参数不要超过 3 个。当然，不超过 3 个的限制也不是绝对的。但是，经验表明，通过复杂消息相互关联的对象是紧耦合的，对一个对象的修改往往导致其他对象的修改。

5. 使用简单的服务

面向对象设计出来的类中的服务通常都很小，一般只有 3～5 行源程序语句，可以用仅含一个动词和一个宾语的简单句子描述它的功能。如果一个服务中包含了过多的源程序语句，或者语句嵌套层次太多，或者使用了复杂的 CASE 语句，则应该仔细检查这个服务，设法分解或简化它。一般来说，应该尽量避免使用复杂的服务。如果需要在服务中使用 CASE 语句，通常应该考虑用一般—特殊结构代替这个类的可能性。

6. 把设计变动减至最小

通常，设计的质量越高，设计结果保持不变的时间也越长。即使出现必须修改设计的情况，也应该使修改的范围尽可能小。理想的设计变动曲线如图 8.1 所示。

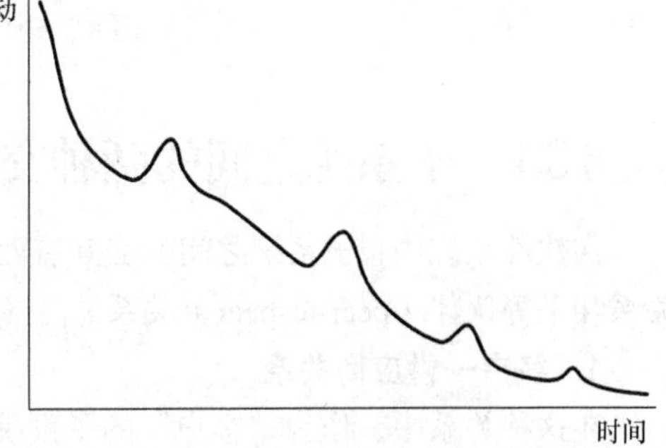

图 8.1　理想的设计变动情况

在设计的早期阶段，变动较大，随着时间推移，设计方案日趋成熟，改动也越来越小了。图 8.1 中所示的峰值与出现设计错误或发生非预期变动的情况相对应。峰值越高，表明设计质量越差，可重用性也越差。

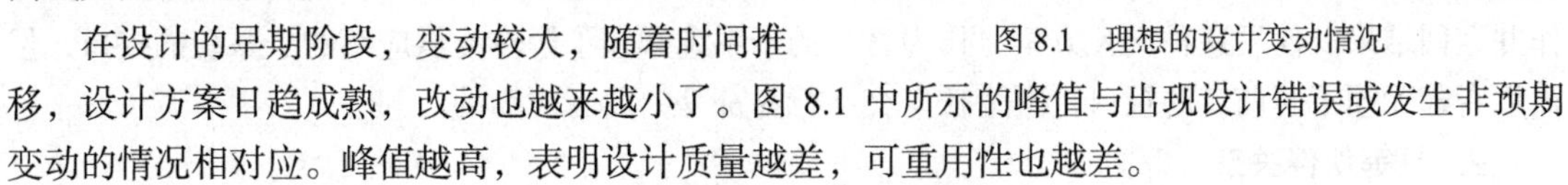

8.3 系统分解

人类解决复杂问题时普遍采用的策略是"分而治之，各个击破"。同样，软件工程师在设计比较复杂的应用系统时普遍采用的策略，也是首先把系统分解成若干个比较小的部分，然后再分别设计每个部分。这样做有利于降低设计的难度，有利于分工协作，也有利于维护人员对系统理解和维护。

系统的主要组成部分称为子系统，通常根据所提供的功能来划分子系统。例如，编译系统可划分成词法分析、语法分析、中间代码生成、优化、目标代码生成和出错处理等子系统。一般来说，子系统的数目应该与系统规模基本匹配。

各个子系统之间应该具有尽可能简单、明确的接口。接口确定了交互形式和通过子系统边界的信息流，但是无须规定子系统内部的实现算法。因此，可以相对独立地设计各个子系统。

在划分和设计子系统时，应该尽量减少子系统彼此间的依赖性。采用面向对象方法设计软件系统时，面向对象设计模型（即求解域的对象模型），与面向对象分析模型（即问题域的对象模型）一样，也由主题、类与对象、结构、属性和服务 5 个层次组成。这 5 个层次一层比一层表示的细节更多，我们可以把这 5 个层次想象为整个模型的水平切片。此外，大多数系统的面向对象设计模型，在逻辑上都由 4 大部分组成。这 4 大部分对应于组成目标系统的四个子系统，它们分别是问题域子系统，人—机交互子系统、任务管理子系统和数据管理子系统。当然，在不同的软件系统中，这 4 个子系统的重要程度和规模可能相差很大，规模过大的在设计过程中应该进一步划分成更小的子系统，规模过小的可合并在其他子系统中。某些领域的应用系统在逻辑上可能仅由 3 个（甚至少于 3 个）子系统组成。

我们可以把面向对象设计模型的 4 大组成部分想象成整个模型的 4 个垂直切片。典型的面向对象设计模型可以用图 8.2 表示。

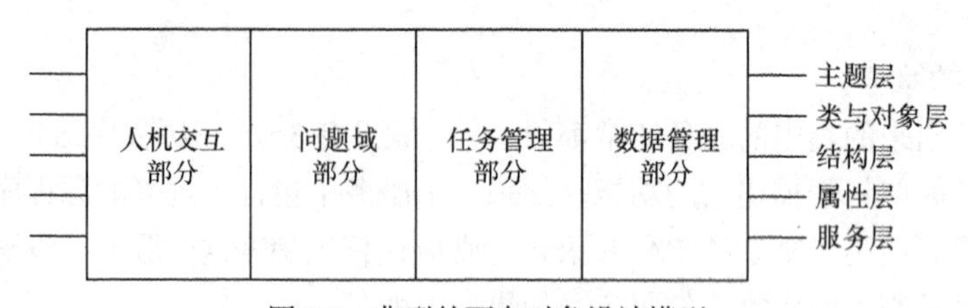

图 8.2　典型的面向对象设计模型

8.3.1　子系统之间的两种交互方式

在软件系统中，子系统之间的交互有两种可能的方式，分别是客户—供应商（client-supplier）关系和平等伙伴（peer-to-peer）关系。

1. 客户—供应商关系

在这种关系中，作为“客户”的子系统调用作为“供应商”的子系统，后者完成某些服务工作并返回结果。使用这种交互方案，作为客户的子系统必须了解作为供应商的子系统的接口，然而后者却无须了解前者的接口，因为任何交互行为都是由前者驱动的。

2. 平等伙伴关系

在这种关系中，每个子系统都可能调用其他子系统，因此，每个子系统都必须了解其他子系统的接口。由于各个子系统需要相互了解对方的接口，因此这种组织系统的方案比起客户—供应商方案来，子系统之间的交互更复杂，而且这种交互方式还可能存在通信环路，从而使系统难于理解，容易发生不易察觉的设计错误。

总的说来，单向交互比双向交互更容易理解，也更容易设计和修改，因此，应该尽量使用客户—供应商关系。

8.3.2 组织系统的两种方案

把子系统组织成完整的系统时，有水平层次组织和垂直块组织两种方案可供选择。

1. 层次组织

这种组织方案把软件系统组织成一个层次系统，每层是一个子系统。上层在下层的基础上建立，下层为实现上层功能而提供必要的服务。每一层内所包含的对象，彼此间相互独立，而处于不同层次上的对象，彼此间往往有关联。实际上，在上、下层之间存在客户—供应商关系。低层子系统提供服务，相当于供应商，上层子系统使用下层提供的服务，相当于客户。

层次结构又可进一步划分成两种模式：封闭式和开放式。所谓封闭式，就是每层子系统仅仅使用其直接下层提供的服务。由于一个层次的接口只影响与其紧相邻的上一层，因此，这种工作模式降低了各层次之间的相互依赖性，更容易理解和修改。在开放模式中，某层子系统可以使用处于其下面的任何一层子系统所提供的服务。这种工作模式的优点，是减少了需要在每层重新定义的服务数目，使得整个系统更高效更紧凑。但是，开放模式的系统不符合信息隐藏原则，对任何一个子系统的修改都会影响处在更高层次的那些子系统。设计软件系统时到底采用哪种结构模式，需要权衡效率和模块独立性等多种因素，通盘考虑以后再做决定。

通常，在需求陈述中只描述了对系统顶层和底层的需求，顶层就是用户看到的目标系统，底层则是可以使用的资源。这两层往往差异很大，设计者必须设计一些中间层次，以减少不同层次之间的概念差异。

2. 块状组织

这种组织方案把软件系统垂直地分解成若干个相对独立的、弱耦合的子系统，一个子系统相当于一块，每块提供一种类型的服务。

利用层次和块的各种可能的组合，可以成功地由多个子系统组成一个完整的软件系统。当混合使用层次结构和块状结构时，同一层次可以由若干块组成，而同一块也可以分为若干层。例如，图 8.3 所示为一个应用系统的组织结构，这个应用系统采用了层次与块状的混合结构。

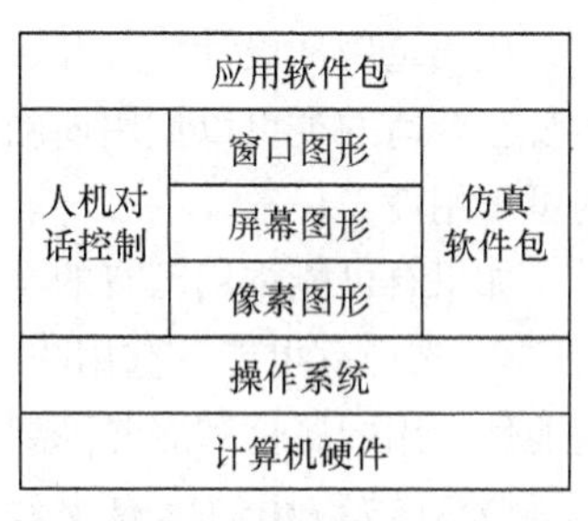

图 8.3 典型应用系统的组织结构

8.3.3 设计系统的拓扑结构

由子系统组成完整的系统时，典型的拓扑结构有管道形、树形、星形等。设计者应该采用与问题结构相适应的、尽可能简单的拓扑结构，以减少子系统之间的交互数量。

8.4 设计问题域子系统

使用面向对象方法开发软件时，在分析与设计之间并没有明确的分界线，对于问题域子系统来说，情况更是如此。但是，分析与设计毕竟是性质不同的两类开发工作，分析工作可以而且应该与具体实现无关，设计工作则在很大程度上受具体实现环境的约束。在开始进行设计工作之前（至少在完成设计之前），设计者应该了解本项目预计要使用的编程语言，可用的软构件库（主要是类库）以及程序员的编程经验。

通过面向对象分析所得出的问题域精确模型，为设计问题域子系统奠定了良好的基础，建立了完整的框架。只要可能，就应该保持面向对象分析所建立的问题域结构。通常，面向对象设计仅需从实现角度对问题域模型作一些补充或修改，主要是增添、合并或分解类与对象、属性及服务，调整继承关系等。当问题域子系统过分复杂庞大时，应该把它进一步分解成若干个更小的子系统。

使用面向对象方法学开发软件，能够保持问题域组织框架的稳定性，从而便于追踪分析、设计和编程的结果。在设计与实现过程中所做的细节修改（如增加具体类，增加属性或服务），并不影响开发结果的稳定性，因为系统的总体框架是基于问题域的。

对于需求可能随时间变化的系统来说，稳定性是至关重要的。稳定性也是能够在类似系统中重用分析、设计和编程结果的关键因素。为更好地支持系统在其生命期中的扩充，也同样需要稳定性。

下面介绍在面向对象设计过程中，可能对面向对象分析所得出的问题域模型作的补充或修改。

1. 调整需求

有两种情况会导致修改通过面向对象分析所确定的系统需求：一是用户需求或外部环境发生了变化；二是分析员对问题域理解不透彻或缺乏领域专家帮助，以致面向对象分析模型不能完整、准确地反映用户的真实需求。

无论出现上述哪种情况，通常都只需简单地修改面向对象分析结果，然后再把这些修改反映到问题域子系统中。

2. 重用已有的类

代码重用从设计阶段开始，在研究面向对象分析结果时就应该寻找使用已有类的方法。若因为没有合适的类可以重用而确实需要创建新的类，则在设计这些新类的协议时，必须考虑到将来的可重用性。

如果有可能重用已有的类，则重用已有类的典型过程如下。

◇ 选择有可能被重用的已有类，标出这些候选类中对本问题无用的属性和服务，尽量重用那些能使无用的属性和服务降到最低程度的类。

◇ 在被重用的已有类和问题域类之间添加归纳关系（即从被重用的已有类派生出问题域类）。

◇ 标出问题域类中从已有类继承来的属性和服务，现在已经无须在问题域类内定义它们了。

◇ 修改与问题域类相关的关联，必要时改为与被重用的已有类相关的关联。

3. 把问题域类组合在一起

在面向对象设计过程中，设计者往往通过引入一个根类而把问题域类组合在一起。事实上，这是在没有更先进的组合机制可用时才采用的一种组合方法。此外，这样的根类还可以用来建立协议（见下一小节）。

4. 增添一般化类以建立协议

在设计过程中常常发现，一些具体类需要有一个公共的协议，也就是说，它们都需要定义一组类似的服务（很可能还需要相应的属性）。在这种情况下可以引入一个附加类（例如，根类），以便建立这个协议（即命名公共服务集合，这些服务在具体类中仔细定义）。

5. ATM 系统之例

图 8.4 所示描绘了第 7 章给出的 ATM 系统的问题域子系统的结构。在面向对象设计过程中，我们把 ATM 系统的问题域子系统，进一步划分成了 3 个更小的子系统，它们分别是 ATM 站子系

统、中央计算机子系统和分行计算机子系统。它们的拓扑结构为星形，以中央计算机为中心向外辐射，同所有ATM站及分行计算机通信。物理连接用专用电话线实现。根据ATM站号和分行代码，区分由每个ATM站和每台分行计算机联向中央计算机的电话线。由于在面向对象分析过程中已经对ATM系统做了相当仔细的分析，而且假设所使用的实现环境能完全支持面向对象分析模型的实现，因此，在面向对象设计阶段无须对已有的问题域模型作实质性的修改或扩充。

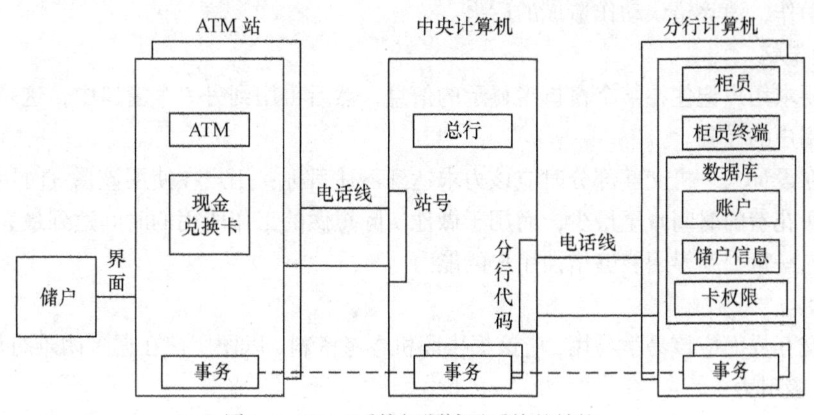

图8.4 ATM系统问题域子系统的结构

8.5 设计人—机交互子系统

在面向对象分析过程中，已经对用户界面需求作了初步分析。在面向对象设计过程中，则应该对系统的人—机交互子系统进行详细设计，以确定人—机交互的细节，其中包括指定窗口和报表的形式、设计命令层次等项内容。

人—机交互部分的设计结果，将对用户情绪和工作效率产生重要影响。人—机界面设计得好，则会使系统对用户产生吸引力，用户在使用系统的过程中会感到兴奋，能够激发用户的创造力，提高工作效率；相反，人—机界面设计得不好，用户在使用过程中就会感到不方便、不习惯，甚至会产生厌烦和恼怒的情绪。

由于对人—机界面的评价，在很大程度上由人的主观因素决定，因此，使用由原型支持的系统化的设计策略，是成功地设计人—机交互子系统的关键。

本书4.7节已经全面系统地讨论了人—机界面设计问题，本节再进一步从面向对象设计的角度做些补充。

8.5.1 设计人—机交互界面的准则

遵循下列准则有助于设计出让用户满意的人—机交互界面。

1. 一致性

使用一致的术语，一致的步骤，一致的动作。

2. 减少步骤

应使用户为做某件事情而需敲击键盘的次数、点按鼠标的次数或者下拉菜单的距离，都减至最少。还应使得技术水平不同的用户，为获得有意义的结果所需使用的时间都减至最少。特别应该为熟练用户提供简捷的操作方法（如热键）。

3. 及时提供反馈信息

每当用户等待系统完成一项工作时，系统都应该向用户提供有意义的、及时的反馈信息，以便用户能够知道系统目前已经完成该项工作的多大比例。

4. 提供撤销命令

人在与系统交互的过程中难免会犯错误，因此，应该提供“撤销（undo）”命令，以便用户及时撤销错误动作，消除错误动作造成的后果。

5. 无须记忆

不应该要求用户记住在某个窗口中显示的信息，然后再用到另一个窗口中，这是软件系统的责任而不是用户的任务。

此外，在设计人—机交互部分时应该力求达到下述目标：用户在使用该系统时用于思考人—机交互方法所花费的时间减至最少，而用于做他实际想做的工作所用的时间达到最大值。更理想的情况是，人—机交互界面能够增强用户的能力。

6. 易学

人—机交互界面应该易学易用，应该提供联机参考资料，以便用户在遇到困难时可随时参阅。

7. 富有吸引力

人—机交互界面不仅应该方便、高效，还应该使人在使用时感到心情愉快，能够从中获得乐趣，从而吸引人去使用它。

8.5.2 设计人—机交互子系统的策略

1. 分类用户

人—机交互界面是给用户使用的。显然。为设计好人—机交互子系统，设计者应该认真研究使用它的用户。应该深入到用户的工作现场，仔细观察用户是怎样做他们的工作的，这对设计好人—机交互界面非常必要。

在深入现场的过程中，设计者应该认真思考下述问题：用户必须完成哪些工作，设计者能够提供什么工具来支持这些工作的完成，怎样使得这些工具使用起来更方便更有效。

为了更好地了解用户的需要与爱好，以便设计出符合用户需要的界面，设计者首先应该把将来可能与系统交互的用户分类。通常从下列几个不同角度进行分类。

◇ 按技能水平分类（新手/初级/中级/高级）。
◇ 按职务分类（总经理/经理/职员）。
◇ 按所属集团分类（职员/顾客）。

2. 描述用户

应该仔细了解将来使用系统的每类用户的情况，把获得的下列各项信息记录下来。

◇ 用户类型。
◇ 使用系统欲达到的目的。
◇ 特征（年龄、性别、受教育程度、使用系统的权限等）。
◇ 关键的成功因素（需求、爱好、习惯等）。
◇ 技能水平。
◇ 完成本职工作的脚本。

3. 设计命令层次

设计命令层次的工作通常包含以下几项内容。

（1）研究现有的人—机交互含义和准则。现在的 Windows 已经成了微机上图形用户界面事实上的工业标准，所有 Windows 应用程序的基本外观及给用户的感受都是相同的（例如，每个程序至少有一个窗口，它由标题栏标识；程序中大多数功能可通过菜单选用；选中某些菜单项会弹出对话框，用户可通过它输入附加信息……）。Windows 程序通常还遵守广大用户习以为常的许多约定（例如，File 菜单的最后一个菜单项是 Exit；在文件列表框中用鼠标单击某个表项，则相应的文件名变亮，若用鼠标双击则会打开该文件……）。

设计图形用户界面时，应该保持与普通 Windows 应用程序界面相一致，并遵守广大用户习惯的约定，这样才会被用户接受和喜受。

（2）确定初始的命令层次。所谓命令层次，实质上是使用过程抽象机制组织起来的、可供选用的服务的表示形式。设计命令层次时，通常先从对服务的过程抽象着手，然后再进一步修改它们，以适合具体应用环境的需要。

（3）精化命令层次。为进一步修改完善初始的命令层次，应该考虑下列一些因素。

◇ 次序：仔细选择每个服务的名字，并在命令层的每一部分内把服务排好次序。排序时或者把最常用的服务放在最前面，或者按照用户习惯的工作步骤排序。

◇ 整体—部分关系：寻找在这些服务中存在的整体—部分模式，这样做有助于在命令层中分组组织服务。

◇ 宽度和深度：由于人的短期记忆能力有限，命令层次的宽度和深度都不应该过大。

◇ 操作步骤：应该用尽量少的单击、拖动和击键组合来表达命令，而且应该为高级用户提供简捷的操作方法。

4. 设计人—机交互类

人—机交互类与所使用的操作系统及编程语言密切相关，如在 Windows 环境下运行的 Visual C++语言提供了 MFC 类库。设计人—机交互类时，仅需从 MFC 类库中选出一些适用的类，然后从这些类派生出符合自己需要的类。

8.6 设计任务管理子系统

虽然从概念上说，不同对象可以并发地工作，但是，在实际系统中，许多对象之间往往存在相互依赖关系。此外，在实际使用的硬件中，可能仅由一个处理器支持多个对象。因此，设计工作的一项重要内容，就是确定哪些是必须同时动作的对象，哪些是相互排斥的对象。然后进一步设计任务管理子系统。

8.6.1 分析并发性

通过面向对象分析建立起来的动态模型，是分析并发性的主要依据。如果两个对象彼此间不存在交互，或者它们同时接受事件，则这两个对象在本质上是并发的。通过检查各个对象的状态图及它们之间交换的事件，能够把若干个非并发的对象归并到一条控制线中。所谓控制线，是一条遍及状态图集合的路径，在这条路径上每次只有一个对象是活动的。在计算机系统中用任务（task）实现控制线，一般认为任务是进程（process）的别名。通常把多个任务的并发执行称为多任务。

对于某些应用系统来说，通过划分任务，可以简化系统的设计及编码工作。不同的任务标识了必须同时发生的不同行为。这种并发行为既可以在不同的处理器上实现，也可以在单个处理器上利用多任务操作系统仿真实现（通常采用时间分片策略仿真多处理器环境）。

8.6.2 设计任务管理子系统

常见的任务有事件驱动型任务、时钟驱动型任务、优先任务、关键任务、协调任务等。设计任务管理子系统，包括确定各类任务并把任务分配给适当的硬件或软件去执行。

1. 确定事件驱动型任务

某些任务是由事件驱动的，这类任务可能主要完成通信工作，如与设备、屏幕窗口、其他任务、子系统、另一个处理器或其他系统通信。事件通常是表明某些数据到达的信号。

在系统运行时，这类任务的工作过程如下：任务处于睡眠状态（不消耗处理器时间），等待来自数据线或其他数据源的中断；一旦接收到中断就唤醒了该任务，接收数据并把数据放入内存缓冲区或其他目的地，通知需要知道这件事的对象，然后该任务又回到睡眠状态。

2. 确定时钟驱动型任务

某些任务每隔一定时间间隔就被触发以执行某些处理。例如，某些设备需要周期性地获得数据；某些人—机接口、子系统、任务、处理器或其他系统也可能需要周期性的通信。在这些场合往往需要使用时钟驱动型任务。

时钟驱动型任务的工作过程如下：任务设置了唤醒时间后进入睡眠状态；任务睡眠（不消耗处理器时间）等待来自系统的中断；一旦接收到这种中断，任务就被唤醒并做它的工作，通知有关的对象，然后该任务又回到睡眠状态。

3. 确定优先任务

优先任务可以满足高优先级或低优先级的处理需求。

高优先级：某些服务具有很高的优先级，为了在严格限定的时间内完成这种服务，可能需要把这类服务分离成独立的任务。

低优先级：与高优先级相反，有些服务是低优先级的，属于低优先级处理（通常指那些背景处理）。设计时可能用额外的任务把这样的处理分离出来。

4. 确定关键任务

关键任务是有关系统成功或失败的关键处理，这类处理通常都有严格的可靠性要求。在设计过程中可能用额外的任务把这样的关键处理分离出来，以满足高可靠性处理的要求。对高可靠性处理应该精心设计和编码，并且应该严格测试。

5. 确定协调任务

当系统中存在 3 个以上任务时，就应该增加一个任务，用它作为协调任务。引入协调任务会增加系统的总开销（增加从一个任务到另一个任务的转换时间），但是引入协调任务有助于把不同任务之间的协调控制封装起来。使用状态转换矩阵可以比较方便地描述该任务的行为。这类任务应该仅做协调工作，不要让它再承担其他服务工作。

6. 尽量减少任务数

必须仔细分析和选择每个确实需要的任务，应该使系统中包含的任务数尽量少。设计多任务系统的主要问题是，设计者常常为了自己处理时的方便而轻率地定义过多的任务。这样做加大了设计工作的技术复杂度，并使系统变得不易理解，从而也加大了系统维护的难度。

7. 确定资源需求

使用多处理器或固件，主要是为了满足高性能的需求。设计者必须通过计算系统载荷（即每秒处理的业务数及处理一个业务所花费的时间），来估算所需要的 CPU（或其他固件）的处理能力。

设计者应该综合考虑各种因素，以决定哪些子系统用硬件实现，哪些子系统用软件实现。下述两个因素可能是使用硬件实现某些子系统的主要原因。

◇ 现有的硬件完全能满足某些方面的需求。例如，买一块浮点运算卡比用软件实现浮点运算要容易得多。

◇ 专用硬件比通用的 CPU 性能更高。例如，目前在信号处理系统中广泛使用固件实现快速傅里叶变换。

设计者在决定到底采用软件还是硬件的时候，必须综合权衡一致性、成本、性能等多种因素，还要考虑未来的可扩充性和可修改性。

8.7　设计数据管理子系统

数据管理子系统是系统存储或检索对象的基本设施，它建立在某种数据存储管理系统之上，并且隔离了数据存储管理模式（文件、关系数据库或面向对象数据库）的影响。

8.7.1　选择数据存储管理模式

不同的数据存储管理模式有不同的特点，适用范围也不相同，设计者应该根据应用系统的特点选择适用的模式。

1. 文件管理系统

文件管理系统是操作系统的一个组成部分，使用它长期保存数据具有成本低、简单等特点。但是，文件操作的级别低，为提供适当的抽象级别还必须编写额外的代码。此外，不同操作系统的文件管理系统往往有明显差异。

2. 关系数据库管理系统

关系数据库管理系统的理论基础是关系代数，它不仅理论基础坚实而且有下列一些主要优点。

◇ 提供了各种最基本的数据管理功能（如中断恢复、多用户共享、多应用共享、完整性、事务支持等）。

◇ 为多种应用提供了一致的接口。

◇ 标准化的语言（大多数商品化关系数据库管理系统都使用 SQL）。

但是，为了做到通用与一致，关系数据库管理系统通常都相当复杂，且有下述一些具体缺点，以致限制了这种系统的普遍使用。

◇ 运行开销大：即使只完成简单的事务（如只修改表中的一行），也需要较长的时间。

◇ 不能满足高级应用的需求：关系数据库管理系统是为商务应用服务的，商务应用中数据量虽大但数据结构却比较简单。事实上，关系数据库管理系统很难用在数据类型丰富或操作不标准的应用中。

◇ 与程序设计语言的连接不自然：SQL 支持面向集合的操作，是一种非过程性语言。然而大多数程序设计语言本质上却是过程性的，每次只能处理一个记录。

3. 面向对象数据库管理系统

面向对象数据库管理系统是一种新技术，主要有两种设计途径：扩展的关系数据库管理系统和扩展的面向对象程序设计语言。

◇ 扩展的关系数据库管理系统是在关系数据库的基础上，增加了抽象数据类型和继承机制，此外还增加了创建及管理类和对象的通用服务。

◇ 扩展的面向对象程序设计语言，扩充了面向对象程序设计语言的语法和功能，增加了在数据库中存储和管理对象的机制。开发人员可以用统一的面向对象观点进行设计，不再需要区分存储数据结构和程序数据结构（即生命期短暂的数据）。

目前，大多数“对象”数据管理模式都采用“复制对象”的方法：先保留对象值，然后在需要时创建该对象的一个副本。扩展的面向对象程序设计语言则扩充了这种机制，它支持“永久对象”方法：准确存储对象（包括对象的内部标识在内），而不是仅仅存储对象值。使用这种方法，当从存储器中检索出一个对象的时候，它就完全等同于原先存在的那个对象。“永久对象”方法，为在多用户环境中从对象服务器中共享对象奠定了基础。

8.7.2 设计数据管理子系统

设计数据管理子系统，既需要设计数据格式又需要设计相应的服务。

1. 设计数据格式

设计数据格式的方法与所使用的数据存储管理模式密切相关，下面分别介绍适用于每种数据存储管理模式的设计方法。

（1）文件系统。

◇ 定义第一范式表：列出每个类的属性表；把属性表规范成第一范式，从而得到第一范式表的定义。

◇ 为每个第一范式表定义一个文件。

◇ 测量性能和需要的存储容量。

◇ 修改原设计的第一范式，以满足性能和存储需求。必要时把归纳结构的属性压缩在单个文件中，以减少文件数量。必要时把某些属性组合在一起，并用某种编码值表示这些属性，而不再分别使用独立的域表示每个属性。这样做可以减少所需要的存储空间，但是增加了处理时间。

（2）关系数据库管理系统。

◇ 定义第三范式表：列出每个类的属性表；把属性表规范成第三范式，从而得出第三范式表的定义。

◇ 为每个第三范式表定义一个数据库表。

◇ 测量性能和需要的存储容量。

◇ 修改先前设计的第三范式，以满足性能和存储需求。

（3）面向对象数据库管理系统。

◇ 扩展的关系数据库途径：使用与关系数据库管理系统相同的方法。

◇ 扩展的面向对象程序设计语言途径：不需要规范化属性的步骤，因为数据库管理系统本身具有把对象值映射成存储值的功能。

2. 设计相应的服务

如果某个类的对象需要存储起来，则在这个类中增加一个属性和服务，用于完成存储对象自身的工作。应该把为此目的增加的属性和服务作为“隐含”的属性和服务，即无须在面向对象设计模型的属性和服务层中显式地表示它们，仅需在关于类与对象的文档中描述它们。

这样设计之后，对象将知道怎样存储自己。用于“存储自己”的属性和服务，在问题域子系统和数据管理子系统之间构成一座必要的桥梁。利用多重继承机制，可以在某个适当的基类中定义这样的属性和服务，然后，如果某个类的对象需要长期存储，该类就从基类中继承这样的属性和服务。

下面介绍使用不同数据存储管理模式时的设计要点。

（1）文件系统。被存储的对象需要知道打开哪个（些）文件，怎样把文件定位到正确的记录上，怎样检索出旧值（如果有的话），以及怎样用现有值更新它们。

此外，还应该定义一个 Object Server（对象服务器）类，并创建它的实例。该类提供下列服务：

◇ 通知对象保存自身；

◇ 检索已存储的对象（查找，读值，创建并初始化对象），以便把这些对象提供给其他子系统使用。

注意，为提高性能应该批量处理访问文件的要求。

（2）关系数据库管理系统。被存储的对象应该知道访问哪些数据库表，怎样访问所需要的行，怎样检索出旧值（如果有的话），以及怎样用现有值更新它们。

此外，还应该定义一个 Object Server 类，并声明它的对象。该类提供下列服务：

◇ 通知对象保存自身；

◇ 检索已存储的对象（查找，读值，创建并初始化对象），以便由其他子系统使用这些对象。

（3）面向对象数据库管理系统。

◇ 扩展的关系数据库途径：与使用关系数据库管理系统时方法相同。

◇ 扩展的面向对象程序设计语言途径：无须增加服务，这种数据库管理系统已经给每个对象提供了“存储自己”的行为。只需给需要长期保存的对象加个标记，然后由面向对象数据库管理系统负责存储和恢复这类对象。

8.7.3　例子

为具体说明数据管理子系统的设计方法，让我们再看看图 8.4 所示的 ATM 系统。从图中可以看出，唯一的永久性数据存储放在分行计算机中。因为必须保持数据的一致性和完整性，而且常常有多个并发事务同时访问这些数据，因此，采用成熟的商品化关系数据库管理系统存储数据。应该把每个事务作为一个不可分割的批操作来处理，由事务封锁账户直到该事务结束为止。

在这个例子中，需要存储的对象主要是账户类的对象。为了支持数据管理子系统的实现，账户类对象必须知道自己是怎样存储的，有两种方法可以达到这个目的。

1. 每个对象自己保存自己

账户类对象在接到“存储自己”的通知后，知道怎样把自身存储起来（需要增加一个属性和一个服务来定义上述行为）。

2. 由数据管理子系统负责存储对象

账户类对象在接到“存储自己”的通知后，知道应该向数据管理子系统发送什么消息，以便由数据管理子系统把它的状态保存起来，为此也需要增加属性和服务来定义上述行为。使用这种方法的优点，是无须修改问题域子系统。

如上一小节所述，应该定义一个数据管理类 Object Server，并声明它的对象。这个类提供下列服务：

◇ 通知对象保存自身或保存需长期存储的对象的状态；

◇ 检索已存储的对象并使之“复活”。

8.8 设计类中的服务

面向对象分析得出的对象模型，通常并不详细描述类中的服务。面向对象设计则是扩充、完善和细化面向对象分析模型的过程，设计类中的服务是它的一项重要工作内容。

8.8.1 确定类中应有的服务

需要综合考虑对象模型、动态模型和功能模型，才能正确确定类中应有的服务。对象模型是进行对象设计的基本框架。但是，面向对象分析得出的对象模型，通常只在每个类中列出很少几个最核心的服务。设计者必须把动态模型中对象的行为以及功能模型中的数据处理，转换成由适当的类所提供的服务。

一张状态图描绘了一个对象的生命周期，图中的状态转换是执行对象服务的结果。对象的许多服务都与对象接收到的事件密切相关，事实上，事件就表现为消息，接收消息的对象必然有由消息选择符指定的服务，该服务改变对象状态（修改相应的属性值），并完成对象应做的动作。对象的动作既与事件有关，也与对象的状态有关，因此，完成服务的算法自然也和对象的状态有关。如果一个对象在不同状态可以接受同样事件，而且在不同状态接收到同样事件时其行为不同，则实现服务的算法中需要有一个依赖于状态的DO-CASE型控制结构。

功能模型指明了系统必须提供的服务。状态图中状态转换所触发的动作，在功能模型中有时可能扩展成一张数据流图。数据流图中的某些处理可能与对象提供的服务相对应，下列规则有助于确定操作的目标对象（即应该在该对象所属的类中定义这个服务）。

◇ 如果某个处理的功能是从输入流中抽取一个值，则该输入流就是目标对象。

◇ 如果某个处理具有类型相同的输入流和输出流，而且输出流实质上是输入流的另一种形式，则该输入/输出流就是目标对象。

◇ 如果某个处理从多个输入流得出输出值，则该处理是输出类中定义的一个服务。

◇ 如果某个处理把对输入流处理的结果输出给数据存储或动作对象，则该数据存储或动作对象就是目标对象。

当一个处理涉及多个对象时，为确定把它作为哪个对象的服务，设计者必须判断哪个对象在这个处理中起主要作用。通常在起主要作用的对象类中定义这个服务。下面两条规则有助于确定处理的归属。

◇ 如果处理影响或修改了一个对象，则最好把该处理与处理的目标（而不是触发者）联系在一起。

◇ 考察处理涉及的对象类及这些类之间的关联，从中找出处于中心地位的类。如果其他类和关联围绕这个中心类构成星形，则这个中心类就是处理的目标。

8.8.2 设计实现服务的方法

在面向对象设计过程中还应该进一步设计实现服务的方法，主要应该完成以下几项工作。

1. 设计实现服务的算法

设计实现服务的算法时，应该考虑下列几个因素。

（1）算法复杂度。通常选用复杂度较低（即效率较高）的算法，但也不要过分追求高效率，应以能满足用户需求为准。

（2）容易理解与容易实现。容易理解与容易实现的要求往往与高效率有矛盾，设计者应该对这两个因素适当折中。

（3）易修改。应该尽可能预测将来可能做的修改，并在设计时预先做些准备。

2. 选择数据结构

在分析阶段，仅需考虑系统中需要的信息的逻辑结构，在面向对象设计过程中，则需要选择能够方便、有效地实现算法的物理数据结构。

3. 定义内部类和内部操作

在面向对象设计过程中，可能需要增添一些在需求陈述中没有提到的类，这些新增加的类，主要用来存放在执行算法过程中所得出的某些中间结果。

此外，复杂操作往往可以用简单对象上的更低层操作来定义，因此，在分解高层操作时常常引入新的低层操作。在面向对象设计过程中应该定义这些新增加的低层操作。

8.9 设计关联

在对象模型中，关联是连接不同对象的纽带，它指定了对象相互间的访问路径。在面向对象设计过程中，设计人员必须确定实现关联的具体策略。既可以选定一个全局性的策略统一实现所有关联，也可以分别为每个关联选择具体的实现策略，以与它在应用系统中的使用方式相适应。

为了更好地设计实现关联的途径，首先应该分析使用关联的方式。

1. 关联的遍历

在应用系统中，使用关联有两种可能的方式：单向遍历和双向遍历。在应用系统中，某些关联只需要单向遍历，这种单向关联实现起来比较简单，另外一些关联可能需要双向遍历，双向关联实现起来稍微麻烦一些。

在使用原型法开发软件的时候，原型中所有关联都应该是双向的，以便于增加新的行为，快速地扩充和修改原型。

2. 实现单向关联

用指针可以方便地实现单向关联。如果关联的重数是一元的（见图 8.5），则实现关联的指针是一个简单指针；如果重数是多元的，则需要用一个指针集合实现关联（见图 8.6）。

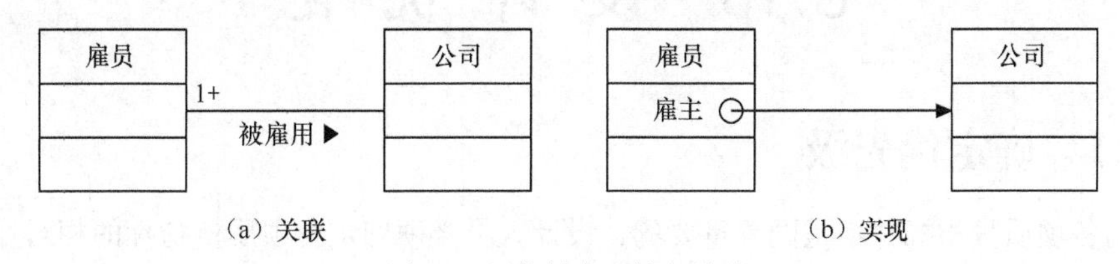

图 8.5　用指针实现单向关联

3. 实现双向关联

许多关联都需要双向遍历，当然，两个方向遍历的频度往往并不相同。实现双向关联有下列 3 种方法。

① 只用属性实现一个方向的关联，当需要反向遍历时就执行一次正向查找。如果两个方向遍历的频度相差很大，而且需要尽量减少存储开销和修改时的开销，则这是一种很有效的实现双向关联的方法。

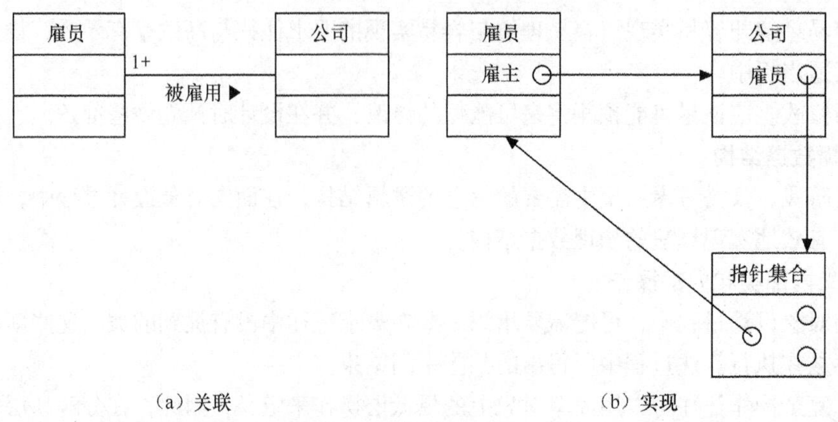

图 8.6　用指针实现双向关联

② 两个方向的关联都用属性实现。具体实现方法已在 8.9.2 小节讲过，如图 8.6 所示。这种方法能实现快速访问，但是，如果修改了一个属性，则相关的属性也必须随之修改，才能保持该关联链的一致性。当访问次数远远多于修改次数时，这种实现方法很有效。

③ 用独立的关联对象实现双向关联。关联对象不属于相互关联的任何一个类，它是独立的关联类的实例，如图 8.7 所示。

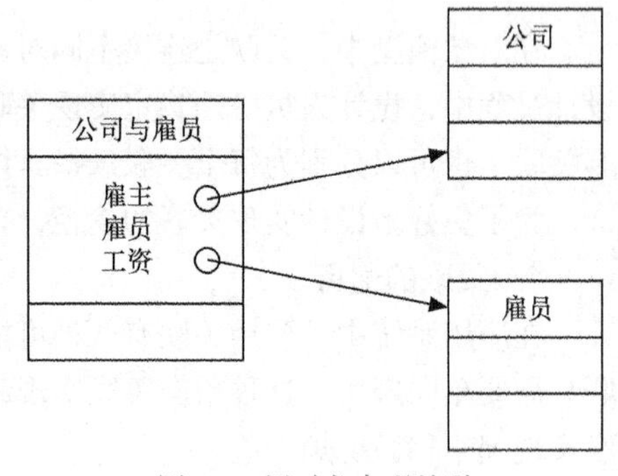

图 8.7　用对象实现关联

4. 关联对象的实现方法

本书 6.6.2 小节曾经讲过，可以引入一个关联类来保存描述关联性质的信息，关联中的每个连接对应着关联类的一个对象。实现关联对象的方法取决于关联的重数。对于一对一关联来说，关联对象可以与参与关联的任一个对象合并。对于一对多关联来说，关联对象可以与“多”端对象合并。如果是多对多关联，则关联链的性质不可能只与一个参与关联的对象有关，通常用一个独立的关联类来保存描述徉联性质的信息，这个类的每个实例表示一条具体的关联链及该链的属性（见图 8.7）。

8.10　设计优化

8.10.1　确定优先级

系统的各项质量指标并不是同等重要的，设计人员必须确定各项质量指标的相对重要性（即确定优先级），以便在优化设计时制定折衷方案。系统的整体质量与设计人员所制定的折中方案密切相关。最终产品成功与否，在很大程度上取决于是否选择好了系统目标。最糟糕的情况是，没有站在全局高度正确地确定各项质量指标的优先级，以致系统中各个子系统按照相互对立的目标做了优化，导致系统资源的严重浪费。

在折中方案中设置的优先级应该是模糊的。事实上，不可能指定精确的优先级数值（如速度 48%，内存 25%，费用 8%，可修改性 19%）。

最常见的情况，是在效率和清晰性之间寻求适当的折中方案。下面两小节分别讲述在优化设计时提高效率的技术，以及建立良好的继承结构的方法。

8.10.2　提高效率的几项技术

1. 增加冗余关联以提高访问效率

在面向对象分析过程中，应该避免在对象模型中存在冗余的关联，因为冗余关联不仅没有增添关于问题域的任何信息，反而会降低模型的清晰程度。但是，在面向对象设计过程中，当考虑用户的访问模式，及不同类型访问之间彼此的依赖关系时，就会发现，分析阶段确定的关联可能并没有构成效率最高的访问路径。下面用设计公司雇员技能数据库的例子，说明分析访问路径及提高访问效率的方法。

图 8.8 所示为从面向对象分析模型中摘取的一部分。公司类中的服务 find_skill 返回具有指定技能的雇员集合。例如，用户可能询问公司中会讲日语的雇员有哪些人。

假设某公司共有 2 000 名雇员，平均每名雇员会 10 种技能，则简单的嵌套查询将遍历雇员对象 2 000 次，针对每名雇员平均再遍历技能对象 10 次。如果全公司仅有 5 名雇员精通日语，则查询命中率仅有 1/4 000。

提高访问效率的一种方法是使用哈希（hash）表："具有技能"这个关联不再利用无序表实现，而是改用哈希表实现。只要"会讲日语"是用唯一一个技能对象表示，这样改进后就会使查询次数由 20 000 次减少到 2 000 次。

但是，当只有极少数对象满足查询条件时，查询命中率仍然很低。这时，提高查询效率更有效的方法，是给那些需要经常查询的对象建立索引。例如，针对上述例子，可以增加一个额外的限定关联"精通语言"，用来联系公司与雇员这两类对象，如图 8.9 所示。利用适当的冗余关联，可以立即查到精通某种具体语言的雇员，而无须多余的访问。当然，索引也必然带来开销：占用内存空间，而且每当修改基关联时也必须相应地修改索引。因此，应该只给那些经常执行并且开销大、命中率低的查询建立索引。

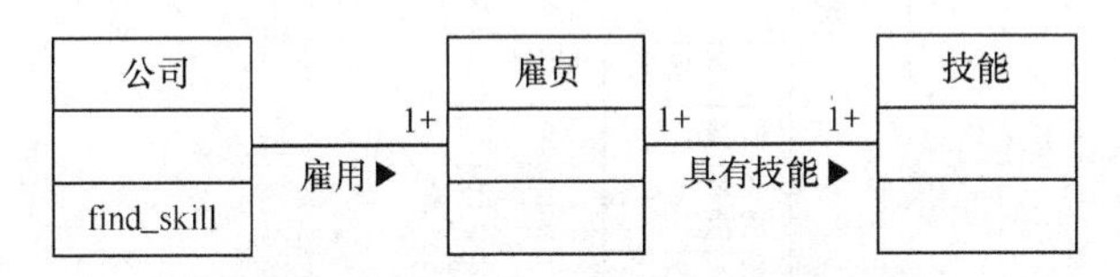

图 8.8　公司、雇员及技能之间的关联链

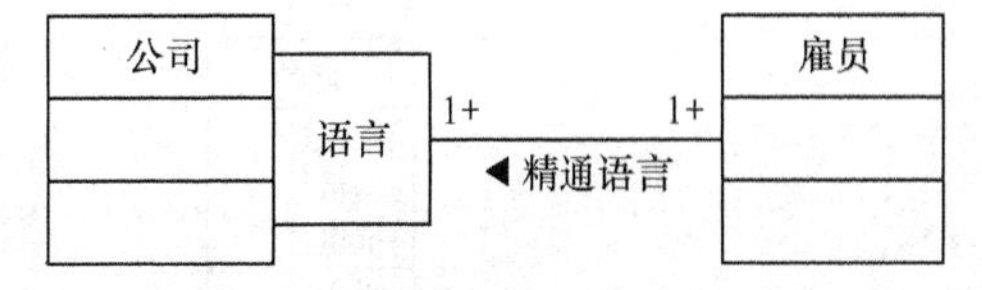

图 8.9　为雇员技能数据库建立索引

2. 调整查询次序

改进了对象模型的结构，从而优化了常用的遍历之后，接下来就应该优化算法了。优化算法的一个途径是尽量缩小查找范围。例如，假设用户在使用上述的雇员技能数据库的过程中，希望找出既会讲日语，又会讲法语的所有雇员。如果某公司只有 5 位雇员会讲日语，会讲法语的雇员却有 200 人，则应该先查找会讲日语的雇员，然后再从这些会讲日语的雇员中查找同时又会讲法语的人。

3. 保留派生属性

通过某种运算而从其他数据派生出来的数据，是一种冗余数据。通常把这类数据"存储"（或称为"隐藏"）在计算它的表达式中。如果希望避免重复计算复杂表达式所带来的开销，可以把这类冗余数据作为派生属性保存起来。

派生属性既可以在原有类中定义，也可以定义新类，并用新类的对象保存它们。每当修改了基本对象之后，所有依赖于它的、保存派生属性的对象也必须相应地修改。

8.10.3 调整继承关系

在面向对象设计过程中，建立良好的继承关系是优化设计的一项重要内容。继承关系能够为一个类族定义一个协议，并能在类之间实现代码共享以减少冗余。一个基类和它的子孙类在一起称为一个类继承。在面向对象设计中，建立良好的类继承是非常重要的。利用类继承能够把若干个类组织成一个逻辑结构。

下面讨论与建立类继承有关的问题。

1. 抽象与具体

在设计类继承时，很少使用纯粹自顶向下的方法。通常的作法是，首先创建一些满足具体用途的类，然后对它们进行归纳，一旦归纳出一些通用的类以后，往往可以根据需要再派生出具体类。在进行了一些具体化（即专门化）的工作之后，也许就应该再次归纳了。对于某些类继承来说，这是一个持续不断的演化过程。

图 8.10 所示为用一个人们在日常生活中熟悉的例子，说明上述从具体到抽象，再到具体的过程。

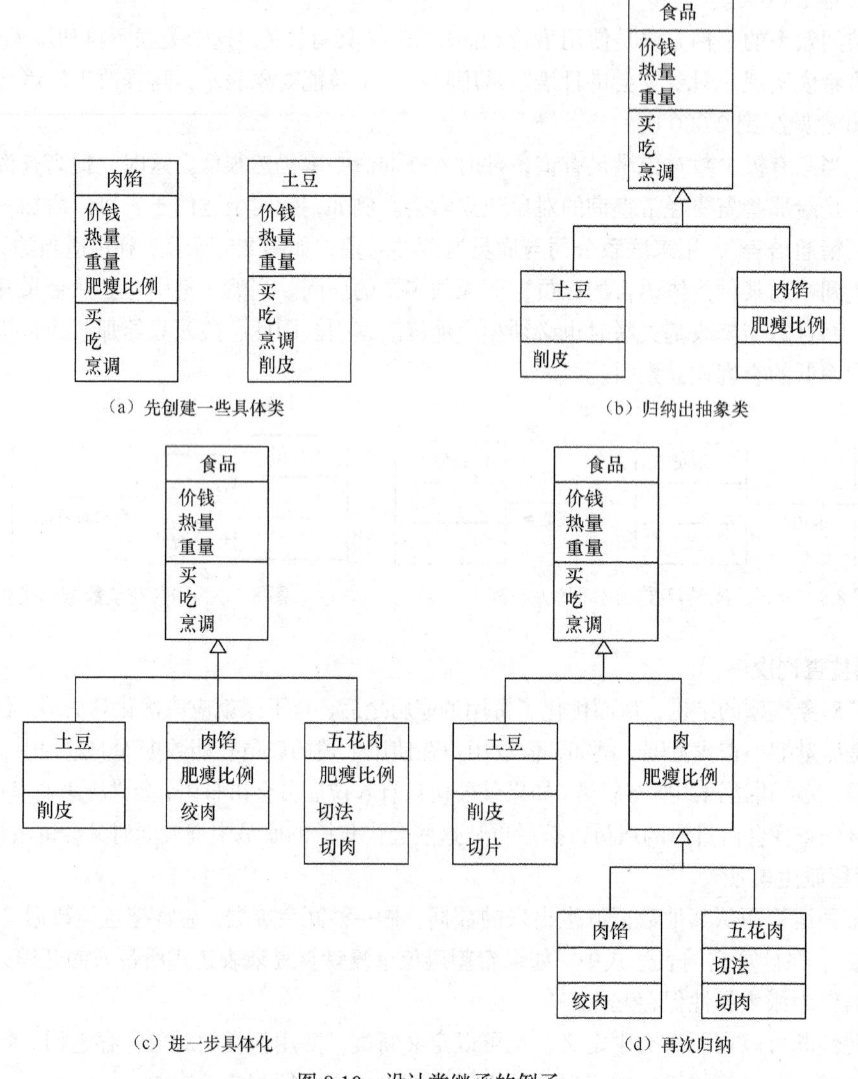

图 8.10 设计类继承的例子

2. 为提高继承程度而修改类定义

如果在一组相似的类中存在公共的属性和公共的行为，则可以把这些公共的属性和行为抽取出来放在一个共同的祖先类中，供其子类继承，如图 8.10（a）和图 8.10（b）所示。在对现有类进行归纳的时候，要注意下述两点：①不能违背领域知识和常识；②应该确保现有类的协议（即同外部世界的接口）不变。

更常见的情况是，各个现有类中的属性和行为（操作），虽然相似却并不完全相同。在这种情况下需要对类的定义稍加修改，才能定义一个基类供其子类从中继承需要的属性或行为。有时抽象出一个基类之后，在系统中暂时只有一个子类能从它继承属性和行为，显然，在当前情况下抽象出这个基类并没有获得共享的好处。但是，这样做通常仍然是值得的，因为将来可能重用这个基类。

3. 利用委托实现行为共享

仅当存在真实的一般/特殊关系（即子类确实是父类的一种特殊形式）时，利用继承机制实现行为共享才是合理的。

有时程序员只想用继承作为实现操作共享的一种手段，并不打算确保基类和派生类具有相同的行为。在这种情况下，如果从基类继承的操作中包含了子类不应有的行为，则可能引起麻烦。例如，假设程序员正在实现一个 Stack（后进先出栈）类，类库中已经有一个 List（表）类。如果程序员从 List 类派生出 Stack 类，如图 8.11（a）所示：把一个元素压入栈，等价于在表尾加入一个元素；把一个元素弹出栈，相当于从表尾移走一个元素。但是，与此同时，也继承了一些不需要的表操作。例如，从表头移走一个元素或在表头增加一个元素。万一用户错误地使用了这类操作，Stack 类将不能正常工作。

如果只想把继承作为实现操作共享的一种手段，则利用委托（即把一类对象作为另一类对象的属性，从而在两类对象间建立组合关系）也可以达到同样目的，而且这种方法更安全。使用委托机制时，只有有意义的操作才委托另一类对象实现，因此，不会发生不慎继承了无意义（甚至有害）操作的问题。

图 8.11（b）所示描绘了委托 List 类实现 Stack 类操作的方法。Stack 类的每个实例都包含一个私有的 List 类实例（或指向 List 类实例的指针）。Stack 对象的操作 push（压栈），委托 List 类对象通过调用 last（定位到表尾）和 add（加入一个元素）操作实现，而 pop（出栈）操作则通过 List 的 last 和 remove（移走一个元素）操作实现。

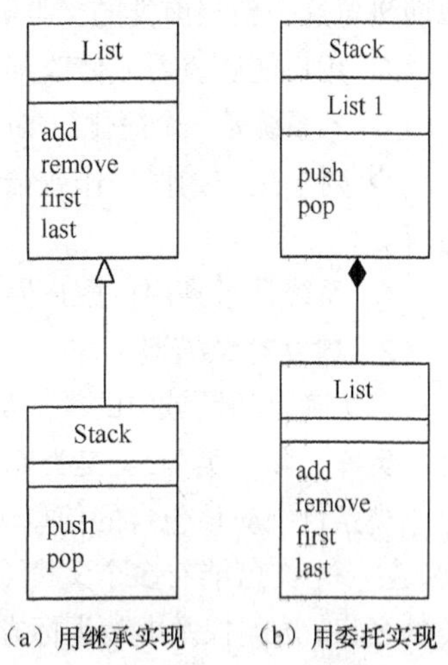

（a）用继承实现　　（b）用委托实现

图 8.11　用表实现栈的两种方法

8.11　面向对象分析与设计实例

重用是保证软件质量并提高软件生产率的主要措施之一，“类”是目前比较理想的可重用的软构件。但是，当类的数量积累得很多时，寻找适合当前项目需要的可重用的类也是一件相当令人头疼的事情。因此，需要有一个功能适当、使用方便的类库管理系统，以帮助开发人员从类库中选出符合需要的类在当前项目中重用。

本节介绍一个简化的 C++类库管理系统的面向对象分析和设计过程（着重讲述概要的系统设计过程）。通过这个实例，一方面进一步具体讲述面向对象的软件开发技术，另一方面也为读者提供了一份实习材料。读者可以自己完成这个类库管理系统的详细设计（即对象设计），并用 Visual C++语言编程实现它，从而亲身体会用面向对象方法开发软件的过程。如果时间充裕，还可以进一步充实完善这个类库管理系统，使之成为一个比较实用的面向对象的软件开发工具。

8.11.1 面向对象分析

1. 需求

这个类库管理系统的主要用途，是管理用户在用 C++语言开发软件的漫长过程中逐渐积累起来的类，以便在今后的软件开发过程中能够从库中方便地选取出可重用的类。它应该具有编辑（包括添加、修改和删除）、储存、浏览等基本功能，下面是对它的具体需求。

◇ 管理用 C++语言定义的类。

◇ 用户能够方便地向类库中添加新的类，并能建立新类与库中原有类的关系。

◇ 用户能够通过类名从类库中查询出指定的类。

◇ 用户能够查看或修改与指定类有关的信息（包括数据成员的定义、成员函数的定义及这个类与其他类的关系）。

◇ 用户能够从类库中删除指定的类。

◇ 用户能够在浏览窗口中方便、快速地浏览当前类的父类和子类。

◇ 具有“联想”浏览功能，也就是说，可以把当前类的某个子类或父类指定为新的当前类，从而浏览这个新当前类的父类和子类。

◇ 用户能够查看或修改某个类的指定成员函数的源代码。

◇ 本系统是一个简化的多用户系统，每个用户都可以建立自己的类库，不同类库之间互不干扰。

◇ 对于用户的误操作或错误的输入数据，系统能给出适当的提示信息，并且仍然继续稳定地运行。

◇ 系统易学易用，用户界面应该是 GUI 的。

2. 建立对象模型

（1）确定问题域中的类。从对这个类库管理系统的需求不难看出，组成这个系统的基本对象是“类库”和“类”。类是类库中的“条目”，不妨把它称为“类条目”（ClassEntry）。

类条目中应该包含的信息（即它的属性）主要有类名、父类列表、成员函数列表和数据成员列表。一个类可能有多个父类（多重继承），对于它的每个父类来说，应该保存的信息主要是该父类的名字、访问权及虚基类标志（是否是虚基类）。对于每个成员函数来说，主要应该保存函数名、访问权、虚函数标志（是否是虚函数）、返回值类型、参数、函数代码等信息。在每个数据成员中主要应该记录数据名、访问权、数据类型等信息。我们把“父类”、“成员函数”和“数据成员”也都作为对象。

根据对这个类库管理系统的需求可以想到，类条目应该提供的服务主要是：设置或更新类名；添加、删除和更改父类；添加、删除和更改成员函数；添加、删除和更改数据成员。类库包含的信息主要是库名和类条目列表。类库应该提供的服务主要是：向类库中插入一个类条目；从类库中删除一个类条目；把类库储存到磁盘上；从磁盘中读出类库（放到内存中）。

（2）分析类之间的关系。在这个问题域中，各个类之间的逻辑关系相当简单。分析系统需求，并结合关于 C++语言语法的知识，可以知道问题域中各个类之间的关系是：一个用户拥有多个类库，每个类库由 0 或多个类条目组成，每个类条目由 0 或多个父类、0 或多个数据成员及 0 或多个成员函数组成。图 8.12 所示为本问题域的对象模型。

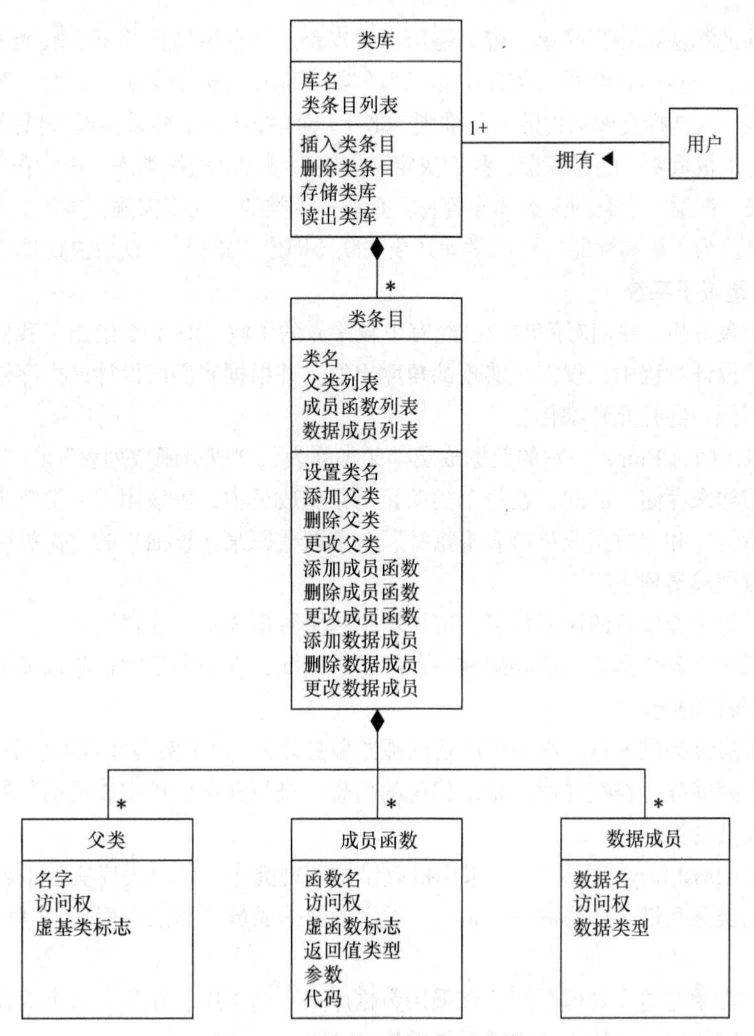

图 8.12 类库管理系统的对象模型

本系统的功能和控制流程都比较简单，无须建立动态模型和功能模型，仅用对象模型就可以很清楚地描述这个系统了。事实上，在用面向对象方法开发软件的过程中，建立系统对象模型是最关键的工作。

8.11.2 面向对象设计

1. 设计类库结构

通常，类库中包含一组类，这一组类通过归纳、组合等关系组成一个有机的整体，其中归纳（即继承）关系对于重用来说具有特别重要的意义。

至少有两种数据结构可用来把类条目组织成类库，一种数据结构是二叉树，另一种是链表。

当用二叉树来存储类条目的时候，左孩子是子类，右孩子是兄弟类（即具有相同父类的类）。这种结构的优点是：存储结构直接反映了类的继承关系；容易查找当前类的子类和兄弟类。缺点是：遍历二叉树的开销较大，不论用何种方法遍历都需占用大量内存；插入、删除的算法比较复杂；不易表示有多个父类的类。

当用链表存储类条目的时候，链表中每个节点都是一个类条目。这种结构的优点是：结构简单，插入和删除的算法都相当简单；容易遍历。缺点是这种存储结构并不反映继承关系。

由于 C++语言支持多重继承，类库中相当多的类可能具有多个父类，因此，容易表示具有多个父类的类应该作为选择类库结构的一条准则。此外，简单、方便、容易实现编辑操作和容易遍历，对这个系统来说也很重要。经过权衡，我们决定采用链表结构来组织类库。因为在每个类条目中都有它的父类列表，查找一个类的父类非常容易。查找一个类的子类则需遍历类库，虽然开销较大但算法却相当简单。为了提高性能，可以增加冗余关联（即建立索引），以加快查找子类的速度。

2. 设计问题域子系统

通过面向对象分析，我们对问题域已经有了较深入的了解，图 8.12 给出了我们对问题域的认识。在面向对象设计过程中，仅需从实现的角度出发，并根据我们所设计的类库结构，对图 8.12 所示的对象模型做一些补充和细化。

（1）类条目（ClassEntry）：它的数据成员“父类列表”、“成员函数列表”和“数据成员列表”也都采用链表结构来存储。因此，在每个类条目的数据成员中，应该用“父类链表头指针”、“成员函数链表头指针”和“数据成员链表头指针”分别取代原来比较抽象的“父类列表”、“成员函数列表”和“数据成员列表”。

为了保存对每个类条目的说明信息，应该增加一个数据成员“注释”。

此外，类库中的各个类条目需要组成一条类链，因此，在类条目中还应该增加一个数据成员“指向下一个类条目的指针”。

类条目除了应该提供 8.11.1 小节中所述的那些服务之外，为了实现 8.11.1 小节中提出的需求，还应该再增加下列服务：查找并取出指定父类的信息；查找并取出指定成员函数的信息；查找并取出指定数据成员的信息。

（2）类库（ClassEntryLink）：由于采用链表结构实现类库，每个类库实际上就是一条类链，因此把类库称为类条目链（ClassEntryLink）。类库的数据成员“类条目列表”具体化为“类链头指针”。

一般来说，实用的类库管理系统应该采用数据库来存储类库。在我们这个简化的实例中，为了简化处理，决定使用标准的流式文件存储类库。

类库应该提供的服务主要有：取得库中类条目的个数；读文件并在内存中建立类链表；把内存中的类链表写到文件中；插入一个类条目；删除一个类条目；按类名查找类条目并把内容复制到指定地点。

（3）父类（ClassBase）、成员函数（ClassFun）和数据成员（ClassData）：为了构造属于一个类条目的父类列表、成员函数列表和数据成员列表，在 ClassBase，ClassFun 和 ClassData 这 3 个类中除了应该定义 8.11.1 小节中提到的那些数据成员之外，还应该分别增加数据成员“指向下一个父类的指针”、“指向下一个成员函数的指针”和“指向下一个数据成员的指针”。

综上所述，我们可以画出类库（ClassEntryLink）的示意图（见图 8.13）。

（4）类条目缓冲区（ClassEntryBuffer）：当编辑或查看类信息时，每个时刻用户只能面对一个类条目，我们把这个类称为当前类。为便于处理当前类，额外设置一个类条目缓冲区。它是从 ClassEntry 类派生出来的类，除了继承 ClassEntry 类中定义的数据成员和成员函数之外，主要增加了一些用于与窗口或类链交换数据的成员函数。

每当用户要查看或编辑有关指定类的信息时，就把这个类条目从类库（即类链）中取到类条目缓冲区中。用户对这个类条目所做的一切编辑操作都只针对缓冲区中的数据，如果用户在编辑操作完成后不“确认”他的操作，则缓冲区中的数据不送回类库，因而也就不会修改类库的内容。

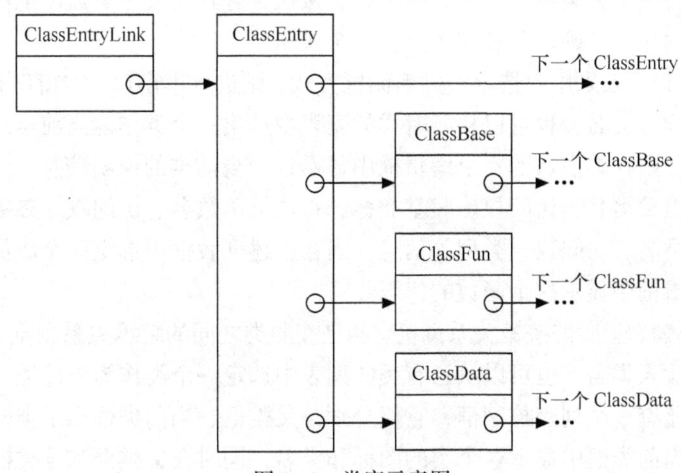

图 8.13 类库示意图

3. 设计人—机交互子系统

（1）窗口：为方便用户使用，本系统采用图形用户界面，主要设计了下述一些窗口。

① 登录窗口。启动系统后即进入登录（即注册）窗口。它有一个编辑框供用户输入账号，一个账号与一个类库相对应。事实上，用户输入的账号就是类库的库名。如果在磁盘上已经存有与用户登录的账号相对应的类库文件，则在用户注册后，系统自动把文件中的数据读出到类链中，以便用户处理。登录窗口中设置了“确认”和“放弃”按钮。

② 主窗口。用户注册之后进入主窗口，它有“创建”、“浏览”、“储存”和“退出”4 个按钮。单击“创建”按钮则进入创建窗口，在此窗口可以完成创建新的类条目或编辑原有类条目的功能。

单击“浏览”按钮则进入选择浏览方式窗口，可以选择适合自己需要的浏览方式，以浏览感兴趣的类。

单击“储存”按钮，则把内存中的类链保存到磁盘文件中。单击“退出”按钮，则结束本系统的运行，退回到 Windows 操作系统。

③ 创建窗口。本窗口有一个类名组合框，用于输入新类名或从已有类的列表中选择类名。类名指定了当前处理的类条目。

本窗口有 3 个分组框，分别管理对当前类的父类、成员函数和数据成员的处理。此外，本窗口还有一个编辑框，用于输入和编辑对这个类条目的说明信息。

上述 3 个分组框的每一个框中都有一个列表框，用户可以从中选择父类名（或成员函数名，或数据成员名）。此外，每个分组框中都有“添加”、“编辑”和“删除”3 个按钮。在不同分组框中单击“添加”或“编辑”按钮，将分别弹出父类编辑窗口或成员函数编辑窗口或数据成员编辑窗口。在所弹出的子窗口中可以完成添加新父类（或成员函数，或数据成员）或修改已有父类（或成员函数或数据成员）的信息的功能。这 3 个子窗口相对来说都比较简单，为节省篇幅，就不再单独讲述它们了。读者可以自行设计这 3 个子窗口。单击“删除”按钮，将删除指定的一个父类（或成员函数，或数据成员）。

在创建窗口中还设有“确认”和“放弃”按钮，单击这两个按钮中的某一个，则保留或放弃所创建（或编辑）的类条目。

④ 选择浏览方式窗口。目前，本系统仅设计了两种浏览方式，分别是按类名浏览和按类关系

浏览。本窗口内设有一个分组框，框内有两个单选按钮，分别代表按类名浏览和按类关系浏览。

此外，本窗口内还有“确认”和“放弃”两个按钮。

⑤ 类名浏览窗口。如果用户选定按类名浏览方式，则进入本窗口。本窗口有一个组合框，用户可以在这个框中输入类名，也可以从已有类的列表中选出一个类作为当前类。当用户通过类名指定了当前类之后，则在本窗口的一个编辑框中显示这个当前类的说明信息（即注释），并在 11 个列表框中分别列出父类名、访问权、虚基类标志；成员函数名、访问权、参数、返回类型、虚函数标志；数据成员名、访问权、类型等信息。当在上述列表框中选定一个成员函数之后，将在本窗口的另一个编辑框中显示这个函数的代码。

⑥ 类关系浏览窗口。所谓按类关系浏览，就是按照类之间的继承关系浏览。本窗口中有一个组合框，用户可以输入类名，也可以从已有类的列表中选定一个类作为当前类。

此外，本窗口还有 3 个列表控制框，它们分别是父类框、当前类框和子类框。在用户选定了当前类之后，就在当前类框中显示这个类的图标和类名，同时在父类框和子类框中用图标和类名列出这个当前类的父类和子类。用鼠标双击某个父类或子类的图标，就把当前类改变成被双击的图标所代表的类，同时更新父类框和子类框的内容，分别列出新当前类的全部父类和子类，从而方便地做到了在相关类中漫游（即联想浏览）。

（2）重用：我们设计的是一个可重用类库管理系统，在设计和实现这个类库管理系统的过程中，自然应该尽可能重用已有的软构件。

我们采用面向对象方法分析和设计这个类库管理系统。面向对象语言是实现面向对象分析、设计结果的最佳语言。目前，C++语言是应用得最广泛的面向对象语言。现在在微机上流行的开发工具主要有 Microsoft 公司的 Visual C++。我们经过权衡决定基于 VC 开发环境设计这个类库管理系统。

Visual C++所提供的 MFC 类库是编制 Windows 应用程序的强有力的工具。这个类库以层次结构来组织，其中封装了大部分 API 函数，它所包含的功能涉及整个 Windows 操作系统。

MFC 不仅提供了 Windows 图形环境下的应用程序框架，而且提供了在创建应用程序时常用的组件。它成功地把面向对象和事件驱动这两个概念结合起来了，显示出这两种程序设计风范协同工作的强大生命力。

我们在设计过程中，尽可能重用 MFC 中提供的类，以构造我们的类库管理系统。系统中使用的许多类都是从 MFC 中的类直接派生出来的。

前述的每一个窗口都是一个适当的窗口类的实例，而这些窗口类都可以从 MFC 类库中的对话框类 CDialog 直接派生出来。对话框是一种特殊的弹出式窗口，应用程序可用它来显示某些提示信息。通常，对话框中还包含若干个控件，利用这些控件应用程序可以与用户进行数据交换，完成特定的输入/输出工作。由于在我们设计的窗口中全都使用控件与用户交互，因此，对话框类 CDialog 比一般的窗口类（如 CFrameWnd）更适合本系统的需要。下面列出本系统中从 CDialog 类派生出的窗口类。

注册窗口：Login

主窗口：ClassTools

创建窗口：CreateClass

添加、编辑父类窗口：CreateBase

添加、编辑成员函数窗口：CreateFun

添加、编辑数据成员窗口：CreateData

选择浏览方式窗口：BrowseSelect

类名浏览窗口：BrowseName

类关系浏览窗口：BrowseInherit

4. 设计其他类

我们设计的这个类库管理系统虽然可以有多个用户，但是为了简单起见，限定各个用户只能以串行方式工作，也就是说，在同一时刻只能有一名用户使用这个系统，因此，本系统无须设置任务管理子系统。

如前所述，为了简化这个实例的分析和设计工作，我们并没有使用数据库管理系统来存储这个类库，而是使用普通文件系统存储它。读、写文件的功能由 ClassEntryLink 类中定义的两个成员函数完成，因此，本系统也不包含数据管理子系统。

尽管本系统仅由问题域子系统和人—机交互子系统组成，但是，仅有前面讲述的那些类还是不够的。所有利用 MFC 类库开发的 Windows 应用程序，都必须包含一个特定的应用类及其实例。它相当于主函数，主要作用是为应用程序建立消息循环机制。通常，从 MFC 类库中的应用程序类 CWinApp，派生出应用系统需要的特定的应用类。在本系统中，从 CWinApp 派生出的应用类称为 ClassToolsApp，它主要是重载了 CWinApp 类中用于初始化应用窗口实例的成员函数 InitInstance()。

此外，在 8.11.2 小节中讲述的类库类 ClassEntryLink 具有读、写文件的功能，因此，我们利用 MFC 类库中的文档类 CDocument 派生出这个类库类。

最后，我们用图 8.14 总结对 C++类库管理系统进行面向对象设计所得出的结果。图中的粗箭头线表示对象之间的消息连接（在本例中主要用于交换数据）。

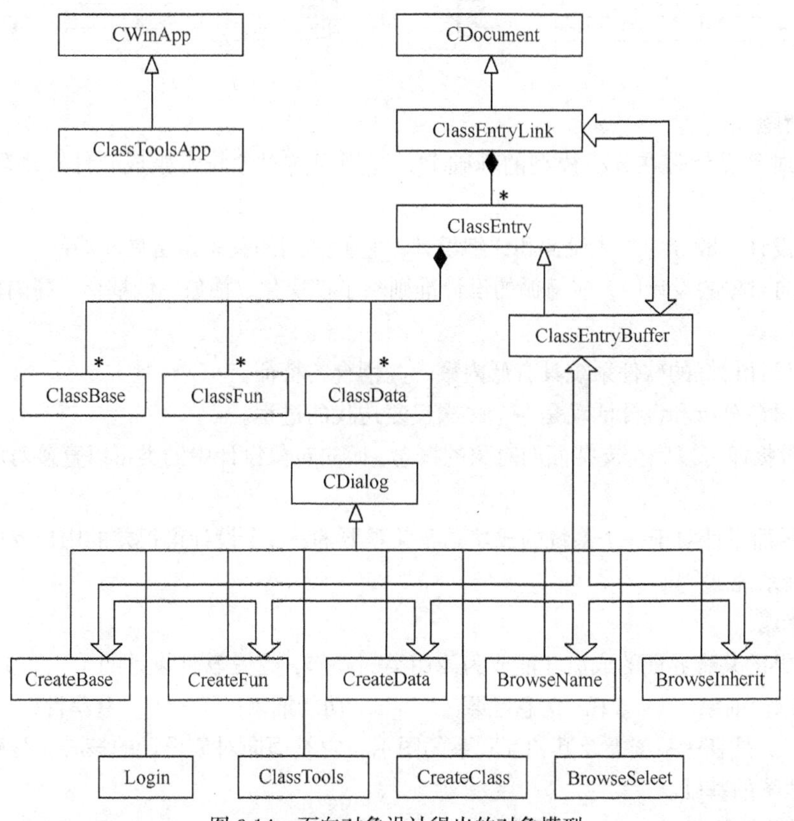

图 8.14　面向对象设计得出的对象模型

小　结

面向对象设计，就是用面向对象观点建立求解空间模型的过程。通过面向对象分析得出的问题域模型，为建立求解空间模型奠定了坚实基础。分析与设计本质上是一个多次反复迭代的过程，而面向对象分析与面向对象设计的界限尤其模糊。优秀设计是使得目标系统在其整个生命周期中总开销最小的设计，为获得优秀的设计结果，应该遵循一些基本准则。本章结合面向对象方法学固有的特点讲述了面向对象设计准则，并介绍了一些有助于提高设计质量的启发式规则。

用面向对象方法设计软件，原则上也是先进行总体设计（即系统设计），然后再进行详细设计（即对象设计）。当然，它们之间的界限非常模糊，事实上是一个多次反复迭代的过程。大多数求解空间模型，在逻辑上由4大部分组成。本章分别讲述了问题域子系统、人—机交互子系统、任务管理子系统和数据管理子系统的设计方法。此外还讲述了设计类中服务的方法及实现关联的策略。

通常应该在设计工作开始之前，对系统的各项质量指标的相对重要性做认真分析和仔细权衡，制定出恰当的系统目标。在设计过程中根据既定的系统目标，做必要的优化工作。

本章8.11节讲述了一个简化的C++类库管理系统的面向对象分析与设计过程。认真阅读这一节有助于读者深入、具体地理解面向对象分析与设计的方法，同时，这一节的内容也为读者提供了一份较好的实习材料。

习　题

一、判断题

1. 面向对象设计是在分析模型的基础上，运用面向对象技术生成软件实现环境下的设计模型。（　　）

2. 软件设计一般分为总体设计和详细设计，它们之间的关系是全局和局部。（　　）

3. 在面向对象的设计中，应遵循的设计准则除了模块化、抽象、低耦合、高内聚以外，还有信息隐藏。（　　）

4. 一个设计得好的软件系统具有低内聚、高耦合的特征。（　　）

5. 面向对象分析和设计活动是一个多次反复迭代的过程。（　　）

6. 关系数据库可以完全支持面向对象的概念，面向对象设计中的类可以直接对应到关系数据库中的表。（　　）

7. 用户界面设计对于一个系统的成功是至关重要的，一个设计得很差的用户界面可能导致用户拒绝使用该系统。（　　）

二、选择题

1. 只有类的共有界面的成员才能成为使用类的操作，这是软件设计的（　　）原则。

　A. 过程抽象　　B. 信息隐藏　　C. 功能抽象　　D. 共享性

2.（　　）是表达系统类及其相互联系的图示，它是面向对象设计的核心，是建立状态图、协作图和其他图的基础。

　A. 部署图　　B. 类图　　C. 组件图　　D. 配置图

3. 下面所列的性质中，（　　）不属于面向对象程序设计的特性。

A. 继承性　　B. 重用性　　C. 封装性　　D. 可视化

4. 下列是面向对象设计方法中有关对象的叙述，其中（　）是正确的。

A. 对象在内存中没有它的存储区　　B. 对象的属性集合是它的特征表示

C. 对象的定义与程序中类型概念相当　　D. 对象之间不能相互通信

5. 面向对象程序设计中，基于父类创建的子类具有父类的所有特性（属性和方法），这一特点称为类的（　　）。

A. 多态性　　B. 封装性　　C. 继承性　　D. 重用性

6. 面向对象设计 OOD 模型的主要部件中，通常不包括（　　）。

A. 通信部件　　B. 人机交互部件　C. 任务管理　　D. 数据管理

7. 面向对象设计时，对象信息的隐藏主要是通过（　　）实现的。

A. 对象的封装性　B. 子类的继承性　C. 系统模块化　D. 模块的可重用

8. 面向对象设计阶段的主要任务是系统设计和（　　）。

A. 结构化设计　　B. 数据设计

C. 面向对象程序设计　　D. 对象设计

三、简答题

1. 请比较结构化软件设计方法和面向对象软件设计方法。

2. 对基于面向对象思想的设计而言，有哪些方法或机制可以实现信息隐藏？

3. 请简述面向对象的启发规则。

4. 请简述何为面向对象设计。

5. 请简述如何优化对象设计。

四、应用题

1. 某校图书馆管理系统具有以下功能。

（1）借书：先为读者办理借书证，借书证上记录读者姓名、学号、所属系和班级等信息。借书时根据读者的借书证查阅读者档案，若借书数目未超过规定数量，则办理借阅手续，修改库存记录及读者档案；若超过规定数量则不予借阅。

（2）还书：根据读者书中的条形码，修改库存记录及读者档案，若借阅时间超过规定期限则罚款。

（3）图书管理员还要定期生成订书清单，包括书名、图书代号、单价、数量等，根据需要向供应商订购图书。

请按照以上需求建立这个图书馆管理系统的对象模型。

2. 某报社采用面向对象技术实现报刊征订的计算机管理系统，该系统基本需求如下。

（1）报社发行多种刊物，每种刊物通过订单来征订，订单中有代码、名称、订期、单价、份数等项目，订户通过填写订单来订阅报刊。

（2）报社下设多个发行站，每个站负责收集登录订单、打印收款凭证等事务。

（3）报社负责分类并统计各个发行站送来的报刊订阅信息。

请就此需求建立这个报刊征订的计算机管理系统的对象模型。

第9章 面向对象实现

面向对象实现主要包括两项工作：一是把面向对象设计结果，翻译成用某种程序设计语言书写的面向对象程序；二是测试并调试面向对象的程序。

面向对象程序的质量基本上由面向对象设计的质量决定。但是，所采用的程序设计语言的特点和程序设计风格也将对程序的可靠性、可重用性和可维护性产生深远的影响。

目前，软件测试仍然是保证软件可靠性的主要措施，对于面向对象的软件来说，情况也是如此。面向对象测试的目标，也是用尽可能低的测试成本和尽可能少的测试方案，发现尽可能多的错误。但是，面向对象程序中特有的封装、继承、多态等机制，也给面向对象测试带来一些新特点，增加了测试和调试的难度。我们必须通过实践，努力探索适合于面向对象软件的更好的测试方法。

9.1 程序设计语言

9.1.1 面向对象语言的优点

面向对象设计的结果，既可以用面向对象语言，也可以用非面向对象语言实现。使用面向对象语言时，由于语言本身充分支持面向对象概念的实现，因此，编译程序可以自动地把面向对象概念映射到目标程序中。使用非面向对象语言编写面向对象程序，则必须由程序员自己把面向对象概念映射到目标程序中。例如，C语言并不直接支持类或对象的概念，程序员只能在结构（struct）中定义变量和相应的函数（事实上，不能直接在结构中定义函数而是要利用指针间接定义）。所有非面向对象语言都不支持一般—特殊结构的实现，使用这类语言编程时要么完全回避继承的概念，要么在声明特殊化类时，把对一般化类的引用嵌套在它里面。

到底应该选用面向对象语言还是非面向对象语言，关键不在于语言功能强弱。从原理上说，使用任何一种通用语言都可以实现面向对象概念。当然，使用面向对象语言，实现面向对象概念，远比使用非面向对象语言方便。但是，方便性也并不是决定选择何种语言的关键因素。选择编程语言的关键因素，是语言的一致的表达能力、可重用性及可维护性。从面向对象观点看来，能够更完整、更准确地表达问题域语义的面向对象语言的语法是非常重要的，因为这会带来下述几个重要优点。

1. 一致的表示方法

从前面章节的讲述中可以知道，面向对象开发基于不随时间变化的、一致的表示方法。这种表示方法应该从问题域到 OOA，从 OOA 到 OOD，最后从 OOD 到面向对象编程（OOP），始终稳定不变。一致的表示方法既有利于在软件开发过程中始终使用统一的概念，也有利于维护人员理解软件的各种配置成分。

2. 可重用性

为了能带来可观的商业利益，必须在更广泛的范围中运用重用机制，而不是仅仅在程序设计这个层次上进行重用。因此，在 OOA、OOD 直到 OOP 中都显式地表示问题域语义，其意义是十分深远的。随着时间的推移，软件开发组织既可能重用它在某个问题域内的 OOA 结果，也可能重用相应的 OOD 和 OOP 结果。

3. 可维护性

尽管人们反复强调保持文档与源程序一致的必要性，但是，在实际工作中很难做到交付两类不同的文档，并使它们保持彼此完全一致。特别是考虑到进度、预算、能力、人员等限制因素时，做到两类文档完全一致几乎是不可能的。因此，维护人员最终面对的往往只有源程序本身。

让我们以 ATM 系统为例，说明在程序内部表达问题域语义对维护工作的意义。假设在维护该系统时没有合适的文档资料可供参阅，于是维护人员人工浏览程序或使用软件工具扫描程序，记下或打印出程序显式陈述的问题域语义，维护人员看到“ATM”、“账户”、“现金兑换卡”等，这对维护人员理解所要维护的软件将有很大帮助。

在选择编程语言时，应该考虑的首要因素是，在供选择的语言中哪个语言能最好地表达问题域语义。一般来说，应该尽量选用面向对象语言来实现面向对象分析、设计的结果。

9.1.2　面向对象语言的技术特点

面向对象语言的形成借鉴了历史上许多程序语言的特点，从中吸取了丰富的营养。当今的面向对象语言，从 20 世纪 50 年代诞生的 LISP 语言中引进了动态联编的概念和交互式开发环境的思想，从 60 年代推出的 SIMULA 语言中引进了类的概念和继承机制，此外，还受到 70 年代末期开发的 Modula-2 语言和 Ada 语言中数据抽象机制的影响。

20 世纪 80 年代以来，面向对象语言像雨后春笋一样大量涌现，形成了两大类面向对象语言：一类是纯面向对象语言，如 Smalltalk、Eiffel 等语言；另一类是混合型面向对象语言，也就是在过程语言的基础上增加面向对象机制，如 C++等语言。

一般说来，纯面向对象语言着重支持面向对象方法研究和快速原型的实现，而混合型面向对象语言的目标则是提高运行速度和使传统程序员容易接受面向对象思想。成熟的面向对象语言通常都提供丰富的类库和强有力的开发环境。

下面介绍在选择面向对象语言时应该着重考察的一些技术特点。

1. 支持类与对象概念的机制

所有面向对象语言都允许用户动态创建对象，并且可以用指针引用动态创建的对象。允许动态创建对象，就意味着系统必须处理内存管理问题，如果不及时释放不再需要的对象所占用的内存，动态存储分配就有可能耗尽内存。

有两种管理内存的方法：一种是由语言的运行机制自动管理内存，即提供自动回收“垃圾”的机制；另一种是由程序员编写释放内存的代码。自动管理内存不仅方便而且安全，但是必须采用先进的垃圾收集算法才能减少开销。某些面向对象的语言（如 C++）允许程序员定义析构函数（destructor）。每当一个对象超出范围或被显式删除时，就自动调用析构函数。这种机制使得程序员能够方便地构造和唤醒释放内存的操作，却又不是垃圾收集机制。

2. 实现整体—部分结构的机制

一般说来，有两种实现方法，分别使用指针和独立的关联对象实现整体—部分结构。大多数现有的面向对象语言并不显式支持独立的关联对象，在这种情况下，使用指针是最容易的实现方法，通过增加内部指针可以方便地实现关联。

3. 实现一般—特殊结构的机制

这里既包括实现继承的机制也包括解决名字冲突的机制。所谓解决名字冲突，指的是处理在多个基类中可能出现的重名问题，这个问题仅在支持多重继承的语言中才会遇到。某些语言拒绝接受有名字冲突的程序，另一些语言提供了解决冲突的协议。不论使用何种语言，程序员都应该尽力避免出现名字冲突。

4. 实现属性和服务的机制

对于实现属性的机制应该着重考虑以下几个方面：支持实例连接的机制；属性的可见性控制；对属性值的约束。对于服务来说，主要应该考虑下列因素：支持消息连接（即表达对象交互关系）的机制；控制服务可见性的机制；动态联编。

所谓动态联编，是指应用系统在运行过程中，当需要执行一个特定服务的时候，选择（或联编）实现该服务的适当算法的能力。动态联编机制使得程序员在向对象发送消息时拥有较大自由，在发送消息前，无须知道接受消息的对象当时属于哪个类。

5. 类型检查

程序设计语言可以按照编译时进行类型检查的严格程度来分类。如果语言仅要求每个变量或属性隶属于一个对象，则是弱类型的；如果语法规定每个变量或属性必须准确地属于某个特定的类，则这样的语言是强类型的。面向对象语言在这方面差异很大，例如，Smalltalk 实际上是一种无类型语言（所有变量都是未指定类的对象）；C++和 Eiffel 则是强类型语言。混合型语言（如 C++，Objective-C 等）甚至允许属性值不是对象而是某种预定义的基本类型数据（如整数，浮点数等），这可以提高操作的效率。

强类型语言主要有两个优点：一是有利于在编译时发现程序错误，二是增加了优化的可能性。通常使用强类型编译型语言开发软件产品，使用弱类型解释型语言快速开发原型。总的来说，强类型语言有助于提高软件的可靠性和运行效率，现代的程序语言理论支持强类型检查，大多数新语言都是强类型的。

6. 类库

大多数面向对象语言都提供一个实用的类库，某些语言本身并没有规定提供什么样的类库，而是由实现这种语言的编译系统自行提供。存在类库，许多软构件就不必由程序员重头编写了，这为实现软件重用带来很大方便。

类库中往往包含实现通用数据结构（如动态数组、表、队列、栈、树等）的类，通常把这些类称为包容类。在类库中还可以找到实现各种关联的类。更完整的类库通常还提供独立于具体设备的接口类（如输入/输出流），此外，用于实现窗口系统的用户界面类也非常有用，它们构成一个相对独立的图形库。

7. 效率

许多人认为面向对象语言的主要缺点是效率低。产生这种印象的一个原因是，某些早期的面向对象语言是解释型的而不是编译型的。事实上，使用拥有完整类库的面向对象语言，有时能比使用非面向对象语言得到运行更快的代码，这是因为类库中提供了更高效的算法和更好的数据结构。例如，程序员已经无须编写实现哈希表或平衡树算法的代码了，类库中已经提供了这类数据结构，而且算法先进、代码精巧可靠。

认为面向对象语言效率低的另一个理由，是说这种语言在运行时使用动态联编实现多态性，这似乎需要在运行时查找继承树，以得到定义给定操作的类。事实上，绝大多数面向对象语言都优化了这个查找过程，从而实现了高效率查找。只要在程序运行时始终保持类结构不变，就能在子类中存储各个操作的正确入口点，从而使得动态联编成为查找哈希表的高效过程，不会由于继承树深度加大或类中定义的操作数增加而降低效率。

8. 持久保存对象

任何应用程序都对数据进行处理，如果希望数据能够不依赖于程序执行的生命期而长时间保存下来，则需要提供某种保存数据的方法。希望长期保存数据主要出于以下两个原因：

◇ 为实现在不同程序之间传递数据，需要保存数据；

◇ 为恢复被中断了的程序的运行，首先需要保存数据。

一些面向对象语言（如 C++），没有提供直接存储对象的机制。这些语言的用户必须自己管理对象的输入/输出，或者购买面向对象的数据库管理系统。

另外一些面向对象语言（如 Smalltalk），把当前的执行状态完整地保存在磁盘上。还有一些面向对象语言，提供了访问磁盘对象的输入/输出操作。

通过在类库中增加对象存储管理功能，可以在不改变语言定义或不增加关键字的情况下，就在开发环境中提供这种功能。然后，可以从“可存储的类”中派生出需要持久保存的对象，该对象自然继承了对象存储管理功能。这就是 Eiffel 语言采用的策略。

理想情况下，应该使程序设计语言语法与对象存储管理语法实现无缝集成。

9. 参数化类

在实际的应用程序中，常常看到这样一些软件元素（即函数、类等软件成分），从它们的逻辑功能看，彼此是相同的，所不同的主要是处理的对象（数据）类型不同。例如，对于一个向量（一维数组）类来说，不论是整型向量、浮点型向量，还是其他任何类型的向量，针对它的数据元素所进行的基本操作都是相同的（如插入、删除、检索等）。当然，不同向量的数据元素的类型是不同的。如果程序语言提供一种能抽象出这类共性的机制，则对减少冗余和提高可重用性是大有好处的。

所谓参数化类，就是使用一个或多个类型去参数化一个类的机制。有了这种机制，程序员就可以先定义一个参数化的类模板（即在类定义中包含以参数形式出现的一个或多个类型），然后把数据类型作为参数传递进来，从而把这个类模板应用在不同的应用程序中，或用在同一应用程序的不同部分。Eiffel 语言中就有参数化类，C++语言也提供了类模板。

10. 开发环境

软件工具和软件工程环境对软件生产率有很大影响，由于面向对象程序中继承关系和动态联编等引入的特殊复杂性，面向对象语言所提供的开发环境、软件工具就显得尤其重要了。

至少应该包括下列一些最基本的软件工具：编辑程序、编译程序或解释程序、浏览工具、调试器（debugger）等。

编译程序或解释程序是最基本、最重要的软件工具。编译与解释的差别主要是速度和效率不同。利用解释程序解释执行用户的源程序，虽然速度慢、效率低，但却可以更方便更灵活地进行调试。编译型语言适于用来开发正式的软件产品，优化工作做得好的编译程序能生成效率很高的目标代码。有些面向对象语言（如 Objective-C）除提供编译程序外，还提供一个解释工具，从而给用户带来很大方便。

某些面向对象语言的编译程序，先把用户源程序翻译成一种中间语言程序，然后再把中间语言程序翻译成目标代码。这样做可能会使得调试器不能理解原始的源程序。在评价调试器时，首先应该弄清楚它是针对原始的面向对象源程序，还是针对中间代码进行调试。如果是针对中间代码进行调试，则会给调试人员带来许多不便。此外，面向对象的调试器，应该能够查看属性值和分析消息连接的后果。

在开发大型系统的时候，需要有系统构造工具和变动控制工具，因此，应该考虑语言本身是否提供了这种工具，或者该语言能否与现有的这类工具很好地集成起来。经验表明，传统的系统构造工具（如 UNIX 的 Make），目前对许多应用系统来说都已经太原始了。

9.1.3 选择面向对象语言

开发人员在选择面向对象语言时，还应该着重考虑以下一些实际因素。

1. 将来能否占主导地位

在若干年以后，哪种面向对象的程序设计语言将占主导地位呢？为了使自己的产品在若干年后仍然具有很强的生命力，人们可能希望采用将来占主导地位的语言编程。

根据目前占有的市场份额，以及专业书刊和学术会议上所做的分析、评价，人们往往能够对未来哪种面向对象语言将占据主导地位做出预测。

但是，最终决定选用哪种面向对象语言的实际因素，往往是诸如成本之类的经济因素而不是技术因素。

2. 可重用性

采用面向对象方法开发软件的基本目的和主要优点，是通过重用提高软件生产率，因此，应该优先选用能够最完整、最准确地表达问题域语义的面向对象语言。

3. 类库和开发环境

决定可重用性的因素，不仅仅是面向对象程序语言本身，开发环境和类库也是非常重要的因素。事实上，语言、开发环境和类库这 3 个因素综合起来，共同决定了可重用性。

考虑类库的时候，不仅应该考虑是否提供了类库，还应该考虑类库中提供了哪些有价值的类。随着类库的日益成熟和丰富，在开发新应用系统时，需要开发人员自己编写的代码将越来越少。

为便于积累可重用的类和重用已有的类，在开发环境中，除了提供前述的基本软件工具外，还应该提供使用方便的类库编辑工具和浏览工具。其中的类库浏览工具应该具有强大的联想功能。

4. 其他因素

在选择编程语言时，应该考虑的其他因素还有：对用户学习面向对象分析、设计和编码技术所能提供的培训服务；在使用这个面向对象语言期间能提供的技术支持；能提供给开发人员使用的开发工具、开发平台和发行平台，对机器性能和内存的需求，集成已有软件的容易程度等。

9.2 程序设计风格

在本书第 5 章已经强调指出，良好的程序设计风格对保证程序质量的重要性。良好的程序设计风格对面向对象实现来说尤其重要，它不仅能明显减少维护或扩充的开销，而且也有助于在新项目中重用已有的程序代码。

良好的面向对象程序设计风格，既包括传统的程序设计风格准则，也包括为适应面向对象方法所特有的概念（如继承性）而必须遵循的一些新准则。

9.2.1　提高可重用性

面向对象方法的一个主要目标，就是提高软件的可重用性。软件重用有多个层次，在编码阶段主要考虑代码重用的问题。一般说来，代码重用有两种：一种是本项目内的代码重用，另一种是新项目重用旧项目的代码。内部重用主要是找出设计中相同或相似的部分，然后利用继承机制共享它们。为做到外部重用（即一个项目重用另一项目的代码），必须有长远眼光，需要反复考虑、精心设计。虽然为实现外部重用所需要考虑的面，比为实现内部重用而需要考虑的面更广，但是，有助于实现这两类重用的程序设计准则却是相同的。下面讲述主要的准则。

1. 提高方法的内聚

一个方法（即服务）应该只完成单个功能。如果某个方法涉及两个或多个不相关的功能，则应该把它分解成几个更小的方法。

2. 减小方法的规模

应该减小方法的规模，如果某个方法规模过大（代码长度超过一页纸可能就太大了），则应该把它分解成几个更小的方法。

3. 保持方法的一致性

保持方法的一致性，有助于实现代码重用。一般来说，功能相似的方法应该有一致的名字、参数特征（包括参数个数、类型和次序）、返回值类型、使用条件、出错条件等。

4. 把策略与实现分开

从所完成的功能看，有两种不同类型的方法：一类方法负责做出决策，提供变元，并且管理全局资源，可称为策略方法；另一类方法负责完成具体的操作，但却并不做出是否执行这个操作的决定，也不知道为什么执行这个操作，可称为实现方法。

策略方法应该检查系统运行状态，并处理出错情况，它们并不直接完成计算或实现复杂的算法。策略方法通常紧密依赖于具体应用，这类方法比较容易编写，也比较容易理解。

实现方法仅仅针对具体数据完成特定处理，通常用于实现复杂的算法。实现方法并不制定决策，也不管理全局资源，如果在执行过程中发现错误，它们应该只返回执行状态而不对错误采取行动。由于实现方法是自含式算法，相对独立于具体应用，因此，在其他应用系统中也可能重用它们。

为提高可重用性，在编程时不要把策略和实现放在同一个方法中，应该把算法的核心部分放在一个单独的具体实现方法中。为此需要从策略方法中提取出具体参数，作为调用实现方法的变元。

5. 全面覆盖

如果输入条件的各种组合都可能出现，则应该针对所有组合写出方法，而不能仅仅针对当前用到的组合情况写方法。例如，如果在当前应用中需要写一个方法，以获取表中第一个元素，则至少还应该为获取表中最后一个元素再写一个方法。

此外，一个方法不应该只能处理正常值，对空值、极限值及界外值等异常情况也应该能够做出有意义的响应。

6. 尽量不使用全局信息

应该尽量降低方法与外界的耦合程度，不使用全局信息是降低耦合度的一项主要措施。

7. 利用继承机制

在面向对象程序中，使用继承机制是实现共享和提高重用程度的主要途径。

（1）调用子过程

最简单的做法是把公共的代码分离出来，构成一个被其他方法调用的公用方法。可以在基类中定义这个公用方法，供派生类中的方法调用，如图 9.1 所示。

（2）分解因子

有时提高相似类代码可重用性的一个有效途径，是从不同类的相似方法中分解出不同的“因子”（即不同的代码），把余下的代码作为公用方法中的公共代码，把分解出的因子作为名字相同算法不同的方法，放在不同类中定义，并被这个公用方法调用，如图 9.2 所示。使用这种途径通常额外定义一个抽象基类，并在这个抽象基类中定义公用方法。把这种途径与面向对象语言提供的多态性机制结合起来，让派生类继承抽象基类中定义的公用方法，可以明显降低为增添新子类而需付出的工作量，因为只需在新子类中编写其特有的代码。

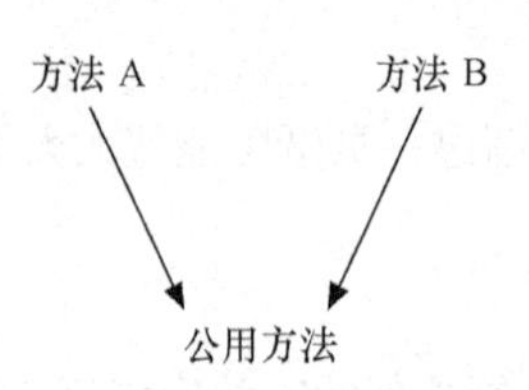

图 9.1 通过调用公用方法实现代码重用

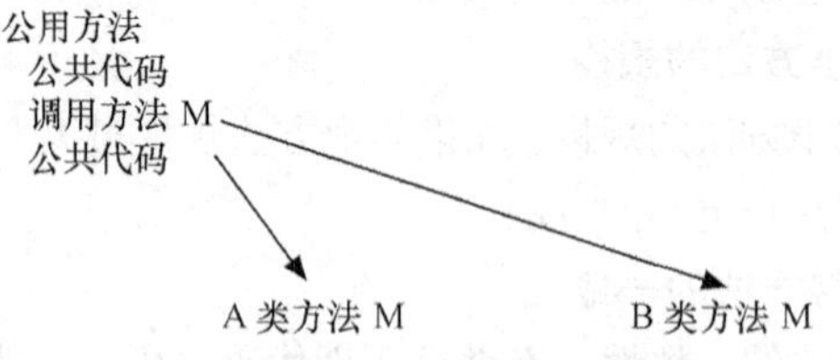

图 9.2 通过因子分解实现代码重用

继承关系的存在意味着子类“即是”父类，因此，父类的所有方法和属性应该都适用于子类。仅当确实存在一般—特殊关系时，使用继承才是恰当的。继承机制使用不当将造成程序难于理解、修改和扩充。

当逻辑上不存在一般—特殊关系时，为重用已有的代码，可以利用委托机制，如本书 8.10.3 小节所述。

（3）把代码封装在类中

程序员往往希望重用用其他方法编写的、解决同一类应用问题的程序代码。重用这类代码的一个比较安全的途径，是把被重用的代码封装在类中。

例如，在开发一个数学分析应用系统的过程中，已知有现成的实现矩阵变换的商品软件包，程序员不想用 C++语言重写这个算法，于是他定义一个矩阵类把这个商品软件包的功能封装在该类中。

9.2.2 提高可扩充性

9.2.1 小节所述的提高可重用性的准则，也能提高程序的可扩充性。此外，下列的面向对象程序设计准则也有助于提高可扩充性。

1. 封装实现策略

应该把类的实现策略（包括描述属性的数据结构、修改属性的算法等）封装起来，对外只提供公有的接口，否则将降低今后修改数据结构或算法的自由度。

2. 不要用一个方法遍历多条关联链

一个方法应该只包含对象模型中的有限内容。违反这条准则将导致方法过分复杂，既不易理解，也不易修改扩充。

3. 避免使用多分支语句

一般说来，可以利用 DO-CASE 语句测试对象的内部状态，而不要用来根据对象类型选择应有的行为，否则在增添新类时将不得不修改原有的代码。应该合理地利用多态性机制，根据对象当前类型，自动决定应有的行为。

4. 精心确定公有方法

公有方法是向公众公布的接口。对这类方法的修改往往会涉及许多其他类，因此，修改公有方法的代价通常都比较高。为提高可修改性，降低维护成本，必须精心选择和定义公有方法。私有方法是仅在类内使用的方法，通常利用私有方法来实现公有方法。删除、增加或修改私有方法所涉及的面要窄得多，因此代价也比较低。

同样，属性和关联也可以分为公有和私有两大类，公有的属性或关联又可进一步设置为具有只读权限或只写权限两类。

9.2.3 提高健壮性

程序员在编写实现方法的代码时，既应该考虑效率，也应该考虑健壮性。通常需要在健壮性与效率之间做出适当的折中。必须认识到，对于任何一个实用软件来说，健壮性都是不可忽略的质量指标。为提高健壮性应该遵守以下几条准则。

1. 预防用户的操作错误

软件系统必须具有处理用户操作错误的能力。当用户在输入数据时发生错误，不应该引起程序运行中断，更不应该造成“死机”。任何一个接收用户输入数据的方法，对其接收到的数据必须进行检查，即使发现了非常严重的错误，也应该给出恰当的提示信息，并准备再次接收用户的输入。

2. 检查参数的合法性

对公有方法，尤其应该着重检查其参数的合法性，因为用户在使用公有方法时可能违反参数的约束条件。

3. 不要预先确定限制条件

在设计阶段，往往很难准确地预测出应用系统中使用的数据结构的最大容量需求。因此不应该预先设定限制条件。如果有必要和可能，则应该使用动态内存分配机制，创建未预先设定限制条件的数据结构。

4. 先测试后优化

为在效率与健壮性之间做出合理的折中，应该在为提高效率而进行优化之前，先测试程序的性能。人们常常惊奇地发现，事实上大部分程序代码所消耗的运行时间并不多。应该仔细研究应用程序的特点，以确定哪些部分需要着重测试（如最坏情况出现的次数及处理时间，可能需要着重测试）。经过测试，合理地确定为提高性能应该着重优化的关键部分。如果实现某个操作的算法有许多种，则应该综合考虑内存需求、速度、实现的简易程度等因素，经合理折中选定适当的算法。

9.3 测试策略

测试计算机软件的经典策略，是从“小型测试”开始，逐步过渡到“大型测试”。用软件测试的专业术语来说，就是从单元测试开始，逐步进入集成测试，最后进行确认测试和系统测试。对于传统的软件系统来说，单元测试集中测试最小的可编译的程序单元（过程模块），一旦把这些单元都测试完之后，就把它们集成到程序结构中去。与此同时，应该进行一系列的回归测试，以发现模块接口错误和新单元加入到程序中所带来的副作用。最后，把系统作为一个整体来测试，以发现软件需求中的错误。测试面向对象软件的策略，与上述策略基本相同，但也有许多新特点。

9.3.1 面向对象的单元测试

当考虑面向对象的软件时，单元的概念改变了。“封装”导致了类和对象的定义，这意味着类和类的实例（对象）包装了属性（数据）和处理这些数据的操作（也称为方法或服务）。现在，最小的可测试单元是封装起来的类和对象。一个类可以包含一组不同的操作，而一个特定的操作也可能存在于一组不同的类中。因此，对于面向对象的软件来说，单元测试的含义发生了很大变化。

不能再孤立地测试单个操作，而应该把操作作为类的一部分来测试。让我们举例说明上述论点：考虑一个类层次，操作 X 在超类中定义并被一组子类继承，每个子类都使用操作 X，但是，X 调用子类中定义的操作并处理子类的私有属性。由于在不同的子类中使用操作 X 的环境有微妙的不同，因此有必要在每个子类的语境中测试操作 X。这就意味着，当测试面向对象软件时，传统的单元测试方法是无效的，我们不能再在“真空”中（即孤立地）测试操作 X。

9.3.2 面向对象的集成测试

因为在面向对象的软件中不存在层次的控制结构，传统的自顶向下和自底向上的集成策略就没有意义了。此外，由于构成类的成分彼此间存在直接或间接的交互，一次集成一个操作到类中（传统的渐增式集成方法），通常是不可能的。

面向对象软件的集成测试有两种不同的策略。

① 基于线程的测试（thread-based testing）。这种策略把响应系统的一个输入或一个事件所需要的一组类集成起来。分别集成并测试每个线程，同时应用回归测试以保证没有产生副作用。

② 基于使用的测试（use-based testing）。这种方法首先测试几乎不使用服务器类的那些类（称为独立类），把独立类都测试完之后，接下来测试使用独立类的下一个层次的类（称为依赖类）。对依赖类的测试一个层次一个层次地持续进行下去，直至把整个软件系统构造完为止。

集群测试（cluster testing）是面向对象软件集成测试的一个步骤。在这个测试步骤中，用精心设计的测试用例检查一群相互协作的类（通过研究对象模型可以确定协作类），这些测试用例力图发现协作错误。

9.3.3 面向对象的确认测试

在确认测试或系统测试层次，不再考虑类之间相互连接的细节。和传统的确认测试一样，面向对象软件的确认测试也集中检查用户可见的动作和用户可识别的输出。为了导出确认测试用例，测试人员应该认真研究动态模型和描述系统行为的脚本，以确定最可能发现用户交互需求错误的情景。

当然，传统的黑盒测试方法（见第5章）也可用于设计确认测试用例。但是，对于面向对象的软件来说，主要还是根据动态模型和描述系统行为的脚本来设计确认测试用例。

9.4 设计测试用例

目前，面向对象软件的测试用例的设计方法，还处于研究、发展阶段。与传统软件测试（测试用例的设计由软件的输入—处理—输出视图或单个模块的算法细节驱动）不同，面向对象测试关注于设计适当的操作序列以检查类的状态。

9.4.1　测试类的方法

前面已经讲过，软件测试从“小型”测试开始，逐步过渡到“大型”测试。对面向对象的软件来说，小型测试着重测试单个类和类中封装的方法。测试单个类的方法主要有随机测试、划分测试和基于故障的测试 3 种。

1. 随机测试

下面通过银行应用系统的例子，简要地说明这种测试方法。该系统的 account（账户）类有下列操作：open（打开），setup（建立），deposit（存款），withdraw（取款），balance（余额），summarize（清单），creditLimit（透支限额）和 close（关闭）。每个操作都可以应用于 account 类的实例，但是，该系统的性质也对操作的应用施加了一些限制。例如，必须在应用其他操作之前先打开账户，在完成了全部操作之后应该关闭账户。即使有这些限制，可做的操作也有许多种排列方法。一个 account 类实例的最小行为历史包括下列操作：

open · setup · deposit · withdraw · close

这就是对 account 类的最小测试序列。但是，在下面的序列中可能发生许多其他行为：

open · setup · deposit ·〔deposit|withdrew|balance|summarize|creditLimit〕n · withdraw · close

从上列序列可以随机地产生一系列不同的操作序列，例如：

测试用例#r1：open · setup · deposit · deposit · balance · summarize · withdraw · close

测试用例#r2：open · setup · deposit · withdraw · deposit · balance · creditLimit · withdraw · close

执行上述这些及另外一些随机产生的测试用例，可以测试类实例的不同生存历史。

2. 划分测试

与测试传统软件时采用等价划分方法类似，采用划分测试（partitiontesting）方法可以减少测试类时所需要的测试用例的数量。首先，把输入和输出分类，然后设计测试用例以测试划分出的每个类别。下面介绍划分类别的方法。

（1）基于状态的划分

这种方法根据类操作改变类状态的能力来划分类操作。让我们再一次考虑 account 类，状态操作包括 deposit 和 withdraw，而非状态操作有 balance、summarize 和 creditLimit。设计测试用例，以分别测试改变状态的操作和不改变状态的操作。例如，用这种方法可以设计出如下的测试用例：

测试用例#p1：open · setup · deposit · deposit · withdraw · withdraw · close

测试用例#p2：open · setup · deposit · summarize · creditLimit · withdraw · close

测试用例#P1 改变状态，而测试用例#P2 测试不改变状态的操作（在最小测试序列中的操作除外）。

（2）基于属性的划分

这种方法根据类操作使用的属性来划分类操作。对于 account 类来说，可以使用属性 balance 来定义划分，从而把操作划分成 3 个类别：

◇ 使用 balance 的操作；

◇ 修改 balance 的操作；

◇ 不使用也不修改 balance 的操作。

然后，为每个类别设计测试序列。

（3）基于功能的划分

这种方法根据类操作所完成的功能来划分类操作。例如，可以把 account 类中的操作分类为初始化操作（open，setup）、计算操作（deposit，withdraw）、查询操作（balance，summarize，creditLimit）

和终止操作（close）。然后为每个类别设计测试序列。

3. 基于故障的测试

基于故障的测试（fault-basedtesting）与传统的错误推测法类似，也是首先推测软件中可能有的错误，然后设计出最可能发现这些错误的测试用例。例如，软件工程师经常在问题的边界处犯错误，因此，在测试 SQRT（计算平方根）操作（该操作在输入为负数时返回出错信息）时，应该着重检查边界情况：一个接近零的负数和零本身。其中“零本身”用于检查程序员是否犯了如下错误：

把语句 if(x>=0) calculate-square-root( );

误写成 if(x>0) calculate-square-root( );

为了推测出软件中可能有的错误，应该仔细研究分析模型和设计模型，而且在很大程度上要依靠测试人员的经验和直觉。如果推测得比较准确，则使用基于故障的测试方法能够用相当低的工作量发现大量错误；反之，如果推测不准，则这种方法的效果并不比随机测试技术的效果好。

9.4.2 集成测试方法

开始集成面向对象系统以后，测试用例的设计变得更加复杂。在这个测试阶段，必须对类间协作进行测试。为了举例说明设计类间测试用例的方法，我们扩充 9.4.1 小节引入的银行系统的例子，使它包含图 9.3 所示的类和协作。图中箭头方向代表消息的传递方向，箭头线上的标注给出了作为由消息所蕴含的协作的结果而调用的操作。

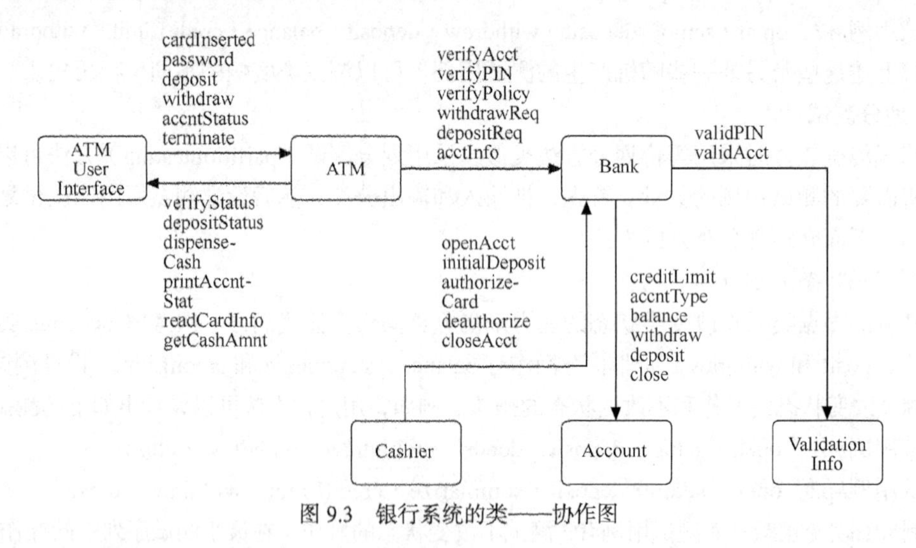

图 9.3 银行系统的类——协作图

和测试单个类相似，测试类协作可以使用随机测试方法和划分测试方法，以及基于情景的测试和行为测试来完成。

1. 多类测试

Kirani 和 Tsai 建议使用下列步骤，以生成多个类的随机测试用例。

◇ 对每个客户类，使用类操作符列表来生成一系列随机测试序列。这些操作符向服务器类实例发送消息。

◇ 对所生成的每个消息，确定协作类和在服务器对象中的对应操作符。

◇ 对服务器对象中的每个操作符（已经被来自客户对象的消息调用），确定传递的消息。

◇ 对每个消息，确定下一层被调用的操作符，并把这些操作符结合进测试序列中。

为了说明怎样用上述步骤生成多个类的随机测试用例，考虑 Bank 类相对于 ATM 类（见图 9.3）

的操作序列：

verifyAcct・verifyPIN・[〔verifyPolicy　withdrawReq〕depositReqacctInfoREQ]n

对 Bank 类的随机测试用例可能是：

测试用例#r3：verifyAcct・verifyPIN・depositReq

为了考虑在上述这个测试中涉及的协作者，需要考虑与测试用例#r3 中的每个操作相关联的消息。Bank 必须和 ValidationInfo 协作以执行 verifyAcct 和 verifyPIN，Bank 还必须和 Account 协作以执行 depositReq。因此，测试上面提到的协作的新测试用例是：

测试用例#r4：verifyAcctBank・[validAcctValidationInfo]・verifyPINBank・[validPINvalidationInfo]・deposiReq・[depositaccount]

多个类的划分测试方法类似于单个类的划分测试方法（见 9.4.1 小节）。但是，对于多类测试来说，应该扩充测试序列以包括那些通过发送给协作类的消息而被调用的操作。另一种划分测试方法，是根据与特定类的接口来划分类操作。如图 9.3 所示，Bank 类接收来自 ATM 类和 Cashier 类的消息，因此，可以通过把 Bank 类中的方法划分成服务于 ATM 的和服务于 Cashier 的两类来测试它们。还可以用基于状态的划分（见 9.4.1 小节），进一步精化划分。

2. 从动态模型导出测试用例

在本书第 6 章中已经讲过，怎样用状态转换图作为表示类的动态行为模型。类的状态图可以帮助我们导出测试该类（及与其协作的那些类）的动态行为的测试用例。图 9.4 给出了前面讨论过的 account 类的状态图。从图 9.4 可见，初始转换经过了 emptyacct 和 setupacct 这两个状态，而类实例的大多数行为发生在 workingacct 状态中，最终的 withdraw 和 close 使得 account 类分别向 nonworkingacct 状态和 deadacct 状态转换。

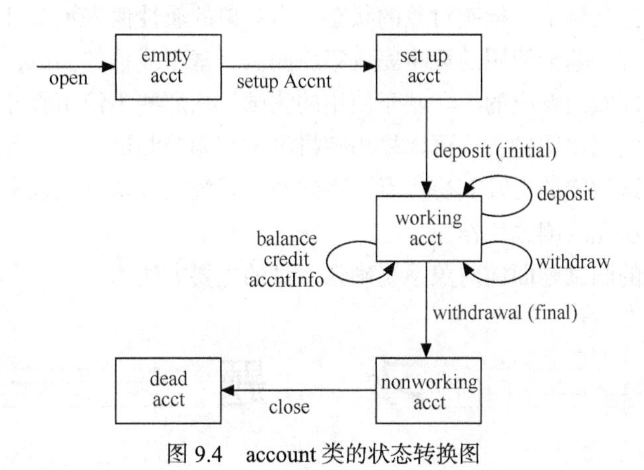

图 9.4　account 类的状态转换图

设计出的测试用例应该覆盖所有状态，也就是说，操作序列应该使得 account 类实例遍历所有允许的状态转换。例如：

测试用例#s1：open・setupAccnt・deposit（initial）・withdraw（final）・close

注意，上面列出的序列与 9.4.1 小节讨论的最小测试序列相同。向最小序列中加入附加的测试序列，可以得出其他测试用例：

测试用例#s2：open・setupAccnt・deposit（initial）・deposit・balance・credit・with-draw（final）・close

测试用例#s3：open・setupAccnt・deposit（initial）・deposit・withdraw・accntInfo・withdraw（final）・close

还可以导出更多测试用例，以保证该类的所有行为都被适当地测试了。在类的行为导致与一个或多个类协作的情况下，使用多个状态图去跟踪系统的行为流。

小　　结

面向对象方法学把分析、设计和实现很自然地联系在一起了。虽然面向对象设计原则上不依赖于特定的实现环境，但是实现结果和实现成本却在很大程度上取决于实现环境。因此，直接支持面向对象设计范型的面向对象程序语言、开发环境及类库，对于面向对象实现来说是非常重要的。

为了把面向对象设计结果顺利地转变成面向对象程序，首先应该选择一种适当的程序设计语言。面向对象的程序设计语言非常适合用来实现面向对象设计结果。事实上，具有方便的开发环境和丰富的类库的面向对象程序设计语言，是实现面向对象设计的最佳选择。

良好的程序设计风格对于面向对象实现来说格外重要。它既包括传统的程序设计风格准则，也包括与面向对象方法的特点相适应的一些新准则。面向对象方法学使用独特的概念和技术完成软件开发工作，因此，在测试面向对象程序的时候，除了继承传统的测试技术之外，还必须研究与面向对象程序特点相适应的新的测试技术。

面向对象测试的总目标与传统软件测试的目标相同，也是用最小的工作量发现最多的错误。但是，面向对象测试的策略和技术与传统测试有所不同，测试的焦点从过程构件（模块）移向了对象类。

一旦完成了面向对象程序设计，就开始对每个类进行单元测试。测试类时使用的方法主要有随机测试、划分测试和基于故障的测试。每种方法都测试类中封装的操作。应该设计测试序列以保证相关的操作受到充分测试。检查对象的状态（由对象的属性值表示），以确定是否存在错误。

可以采用基于线程或基于使用的策略完成集成测试。基于线程的测试，集成一组相互协作以对某个输入或某个事件做出响应的类。基于使用的测试，从那些不使用服务器类的类开始，按层次构造系统。设计集成测试用例，也可以采用随机测试和划分测试方法。此外，从动态模型导出的测试用例，可以测试指定的类及其协作者。面向对象系统的确认测试也是面向黑盒的，并且可以应用传统的黑盒方法完成测试工作。

但是，基于情景的测试是面向对象系统确认测试的主要方法。

习　　题

一、判断题

（1）面向对象设计的结果，既可以用面向对象语言，也可以用非面向对象语言实现。（　　）

（2）一般来说，应该尽量选用面向对象语言来实现面向对象分析、设计的结果。（　　）

（3）良好的面向对象程序设计风格，既包括传统的程序设计风格准则，也包括为适应面向对象方法所特有的概念（如继承性）而必须遵循的一些新准则。（　　）

（4）面向对象测试用例的设计由软件的输入—处理—输出视图或单个模块的算法细节驱动。（　　）

（5）面向对象系统的确认测试是面向白盒的，并且可以应用传统的白盒方法完成测试工作。（　　）

二、选择题

1. 面向对象的实现主要包括（　　）。

   A. 把面向对象设计用某种程序设计语言书写为面向对象程序，测试并调试面向对象的程序

   B. 面向对象设计

   C. 选择面向对象语言

   D. 单元测试

2. 面向对象程序设计语言不同于其他语言的最主要特点是（　　）。

   A. 模块性　　B. 抽象性　　C. 继承性　　D. 内聚性

3. 面向对象的测试与传统测试方法的主要区别是（　　）。

   A. 面向对象的测试可在编码前进行，传统测试方法在编码后进行

   B. 面向对象的测试以需求和设计阶段的测试为主，不需要进行代码测试

   C. 测试对象不同

   D. 面向对象的测试不需要设计测试用例，只需要进行会议评审

三、简答题

1. 面向对象实现应该选用哪种程序设计语言？为什么？
2. 面向对象程序设计语言主要有哪些技术特点？
3. 选择面向对象程序设计语言时主要应该考虑哪些因素？
4. 良好的面向对象程序设计风格主要有哪些准则？
5. 测试面向对象软件时，单元测试、集成测试和确认测试各有哪些新特点？
6. 面向对象的测试和传统开发方法的测试有什么不同？

第10章 统一建模语言

面向对象分析与设计方法的发展在20世纪80年代末到90年代中出现了一个高潮,统一建模语言(UML)就是这个高潮的产物。UML是由面向对象方法领域的3位著名专家Grady Booch、James Rumbaugh和Ivar Jacobson提出的,不仅统一了他们3人的表示方法,而且融入了众多优秀的软件方法和思想,从而把面向对象方法提高到一个崭新的高度,标志着面向对象建模方法进入了第三代。UML已得到许多世界知名公司的使用和支持,并于1997年11月17日被OMG(Object Management Group)组织采纳,成为面向对象建模的标准语言。目前为止,OMG提交给国际标准化组织(ISO)的UML 1.4版已经通过审核成为国际标准(ISO/IEC 19501:2005)。

十几年来,UML已经迅速成长为一个事实上的工业标准。不论在计算机学术界、软件产业界还是在商业界,UML已经逐渐成为人们为各种系统建模、描述系统体系结构、商业体系结构和商业过程时使用的统一工具,并且在实践过程中人们还在不断扩展它的应用领域。

本书3.6节和6.6节已经简要地介绍了UML提供的状态图和类图,本章再对UML作一个较系统全面的介绍。

10.1 概　　述

10.1.1 UML的产生和发展

面向对象建模语言在20世纪70年代中期开始出现,其后众多的面向对象方法学家都在尝试用不同的方法进行面向对象分析与设计。1989年～1994年,面向对象建模语言的数量从不到10种增加到50多种。虽然每种建模语言的创造者都在努力推广自己的方法,并在实践中不断完善,但是,面向对象方法的用户并不了解不同建模语言的优缺点及它们之间的差异,很难在实际工作中根据应用的特点选择合适的建模语言,甚至爆发了一场"方法大战"。到了20世纪90年代中期,出现了第二代面向对象方法,其中最著名的是Booch、OOSE(object oriented software engineering,面向对象软件工程)、OMT(object modeling technique,面向对象建模技术)等方法。

Booch是面向对象方法最早的倡导者之一,他提出了OOAD(object-oriented analysis and design,面向对象分析与设计)的概念。1991年他把以前面向Ada的工作扩展到整个面向对象设计领域。他提出的Booch方法(Booch Method)比较适合于系统的设计和构造。

Rumbaugh等人提出的OMT方法,采用了面向对象的概念,并引入了各种独立于语言的表示符号。这种方法用对象模型、动态模型和功能模型,共同完成对整个系统的建模,所定义的概念和符号适用于软件开发的分析、设计和实现的全过程，软件开发人员无须在开发过程的不同阶段进行概念和符号的转换。OMT 是 UML 的前身。许多 OMT 中的模型元素与 UML 是通用的。

Jacobson 于 1994 年提出了 OOSE 方法，其最大特点是面向用例（use case），并在用例的描述中引入了外部角色（actor）的概念。用例的概念是精确描述需求的重要工具，用例贯穿于整个开发过程，包括对系统的测试和验证过程。OOSE 比较适合支持商业工程和需求分析。

面对众多的建模语言，用户很难找到一种最适合其应用特点的语言，而且不同建模语言之间存在的细微差别极大地妨碍了用户之间的交流。面向对象方法发展的客观现实，要求在精心比较不同建模语言的优缺点及总结面向对象技术应用经验的基础上，组织联合设计小组，根据应用的需要，集中各种面向对象方法的优点，克服缺点，统一建模语言。

1994 年 10 月，Booch 和 Rumbaugh 开始致力于统一建模语言的工作，他们首先把 Booch 1993 和 OMT 统一起来，并于 1995 年 10 月发布了第一个公开版本，称为“统一方法（unified method）” UM 0.8。1995 年秋，OOSE 方法的创始人 Jacobson 也加入到这项工作中，并贡献了他的用例思想。经过 3 个人的共同努力，于 1996 年 6 月和 10 月分别发布了两个新的版本，即 UML 0.9 和 UML 0.91，并把 UM 改名为 UML（unified modeling language，统一建模语言）。

1997 年 1 月，UML 1.0 被提交给对象管理组织（OMG），作为标准化软件建模语言的候选者。在其后的半年多时间里，许多重要的软件开发商和系统集成商，如 Microsoft、IBM、HP、Oracle、Rational Software 等，都成为“UML 伙伴”，它们积极地使用 UML 并提出反馈意见，以完善、加强和促进 UML 的定义工作，对 UML 1.1（1997 年 9 月）的定义和发布起了重要的促进作用。1997 年 9 月，UML 1.1 再次被提交给 OMG，并于 1997 年 11 月 17 日正式被 OMG 采纳作为基于面向对象技术的标准建模语言。此后，UML 一直没有停止前进的步伐，1998 年、1999 年和 2000 年分别发布了 UML 1.2、UML 1.3 和 UML 1.4，并在 2001 年经过重要修订后推出 UML 2.0。

10.1.2　UML 的系统结构

UML 是一种书写软件蓝图的标准语言。UML 通过可视化、规范化和文档化的工件（artifact）来分析、设计和构建软件密集型的系统。UML 是一门覆盖了广泛和多样化的应用领域的语言。UML 的建模能力并不是所有的应用领域都必须全部使用，所以 UML 本身也是模块化的。UML 的模型概念被分组成语言单元（language unit）。每个语言单元包括一组紧耦合的模型概念用来描述目标系统的某一方面。例如，状态机语言单元可以让建模者使用状态图的形式化方法描述离散事件驱动的系统行为；活动图语言单元则是使用基于流程图的方式来描述系统行为。从用户的角度来看，UML 的这种分区机制可以让用户只关心他们需要构建的目标系统模型相关的那部分知识。UML 用户可以不必掌握 UML 全部也能有效地运用 UML。

UML 规范为了适应正式规格化技术的需求，通过使用元模型化（metamodeling）方式来定义的。这一方式虽然缺乏正式规格化方法，但对于实现者和使用者来说却是更加直观和实用。

1. UML 的设计原则

UML 元模型满足以下几条设计原则。

◇ 模块化——把强内聚和松耦合的原则应用到分组构建包（package）和组织特征成为元类（metaclass）。

◇ 分层化——有两种分层方式被运用到 UML 元模型中，一是通过包结构分层将元语言核心构件与用到它们的高层构件区分开，二是使用一个四层元模型架构模式来分离跨越层之间抽象的关注点。

◇ 分区化——分区用来在同一层组织概念领域。

◇ 可扩展——UML 使用两种方式来扩展：一是为特定平台（如 J2EE、.NET 等）和特定领域（如金融、电信，宇航等）定义一组新的方言；二是重用基础架构库的包来定义新的语言。前一种方式是定义新的方言，而后一种方式是给 UML 语言家族增添新成员。

◇ 可重用——通过重用一组细化和弹性化的元模型库来定义 UML 元模型，同时还定义了其他架构相关的元模型，如元对象设施（meta object facility，MOF）和公用仓库元模型（common warehouse metamodel，CWM）。

2. UML 的语义

UML 的语义是定义在一个 4 层（4 个抽象级别）建模概念框架中的，这 4 层分别介绍如下。

（1）元元模型（meta-metamodel）层：由 UML 最基本的元素“事物（thing）”组成，代表要定义的所有事物。

（2）元模型（metamodel）层：由 UML 基本元素组成，包括面向对象和面向构件的概念。这一层的每个概念都是元元模型中“事物”概念的实例（通过构造型）。

（3）模型（model）层：由 UML 模型组成，这一层的每个概念都是元模型层中概念的实例（通过构造型化）。这一层的模型通常称为类模型或类型模型。

（4）用户模型（user model）层：由 UML 模型的例子组成，这一层中的每个概念都是模型层的一个实例（通过分类），也是元模型层概念的一个实例（通过构造型化）。这一层的模型通常称为对象模型或实例模型。

3. UML 的表示法

UML 由视图（view）、图（diagram）、模型元素（model element）、通用机制（general mechanism）等几个部分组成。

（1）视图：为了完整地描述一个系统，往往需要描述该系统的许多方面。用视图可以表示被建模系统的各个方面，也就是说，从不同目的出发可以为系统建立多个模型，这些模型都描述同一个系统，只是描述的角度不同，它们之间具有一致性。

（2）图：图是用来表达一个视图的内容的，通常，一个视图由多张图组成。UML 共定义了 9 种不同的图，把它们有机地结合起来就可以描述系统的所有视图。

（3）模型元素：可以在图中使用的概念（如用例、类、对象、消息和关系），统称为模型元素。模型元素在图中用相应的视图元素（图形符号）表示。一个模型元素可以用在多个不同的图中，不管怎样使用，它总是具有相同的含义和相同的符号表示。

（4）通用机制：UML 利用通用机制为图附加一些额外的信息，如可以在“笔记”中书写注释，或用“标签值”说明模型元素的性质等。此外，它还提供扩展机制（如构造型、标签值、约束），使 UML 能够适应一种特殊方法或满足某些特殊用户的需要。

10.1.3 UML 的图

UML 主要用图来表达模型的内容，而图又由代表模型元素的图形符号组成。学会使用 UML 的图，是学习、使用 UML 的关键。本小节概括地介绍 UML 的图，后面各节还将结合实例更详细地讲述 UML 的图。

UML 的主要内容可以用下述 5 类图（共 9 种图形）来定义。

1. 用例图

用例是对系统提供的功能（即系统的具体用法）的描述。用例图（use-case diagram）从用户的角度描述系统功能，并指出各个功能的操作者。用例图定义了系统的功能需求。

2. 静态图

静态图（static diagram）描述系统的静态结构，属于这类图的有类图（class diagram）和对象图（object diagram）。类图不仅定义系统中的类，表示类与类之间的关系（如关联、依赖、泛化、细化等关系），也表示类的内部结构（类的属性和操作）。类图描述的是一种静态关系，在系统的整个生命期内都是有效的。

对象图是类图的实例，它使用几乎与类图完全相同的图示符号。两者之间的差别在于，对象图表示的是类的多个对象实例，而不是实际的类。由于对象有生命周期，因此对象图只能在系统的某个时间段内存在。一般说来，对象图没有类图重要，它主要用来帮助对类图的理解，也可用在协作图中，表示一组对象之间的动态协作关系。

3. 行为图

行为图（behavior diagram）描述系统的动态行为和组成系统的对象间的交互关系，包括状态图（state diagram）和活动图（activity diagram）两种图形。状态图描述类的对象可能具有的所有状态，以及引起状态变化的事件，状态变化称做状态转换。通常，状态图是对类图的补充。实际使用时，并不需要为每个类都画状态图，仅需要为那些有多个状态，且其行为在不同状态有所不同的类画状态图。

活动图描述为满足用例要求而进行的动作以及动作间的关系。活动图是状态图的一个变种，它是另一种描述交互的方法。

4. 交互图

交互图（interactive diagram）描述对象间的交互关系，包括顺序图（sequence diagram）和协作图（collaboration diagram）两种图形。顺序图显示若干个对象间的动态协作关系，它强调对象之间发送消息的先后次序，描述对象之间的交互过程。

协作图与顺序图类似，也描述对象间的动态协作关系。除了显示对象间发送的消息之外，协作图还显示对象及它们之间的关系（称为上下文相关）。由于顺序图和协作图都描述对象间的交互关系，所以建模者可以选择其中一种表示对象间的协作关系：如果需要强调时间和顺序，最好选用顺序图；如果需要强调上下文相关，最好选择协作图。

5. 实现图

实现图（implementation diagram）提供关于系统实现方面的信息，构件图（component diagram）和部署图（deployment diagram）属于这类图。构件图描述代码构件的物理结构及各个构件之间的依赖关系。构件可能是源代码、二进制文件或可执行文件。使用构件图有助于分析和理解构件之间的相互影响。

部署图用来定义系统中软件和硬件的物理体系结构。通常，部署图中显示实际的计算机和设备（用节点表示），以及各个节点之间的连接关系，也可以显示连接的类型及构件之间的依赖关系。在节点内部显示可执行的构件和对象，以清晰地表示出哪个软件单元运行在哪个节点上。

10.1.4 UML的应用领域

UML是一种建模语言，是一种标准的表示方法，而不是一种完整的方法学，因此，人们可以用各种方法使用UML。但无论采用何种方法，它们的基础都是UML的图，这就是UML的最终用途——为不同领域的人提供统一的交流方法。

UML的重要性在于，表示方法的标准化有效地促进了不同背景的人们的交流，有效地促进了软件分析、设计、编码和测试人员的相互理解。

UML 尽可能多地结合了世界范围内面向对象项目的成功经验，因此，它的价值在于它体现了世界上面向对象方法实践的最成功的经验，并以建模语言的形式把它们集成起来，以适应开发大型复杂系统的要求。

UML 的目标是，用面向对象的图形方式来描述任何类型的系统，因此，具有很宽的应用领域。其中最常用的是建立软件系统的模型，但是它同样也可以用于描述非计算机软件的其他系统，如机械系统、商业系统、企业机构或业务过程、处理复杂数据的信息系统、具有实时要求的工业系统或工业过程等。总之，UML 是一个通用的标准建模语言，可以为任何具有静态结构和动态行为的系统建立模型。

UML 适用于系统开发的全过程，它的应用贯穿于从需求分析到系统建成后测试的各个阶段。

◇ 需求分析：可以用用例来捕获用户的需求。通过用例建模，可以描述对系统感兴趣的外部角色及其对系统的功能要求（用例）。

◇ 分析：分析阶段主要关心问题域中的基本概念（如抽象、类、对象等）和机制，需要识别这些类以及它们相互间的关系，可以用 UML 的逻辑视图和动态视图来描述。类图描述系统的静态结构，协作图、顺序图、活动图和状态图描述系统的动态行为。在这个阶段只为问题域的类建模，而不定义软件系统的解决方案细节（如处理用户接口、数据库、通信、并行性等问题的类）。

◇ 设计：把分析阶段的结果扩展成技术解决方案，加入新的类来定义软件系统的技术方案细节。设计阶段用和分析阶段类似的方式使用 UML。

◇ 构造（编码）：这个阶段的任务是把来自设计阶段的类转换成某种面向对象程序设计语言的代码。

◇ 测试：对系统的测试通常分为单元测试、集成测试、系统测试、验收测试等几个不同的步骤。UML 模型可作为测试阶段的依据，不同测试小组使用不同的 UML 图作为他们工作的依据：单元测试使用类图和类规格说明；集成测试使用构件图和协作图；系统测试使用用例图来验证系统的行为；验收测试由用户进行，用与系统测试类似的方法，验证系统是否满足在分析阶段确定的所有需求。

总之，UML 适用于以面向对象方法来描述任何类型的系统，而且适用于系统开发的全过程，从需求规格描述直到系统建成后的测试和维护阶段。

10.2 静态建模机制

任何建模语言都以静态建模机制为基础，UML 也不例外。UML 的静态建模机制包括用例（use case）图、类图、对象图、包等。

10.2.1 用例

1. 用例

长期以来，在传统的和面向对象的软件开发中，人们往往根据典型的使用情景来了解需求。但是，这些使用情景是非正式的，虽然经常使用，却难以建立正式的文档。用例模型由 Ivar Jacobson 在开发 AXE 系统时首先使用，并加入到由他所倡导的 OOSE 和 Objectory 方法中。用例方法引起了面向对象领域的极大关注。自 1994 年 Ivar Jacobson 的著作出版后，面向对象领域已普遍接受了用例概念，并认为它是第二代面向对象技术的标志。

用例描述的是外部行为者（actor）所理解的系统功能。用例应用于需求分析阶段，它的建立是系统开发者和用户反复讨论的结果，描述了开发者和用户对需求规格所达成的共识。首先，它描述了对目标系统的功能需求；其次，它把系统看做黑盒子，从外部行为者的角度来理解系统；第三，它驱动了需求分析之后各阶段的开发工作，不仅保证了在开发过程中实现系统的所有功能，而且被用来验证和检测所开发出的系统，从而影响到开发过程的各个阶段和 UML 的各个模型。在 UML 中，把用用例图建立起来的系统模型称为用例模型。因此，用例图是进行需求分析和建立系统功能模型的强有力工具。

在 UML 中，组成用例图的主要元素是系统、用例、行为者以及用例之间的关系。

例如，图 10.1 所示为自动售货机系统的用例图。图中的矩形框代表系统，椭圆代表用例（售货、供货和取货款是自动售货机系统的典型用例），线条人代表行为者，它们之间的连线表示相互之间的关系。下面介绍组成用例图的 4 种主要元素。

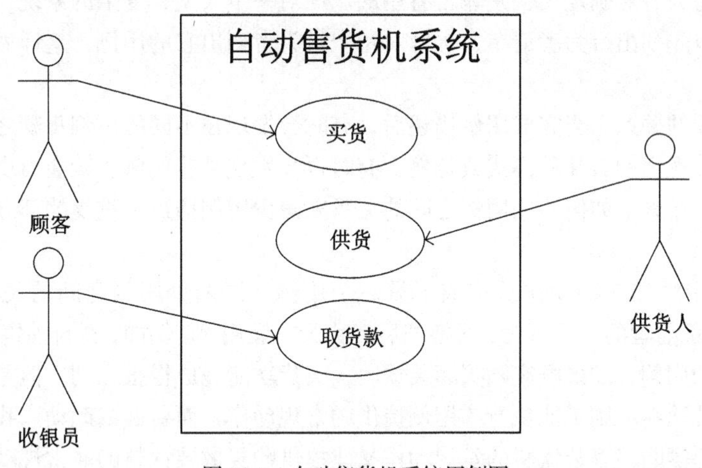

图 10.1 自动售货机系统用例图

（1）系统：系统被看做是一个提供用例的黑盒子，内部如何工作、用例如何实现，这些对于建立用例模型来说都是不重要的。

代表系统的方框的边线表示系统的边界，用于划定系统的功能范围、定义了系统所具有的功能。描述该系统功能的用例置于方框内，代表外部实体的行为都置于方框外。

（2）用例：一个用例是可以被行为者感受到的、系统的一个完整的功能。在 UML 中把用例定义成系统完成的一系列动作，动作的结果能被特定的行为者察觉到。这些动作除了完成系统内部的计算与工作外，还包括与一些行为者的通信。用例通过关联与行为者连接，关联指出一个用例与哪些行为者交互，这种交互是双向的。

用例具有下述特征：

◇ 用例代表某些用户可见的功能，实现一个具体的用户目标；

◇ 用例总是被行为者启动的，并向行为者提供可识别的值；

◇ 用例必须是完整的。

注意，用例是一个类，它代表一类功能而不是使用该功能的某个具体实例。用例的实例是系统的一种实际使用方法，通常把用例的实例称为脚本。脚本是系统的一次具体执行过程，例如，在自动售货机系统中，张三投入硬币购买矿泉水，系统收到钱后把矿泉水送出来，上述过程就是一个脚本；李四投币买可乐，但是可乐已卖完了，于是系统给出提示信息并把钱退还给李四，这个过程是另一个脚本。

（3）行为者：行为者（actor）是指与系统交互的人或其他系统，它代表外部实体。使用用例并且与系统交互的任何人或物都是行为者。

行为者代表一种角色，而不是某个具体的人或物。例如，在自动售货机系统中，使用售货功能的人既可以是张三（买矿泉水）也可以是李四（买可乐），但是不能把张三或李四这样的个体对象称为行为者。事实上，一个具体的人可以充当多种不同的角色。例如，某个人既可以为售货机添加物品（执行供货功能），又可以把售货机中的钱取走（执行取货款功能）。

在用例图中，连接行为者和用例的直线，表示两者之间交换信息，称为通信联系。行为者触发（激活）用例，并与用例交换信息。单个行为者可与多个用例联系；反之，一个用例也可与多个行为者联系。对于同一个用例而言，不同行为者起的作用也不同。可以把行为者分成主行为者和副行为者，还可分成主动行为者和被动行为者。

实践表明，行为者对确定用例是非常有用的。面对一个大型、复杂的系统，要列出用例清单往往很困难，可以先列出行为者清单，再针对每个行为者列出它的用例。这样做可以比较容易地建立起用例模型。

（4）用例之间的关系。当完成用例描述后，有时会发现在不同的用例步骤之间有一定的相似性；有时可能会发现用例有几种模式或特例；有时也会发现某些用例步骤会出现多个流程。下面将分别描述这些些场景下如何使用用例之间的关系来减少用例描述中重复的部分。

① 扩展关系。

向一个用例中添加一些动作后构成了另一个用例，这两个用例之间的关系就是扩展关系（extend），后者继承前者的一些行为，通常把后者称为扩展用例。例如，在自动售货机系统中，“买货”是一个基本的用例，如果顾客购买罐装饮料，买货功能完成得很顺利。但是，如果顾客要购买用纸杯装的散装饮料，则不能执行该用例提供的常规动作，而要做些改动。我们可以修改买货用例，使之既能提供购买罐装饮料的常规动作又能提供购买散装饮料的非常规动作。但是，这将把该用例与一些特殊的判断和逻辑混杂在一起，使正常的流程晦涩难懂。图 10.2 中把常规动作放在“买货”用例中，而把非常规动作放置于“购买散装饮料”用例中，这两个用例之间的关系就是扩展关系。在用例图中，用例之间的扩展关系图示为带构造型<<extend>>的关系。

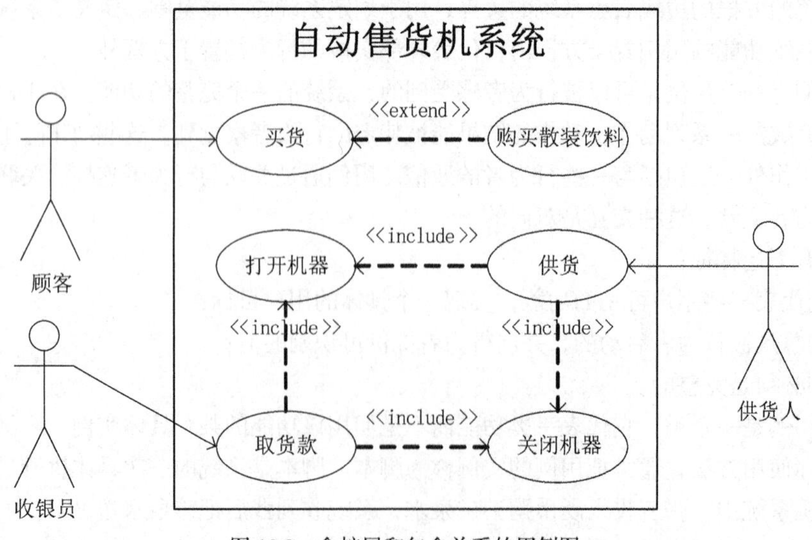

图 10.2　含扩展和包含关系的用例图

② 包含关系。

当一个用例包含另一个用例的全部步骤时，这两个用例之间就构成了包含关系（include）。一般说来，如果在若干个用例中有某些相同的动作，则可以把这些相同的动作提取出来单独构成一个用例（称为抽象用例）。这样，当某个用例使用该抽象用例时，就好像这个用例包含了抽象用例中的所有动作。例如，在自动售货机系统中，"供货"和"取货款"这两个用例的开始动作都是去掉机器保险并打开它，而最后的动作都是关上机器并加上保险，可以从这两个用例中把开始的动作抽象成"打开机器"用例，把最后的动作抽象成"关闭机器"用例。于是，"供货"和"取货款"用例在执行时必须使用上述的两个抽象用例，它们之间便构成了包含关系。在用例图中，用例之间的包含关系用带构造型<<include>>的关系表示，如图 10.2 所示。

请注意扩展与包含之间的异同：这两种关系都意味着从几个用例中抽取那些公共的行为并放入一个单独的用例中，而这个用例被其他用例使用或扩展，但是，包含和扩展的目的是不同的。通常在描述一般行为的变化时采用扩展关系；在两个或多个用例中出现重复描述又想避免这种重复时，可以采用包含关系。

2. 建立用例模型

几乎在任何情况下都需要使用用例，通过用例可以获取用户需求，规划和控制项目。获取用例是需求分析阶段的主要工作之一，而且是首先要做的工作。大部分用例将在项目的需求分析阶段产生，并且随着开发工作的深入还会发现更多用例，这些新发现的用例都应及时补充进已有的用例集中。用例集中的每个用例都是对系统的一个潜在的需求。

一个用例模型由若干幅用例图组成。创建用例模型的工作包括：定义系统，寻找行为者和用例、描述用例，定义用例之间的关系，确认模型。其中，寻找行为者和用例是关键。

（1）寻找行为者：为获取用例首先要找出系统的行为者，可以通过请系统的用户回答一些问题的办法来发现行为者。下述问题有助于发现行为者。

◇ 谁将使用系统的主要功能？

◇ 谁需要借助系统的支持来完成日常工作？

◇ 谁来维护和管理系统？

◇ 系统控制哪些硬件设备？

◇ 系统需要与哪些其他系统交互？

◇ 哪些人或系统对本系统产生的结果（值）感兴趣？

（2）寻找用例：一旦找到了行为者，就可以通过请每个行为者回答下述问题来获取用例。

◇ 行为者需要系统提供哪些功能？行为者自身需要做什么？

◇ 行为者是否需要读取、创建、删除、修改或存储系统中的某类信息？

◇ 系统中发生的事件需要通知行为者吗？行为者需要通知系统某些事情吗？从功能观点看，这些事件能做什么？

◇ 行为者的日常工作是否因为系统的新功能而被简化或提高了效率？

还有一些不是针对具体行为者而是针对整个系统的问题，也能帮助建模者发现用例，例如：

◇ 系统需要哪些输入/输出？输入来自何处？输出到哪里去？

◇ 当前使用的系统（可能是人工系统）存在的主要问题是什么？

注意，最后这两个问题并不意味着没有行为者也可以有用例，只是在获取用例时还不知道行为者是谁。事实上，一个用例必须至少与一个行为者相关联。

10.2.2 类图和对象图

远在数千年之前，人类就已经开始使用分类的方法来有效地简化复杂问题，帮助人们认识客观世界。在面向对象的建模技术中，我们使用同样的方法把客观世界的实体映射为对象，并把相似的对象归纳成类。类、对象及它们之间的关系，是面向对象技术中最基本的元素。使用面向对象技术解决实际问题时，需要建立面向对象的模型，其中类模型和对象模型揭示了系统的静态结构。在UML中，类模型和对象模型分别用类图和对象图表示。类图技术是面向对象方法的核心，对象图实际上是类图的变种，是类图的实例。

（1）类图：本书的6.6节已经较详细的描述了UML的类图以及类的关联，这里不再重述。

（2）对象图：对象是类的实例，对象之间的连接是类之间关联的实例，因此，对象图可以看做是类图的实例，能帮助人理解一个比较复杂的类图。

在UML中，对象图与类图具有几乎完全相同的表示形式，主要差别是对象的名字下面要加一条下画线。对象名有下列3种表示格式。

第1种格式形如

对象名：类名

即对象名在前，类名在后，中间用冒号连接。

第2种格式形如

：类名

这种格式用于尚未给对象命名的情况。注意，类名前的冒号不能省略。

第三种格式形如

对象名

这种格式不带类名（即省略类名）。

图10.3所示为一个类图和一个对象图，其中，对象图是类图的实例，请读者比较一下两者的异同。

（3）包：包（package）是一种组合机制。把各种各样的模型元素通过内在的语义关系连在一起，形成一个高内聚、低耦合的整体就叫做包。包通常用于对模型的组织管理，因此有时又把包称为子系统。

① 包的内容。

构成包的模型元素称为包的内容，包的内容可以是一个类图也可以是另一个包图。包与包之间不能共用一个相同的模型元素。例如，在图10.4中，“系统内部”包由“保险单”包和“客户”包组成，我们把“保险单”包和“客户”包称为“系统内部”包的内容。从图10.4中可以看出，包的图示符号类似于图书卡片的形状，由两个长方形组成，小长方形位于大长方形的左上角。

当不需要显示包的内容时，包的名字放入主方框内（如“保险单”、“Oracle界面”等）；否则，包的名字放入左上角的小方框内（如“系统内部”），而把包的内容放入主方框内。

② 包的依赖和继承。

包与包之间允许建立依赖、泛化、细化等关系。例如，在图10.4中“保险单填写界面”包依赖于“保险单”包，整个“系统内部”包依赖于“数据库界面”包。可以使用继承关系中“一般”和“特殊”的概念来说明通用包和专用包之间的关系。例如，“Oracle界面”包和“Sybase界面”包继承“数据库界面”包。在图10.4中，通过“数据库界面”包，“系统内部”包既可以使用Oracle的界面也可以使用Sybase的界面。这是因为和类的继承关系相似，专用包必须与通用包的界面一致。通用包可标记为 { abstract }，表示该包只是定义了一个界面，具体实现由专用包完成。

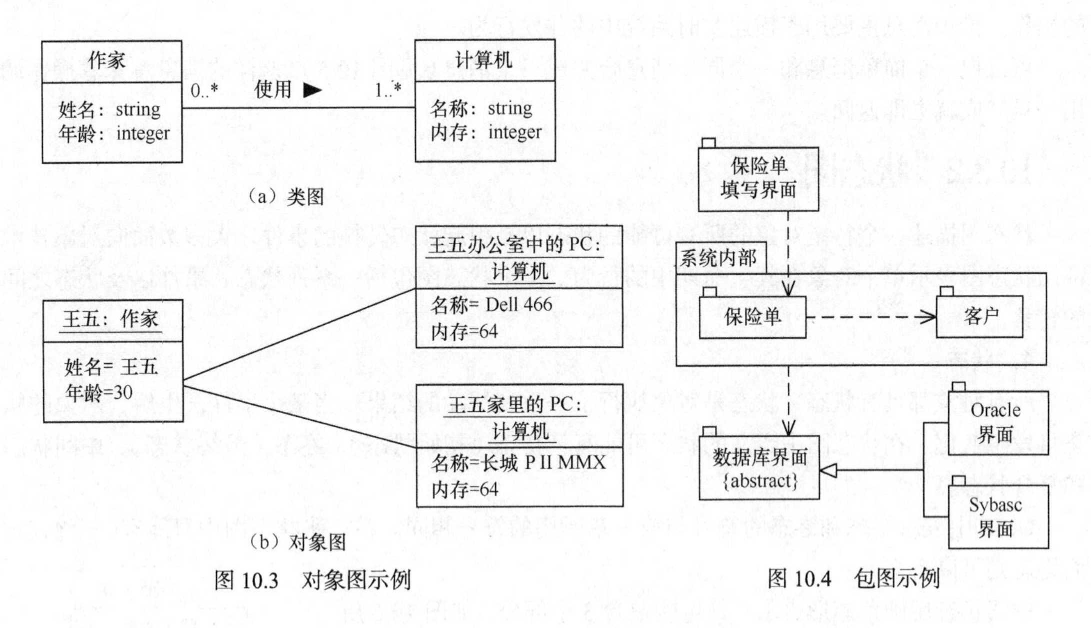

图 10.3　对象图示例

图 10.4　包图示例

10.3　动态建模机制

所有系统都可以从两个方面描述：静态结构和动态行为。UML 提供了各种图来描述系统的结构和行为，类图最适于描述系统的静态结构——类、对象及它们之间的关系。而状态图、顺序图、协作图和活动图则适于描述系统的动态行为。

系统中的对象在执行期间的不同时间点如何通信以及通信的结果如何，就是系统的动态行为，也就是说，对象通过通信相互协作的方式以及系统中的对象在系统生命期中改变状态的方式，是系统的动态行为。

10.3.1　消息

在面向对象技术中，对象间的交互是通过对象间的消息传递完成的。在 UML 的 4 个动态模型中都用到了消息这个概念。通常，当一个对象调用另一个对象中的操作时，便完成了一次消息传递。当操作执行完成后，控制便返回给调用者。消息也可能是通过某种通信机制在网络上或一台计算机内部发送的真正报文。

在 UML 的所有动态图（状态图、顺序图、协作图和活动图）中，消息都表示为连接发送者和接收者的一根箭头线，箭头的形状表示消息的类型，如图 10.5 所示。

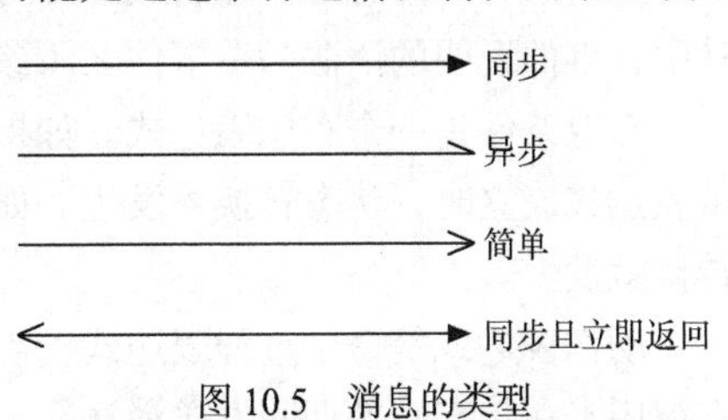

图 10.5　消息的类型

UML 定义了 3 种消息。

◇ 简单消息：表示简单的控制流，它只是表示控制从一个对象传给另一个对象，而没有描述通信的任何细节。

◇ 同步消息：表示嵌套的控制流，操作的调用是一种典型的同步消息。调用者发出消息后必须等待消息返回，只有当处理消息的操作执行完毕后，调用者才可以继续执行自己的操作。

◇ 异步消息：表示异步控制流，发送者发出消息后不用等待消息处理完就可以继续执行自己的操作。异步消息主要用于描述实时系统中的并发行为。

可以把一个简单消息和一个同步消息合并成一个消息（见图10.5），这样的消息意味着操作调用一旦完成就立即返回。

10.3.2 状态图

状态图描述一个特定对象的所有可能的状态以及引起状态转换的事件。大多数面向对象技术都用状态图表示单个对象在其生命期中的行为。一个状态图包括一系列状态、事件以及状态之间的转移。

1. 状态

所有对象都具有状态，状态是对象执行了一系列活动的结果。当某个事件发生后，对象的状态将发生变化。在状态图中定义的状态可能有：初态（初始状态）、终态（最终状态）、中间状态和复合状态。

UML中表示初态和终态的符号与第6章所用的符号相同。在一张状态图中只能有一个初态，而终态则可以有多个。

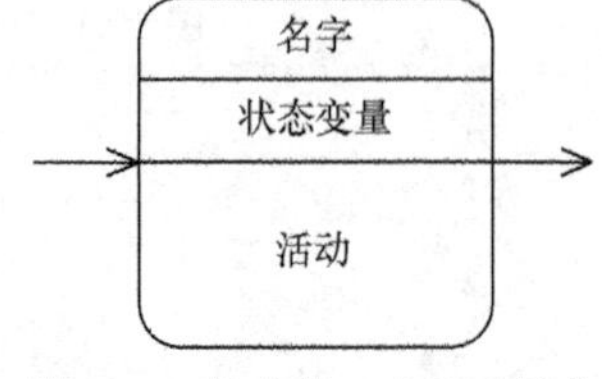

图10.6 状态的3个组成部分

中间状态用圆角矩形表示，其可能包含3个部分，如图10.6所示。第1部分为状态的名称；第2部分为状态变量的名字和值，这部分是可选的；第3部分是活动表，这部分也是可选的。在活动表中经常使用下述3种标准事件：entry（进入）、exit（退出）和do（做）。entry事件指定进入该状态的动作，exit事件指定退出该状态的动作，而do事件则指定在该状态下的动作，这些标准事件一般不做它用。活动部分的语法如下：

事件名（参数表）/动作表达式

其中，“事件名”可以是任何事件的名称，包括上述3种标准事件；需要时可为事件指定参数表，其语法格式与类的操作的参数表语法格式相似；动作表达式指定应做的动作。

一个状态可能有嵌套的子状态，我们把可以进一步细化为多个子状态的状态称为复合状态。子状态之间可以有“或”和“与”两种关系。

2. 状态转换

状态图中两个状态之间带箭头的连线称为状态转换。状态的变迁通常是由事件触发的，在这种情况下应在表示状态转换的箭头线上标出触发转换的事件表达式；如果在箭头线上未标明事件，则表示在源状态的内部活动执行完之后自动触发转换。事件表达式的语法如下：

事件说明〔守卫条件〕/动作表达式^发送子句

其中，事件说明的语法为：事件名（参数表）。

守卫条件是一个布尔表达式。如果同时使用守卫条件和事件说明，则当且仅当事件发生且布尔表达式成立时，状态转换才发生。如果只有守卫条件没有事件说明，则只要守卫条件为真状态转换就发生。

动作表达式是一个过程表达式，当状态转换开始时执行该表达式。发送子句是动作的特例，它被用来在状态转换期间发送消息。

例如，图10.7所示为电梯的状态图。在“空闲”状态，把状态变量timer的值置为0，然后连续递增timer的值，直到“上楼”或“下楼”事件发生或守卫条件“timer=超时值”为真，触发状态转换。注意，从“空闲”状态到“在第一层”状态之间的状态转换，有一个守卫条件和一个动作表达式，但没有事件说明。因此，只要守卫条件“timer=超时值”为真，状态转换就发生，这时将执行动作“下楼（第一层）”，然后状态由“空闲”转变为“在第一层”。

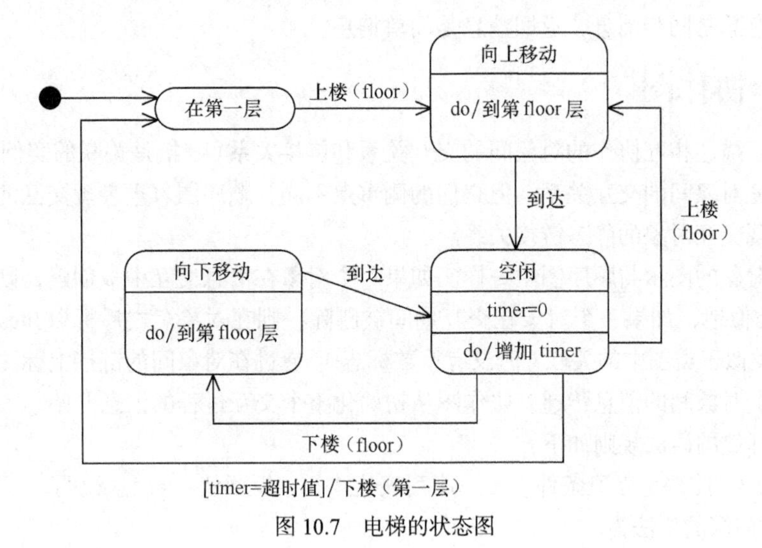

图 10.7　电梯的状态图

10.3.3　顺序图

顺序图描述对象之间的动态交互关系，着重表现对象间消息传递的时间顺序。顺序图有两个坐标轴：纵坐标轴表示时间，横坐标轴表示不同的对象。

顺序图中的对象用一个矩形框表示，框内标有对象名（对象名的表示格式与对象图中相同）。从表示对象的矩形框向下的垂直虚线是对象的“生命线”，用于表示在某段时间内该对象是存在的。

对象间的通信用对象生命线之间的水平消息线来表示，消息箭头的形状表明消息的类型（同步、异步或简单）。当收到消息时，接收对象立即开始执行活动，即对象被激活了。激活用对象生命线上的细长矩形框表示。消息通常用消息名和参数表来标识。消息还可以带有条件表达式，用以表示分支或决定是否发送消息。如果用条件表达式表示分支，则会有若干个互斥的箭头，也就是说，在某一时刻仅可发送分支中的一个消息。

浏览顺序图的方法是，从上到下（按时间顺序）查看对象间交换的消息。图 10.8 所示为顺序图的一个例子。注意，从 PrinterServer 到 Printer 的消息带有条件，表示当打印机空闲时发送 Print 消息到 Printer，否则发送 Store 消息给 Queue。

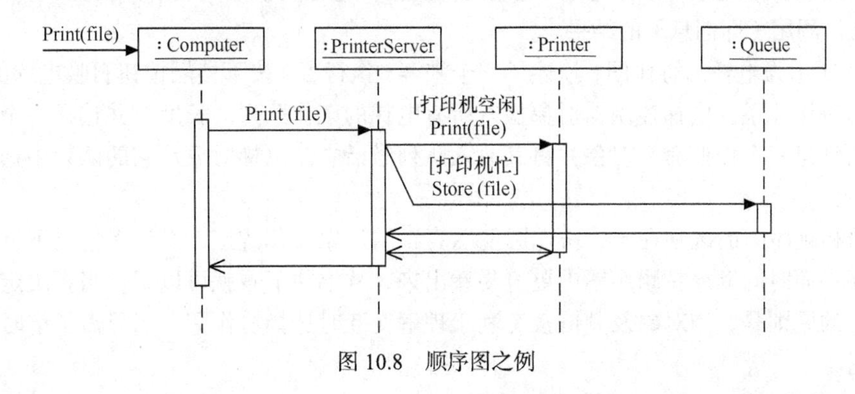

图 10.8　顺序图之例

一个对象可以通过发送消息来创建或删除另一个对象，当一个对象被删除（或自我删除）时，该对象用一个大的“×”来标记。

在很多算法中，递归是一种常用的技术。当一个操作直接或间接调用自身时，即发生了递归。产生递归的消息总是同步消息，返回消息是简单消息。

10.3.4 协作图

协作图用于描述相互协作的对象间的交互关系和链接关系（链接是关联的实例）。虽然顺序图和协作图都描述对象间的交互关系，但它们的侧重点不同：顺序图着重表现交互的时间顺序，协作图则着重表现交互对象的静态链接关系。

协作图中对象的图示与顺序图中一样。如果一个对象在消息交互中被创建，则在对象名之后标以{new}。类似地，如果一个对象在交互期间被删除，则在对象名之后标以{destroy}。对象间的链接关系，类似于类图中的关联（但没有重数标志）。通过在对象间的链接上标注带有消息标签的消息，来表示对象间的消息传递。协作图从初始化整个交互过程的消息开始。

书写消息标签的语法规则如下：

前缀〔守卫条件〕　序列表达式　返回值：=消息说明

① 前缀：前缀的语法为

序列号，…/

前缀是用于同步线程或路径的表达式，意思是在发送当前消息之前应该把指定序列号的消息处理完。若有多个序列号则用逗号隔开。最后用斜线标志前缀的结束。消息标签中可以没有前缀。

② 守卫条件：守卫条件的语法与状态图中的相同。

③ 序列表达式：常用的序列表达式的语法为

序列号 recurrence：

其中，序列号用于指定消息发送的顺序。在协作图中没有时间轴，因此把消息按顺序编号：消息 1 总是消息序列的开始消息，消息 1.1 是处理消息 1 的过程中的第 1 条嵌套消息，消息 1.2 是第 2 条嵌套消息，依此类推。

recurrence 的语法为

*〔循环子句〕或〔条件子句〕

其中，循环子句用于指定循环的条件，而条件子句通常用于表示分支条件。

序列表达式用冒号标志结束。在序列表达式中必须有序列号，而 recurrence 部分是可选的。

④ 消息说明：消息说明由消息名和参数表组成，其语法与状态图中事件说明的语法相同。返回值表示操作调用（即消息）的结果。

图 10.9 所示为电梯的协作图，描述了一个乘客（执行者）按下楼层按钮召唤电梯的过程中，各个对象的协作关系：电梯控制器对象检查所有电梯的工作队列的长度，并选择一个最短的队列，然后它创建一个作业命令对象并将其放入队列激活它。电梯对象从它的队列中选取一个作业对象。

协作图和顺序图的区别在于，协作图显示真正的对象及其链接，在许多情况下有利于理解对象的交互；而时间顺序在顺序图中更容易看出来，从上往下看就可以了。当要决定选用哪种图时，一般的原则是，当对象及其链接有利于理解交互时选择协作图，当只需了解时间顺序时选择顺序图。

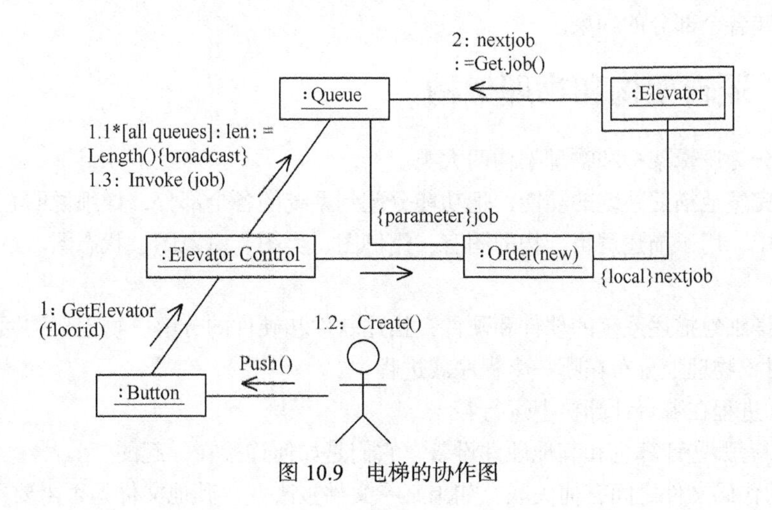

图 10.9　电梯的协作图

10.3.5　活动图

活动图描述动作及动作之间的关系。活动图是状态图的一个变种，它的目的与状态图有些不同，活动图的主要目的是描述动作及动作的结果——对象状态改变。无须指明任何事件，只要源状态中的动作被执行了，活动图中的状态（称为动作状态）就自动开始转换。活动图和状态图的另一个区别是，活动图中的动作可以放在“泳道”中，泳道聚合一组活动，通常根据活动的功能来组合活动。泳道用纵向矩形表示，泳道名字放在矩形最上部，属于一个泳道的所有活动都放在矩形符号内部。

活动图是另一种描述交互的方式，它描述采取何种动作，动作的结果是什么（动作状态改变），何时发生（动作序列），以及在何处发生（泳道）。

图 10.10 所示为活动图的例子，它表明，当调用 PrintAllCustomer 操作（在 CustomerWindow 类中）时动作开始。第 1 个动作是在屏幕上显示一个消息框，第 2 个动作是创建一个 PS（postscript）文件，第 3 个动作是把所创建的 PS 文件发送给打印机，第 4 个动作是从屏幕上删除消息框。

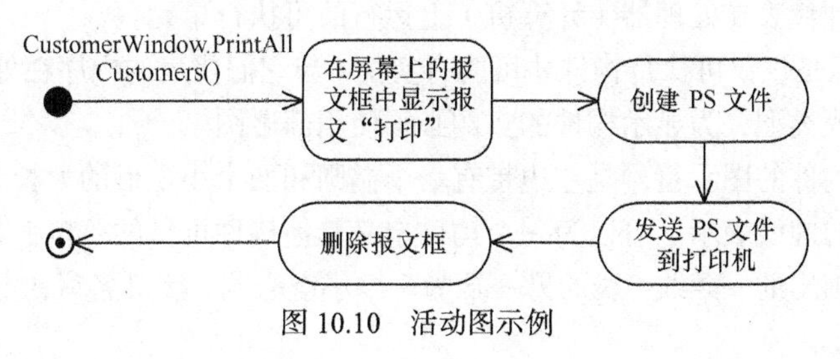

图 10.10　活动图示例

10.4　描述物理架构的机制

系统架构（或称为体系结构）是对构成系统的各个部分的框架性描述。在 UML 中，架构的定义是：架构是系统的组织结构。可以递归地把架构分解成：通过接口交互的部分，连接各个部分的关系，组装各个部分的约束。

10.4.1 逻辑架构和物理架构

系统架构分为逻辑架构和物理架构两大类。

逻辑架构完整地描述系统的功能，把功能分配到系统的各个部分，详细说明它们是如何工作的。在 UML 中，用于描述逻辑架构的图有：用例图、类图、对象图、状态图、活动图、协作图和顺序图。

物理架构详细地描述系统的软件和硬件，描述软件和硬件的分解。物理架构回答下列问题：

◇ 类和对象物理上分布在哪一个程序或进程中？

◇ 程序和进程在哪台计算机上运行？

◇ 系统中有哪些计算机和其他硬件设备，它们是如何连接在一起的？

◇ 不同的代码文件之间有何关联？如果某一文件被改变，其他文件是否需要重新编译？

物理架构关心的是实现，因此可以用实现图建模，其中，构件图显示代码本身的静态结构，部署图显示系统运行时的结构。

10.4.2 构件图

构件图描述软件构件及构件之间的依赖关系，显示代码的静态结构。构件是逻辑架构中定义的概念和功能（如类、对象及它们之间的关系）在物理架构中的实现。典型情况下，构件是开发环境中的实现文件。软件构件可以是下述的任何一种构件。

◇ 源构件：源构件仅在编译时才有意义。典型情况下，它是实现一个或多个类的源代码文件。

◇ 二进制构件：典型情况下，二进制构件是对象代码，它是源构件的编译结果。它可以是一个对象代码文件、一个静态库文件或一个动态库文件。二进制构件仅在链接时有意义，如果二进制构件是动态库文件，则在运行时有意义（动态库只在运行时由可执行的构件装入）。

◇ 可执行构件：可执行构件是一个可执行的程序文件，它是链接所有二进制构件所得到的结果。一个可执行构件代表在处理器（计算机）上运行的可执行单元。

构件是类型，但是仅仅可执行构件才可能有实例（当它们代表的程序在处理器上执行时）。构件图只把构件显示成类型，为显示构件的实例必须使用部署图。

在 UML 中，构件的图示符号是左边带有一个椭圆和两个小矩形的大长方形。构件间的依赖关系用一条带箭头的虚线表示。可以为一个构件定义其他构件可见的接口，其图示符号是从代表构件的大矩形边框画出的一条线，线的另一端为一个小空心圆，接口名写在空心圆附近。图 10.11 所示为构件图的例子。

10.4.3 部署图

部署图描述处理器、硬件设备和软件构件在运行时的架构，它显示系统硬件的物理拓扑结构及在此结构上执行的软件。使用部署图可以显示硬件节点的拓扑结构和通信路径、节点上运行的软件构件、软件构件包含的逻辑单元（对象、类）等。图 10.12 所示为部署图示例，部署图常用于帮助人理解分布式系统。

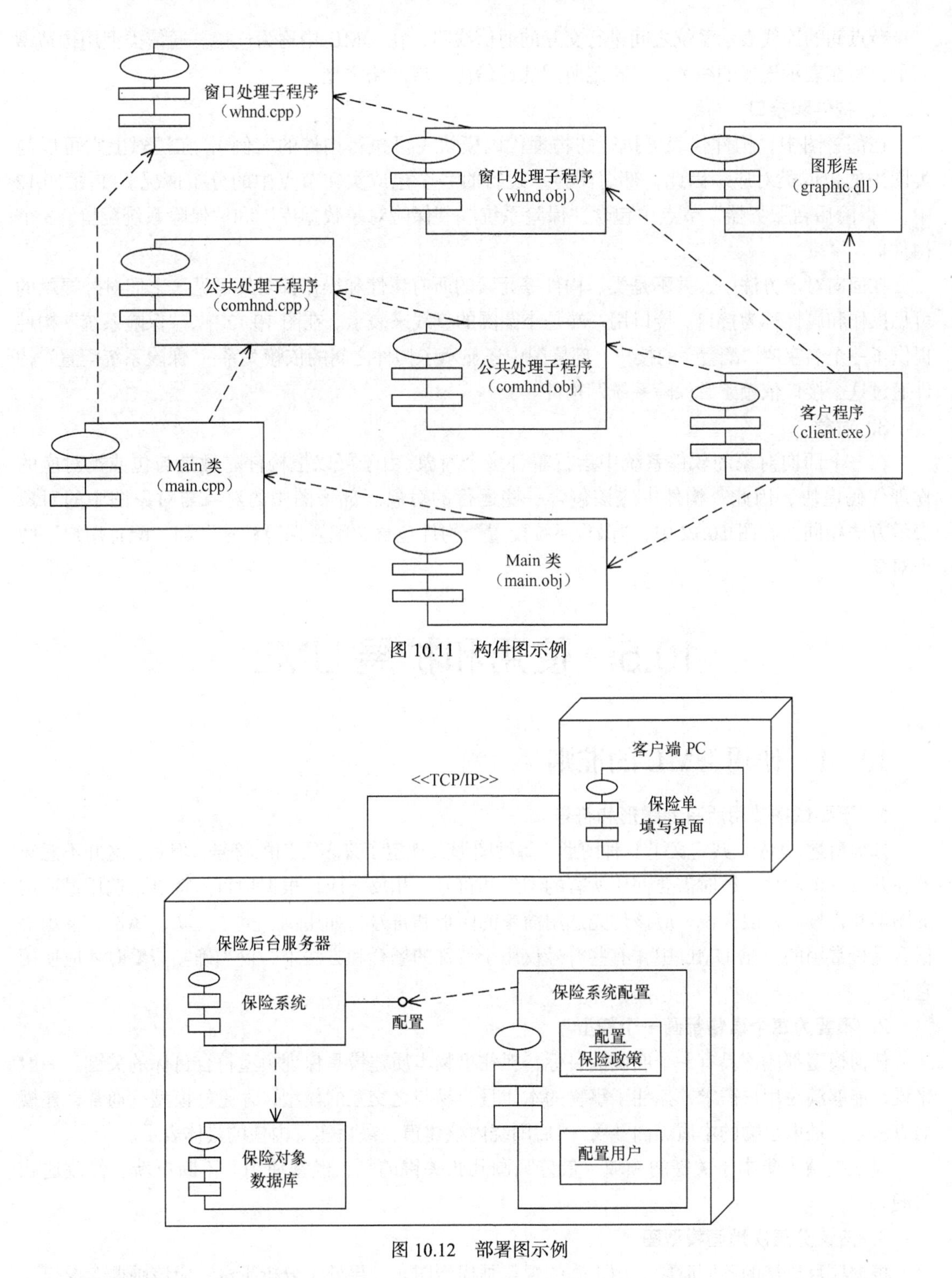

图 10.11 构件图示例

图 10.12 部署图示例

1. 节点和连接

节点（node）代表一个物理设备及在其上运行的软件系统，例如，一台 UNIX 主机、一个 PC 终端、一台打印机、一台通信设备等。在图 10.12 中，“客户端 PC”和“保险后台服务器”就是两个节点。在 UML 中，节点用一个立方体来表示，节点名放在立方体的左上角。

节点间的连线表示系统之间进行交互的通信线路，在 UML 中称为连接。通信类型用构造型表示，写在表示连接的线旁，以指定所用的通信协议或网络类型。

2. 构件和接口

在部署图中，构件代表可执行的物理代码模块（可执行构件的实例），在逻辑上它可以与类图中的包或类对应，因此，部署图显示运行时各个包或类在节点中的分布情况。在图 10.12 中，“保险后台服务器”节点中包含“保险系统”、“保险对象数据库”和“保险系统配置”3 个构件。

在面向对象方法中，并不是类、构件等元素的所有属性和操作都对外可见，它们对外提供的可见操作和属性称为接口。接口用一端是小圆圈的直线来表示。在图 10.12 中，“保险系统”构件提供了一个名字叫“配置”的接口。部署图中还显示了构件之间的依赖关系：“保险系统配置”构件通过这个接口依赖于“保险系统”构件。

3. 对象

在一个面向对象的软件系统中运行着许多个对象。由于可以把构件看做是与包或类对应的物理代码模块，因此，构件中应该包含一些运行的对象。部署图中的对象与对象图中的对象表示方法相同。在图 10.12 中，“保险系统配置”构件包含“配置保险政策”和“配置用户”两个对象。

10.5 使用和扩展 UML

10.5.1 使用 UML 的准则

1. 不要试图使用所有的图形和符号

如前所述，UML 共定义了 9 种图形，每种图形又规定了许多可用的符号，但是，这并不意味着在开发一个软件系统时需要使用所有的图形和符号。相反，应该根据项目的特点，选用最适用的图形和符号。一般来说，应该优先选用简单的图形和符号，如用例、类、关联、属性、继承等概念是最常用的。在 UML 中，有些符号仅用于特殊的场合和方法中，仅当确实需要时才应使用它们。

2. 不要为每个事物都画一个模型

任何模型都应该具有一个明确的目标，抓住事物本质建模是保证模型符合目标的关键。一般来说，能够满足用户需求，抓住了事物的本质且容易与之交互的模型，才是好模型。通常，建模的方法是，抽取事物的本质（内核），然后围绕内核建模，最后实现内核的具体表示。

应该把精力集中于关键的领域。最好只画几张关键的图，经常使用并不断更新、修改这几张图。

3. 应该分层次地画模型图

根据项目进展的不同阶段，用正确的观点画模型图。如果处于分析阶段，应该画概念层模型图；当开始着手进行软件设计时，应该画说明层模型图；当考察某个特定的实现方案时，则应画实现层模型图。

使用 UML 的最大危险是过早地陷入实现细节。为了避免这一危险，应该把重点放在概念层和说明层。

4. 模型应该具有协调性

模型协调性的第 1 个方面是集成。集成的含义是，把对同一个事物从各种不同角度（静态、动态和架构）描述的模型合成为一个整体，而且在合成时不会出现不一致的问题。模型协调性的第 2 个方面是建立在不同抽象层次上的各个模型之间的关系，能够用 UML 中的细化关系表示出来，有了这种细化关系才可能成功地追踪系统的工作状态。总之，模型必须在每个抽象层次内和不同的抽象层次之间协调。

5. 模型和模型元素的大小应该适中

过于复杂的模型和模型元素难于理解也难于使用，这样的模型和模型元素很难生存下去。如果要建模的问题相当复杂，则可以把该问题分解成若干个子问题，分别为每个子问题建模，每个子模型构成原模型中的一个包，以降低建模的难度和模型的复杂性。

10.5.2 扩展 UML 的机制

为避免使 UML 变得过于复杂，UML 并没有吸收所有面向对象的建模技术和机制，而是设计了适当的扩展机制，使得它能很容易地适应某些特定的方法、机构或用户的需要。利用扩展机制，用户可以定义和使用自己的模型元素。

扩展的基础是 UML 的模型元素，利用扩展机制可以给这些元素的变形加上新的语义。新语义可以有 3 种形式：重新定义，增加新语义或者对某种元素的使用增加一些限制。相应地，有下述 3 种扩展机制。

1. 标签值

标签值是附属于 UML 元素的性质，通过它可以增加关于模型元素的信息。标签值把性质明确地定义成一个“名—值”对，其中的“名”称为标签。每个标签代表一种性质，且能应用于多个元素。标签和值都用字符串表示，且用花括号括起来。如果标签是个布尔标记且省略了值，则默认值为 true（真）。例如，在类图中类名下面加上标签{abstract}，则表明该类不能有任何实例（见图 6.13）。

2. 约束

约束是 UML 中限制元素语义的机制。约束可以附加在类或对象上，更常见的情形是，约束附加在关系上，约束参与此关系的类或对象。约束显示在花括号内，如图 6.14 中的“多重”约束。

注意，约束不能给已有的 UML 元素增加语义，它只能限制元素的语义。

3. 构造型

构造型（stereotype）是最复杂的扩展机制，使用构造型能够把 UML 中已经定义的元素的语义专有化。UML 中的元素具有通用的语义，利用构造型可以对它们进行专有化和扩展。构造型不是给元素增加新的属性或约束，而是直接在已有元素中增加新的语义。

UML 中预定义了 40 多种构造型，与标签值和约束一样，用户也可以自定义构造型。构造型的图示符号是用“<<”和“>>”括起构造型的名称，参见图 10.2。

小 结

统一建模语言（UML）的提出，标志着面向对象建模方法已经进入了第三代。1997 年 11 月，

OMG 组织采纳 UML 作为面向对象建模的标准语言。多年以来，UML 已经迅速成长为一个事实上的工业标准，并即将被国际标准化组织采纳作为信息技术的正式国际标准。

UML 是一种标准的图形化建模语言，它用若干个视图构造系统的模型，每个视图描述系统的一个方面。视图用图描述，图用模型元素的图示符号表示。图中包含的模型元素可以有类、对象、节点、包、构件、关系、消息等。

UML 的图包括：用例图、类图、对象图、状态图、活动图、顺序图、协作图、构件图和部署图。用例模型是描述系统基本功能的工具，它由一个或多个用例图描述。用例图主要由用例和执行者组成。一个用例代表系统的一个完整功能，执行中的用例是一个动作序列。执行者是与系统交互的人或物，它代表外部实体。

类图描述系统的静态结构，由类及它们之间的关系构成。类图是构建其他 UML 图的基础。类与类之间可以有关联、泛化（继承）、依赖和细化 4 种关系。

所有系统都既有静态结构又有动态行为，动态行为描述静态结构内包含的元素是如何交互的。UML 提供了下述 4 种图以支持动态建模：状态图描述对象的所有可能状态及引起状态转换的事件；顺序图描述对象之间的动态交互关系，着重表现对象间传递消息的时间顺序；协作图描述相互协作的对象间的交互关系和链接关系，着重表现交互对象的静态链接关系；活动图是状态图的变种，主要描述动作及动作的结果——对象状态的改变。

系统架构是对构成系统的各个部分的框架性描述，可分为逻辑架构和物理架构。逻辑架构完整地描述系统的功能；物理架构描述代码构件的结构和组成系统的硬件结构，它详细地描述逻辑架构中定义的概念的实现方案。软件构件和构件间的相关性在 UML 的构件图中显示。部署图描述硬件节点和节点间的连接，可以把可执行的构件分配给执行它们的节点，而且可以把对象分配给构件。

本章给出了使用 UML 的几条准则，可供实际工作者参考。

为使 UML 能适应某些方法、机构或用户的特殊需要，UML 提供了扩展机制。

习　题

一、判断题

1. UML 是一种建模语言，是一种标准的表示，是一种方法。（　　）
2. 泳道是一种分组机制，它描述了状态图中对象所执行的活动。（　　）
3. 类图中的角色是用于描述该类在关联中所扮演的角色和职责的。（　　）
4. 类图用来表示系统中类与类之间的关系，它是对系统动态结构的描述。（　　）
5. 用例模型的基本组成部件是用例、角色和用例之间的联系。（　　）
6. 用例之间有扩展、使用、组合等几种关系。（　　）
7. 顺序图描述对象之间的交互关系，重点描述对象间消息传递的时间顺序。（　　）
8. 活动图显示动作及其结果，着重描述操作实现中所完成的工作，以及用例实例或类中的活动。（　　）
9. UML 语言支持面向对象的主要概念，并与具体的开发过程相关。（　　）
10. 部署图描述系统硬件的物理拓扑结构以及在此结构上执行的软件。（　　）

二、选择题

1. UML 是软件开发中的一个重要工具，它主要应用于（　　）。

A. 基于螺旋模型的结构化方法　　B. 基于需求动态定义的原型化方法

C. 基于数据的数据流开发方法　　D. 基于对象的面向对象的方法

2.（　　）是从用户使用系统的角度描述系统功能的图形表达方法。

A. 类图　　B. 活动图　　C. 用例图　　D. 状态图

3.（　　）是表达系统类及其相互联系的图示，它是面向对象设计的核心，是建立状态图、协作图和其他图的基础。

A. 类图　　B. 状态图　　C. 对象图　　D. 部署图

4.（　　）描述了一组交互对象间的动态协作关系，它表示完成某项行为的对象和这些对象之间传递消息的时间顺序。

A. 类图　　B. 顺序图　　C. 状态图　　D. 协作图

5.（　　）是用于表示构成分布式系统的节点集和节点之间的联系的图示，它可以表示系统中软件和硬件的物理架构。

A. 组件图　　B. 类图　　C. 部署图　　D. 状态图

6. UML 是（　　）的缩写。

A. Unified Module Language　　B. Universal Module Language

C. Universal Module Locator　　D. Unified Modeling Language

7.（　　）定义了系统的功能需求，它是从系统的外部看系统功能，并不描述系统内部对功能的具体实现。

A. 用例图　　B. 类图　　C. 活动图　　D. 对象图

8. 状态图包括（　　）。

A. 类的状态和状态之间的转换　　B. 触发类动作的事件

C. 类执行的动作　　D. 所有以上选项

三、简答题

1. UML 的作用和优点是什么？

2. UML 有多少图，分别有什么作用？

3. 如何着手从自然语言描述的用户需求中画出用例图？

4. 用例脚本有何作用？有哪三种描述方式？用例脚本是针对什么层次的用例？

四、应用题

1. 某市进行招考公务员工作，分行政、法律、财经三个专业。市人事局公布所有用人单位招收各专业的人数，考生报名，招考办公室发放准考证。考试结束后，招考办公室发放考试成绩单，公布录取分数线，针对每个专业，分别将考生按总分从高到低进行排序。用人单位根据排序名单进行录用，发放录用通知书给考生，并给招考办公室留存备查。请根据以上情况进行分析，画出顺序图。

2. 图书馆管理系统的图书：图书可借阅、分类、归还、续借，图书也可能破损和遗失。

请根据以上情况画出图书馆管理系统图书的状态图。

3. 问题描述为：建立图书信息管理系统。系统要求实现以下功能：

（1）用户管理功能，包括读者信息的录入、修改、更新以及登录等。

（2）书籍管理功能，如书籍的添加、修改、更新、删除等数据维护功能，还可根据读者借阅书籍的要求随时更新图书馆的书籍数据库。

（3）书籍的借阅、归还管理，如借还进行详细登记，更新书籍数据库。同时提供图书预定功能。

（4）信息查询功能；如图书信息查询、用户借书、还书信息查询、书籍库存情况查询等。

请根据以上描述，确定执行者及用例，建立系统的用例模型。

第4篇　软件项目管理

第11章 计划

所谓管理就是通过计划、组织和控制等一系列活动，合理地配置和使用各种资源，以达到既定目标的过程。

软件项目管理就是通过计划、组织、控制等一系列活动，合理地配置和使用各种资源，以便在预定成本和期限内开发出符合客户需要的软件的过程。

软件项目管理先于任何技术活动之前开始，并且贯穿于软件的整个生命周期之中。

软件项目管理过程从一组称为项目计划的活动开始，而第一项计划活动是“估算”。不论在什么时候进行估算，我们都在预测未来，因此必然存在某种程度的不确定性。虽然估算是一门艺术，但它同时也是一门科学，估算项目工作量和完成期限的有效技术确实存在。由于估算是所有其他项目计划活动的基础，而项目计划为软件工程指出了通往成功的道路，因此，必须充分重视估算活动。

软件计划最详尽地描述了软件过程，它包括采用的生命周期模型、开发组织的组织结构、责任分配、管理目标和优先级、所用的技术和CASE工具，以及详细的进度、预算和资源分配。整个计划的基础是工作量估算和完成期限估算。本章着重讲述估算工作量和期限，以及制定进度计划的技术。

为了估算项目的工作量和完成期限，首先需要度量软件的规模。

11.1　度量软件规模

11.1.1　代码行技术

代码行技术是比较简单的定量估算软件规模的方法。这种方法根据以往开发类似产品的经验和历史数据，估计实现一个功能需要的源程序行数。当有以往开发类似项目的历史数据可供参考时，用这种方法估计出的数据还是比较准确的。把实现每个功能需要的源程序行数累加起来，就得到实现整个软件需要的源程序行数。

为了使对程序规模的估计更接近实际值，可以由多名有经验的软件工程师分别做出估计。每个人都估计程序的最小规模（a）、最大规模（b）和最可能的规模（m），分别算出这3种规模的

平均值$\bar{a}$、$\bar{b}$和$\bar{m}$之后，再用下式计算程序规模的估计值

$$L = \frac{\bar{a} + 4\bar{m} + \bar{b}}{6} \tag{11.1}$$

用代码行技术度量软件规模，当程序较小时常用的单位是代码行数（lines of code，LOC），当程序较大时常用的单位是千行代码数（KLOC）。

1. 代码行技术的优点

◇ 代码行是所有软件开发项目都有的“产品”，而且很容易计算。

◇ 许多现有的软件估算模型使用 LOC 或 KLOC 作为关键的输入数据。

◇ 已有大量基于代码行的文献和数据存在。

2. 代码行技术的缺点

◇ 源程序仅是软件配置的一个成分，用它的规模代表整个软件的规模似乎不太合理。

◇ 用不同语言实现同一个软件产品所需要的代码行数并不相同。

◇ 这种方法不适用于非过程语言。

11.1.2 功能点技术

功能点技术依据对软件信息域特性和软件复杂性的评估结果，估算软件规模。这种方法用功能点（function points，FP）为单位，度量软件的规模。

1. 信息域特性

功能点技术定义了信息域的 5 个特性，分别是输入项数（Inp）、输出项数（Out）、查询数（Inq），主文件数（Maf）和外部接口数（Inf）。下面讲述这 5 个特性的含义。

◇ 输入项数：用户向软件输入的项数，这些输入给软件提供面向应用的数据。输入不同于查询，查询另外计数，不计入输入项数中。

◇ 输出项数：软件向用户输出的项数，它们向用户提供面向应用的信息，如报表、屏幕、出错信息等。报表内的数据项不单独计数。

◇ 查询数：所谓查询是一次联机输入，它导致软件以联机输出方式产生某种即时响应。

◇ 主文件数：逻辑主文件（即数据的一个逻辑组合，它可能是某个大型数据库的一部分或是一个独立的文件）的数目。

◇ 外部接口数：机器可读的全部接口（如磁带或磁盘上的数据文件）的数量，用这些接口把信息传送给另一个系统。

2. 估算功能点的步骤

用下述 3 个步骤，可以估算出一个软件的功能点数（即软件规模）。

① 计算未调整的功能点数（UFP）。首先，把产品信息域的每个特性（即 Inp、Out、Inq、Maf 和 Inf）都分类成简单级、平均级或复杂级。根据其等级，为每个特性都分配一个功能点数。例如，一个平均级的输入项分配 4 个功能点，一个简单级的输入项是 3 个功能点，而一个复杂级的输入项分配 6 个功能点。

然后，用下式计算 UFP：

$$\text{UFP} = a_1 \times \text{Inp} + a_2 \times \text{Out} + a_3 \times \text{Inq} + a_4 \times \text{Maf} + a_5 \times \text{Inf}$$

其中，a_i（$1 \leqslant i \leqslant 5$）是信息域特性系数，其值由相应特性的复杂级别决定，如表 11.1 所示。

表 11.1 信息域特性系数值

复杂级别/特性系数	简 单	平 均	复 杂
输入系数 a_1	3	4	6
输出系数 a_2	4	5	7
查询系数 a_3	3	4	6
文件系数 a_4	7	10	15
接口系数 a_5	5	7	10

② 计算技术复杂性因子（TCF）。这一步将度量 14 种技术因素对软件规模的影响程度。这些因素包括高处理率、性能标准（如响应时间）、联机更新等，表 11.2 所示为全部技术因素，并用 F_i（$1 \leqslant i \leqslant 14$）代表这些因素。根据软件特点，为每个因素分配一个从 0（不存在或对软件规模无影响）到 5（有很大影响）的值。然后，用下式计算技术因素对软件规模的综合影响程度 DI

$$\mathrm{DI} = \sum_{i=1}^{14} F_i$$

TCF 由下式计算

$$\mathrm{TCF} = 0.65 + 0.01 \times \mathrm{DI}$$

因为 DI 的值为 0～70，所以 TCF 的值为 0.65～1.35。

表 11.2 技术因素

序 号	F_i	技 术 因 素
1	F_1	数据通信
2	F_2	分布式数据处理
3	F_3	性能标准
4	F_4	高负荷的硬件
5	F_5	高处理率
6	F_6	联机数据输入
7	F_7	终端用户效率
8	F_8	联机更新
9	F_9	复杂的计算
10	F_{10}	可重用性
11	F_{11}	安装方便
12	F_{12}	操作方便
13	F_{13}	可移植性
14	F_{14}	可维护性

③ 计算功能点数（FP）。FP 由下式计算

$$\mathrm{FP} = \mathrm{UFP} \times \mathrm{TCF}$$

功能点数与所用的编程语言无关，因此，功能点技术比代码行技术更合理一些。但是，在判断信息域特性复杂级别及技术因素的影响程度时，存在相当大的主观因素。

11.2 工作量估算

计算机软件估算模型使用由经验导出的公式来预测软件开发的工作量，工作量是软件规模（LOC 或 FP）的函数，工作量的单位通常是人月（pm）。

支持大多数估算模型的经验数据，都是从有限个项目的样本集中总结出来的，因此，没有一个估算模型能够适用于所有类型的软件和开发环境。

11.2.1 静态单变量模型

这类模型的总体结构形式如下：

$$E = A + B \times (ev)^C$$

其中，A、B 和 C 是由经验数据导出的常数，E 是以人月为单位的工作量，ev 是估算变量（LOC 或 FP）。此外，大多数模型都有某种形式的调整成分，使得 E 能够依据项目的其他特性（如问题的复杂程度、开发人员的经验、开发环境等）加以调整。下面给出几个典型的静态单变量模型。

1. 面向 LOC 的估算模型

① Walston-Felix 模型：

$$E = 5.2 \times (\text{KLOC})^{0.91}$$

② Bailey-Basili 模型：

$$E = 5.5 + 0.73 \times (\text{KLOC})^{1.16}$$

③ Boehm 简单模型：

$$E = 3.2 \times (\text{KLOC})^{1.05}$$

④ Doty 模型（在 KLOC>9 的情况下）：

$$E = 5.288 \times (\text{KLOC})^{1.047}$$

2. 面向 FP 的估算模型

① Albrecht&Gaffney 模型：

$$E = -13.39 + 0.054\,5\text{FP}$$

② Kemerer 模型：

$$E = 60.62 \times 7.728 \times 10^{-8}\text{FP}^3$$

③ Maston、Barnett 和 Mellichamp 模型：

$$E = 585.7 + 5.12\text{FP}$$

从上面列出的模型可以看出，对于相同的 KLOC 或 FP 值，用不同模型估算将得出不同的结果。主要原因是，这些模型多数都是仅根据若干应用领域中有限个项目的经验数据推导出来的，适用范围有限。因此，必须根据当前项目的特点选择适用的估算模型，并根据需要适当地调整估算模型。

11.2.2 动态多变量模型

动态多变量模型也称为软件方程式，它是根据从 4 000 多个当代软件项目中收集的生产率数据推导出来的。这种模型把工作量看做是软件规模和开发时间这两个变量的函数。动态多变量估算模型的形式如下：

$$E = (\text{LOC} \times B^{0.333}/P)^3 \times (1/t^4) \quad (11.2)$$

其中：E 是以人月或人年为单位的工作量；

t 是以月或年为单位的项目持续时间；

B 是“特殊技术因子”，它随着对集成、测试、质量保证、文档及管理技术的需求的增长而缓慢增加，对于较小的程序（KLOC=5～15），B=0.16，对于超过 70KLOC 的程序，B=0.39。

P 是“生产率参数”，它反映了下述因素对工作量的影响：

◇ 总体的过程成熟度及管理水平；

◇ 使用良好的软件工程实践的程度；

◇ 使用的程序设计语言的级别；

◇ 软件环境的状态；

◇ 软件项目组的技术及经验；

◇ 应用系统的复杂程度。

当开发实时嵌入式软件时，典型值是 P=2 000；对于电信和系统软件来说，P=10 000；对于商业系统应用，P=28 000。适用于当前项目的生产率参数，可以从历史数据导出。

应该注意，软件方程式有两个独立的变量：①对软件规模的估算值（用 LOC 表示）；②以月或年为单位的项目持续时间。

从式（11.2）可以看出，开发同一个软件（即 LOC 固定）的时候，如果把项目持续时间延长一些，则可降低完成项目所需要的工作量。

11.2.3 COCOMO2 模型

COCOMO 是构造性成本模型（constructive cost model）的英文缩写。1981 年 Boehm 在《软件工程经济学》中首次提出了 COCOMO 模型，本书第一版曾对此模型作了介绍。1997 年 Boehm 等人提出的 COCOMO2 模型，是原始的 COCOMO 模型的修订版，它反映了十多年来在成本估计方面所积累的经验。

COCOMO2 给出了 3 个层次的软件开发工作量估算模型，这 3 个层次的模型在估算工作量时，对软件细节考虑的详尽程度逐级增加。这些模型既可以用于不同类型的项目，也可以用于同一个项目的不同开发阶段。这 3 个层次的估算模型分别介绍如下。

（1）应用系统组成模型：这个模型主要用于估算构建原型的工作量，模型名字暗示在构建原型时大量使用已有的构件。

（2）早期设计模型：这个模型适用于体系结构设计阶段。

（3）后体系结构模型：这个模型适用于完成体系结构设计之后的软件开发阶段。下面以后体系结构模型为例，介绍 COCOMO2 模型。该模型把软件开发工作量表示成代码行数（KLOC）的非线性函数，即

$$E = A \times \text{KLOC}^b \times \prod_{i=1}^{17} f_i \quad (11.3)$$

其中，E 是开发工作量（以人月为单位）；

A 是模型系数；

KLOC 是估计的源代码行数（以千行为单位）；

b 是模型指数；

f_i（i=1～17）是成本因素。

每个成本因素都根据它的重要程度和对工作量影响大小被赋予一定数值（称为工作量系数）。这些成本因素对任何一个项目的开发工作量都有影响，即使不使用 COCOMO2 模型估算工作量，也应该重视这些因素。Boehm 把成本因素划分成产品因素、平台因素、人员因素和项目因素 4 类。

表 11.3 所示为 COCOMO2 模型使用的成本因素及与之相联系的工作量系数。与原始的 COCOMO 模型相比，COCOMO2 模型使用的成本因素有下述变化，这些变化反映了在过去十几年中软件行业取得的巨大进步。

表 11.3 成本因素及工作量系数

成本因素		级别					
		甚低	低	正常	高	甚高	特高
产品因素	要求的可靠性	0.75	0.88	1.00	1.15	1.39	
	数据库规模		0.93	1.00	1.09	1.19	
	产品复杂程度	0.75	0.88	1.00	1.15	1.30	1.66
	要求的可重用性		0.91	1.00	1.14	1.29	1.49
	需要的文档量	0.89	0.95	1.00	1.06	1.13	
平台因素	执行时间约束			1.00	1.11	1.31	1.67
	主存约束			1.00	1.06	1.21	1.57
	平台变动		0.10	1.00	1.15	1.30	
人员因素	分析员能力	1.50	1.22	1.00	0.83	0.67	
	程序员能力	1.37	1.16	1.00	0.87	0.74	
	应用领域经验	1.22	1.10	1.00	0.89	0.81	
	平台经验	1.24	1.10	1.00	0.92	0.84	
	语言和工具经验	1.25	1.12	1.00	0.88	0.81	
	人员连续性	1.24	1.10	1.00	0.92	0.84	
项目因素	使用软件工具	1.24	1.12	1.00	0.86	0.72	
	多地点开发	1.25	1.10	1.00	0.92	0.84	0.78
	要求的开发进度	1.29	1.10	1.00	1.00	1.00	

① 新增加了 4 个成本因素，它们分别是要求的可重用性、需要的文档量、人员连续性（即人员稳定程度）和多地点开发。这个变化表明，这些因素对开发成本的影响日益增加。

② 略去了原始模型中的两个成本因素（计算机切换时间和使用现代程序设计实践）。现在，开发人员普遍使用工作站开发软件，批处理的切换时间已经不再是问题。而“现代程序设计实践”已经发展成内容更广泛的“成熟的软件工程实践”的概念，并且在 COCOMO2 工作量方程的指数 b 中考虑了这个因素的影响。

③ 某些成本因素（分析员能力、平台经验、语言和工具经验）对生产率的影响（即工作量系数最大值与最小值的比率）增加了，另一些成本因素（程序员能力）的影响减小了。

为了确定工作量方程中模型指数 b 的值，原始的 COCOMO 模型把软件开发项目划分成组织式、半独立式和嵌入式这样 3 种类型，并指定每种项目类型所对应的 b 值（分别是 1.05，1.12

和 1.20）。COCOMO2 采用了更加精细得多的 b 分级模型，这个模型使用 5 个分级因素 W_i（$1\leqslant i\leqslant 5$），其中每个因素都划分成从甚低（W_i=5）到特高（W_i=0）的 6 个级别，然后用下式计算 b 的数值

$$b=1.01\times 0.01\times \sum_{i=1}^{5}W_i\prod_{i=1}^{17}f_i \tag{11.4}$$

因此，b 的取值范围为 1.01～1.26。显然，这种分级模式比原始 COCOMO 模型的分级模式更精细、更灵活。

COCOMO2 使用的 5 个分级因素如下所述。

（1）项目先例性：这个分级因素指出对于开发组织来说该项目的新奇程度。诸如开发类似系统的经验，需要创新体系结构和算法，以及需要并行开发硬件、软件等因素的影响，都体现在这个分级因素中。

（2）开发灵活性：这个分级因素反映出为了实现预先确定的外部接口需求及为了及早开发出产品而需要增加的工作量。

（3）风险排除度：这个分级因素反映了重大风险已被消除的比例。在多数情况下，这个比例和指定了重要模块接口（即选定了体系结构）的比例密切相关。

（4）项目组凝聚力：这个分级因素表明了开发人员相互协作时可能存在的困难。这个因素反映了开发人员在目标和文化背景等方面相一致的程度，以及开发人员组成一个小组工作的经验。

（5）过程成熟度：这个分级因素反映了按照能力成熟度模型度量出的项目组织的过程成熟度。

在原始的 COCOMO 模型中，仅粗略地考虑了前两个分级因素对指数 b 之值的影响。

工作量方程中模型系数 a 的典型值为 3.0,在实际工作中应该根据历史经验数据确定一个适合本组织当前开发的项目类型的数值。

11.3　进度计划

不论从事何种技术性项目，实际情况都是在实现一个大目标之前往往必须完成数以百计的小任务（也称为作业）。这些任务中有一些是处于“关键路径”（见 10.3.6 小节）之外的，其完成时间如果没有严重拖后，则不会影响整个项目的完成时间；其他任务则处于关键路径之中，如果这些“关键任务”的进度拖后，则整个项目的完成日期就会拖后。没有一个普遍适用于所有软件项目的任务集合，因此，一个有效的软件过程应该定义一组适合于所从事的项目的“任务集合”。一个任务集合包括一组软件工程工作任务、里程碑和可交付的产品。为一个项目所定义的任务集合，必须包括为最终获得高质量的软件产品而应该完成的所有工作，但是同时又不能让项目组负担不必要的工作。

项目管理者的目标是定义全部项目任务，识别出关键任务，跟踪关键任务的进展状况，以保证能及时发现拖延进度的情况。为了做到这一点，管理者必须制订一个足够详细的进度表，以便监督项目进度，并控制整个项目。

软件项目的进度安排是一项活动，它通过把工作量分配给特定的软件工程任务，并规定完成各项任务的起、止日期，从而将估算的工作量分布于计划好的项目持续期内。进度计划将随着时

间的流逝而不断演化。在项目计划的早期，首先制订一个宏观的进度安排表，标识出主要的软件工程活动和这些活动影响到的产品功能。随着项目的进展，把宏观进度表中的每个条目都精化成一个详细进度表。于是完成一个活动所必须实现的特定任务被标识出来，并安排好了实现这些任务的进度。

11.3.1 基本原则

下述的基本原则能够指导软件项目的进度安排。

1. 划分

必须把项目划分成若干个可以管理的活动和任务，这些活动和任务由所采用的软件过程模型定义。为了完成项目划分，对产品和过程都需要进行分解。

2. 相互依赖性

必须确定划分出的各个活动或任务之间的相互依赖性。某些任务必须顺序完成，而其他的任务可以并发进行。有些活动只有在其他活动产生的工作产品完成之后才能够开始，而其他的活动可以独立地进行。

3. 时间分配

必须给每个任务都分配一定数量的工作单位（如若干人天的工作量）。此外，必须为每个任务都指定开始日期和结束日期，在确定这些日期时既要考虑各个任务之间的相互依赖性，又要考虑开发人员每日工作时间的长短（全职还是兼职）。

4. 工作量确认

每个项目都有指定数量的人员参与工作。在制定进度计划时，项目管理者必须确保在任意时段中分配给任务的人员数量，不超过项目组中的人员数量。例如，为一个项目分配了 3 名人员（即每天可分配的工作量为 3 人/天），如果在某一天中需要完成 7 项并发的任务，每个任务需要 0.5 人/天的工作量，则在这种情况下所分配的工作量就大于可供分配的工作量。

5. 定义责任

每个任务都应该指定具体的负责人。

6. 定义结果

每个任务都应该有一个定义好的输出结果。对于软件项目而言，输出通常是一个工作产品（如一个模块的设计结果）或工作产品的一部分。通常把多个工作产品组合成一个“可交付产品”。

7. 定义里程碑

应该为每个任务或每组任务指定一个项目里程碑。当一个或多个工作产品经过质量评审且得到确认时，就标志着一个里程碑的完成。

11.3.2 估算软件开发时间

估算出完成给定项目所需的总工作量之后，接下来需要回答的问题就是：用多长时间才能完成该项目的开发工作？对于一个估计工作量为 20 人/月的项目，可能想出下列几种进度表：

◇ 1 个人用 20 个月完成该项目；

◇ 4 个人用 5 个月完成该项目；

◇ 20 个人用 1 个月完成该项目。

但是，这些进度表并不现实，实际上软件开发时间与从事开发工作的人数之间并不是简单的反比关系。

通常，成本估算模型也同时提供了估算开发时间 T 的方程。与工作量方程不同，各种模型估算开发时间的方程很相似，例如：

① $T=2.5E^{0.35}$　Walston/Felix 模型

② $T=2.5E^{0.38}$　原始的 COCOMO 模型

③ $T=3.0E^{0.33+0.2\times(b-1.01)}$　COCOMO2 模型

④ $T=2.4E^{1/3}$　Putnam 模型

其中，E 是开发工作量（以人月为单位）；

T 是开发时间（以月为单位）。

用上列方程计算出的 T 值，代表正常情况下的开发时间。客户往往希望缩短软件开发时间。显然，为了缩短开发时间应该增加从事开发工作的人数。但是，经验告诉我们，随着开发小组规模扩大，个人生产率将下降，以致开发时间与从事开发工作的人数并不成反比关系。出现这种现象主要有下述两个原因：

◇ 当小组变得更大时，每个人需要用更多时间与组内其他成员讨论问题、协调工作，因此增加了通信开销；

◇ 如果在开发过程中增加小组人员，则最初一段时间内项目组总生产率不仅不会提高反而会下降，这是因为新成员在开始时不仅不是生产力，而且在他们学习期间还需要花费小组其他成员的时间。

综合上述两个原因，存在被称为 Brooks 规律的下述现象：向一个已经延期的项目增加人力，只会使得它更加延期。

事实上，做任何事情都需要时间，我们不可能用“人力换时间”的办法无限缩短一个软件的开发时间。Boehm 根据经验指出，软件项目的开发时间最多可以减少到正常开发时间的 75%。如果要求一个软件系统的开发时间过短，则开发成功的概率几乎为零。

11.3.3　Gantt 图

Gantt 图（甘特图）是历史悠久、应用广泛的进度计划工具，下面通过一个非常简单的例子介绍这种工具。

假设有一座陈旧的矩形木板房需要重新油漆。这项工作必须分 3 步完成：首先刮掉旧漆，然后刷上新漆，最后清除溅在窗户上的油漆。假设一共分配了 15 名工人去完成这项工作，然而工具却很有限：只有 5 把刮旧漆用的刮板，5 把刷漆用的刷子，5 把清除溅在窗户上的油漆用的小刮刀。怎样安排才能使工作进行得更有效呢？

一种做法是首先刮掉四面墙壁上的旧漆，然后给每面墙壁都刷上新漆，最后清除溅在每个窗户上的油漆。显然这是效率最低的做法，因为总共有 15 名工人，然而每种工具却只有 5 件，这样安排工作在任何时候都有 10 名工人闲着没活干。

读者可能已经想到，应该采用“流水作业法”，也就是说，首先由 5 名工人用刮板刮掉第一面墙上的旧漆（这时其余 10 名工人休息），当第 1 面墙刮净后，另外 5 名工人立即用刷子给这面墙刷新漆（与此同时拿刮板的 5 名工人转去刮第 2 面墙上的旧漆），一旦刮旧漆的工人转到第 3 面墙而且刷新漆的工人转到第 2 面墙以后，余下的 5 名工人立即拿起刮刀去清除溅在第 1 面墙窗户上的油漆……这样安排每个工人都有活干，因此，能够在较短的时间内完成任务。假设木板房的第 2、第 4 两面墙的长度比第 1、第 3 两面墙的长度长一倍，此外，不同工作需要用的时间长短也不同，刷新漆最费时间，其次是刮旧漆，清理（即清除溅在窗户上的油漆）需要的时间最少。表 11.4

所示为估计每道工序需要用的时间。我们可以使用图 11.1 中的 Gantt 图描绘上述流水作业过程：在时间为零时开始刮第 1 面墙上的旧漆，2h 后刮旧漆的工人转去刮第 2 面墙，同时第 2 组的 5 名工人开始给第 1 面墙刷新漆，每当给一面墙刷完新漆之后，第 3 组的 5 名工人立即清除溅在这面墙窗户上的漆。从图 11.1 可以看出 12h 后刮完所有旧漆，20h 后完成所有墙壁的刷漆工作，再过 2h 后清理工作结束，全部工程在 22h 后结束，如果用前述的第 1 种做法，则需要 36h。

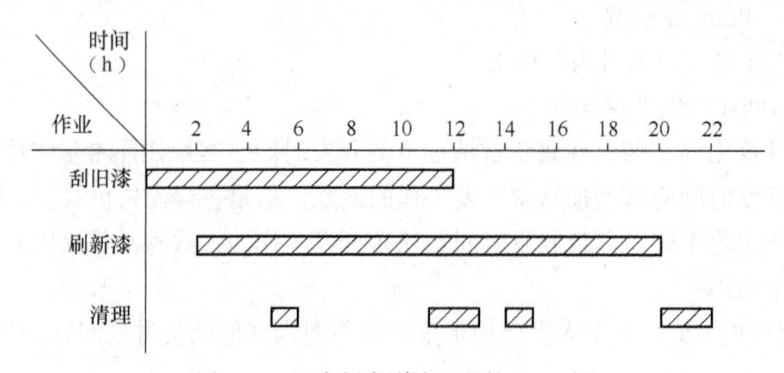

图 11.1 旧木板房刷漆工程的 Gantt 图

表 11.4 各道工序估计需用的时间（h）

墙壁/工序	刮 旧 漆	刷 新 漆	清 理
1 或 3	2	3	1
2 或 4	4	6	2

为了醒目地表示里程碑，可以在 Gantt 图中加上菱形标记，一个菱形代表一个里程碑，如图 11.2 所示。

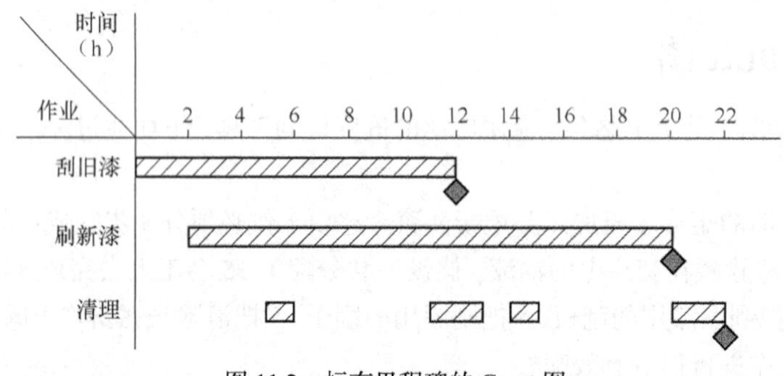

图 11.2 标有里程碑的 Gantt 图

11.3.4 工程网络

上一小节介绍的 Gantt 图能很形象地描绘任务分解情况，以及每个子任务（作业）的开始时间和结束时间，因此是进度计划和进度管理的有力工具。它具有直观简明和容易掌握、容易绘制的优点，但是 Gantt 图也有 3 个主要缺点：

◇ 不能显式地描绘各项作业彼此间的依赖关系；

◇ 进度计划的关键部分不明确，难于判定哪些部分应当是主攻和主控的对象；

◇ 计划中有潜力的部分及潜力的大小不明确，往往造成潜力的浪费。

当把一个工程项目分解成许多子任务，并且它们彼此间的依赖关系又比较复杂时，仅仅用

Gantt 图作为安排进度的工具是不够的，不仅难于做出既节省资源又保证进度的计划，而且还容易发生差错。

工程网络是制订进度计划时另一种常用的图形工具，它同样能描绘任务分解情况以及每项作业的开始时间和结束时间，此外，它还显式地描绘各个作业彼此间的依赖关系，因此，工程网络是系统分析和系统设计的强有力的工具。

在工程网络中用箭头表示作业（如刮旧漆，刷新漆，清理等），用圆圈表示事件（一项作业开始或结束）。注意，事件仅仅是可以明确定义的时间点，它并不消耗时间和资源。作业通常既消耗资源又需要持续一定时间。图 11.3 所示为旧木板房刷漆工程的工程网络。图中表示刮第 1 面墙上旧漆的作业开始于事件 1，结束于事件 2。用开始事件和结束事件的编号标识一个作业，因此“刮第 1 面墙上旧漆”是作业 1—2。

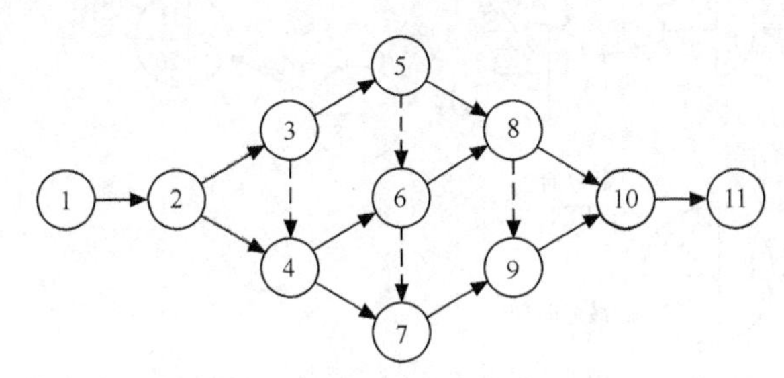

图 11.3 旧木板房刷漆工程的工程网络

图中：
1—2 刮第 1 面墙上的旧漆；
2—3 刮第 2 面墙上的旧漆；
2—4 给第 1 面墙刷新漆；
3—5 刮第 3 面墙上旧漆；
4—6 给第 2 面墙刷新漆；
4—7 清理第 1 面墙窗户；
5—8 刮第 4 面墙上旧漆；
6—8 给第 3 面墙刷新漆；
7—9 清理第 2 面墙窗户；
8—10 给第 4 面墙刷新漆；
9—10 清理第 3 面墙窗户；
10—11 清理第 4 面墙窗户；

虚拟作业：3—4；5—6；6—7；8—9。

在工程网络中的一个事件，如果既有箭头进入又有箭头离开，则它既是某些作业的结束又是另一些作业的开始。例如，图 11.3 中事件 2 既是作业 1—2（刮第 1 面墙上的旧漆）的结束，又是作业 2—3（刮第 2 面墙上旧漆）和作业 2—4（给第 1 面墙刷新漆）的开始。也就是说，只有第 1 面墙上的旧漆刮完之后，才能开始刮第 2 面墙上旧漆和给第 1 面墙刷新漆这两个作业，因此，工程网络显式地表示了作业之间的依赖关系。

在图 10.3 中还有一些虚线箭头，它们表示虚拟作业，也就是事实上并不存在的作业。引入虚拟作业是为了显式地表示作业之间的依赖关系。例如，事件 4 既是给第 1 面墙刷新漆结束，又是给第 2 面墙刷新漆开始（作业 4—6）。但是，在开始给第 2 面墙刷新漆之前，不仅必须已经给第 1 面墙刷完了新漆，而且第 2 面墙上的旧漆也必须已经刮净（事件 3）。也就是说，在事件 3 和事件 4 之间有依赖关系，或者说在作业 2—3（刮第 2 面墙上旧漆）和作业 4—6（给第 2 面墙刷新漆）之间有依赖关系，虚拟作业 3—4 明确地表示了这种依赖关系。注意，虚拟作业既不消耗资源也不需要时间。请读者研究图 11.3，并参考图下面对各项作业的描述，解释引入其他虚拟作业的原因。

11.3.5 估算进度

画出类似图 11.3 所示的工程网络之后，系统分析员就可以借助它的帮助估算工程进度了。为此需要在工程网络上增加一些必要的信息。

首先，把每个作业估计需要使用的时间写在表示该项作业的箭头上方。注意，箭头长度和它代表的作业持续时间没有关系，箭头仅表示依赖关系，它上方的数字才表示作业的持续时间。

其次，为每个事件计算下述两个统计数字：最早时刻（EET）和最迟时刻（LET）。这两个数字将分别写在表示事件的圆圈的右上角和右下角，如图 11.4 左下角的符号所示。

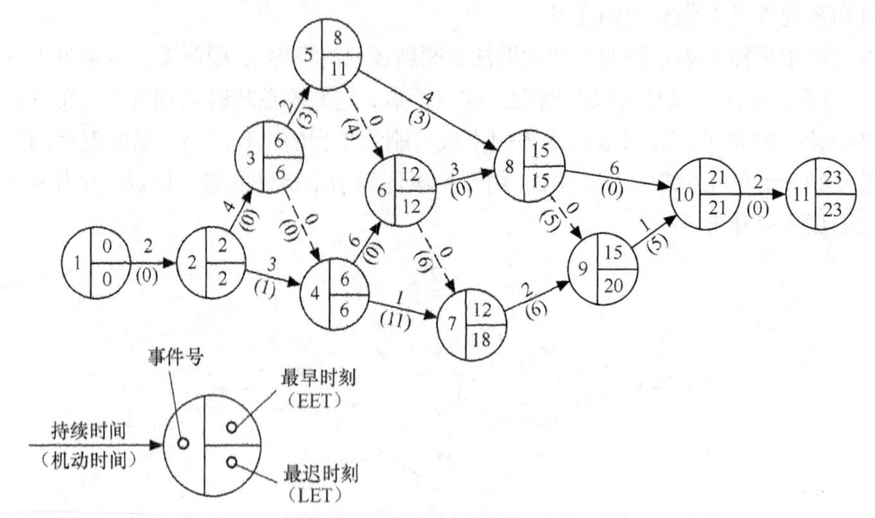

图 11.4　旧木板房刷漆工程的完整的工程网络（粗线箭头是关键路径）

事件的 EET 是该事件可以发生的最早时间。通常工程网络中第 1 个事件的最早时刻定义为零，其他事件的最早时刻在工程网络上从左至右按事件发生顺序计算。计算 EET 使用下述 3 条简单规则：

◇ 考虑进入该事件的所有作业；

◇ 对于每个作业都计算它的持续时间与起始事件的 EET 之和；

◇ 选取上述和数中的最大值作为该事件的 EET。

例如，从图 11.3 可以看出事件 2 只有一个作业（作业 1—2）进入。这就是说，仅当作业 1—2 完成时事件 2 才能发生，因此事件 2 的最早时刻就是作业 1—2 最早可能完成的时刻。定义事件 1 的最早时刻为零，据估计，作业 1—2 的持续时间为 2h，也就是说，作业 1—2 最早可能完成的时刻为 2，因此，事件 2 的最早时刻为 2。同样，只有一个作业（作业 2—3）进入事件 3，这个作业的持续时间为 4h，所以事件 3 的最早时刻为 2+4=6。事件 4 有两个作业（2—4 和 3—4）进入，只有这两个作业都完成之后，事件 4 才能出现（事件 4 代表上述两个作业的结束）。已知事件 2 的最早时刻为 2，作业 2—4 的持续时间为 3h，事件 3 的最早时刻为 6，作业 3—4（这是一个虚拟作业）的持续时间为 0，按照上述 3 条规则，可以算出事件 4 的最早时刻为

$$\text{EET} = \max\{2 + 3, 6 + 0\} = 6$$

按照这种方法，不难沿着工程网络从左至右顺序算出每个事件的最早时刻，计算结果标在图 11.4 的工程网络中（每个圆圈内右上角的数字）。

事件的最迟时刻是在不影响工程竣工时间的前提下，该事件最晚可以发生的时刻。按惯例，最后一个事件（工程结束）的最迟时刻就是它的最早时刻。其他事件的最迟时刻在工程网络上从右至左按逆作业流的方向计算。计算最迟时刻（LET）使用下述 3 条规则：

◇ 考虑离开该事件的所有作业；

◇ 从每个作业的结束事件的最迟时刻中减去该作业的持续时间；

◇ 选取上述差数中的最小值作为该事件的 LET。

例如，按惯例图 10.4 中事件 11 的最迟时刻和最早时刻相同，都是 23。逆作业流方向接下来应该计算事件 10 的最迟时刻，离开这个事件的只有作业 10—11，该作业的持续时间为 2h，它的结束事件（事件 11）的 LET 为 23，因此，事件 10 的最迟时刻为

$$\text{LET} = 23 - 2 = 21$$

类似地，事件 9 的最迟时刻为

$$\text{LET} = 21 - 1 = 20$$

事件 8 的最迟时刻为

$$\text{LET} = \min\{21 - 6, 20 - 0\} = 15$$

图 11.4 中每个圆圈内右下角的数字就是该事件的最迟时刻。

11.3.6 关键路径

图 11.4 中有几个事件的最早时刻和最迟时刻相同，这些事件定义了关键路径，在图中关键路径用粗线箭头表示。关键路径上的事件（关键事件）必须准时发生，组成关键路径的作业（关键作业）的实际持续时间不能超过估计的持续时间，否则工程就不能准时结束。工程项目的管理人员应该密切注视关键作业的进展情况，如果关键事件出现的时间比预计的时间晚，则会使最终完成项目的时间拖后；如果希望缩短工期，只有往关键作业中增加资源才会有效果。

11.3.7 机动时间

不在关键路径上的作业有一定程度的机动余地——实际开始时间可以比预定时间晚一些，或者实际持续时间可以比预计的持续时间长一些，而并不影响工程的结束时间。一个作业可以有的全部机动时间等于它的结束事件的最迟时刻减去它的开始事件的最早时刻，再减去这个作业的持续时间，即

$$\text{机动时间} = (\text{LET})_{\text{结束}} - (\text{EET})_{\text{开始}} - \text{持续时间}$$

对于前述油漆旧木板房的例子，计算得到的非关键作业的机动时间列如表 11.5 所示。

表 11.5　旧木板房刷漆网络中的机动时间

作 业	LET（结束）	EET（开始）	持续时间	机动时间
2—4	6	2	3	1
3—5	11	6	2	3
4—7	18	6	1	11
5—6	12	8	0	4
5—8	15	8	4	3
6—7	18	12	0	6
7—9	20	12	2	6
8—9	20	15	0	5
9—10	21	15	1	5

在工程网络中每个作业的机动时间写在代表该项作业的箭头下面的括弧里（见图 11.4）。

在制订进度计划时仔细考虑和利用工程网络中的机动时间，往往能够安排出既节省资源又不影响最终竣工时间的进度表。例如，研究图 11.4（或表 11.4）可以看出，清理前 3 面墙窗户的作业都有相当多机动时间，也就是说，这些作业可以晚些开始或者持续时间长一些（少用一些资源），

并不影响竣工时间。此外，刮第3、第4面墙上旧漆和给第1面墙刷新漆的作业也都有机动时间，而且这后3项作业的机动时间之和大于清理前3面墙窗户需要用的工作时间，因此，有可能仅用10名工人在同样时间内（23h）完成旧木板房刷漆工程。进一步研究图10.4中的工程网络可以看出，确实能够只用10名工人在同样时间内完成这项任务，而且可以安排出几套不同的进度计划，都可以既减少5名工人又不影响竣工时间。在图11.5中的Gantt图描绘了其中的一种方案。

图11.5所示的方案不仅比图11.1所示的方案明显节省人力，而且改正了图11.1中的一个错误：因为给第2面墙刷新漆的作业4—6不仅必须在给第1面墙刷完新漆之后（作业2—4结束），而且还必须在把第2面墙上的旧漆刮净之后（作业2—3和虚拟作业3—4结束）才能开始，所以给第1面墙刷完新漆之后不能立即开始给第2面墙刷新漆的作业，需等到把第2面墙上旧漆刮净之后才能开始，也就是说，全部工程需要23个小时而不是22个小时。

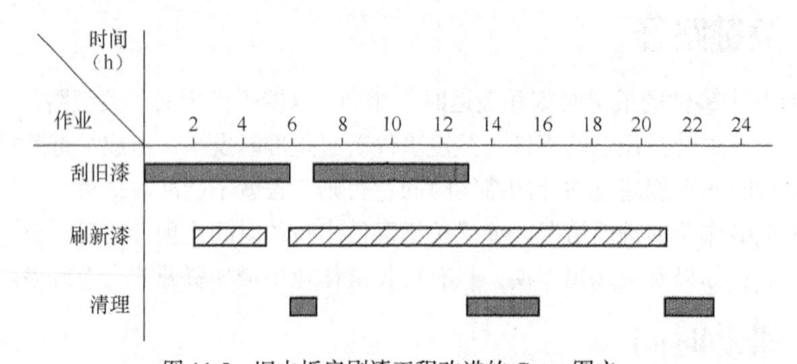

图11.5　旧木板房刷漆工程改进的Gantt图之一

图中：粗实线代表由甲组工人完成的作业；斜划线代表由乙组工人完成的作业。

这个简单例子明显说明了工程网络比Gantt图优越的地方：它显式地定义事件及作业之间的依赖关系，Gantt图只能隐含地表示这种关系。但是Gantt图的形式比工程网络更简单更直观，为更多的人所熟悉，因此，应该同时使用这两种工具制订和管理进度计划，使它们互相补充、取长补短。

以上通过旧木板房刷新漆工程的简单例子，介绍了制订进度计划的两个重要工具和方法。软件工程项目虽然比这个简单例子复杂得多，但是计划和管理的基本方法仍然是自顶向下分解，也就是把项目分解为若干个阶段，每个阶段再分解成许多更小的任务，每个任务又可进一步分解为若干个步骤等。这些阶段、任务和步骤之间有复杂的依赖关系，因此，工程网络和Gantt图同样是安排进度和管理工程进展情况的强有力的工具。本章第10.2节中介绍的工作量估计技术可以帮助我们估计每项任务的工作量。根据人力分配情况，可以进一步确定每项任务的持续时间。从这些基本数据出发，根据作业之间的依赖关系，利用工程网络和Gantt图可以制订出合理的进度计划，并且能够科学地管理软件开发工程的进展情况。

小　结

软件工程包括技术和管理两方面的内容，是管理与技术紧密结合的产物。只有在科学而严格的管理之下，先进的技术方法和优秀的软件工具才能真正发挥出它们的威力。因此，软件项目管理是大型软件工程项目成功的关键。

软件项目管理从项目计划开始，而第 1 项计划活动就是估算。为了估算项目工作量和完成期限，首先需要预测软件规模。

度量软件规模的常用技术主要有代码行技术和功能点技术。这两种技术各有优缺点，应该根据软件项目的特点及项目计划者对这两种技术的熟悉程度，选择适用的技术。

根据项目的规模可以估算出完成项目所需的工作量，常用的估算模型有静态单变量模型、动态多变量模型和 COCOMO2 模型。为了做到较准确的项目估算，通常至少同时使用上述 3 种模型中的两种。通过比较和协调使用不同模型得出的估算值，有可能得到比较准确的估算结果。虽然软件项目估算并不是一门精确的科学，但是，把可靠的历史数据和系统化的技术结合起来，仍然能够提高估算的准确度。

多数估算开发工作量的模型也同时提供了估算软件开发时间的方程，这样估算出的开发时间称为正常开发时间。增加从事开发工作的人员，可在一定程度上缩短开发时间。但是，不可能用增加人力的方法无限制地缩短开发时间。如果要求一个软件的开发时间远远少于它的正常开发时间，则开发成功的可能性几乎为零。

项目管理者的目标是定义所有项目任务，识别出关键任务，跟踪关键任务的进展状况，以保证能够及时发现拖延进度的情况。为此，管理者必须制订一个足够详细的进度表，以便监督项目进度并控制整个项目。

常用的制定进度计划的工具主要有 Gantt 图和工程网络两种。Gantt 图具有历史悠久、直观简明、容易学习、容易绘制等优点。但是，它不能显式地表示各项任务彼此间的依赖关系，也不能显式地表示关键路径和关键任务，进度计划中的关键部分不明确。因此，在管理大型软件项目时，仅用 Gantt 图是不够的，不仅难以做出既节省资源又保证进度的计划，而且还容易发生差错。

工程网络不仅能描绘任务的分解情况及每项作业的开始时间和结束时间，而且还能显式地表示各个作业彼此间的依赖关系。从工程网络图中容易识别出关键路径和关键任务，因此，工程网络是制订进度计划强有力的工具。通常，联合使用 Gantt 图和工程网络这两种工具来制订和管理进度计划，使它们互相补充、取长补短。

习　　题

一、判断题

1. 代码行技术是比较简单的定量估算软件规模的方法。（　　）
2. 功能点技术依据对软件信息域特性和软件复杂性的评估结果，估算软件规模。（　　）
3. 常用的制定进度计划的工具主要有 Word 和 Excel 两种。（　　）

二、选择题

1.（　　）的作用是为有效地、定量地进行管理，把握软件工程过程的实际情况和它所产生的产品质量。

A. 估算　　B. 度量　　C. 风险分析　　C. 进度安排

2. LOC 和 FP 是两种不同的估算技术，但两者有许多共同的特征，只是 LOC 和 FP 技术对于分解所需要的（　　）不同。

A. 详细程度　　B. 分解要求　　C. 使用方法　　D. 改进过程

三、简答题

1. 请简述项目、项目管理和软件项目管理。
2. 请简述软件项目管理和软件工程的区别和关系。
3. 请简述项目计划应该包括的内容。
4. 请简述软件估算的意义。
5. 如何进行项目的时间管理？
6. 怎样进行代码行 LOC 度量？怎样进行功能点 FP 度量？它们可以度量的指标有哪些？
7. 请简述估算的作用。
8. 项目的时间管理是否就是做进度计划？
9. 请简述做进度计划的两种方式。
10. 请简述度量、估算和计划之间的关系。

第12章 组织

软件项目成功的关键是有高素质的软件开发人员。然而大多数软件产品规模都很大，以至单个软件开发人员无法在给定期限内完成开发工作，因此，必须把多名软件开发人员组织起来，使他们分工协作共同完成开发工作。

为了成功地完成软件开发工作，项目组成员必须以一种有意义且有效的方式彼此交互和通信。如何组织项目组是一个管理问题，管理者必须合理地组织项目组，使项目组有较高生产率，能够按预定的进度计划完成所承担的工作。经验表明，项目组组织得越好，其生产率越高，而且产品质量也越高。

除了追求更好的组织方式之外，每个管理者的目标都是建立有凝聚力的项目组。一个有高度凝聚力的小组，是一批团结得非常紧密的人，他们的整体力量大于个体力量的总和。一旦项目组开始具有凝聚力，成功的可能性就大大增加了。

现有的软件项目组的组织方式，几乎和软件开发公司的数目一样多。组织软件开发人员的方法，取决于所承担的项目的特点、以往的组织经验以及软件开发公司负责人的看法和喜好。

12.1 民主制程序员组

在开发一个大型软件产品的过程中，每个阶段可能都需要若干名开发人员协同工作。但是，实现阶段是多名开发人员分担任务的主要阶段，通常每名程序员独立地实现自己负责的模块。当开发规模较小的软件产品时，可能由一个人负责需求分析、规格说明、计划和设计工作，而实现则由 2 ~ 3 名程序员组成的程序员组来完成。因为程序员组主要用在实现阶段，所以程序员组的组织问题在实现阶段最突出。当然，这些问题及其解决方法也适用于其他阶段。有两种极端方法可用来组织程序员组，这两种组织方法分别称为民主制程序员组和主程序员组。本节介绍民主制程序员组，下节介绍主程序员组。

Weinberg 在 1971 年率先描述了民主制程序员组的组织方式。构成民主制程序员组的基本概念是“无私编程”。Weinberg 指出，程序员对他们编写的代码十分热爱，他们往往把自己编写的模块看成是自身的延伸，有时甚至用自己的名字来命名模块。由此带来的问题是，如果一名程序员把一个模块看做是他自身的延伸，那么他一定不想找出“他的”代码中的错误，似乎在他编写的模块中发现了错误就是对他工作的否定。

Weinberg 解决上述问题的方法是提倡无私编程。必须改变评价程序员价值的标准，每名程序员都应该鼓励该组其他成员找出自己编写的代码中的错误。不要认为存在错误是坏事，而应该认为是正常的事情，应该把找出模块中的一个错误看做是取得了一个胜利。任何人都不能嘲笑程序员所犯的编码错误。程序员组作为一个整体，将培养一种平等的团队精神，坚信“每个模块都是属于整个程序员组的，而不是属于某个人的”。一组无私的程序员将构成一个民主制程序员组。

民主制程序员组的一个重要特点是，小组成员完全平等，享有充分民主，通过协商做出技术决策。因此，小组成员间的通信是平行的，如果一个小组有 n 个成员，则可能的通信信道有 $n(n-1)/2$ 条。

程序设计小组的人数不能太多，否则组员间彼此通信的时间将多于程序设计时间。此外，通常不能把一个软件系统划分成大量独立的单元，因此，如果程序设计小组人数太多，则每个组员所负责开发的程序单元与系统其他部分的界面将是复杂的，不仅出现接口错误的可能性增加，而且软件测试将既困难又费时间。

一般说来，程序设计小组的规模应该比较小，以2～8名成员为宜。如果项目规模很大，用一个小组不能在预定时间内完成开发任务，则应该使用多个程序设计小组，每个小组承担工程项目的一部分任务，在一定程度上独立自主地完成各自的任务。系统的总体设计应该能够保证由各个小组负责开发的各部分之间的接口是良好定义的，并且是尽可能简单的。

小组规模小，不仅可以减少通信问题，而且还有其他好处。例如，容易确定小组的质量标准，而且用民主方式确定的标准更容易被大家遵守；组员间关系密切，能够互相学习等。民主制程序员组通常采用非正式的组织方式，也就是说，虽然名义上有一个组长，但是他和组内其他成员完成同样的任务。在这样的小组中，由全体讨论决定应该完成的工作，并且根据每个人的能力和经验分配适当的任务。

民主制程序员组的主要优点是，对发现错误抱着积极的态度，这种积极态度有助于更快速地发现错误，从而导致高质量的代码。

民主制程序员组的另一个优点是，小组成员享有充分民主，小组有高度凝聚力，组内学术空气浓厚，有利于攻克技术难关。因此，当有难题需要解决时，也就是说，当所要开发的软件产品的技术难度较高时，采用民主制程序员组是适宜的。

如果组内多数成员是经验丰富、技术熟练的程序员，那么上述非正式的组织方式可能会非常成功。在这样的小组内组员享有充分民主，通过协商，在自愿的基础上作出决定，因此能够增强团结、提高工作效率。但是，如果组内多数成员技术水平不高，或是缺乏经验的新手，那么这种非正式的组织方式也有严重缺点：由于没有明确的权威指导开发工程的进行，组员间将缺乏必要的协调，最终可能导致工程失败。

为了使少数经验丰富、技术高超的程序员在软件开发过程中能够发挥更大作用，程序设计小组也可以采用下一小节中介绍的另外一种组织形式。

12.2 主程序员组

美国IBM公司在20世纪70年代初期开始采用主程序员组的组织方式。采用这种组织方式主要出于下述几点考虑：

◇ 软件开发人员多数比较缺乏经验；

◇ 程序设计过程中有许多事务性的工作，如大量信息的存储和更新；

◇ 多渠道通信很费时间，将降低程序员的生产率。

Brooks 用外科主任医生领导的手术组比喻主程序员组的组织方式：外科主任医生对手术全面负责，并且完成制定手术方案、开刀等关键工作，同时又有麻醉师、护士等技术熟练的专业人员协助和配合他的工作。此外，必要时该手术组还要请其他领域的专家（如心脏科医生或妇产科医生）协助。

上述比喻突出了主程序员组的两个关键特性。

◇ 专业化。该组每名成员仅完成那些他们受过专业训练的工作。

◇ 层次性。外科主任医生指挥该组每名成员工作，并对手术全面负责。

Baker 描述的一个典型的主程序员组如图 12.1 所示。该组由主程序员、后备程序员、编程秘书以及 1 ~ 3 名程序员组成。在必要的时候，该组还有其他领域的专家（如法律专家、财务专家等）协助。

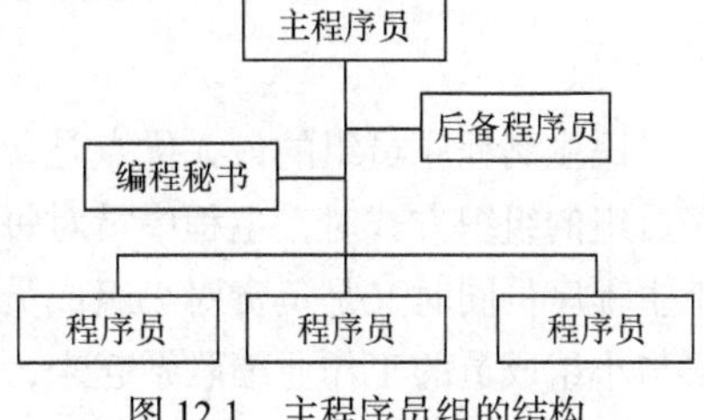

图 12.1 主程序员组的结构

主程序员组核心人员的分工如下。

◇ 主程序员既是成功的管理人员又是经验丰富、能力强的高级程序员，负责体系结构设计和关键部分（或复杂部分）的详细设计，并且负责指导其他程序员完成详细设计和编码工作。如图 12.1 所示，程序员之间没有通信渠道，所有接口问题都由主程序员处理。因为主程序员要对每行代码的质量负责，所以他还要对其他成员的工作成果进行复查。

◇ 后备程序员也应该技术熟练而且富有经验，他协助主程序员工作并且在必要时（如主程序员生病、出差或“跳槽”）接替主程序员的工作。因此，后备程序员必须在各个方面都和主程序员一样优秀，并且对本项目的了解也应该和主程序员一样多。平时，后备程序员的主要工作是，设计测试方案、分析测试结果及其他独立于设计过程的工作。

◇ 编程秘书负责完成与项目有关的全部事务性工作，如维护项目资料库和项目文档，编译、链接、执行源程序和测试用例。

注意，上面介绍的是 Baker 在 1971 年提出的思想，现在的情况已经和当时大不相同了，程序员已经有自己的终端或工作站，他们在自己的终端或工作站上完成代码的输入、编辑、编译、链接、测试等工作，无须由编程秘书统一做这些工作。典型的主程序员组的现代形式将在下一节介绍。

1972 年完成的纽约时报信息库管理系统的项目中，由于使用结构程序设计技术和主程序员组的组织形式，从而获得了巨大成功。83 000 行源程序只用 11 人年就全部完成；验收测试中只发现 21 个错误（大多是低层模块中的错误）；系统在第 1 年运行中只暴露出 25 个错误，而且仅有一个错误造成系统失效。主程序员组的组织形式已经在 IBM 公司的许多项目中采用，引起了人们的普遍重视。

虽然主程序员组的组织方式说起来有不少优点，但是，典型的主程序员组在许多方面是不切实际的。

首先，如前所述，主程序员应该是高级程序员和成功的管理者的结合体，承担这项工作需要同时具备这两方面的才能。但是，在现实社会中很难找到这样的人才。通常，既缺乏成功的管理者，也缺乏技术熟练的程序员。

其次，后备程序员更难找到。人们总是期望后备程序员像主程序员一样出色，但是，他们必须坐在“替补席”上，拿着较低的工资等待随时接替主程序员的工作。几乎没有一个高级程序员或高级管理人员愿意接受这样的工作。

第三，编程秘书也很难找到。软件专业人员一般都讨厌日常的事务性工作，但是，人们却期望编程秘书整天只干这类工作。

我们需要一种更合理、更现实的组织程序员组的方法，这种方法应该能充分结合民主制程序员组和主程序员组的优点，并能用于实现更大规模的软件产品。

12.3 现代程序员组

民主制程序员组的最大优点是，小组成员都对发现程序错误持积极、主动的态度。使用主程序员组的组织方式时，主程序员对每行代码的质量负责，因此，他将参与所有代码审查工作。由于主程序员同时又是负责对小组成员进行评价的管理员，他参与代码审查工作就会把所发现的错误与小组成员的工作业绩联系起来，从而造成小组成员出现不愿意发现错误的心理。

摆脱上述矛盾的方法是，取消主程序员的大部分行政管理工作。前面已经指出，很难找到一个既是高度熟练的程序员又是成功的管理员的人，取消主程序员的行政管理工作，不仅摆脱了上述矛盾也使寻找主程序员的人选不再那么困难。于是，实际的"主程序员"应该由两个人来担任：一个技术负责人，负责小组的技术活动；一个行政负责人，负责所有非技术的管理决策。这样的组织结构如图 12.2 所示。

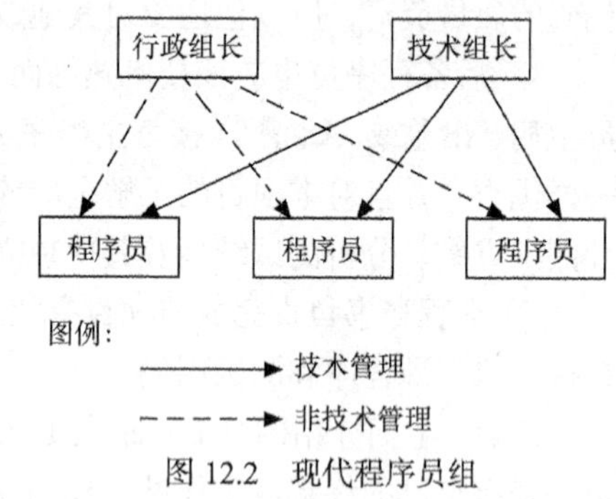

图 12.2　现代程序员组

图 12.2 所示的组织结构并没有违反"雇员不应该向多个管理员报告工作"的基本管理原则。责任范围定义得很清楚：技术组长只对技术工作负责，他不处理诸如预算和法律之类的问题，也不对组员业绩进行评价；另一方面，行政组长全权负责非技术事务，他无权对产品的交付日期做出许诺，这类承诺只能由技术组长来做。技术组长自然要参与全部代码审查工作，毕竟他个人对代码的各方面质量负责。相反，不允许行政组长参与代码审查工作，因为他的职责是对程序员的业绩进行评价。行政组长的责任是在常规调度会议上了解组中每名程序员的技术能力。

在开始工作之前明确划分技术组长和行政组长的管理权限是很重要的。但是，有时也会出现职责不清的矛盾，如考虑年度休假问题。行政组长有权批准某个程序员休年假的申请，因为这是一个非技术问题；但是技术组长可能马上否决了这个申请，因为已经接近预定的产品完工期限，现在人手非常紧张。解决这类问题的办法是求助于更高层的管理人员，对行政组长和技术组长都认为是属于自己职责范围的事务，制订一个处理方案。

由于程序员组的成员人数不宜过多，当软件项目规模较大时，应该把程序员分成若干个小组，采用图 12.3 所示的组织结构。该图描绘的是技术管理组织的结构，非技术管理组织的结构与此类似。由图 12.3 可以看出，产品的实现作为一个整体是在项目经理的指导下进行的，程序员向他们的组长汇报工作，而组长向项目经理汇报工作。当产品规模更大时，可以增加中间管理层次。

把民主制程序员组和主程序员组的优点结合起来的另一种方法，是在合适的地方采用分散作决定的方法，如图 12.4 所示。这样做有利于形成畅通的通信渠道，以便充分发挥每个程序员的积极性和主动性，集思广益攻克技术难关。这种组织方式对于适合采用民主方法的那类问题（如研究性项目或遇到技术难题需要用集体智慧攻关)非常有效。尽管这种组织方式适当地发扬了民主,但是上下级之间的箭头(即管理关系)仍然是向下的,也就是说,是在集中指导下发扬民主。显然,如果程序员可以指挥项目经理,则只会引起混乱。

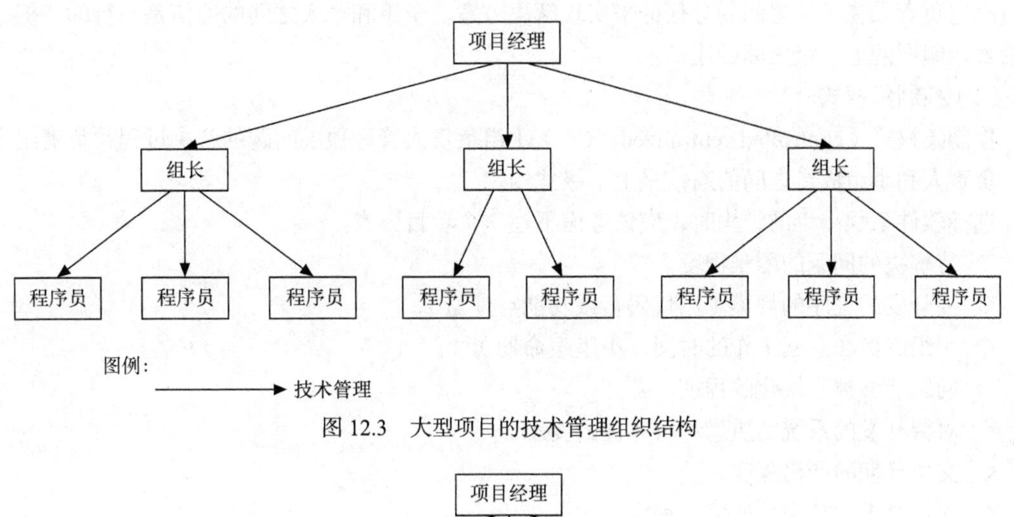

图 12.3 大型项目的技术管理组织结构

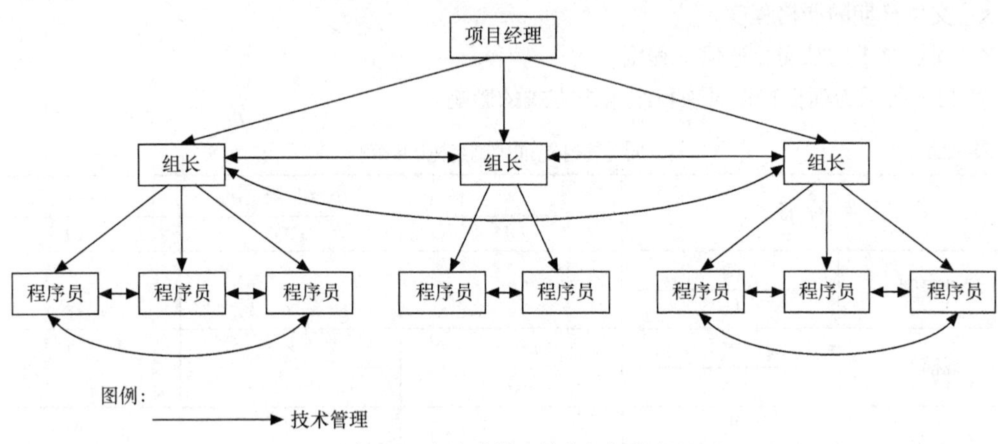

图 12.4 包含分散决策的组织方式

12.4 软件项目组

如前所述,程序员组的组织方式主要用于实现阶段,当然,也适用于软件生命周期的其他阶段(当考虑在更广阔范围的应用时,把程序员组更名为软件项目组更恰当一些)。本节从更广阔的角度进一步讨论软件项目组的组织方式。

12.4.1 3 种组织方式

Mantei 提出了下述 3 种通用的项目组组织方式。

(1)民主分权式

民主分权式(democratic decentralized,DD)这种软件工程小组没有固定的负责人,“任务协调人”是临时指定的,随后将由协调别的任务的人取代。用全体组员协商一致的方法对问题及解决问题的方法做出决策。小组成员间的通信是平行的。

（2）控制分权式

控制分权式（controlled decentralized，CD）这种软件工程小组有一个固定的负责人，他协调特定任务的完成并指导负责子任务的下级领导人的工作。解决问题仍然是一项群体活动，但是，通过小组负责人在子组之间划分任务来实现解决方案。子组和个人之间的通信是平行的，但是也有沿着控制层的上下级之间的通信。

（3）控制集权式

控制集权式（controlled centralized，CC）小组负责人管理顶层问题的解决过程并负责组内协调。负责人和小组成员之间的通信是上下级式的。

选择软件工程小组的结构时，应该考虑下述7个项目因素。

◇ 待解决的问题的困难程度。
◇ 要开发的程序的规模（用代码行或功能点度量）。
◇ 小组成员在一起工作的时间（小组生命期）。
◇ 问题能够被模块化的程度。
◇ 对待开发的系统的质量和可靠性的要求。
◇ 交付日期的严格程度。
◇ 项目要求的社交（通信）程度。

表12.1所示为项目特性对项目组组织方式的影响。

表12.1　项目特性对项目组结构的影响

项目特性		小组类型		
		DD	CD	CC
困难程度	高	×		
	低		×	×
规模	大		×	×
	小	×		
小组生命期	短		×	×
	长	×		
模块化程度	高		×	×
	低	×		
可靠性	高	×	×	
	低			×
交付日期	紧			×
	松	×	×	
社交	高	×		
	低		×	

集权式结构能够更快地完成任务，它最适于处理简单问题。分权式的小组比起个人来，能够产生更多、更好的解决方案，这种小组在解决复杂问题时成功的可能性更大。因此，CD或CC小组结构能够成功地用来解决简单的问题，而DD小组结构则适于解决难度较大的问题。小组的性能与必须进行的通信量成反比，所以开发规模很大的项目时最好采用CC或CD小组结构。

小组生命期长短影响小组的士气。经验表明，DD小组结构能导致较高的士气和较高的工作满意度，因此适合于生命期长的小组。

DD 小组结构最适于解决模块化程度较低的问题，因为解决这类问题需要更大的通信量。如果能够达到较高的模块化程度（人们自己独自做自己的事情），则 CC 或 CD 小组结构更适宜。

人们曾经发现，CC 和 CD 小组产生的缺陷比 DD 小组少，但是这些数据在很大程度上取决于小组采用的质量保证活动。

完成同一个项目，分权式结构通常需要比集权式结构更多的时间，不过当需要高社交性时分权式结构是最适宜的。

历史上最早的软件项目组是控制集权式（CC）结构，当时人们把这样的软件项目组称为主程序员组。

12.4.2　4 种组织范型

Constantine 提出了软件工程小组的下述 4 种“组织范型”。

（1）封闭式范型

按照传统的权力层次来组织项目组（类似于 CC 小组）。当开发与过去已经做过的产品相似的软件时，这种项目组可以工作得很好。但是，在这种封闭式范型下难以进行创新性的工作。

（2）随机式范型

松散地组织项目组，小组工作依靠小组成员发挥个人的主动性。当需要创新或技术上的突破时，用随机式范型组织起来的项目组能工作得很好。但是，当需要“有次序地执行”才能完成任务时，这样的项目组就可能陷入困境。

（3）开放式范型

这种范型试图以一种既具有封闭式范型的控制性，又包含随机式范型的创新性的方式来组织项目组。通过大量协商和基于一致意见作出决策，项目组成员相互协作完成工作任务。用开放式范型组织起来的项目组很适于解决复杂问题，但是可能没有其他类型小组的效率高。

（4）同步式范型

按照对问题的自然划分，组织项目组成员各自解决一些子问题，他们之间很少有主动的通信需求。

小　　结

对任何软件项目而言，最关键的因素都是承担项目的人员。必须合理地组织项目组，使项目组有较高生产率。“最佳的”小组结构取决于管理风格、组里的人员数目和他们的技术水平，以及所承担的项目的难易程度。

本章具体介绍了国外比较流行的民主制程序员组、主程序员组和现代程序员组的组织方式，讨论了不同组织方式的优缺点和适用范围。然后又从更广阔的角度进一步讨论了通用的软件项目组的组织结构问题。

习　　题

一、判断题

1. 民主制程序员组的一个重要特点是，小组成员完全平等，享有充分民主，通过协商做出技

术决策。 (　　)

2. 主程序员组的两个关键特性是专业化和层次性。 (　　)

3. 现代程序员组中，技术组长既对技术工作负责，又负责非技术事务。 (　　)

二、选择题

1. 项目团队原来有6个成员，现在又增加了6个成员，这样沟通渠道增加了多少？(　　)

A. 4.4倍　　B. 2倍　　C. 6倍　　D. 6条

2. Mantei提出了3种通用的项目组组织方式：民主分权式、控制分权式、(　　)。

A. 启发式　　B. 归纳式　　C. 总结式　　D. 控制集权式

三、简答题

1. 目前项目开发时常用的小组组织方法有哪些？

2. 请简述主程序员组的优缺点。

3. 民主制、主程序员制各存在什么问题？

4. 你所在的信息系统开发公司指定你为项目负责人。你的任务是开发一个应用系统，该系统类似于你的小组以前做过的那些系统，不过这一个规模更大而且更复杂一些。需求已经由客户写成了完整的文档。你将选用哪种小组结构？为什么？你准备采用哪（些）种软件过程模型？为什么？

第13章 控制

通过软件计划，我们明确了软件开发的目标，规划了具体的开发方案，而组织职能的实施又为计划的实现提供了组织机构和资源配置方面的保证。但是，计划规定的目标再好，人员组织得再合理，如果没有有效的控制作为保证，软件开发目标也是难以实现的。因此，控制是十分重要的管理活动。

一般说来，所谓控制就是掌握被控制的对象，不让它任意活动或超出规定范围活动，尽量使一切活动都按照预定的计划进行，向预期的目标前进。

本章结合软件开发的特点，着重讲述软件风险管理、质量保证和配置管理。

13.1 风险管理

软件开发几乎总会存在某些风险。对付风险应该采取主动的策略，也就是说，早在技术工作开始之前就应该启动风险管理活动：标识出潜在的风险，评估它们出现的概率和影响，并且按重要性把风险排序。

风险管理的主要目标是预防风险。但是，并非所有风险都能预防，因此，项目组还必须制订一个处理意外事件的计划，以便一旦风险变成现实时能够以可控的和有效的方式作出反应。

13.1.1 软件风险分类

风险有两个显著特点。

◇ 不确定性：标志风险的事件可能发生也可能不发生，也就是说，没有 100%发生的风险（100%发生的风险是施加在软件项目上的约束）。

◇ 损失：如果风险变成了现实，就会造成不好的后果或损失。

分析风险时，重要的是量化不确定性的程度及与每个风险相关的损失程度。为此，必须考虑不同类型的风险。可以从不同角度把风险分类。

1. 按照风险的影响范围分类

① 项目风险：这类风险威胁项目计划，也就是说，如果这类风险变成现实，可能会拖延项目进度并且增加项目成本。项目风险是指预算、进度、人力、资源、客户及需求等方面的潜在问题和它们对软件项目的影响。项目复杂程度、规模以及结构不确定性也是项目风险因素。

② 技术风险：这类风险威胁软件产品的质量和交付时间。如果技术风险变成现实，开发工作

可能变得很困难或根本不可能。技术风险是指设计、实现、接口、验证、维护等方面的潜在问题。此外，规格说明的二义性、技术的不确定性、技术陈旧和“前沿”技术也是技术风险因素。一般说来，存在技术风险是因为问题比我们设想的更难解决。

③ 商业风险：这类风险威胁软件产品的生存力，也往往危及项目或产品。以下列出了 5 个主要的商业风险。

◇ 正在开发一个没有人真正需要的“优秀产品”（市场风险）。

◇ 正在开发一个不再符合公司的整体商业策略的产品（策略风险）。

◇ 正在开发一个销售部门不知道如何去卖的产品。

◇ 由于重点转移或人事变动而失去了高级管理层的支持（管理风险）。

◇ 没有获得预算或人力上的保证（预算风险）。

注意到下述事实是非常重要的：简单分类有时并不可行，某些风险根本无法事先预测。

2. 按照风险的可预测性分类

① 已知风险：这类风险是通过仔细评估项目计划、开发项目的商业和技术环境，以及其他可靠的信息（如不现实的交付日期，没有描述需求或软件范围的文档存在，恶劣的开发环境），可以发现的那些风险。

② 可预测的风险：

这类风险可以从过去项目的经验中推测出来（如人员变动，缺乏与客户的沟通，因忙于维护工作而减少开发人员）。

③ 不可预测的风险：这类风险可能而且确实会出现，但是很难事先识别出它们。

13.1.2 风险识别

通过识别已知的和可预测的风险，项目管理者就朝着在可能时避免风险并且在必要时控制风险的目标迈出了第一步。

在 13.1.1 小节中描述的每一类风险又可进一步分成两种类型：一般性风险和特定产品的风险。一般性风险对每个软件项目都是潜在的威胁。特定产品的风险只有那些对当前项目的技术、人员及环境非常了解的人才能识别出来。为了识别出特定产品的风险，必须检查项目计划和软件范围说明，并且回答下述问题：“本项目有什么特殊的性质可能会威胁我们的项目计划”。

事实上，“如果你不主动地攻击风险，风险将主动地攻击你”。因此，应该系统化地识别出一般性风险和特定产品的风险。

采用建立风险条目检查表的方法，人们可以集中精力识别下列已知的和可预测的风险。

◇ 产品规模——与要开发或要修改的软件总体规模相关的风险。

◇ 商业影响——与管理或市场所施加的约束相关的风险。

◇ 客户特性——与客户素质以及开发者和客户定期通信的能力相关的风险。

◇ 过程定义——与软件过程已被定义的程度以及软件开发组织遵守软件过程的程度相关的风险。

◇ 开发环境——与用来开发产品的工具的可用性和质量相关的风险。

◇ 所用技术——与待开发系统的复杂性及系统所包含的技术的“新奇性”相关的风险。

◇ 人员数目与经验——与参加工作的软件工程师的总体技术水平及项目经验相关的风险。

1. 产品规模风险

项目风险与产品规模成正比。下面的风险条目标识了与软件产品规模相关的常见风险。

◇ 是否用 LOC 或 FP 估算产品规模?

◇ 估算出的产品规模的可信度如何?

◇ 是否用程序、文件或事务的数目来估算产品规模?

◇ 产品规模与以前产品平均规模相差的百分比是多少?

◇ 产品创建或使用的数据库的规模有多大?

◇ 产品的用户数有多少?

◇ 产品需求变动数有多少? 产品交付前有多少个变动? 交付后有多少个变动?

◇ 重用的软件量有多大?

当使用风险条目检查表考察待开发的产品时，必须把待开发产品的数据与过去的经验相比较，如果相差的百分比较大，或者虽然数字接近但过去的结果很不令人满意，则软件开发有高风险。

2. 商业风险

商业考虑有时与技术实现发生直接冲突。下面的风险条目标识了与商业影响相关的风险。

◇ 本产品对公司收入有何影响?

◇ 本产品是否受到高级管理层的重视?

◇ 交付期限是否合理?

◇ 打算使用本产品的客户数及本产品符合他们需要的程度?

◇ 本产品必须能够与之互操作的其他产品的数目?

◇ 终端用户的水平如何?

◇ 必须生成并交付给客户的产品文档的质与量如何?

◇ 政府对产品开发的约束?

◇ 延迟交付将使成本增加多少?

◇ 产品缺陷将使成本增加多少?

对上列每个问题的回答都必须与过去的经验相比较，如果差异很大或虽然差异不大但过去的结果很不令人满意，则软件开发有高风险。

3. 与客户相关的风险

一个“不好的”客户能对软件项目组在预算内按时完成项目的能力产生很大的负面影响。对于项目管理者而言，不好的客户是对项目计划的巨大威胁和实际的风险。下面的风险条目标识了与客户特征相关的常见风险。

◇ 你以前是否与这个客户合作过?

◇ 该客户对需要什么是否有固定想法? 他已经把需求写下来了吗?

◇ 该客户是否同意花时间召开正式的需求收集会，以确定项目范围?

◇ 该客户是否愿意建立与开发者之间的快速通信渠道?

◇ 该客户是否愿意参加复审工作?

◇ 该客户是否具有该产品领域的技术素养?

◇ 该客户是否放手让开发人员工作，也就是说，当你们做具体技术工作时该客户是否坚持要在旁边监视?

◇ 该客户是否理解软件过程?

如果对上述这些问题中的任何一个的回答是否定的，则需要做进一步的调研工作，以评估潜在的风险。

4. 过程风险

如果没有明确地定义软件过程；如果没有系统化的分析、设计和测试方法；如果虽然每个人都认为质量很重要，但却没有人采取切实的行动来保证它，那么，这个项目就处于风险中。下面的问题可以识别过程风险。

（1）过程问题

◇ 高级管理层认识到标准的软件开发过程的重要性了吗？
◇ 你的公司是否已经写好了用于本项目的软件过程说明？
◇ 开发人员是否愿意按照文档中描述的软件过程进行开发工作？
◇ 该软件过程是否用于其他项目？
◇ 你的公司是否已经为管理人员和技术人员开设了一系列软件工程培训课程？
◇ 是否为每位软件开发者和管理者都提供了书面的软件工程标准？
◇ 是否已经为软件过程中定义的所有交付物建立了文档提纲和示例？
◇ 是否定期地对需求规格说明、设计和代码进行正式的技术复审？
◇ 是否定期地对测试过程和测试用例进行正式的技术复审？
◇ 是否每次正式技术复审的结果（含发现的错误和使用的资源）都建立了文档？
◇ 是否有某种机制来保证项目开发工作符合软件工程标准？
◇ 是否使用了配置管理来保持软件需求、设计、代码和测试用例之间的一致性？
◇ 是否使用了某种机制来控制影响软件的用户需求变化？
◇ 对于每份子合同，是否都有文档化的工作说明、软件需求规格说明及软件开发计划？
◇ 是否有一个过程用来跟踪和复审子合同执行情况？

（2）技术问题

◇ 是否使用了简易的应用规格说明技术来辅助开发者与客户之间的通信？
◇ 是否使用了特定的方法进行软件分析？
◇ 是否使用了特定的方法进行数据和体系结构设计？
◇ 是否 90%以上的代码都使用高级语言编写？
◇ 是否定义并使用了特定的代码文档规则？
◇ 是否使用了特定的方法来设计测试用例？
◇ 是否使用了软件工具来支持计划和跟踪活动？
◇ 是否使用了配置管理工具来控制和跟踪软件过程中的变动活动？
◇ 是否使用了软件工具来支持软件分析和设计过程？
◇ 是否使用了软件工具来创建软件原型？
◇ 是否使用了软件工具来支持测试过程？
◇ 是否使用了软件工具来支持文档的生成与管理？
◇ 是否收集了所有软件项目的质量度量值？
◇ 是否收集了所有软件项目的生产率度量值？

如果对于上述问题中的大多数的回答都是否定的，则软件过程是不良的，而且软件开发有高风险。

5. 技术风险

突破技术限制是富于挑战性且令人兴奋的，这几乎是每一个技术人员的梦想，但也是极具风险的事。下面的风险条目标识了与将使用的技术相关的常见风险。

◇ 将使用的技术对于你的组织而言是新的吗?

◇ 为满足客户需求是否需要创造新的算法或输入/输出技术?

◇ 软件是否需要与新的或未经验证的硬件接口?

◇ 软件是否需要与别的开发商提供的未经验证的软件产品接口?

◇ 软件是否需要与功能和性能都未在本应用领域得到验证的数据库系统接口?

◇ 产品需求中是否要求采用特殊的用户界面?

◇ 产品需求中是否要求创建与你的组织以前开发过的构件不同的程序构件?

◇ 用户需求中是否要求使用新的分析、设计或测试方法?

◇ 用户需求中是否要求使用非常规的软件开发方法（如形式化方法、基于人工智能技术的方法、人工神经网络）?

◇ 用户需求中是否对产品性能有过分的约束?

◇ 客户是否不能断定其要求的功能是“可行的”?

如果对上述这些问题中的任一个的回答是肯定的，则需要做进一步的调研工作，以评估潜在的风险。

6. 开发环境风险

软件工程环境支持着项目组，支持着软件过程和产品。但是，如果环境有缺陷，它就可能成为重要的风险源。下面的风险条目标识了与开发环境相关的常见风险。

◇ 是否有可用的软件项目管理工具?

◇ 是否有可用的软件过程管理工具?

◇ 是否有可用的分析和设计工具?

◇ 分析和设计工具是否支持适用于所开发产品的方法?

◇ 是否有可用的编译器或代码生成器，且适用于所开发的产品?

◇ 是否有可用的测试工具，且适用于所开发的产品?

◇ 是否有可用的软件配置管理工具?

◇ 环境是否利用了数据库或数据仓库?

◇ 是否所有软件工具都已经集成在一起了?

◇ 项目组成员是否已经接受过使用每件工具的培训?

◇ 本地是否有专家能回答关于工具的问题?

◇ 关于工具的联机帮助和文档是否是恰当的?

如果对于上述问题中的大多数的回答都是否定的，则软件开发环境是不良的，而且软件开发有高风险。

7. 人员风险

Boehm 建议用下述问题来评估与人员数目和经验相关的风险。

◇ 是否有最优秀的人才可用?

◇ 人员在技术上是否配套?

◇ 是否有足够人员可用?

◇ 开发人员能否自始至终地参加整个项目的工作?

◇ 项目组成员是否都能全部时间参加工作?

◇ 开发人员对自己的工作是否有正确的期望?

◇ 开发人员是否已接受了必要的培训?

◇ 开发人员的流动是否不影响工作的连续性？

如果对于上述问题中的任一个的回答是否定的，则需要做进一步的调研工作，以评估潜在的风险。

13.1.3 风险预测

风险预测（也称为风险估算）试图从两个方面来评估每个风险：风险变成现实的可能性或概率，以及当风险变成现实时所造成的后果。

1. 评估风险后果

美国空军建议从性能、成本、支持和进度 4 个方面评估风险的后果，他们把上述 4 个方面称为 4 个风险因素。下面给出这 4 个风险因素的定义。

◇ 性能风险——产品能满足需求且符合其使用目的的不确定程度。

◇ 成本风险——能够维持项目预算的不确定程度。

◇ 支持风险——软件易于改错、适应和增强的不确定程度。

◇ 进度风险——能够实现项目进度计划且产品能按时交付的不确定程度。

根据风险发生时对上述 4 个风险因素影响的严重程度，可以把风险后果划分成 4 个等级：可忽略的、轻微的、严重的和灾难性的。表 13.1 所示为由于软件中潜伏的错误所造成的各种后果的特点（由表中标为“1”的行描述），或由于没有达到预期的结果所造成的各种后果的特点（由表中标为“2”的行描述）。按照实际后果与表中描述的特点的吻合程度，可以把风险后果划分成 4 个等级中的某一级。

表 13.1　评估风险后果

<table>
<tr><th colspan="2" rowspan="2">等　级</th><th colspan="4">因　素</th></tr>
<tr><th>性　能</th><th>支　持</th><th>成　本</th><th>进　度</th></tr>
<tr><td rowspan="2">灾难性的</td><td>1</td><td colspan="2">不能满足需求而导致项目失败</td><td colspan="2">错误导致成本增加和进度延迟，预计超支 $500k 以上</td></tr>
<tr><td>2</td><td>不能满足要求的技术性能</td><td>无响应或无法支持的软件</td><td>资金严重短缺，很可能超出预算</td><td>不能在预定的交付日期内完成</td></tr>
<tr><td rowspan="2">严重的</td><td>1</td><td colspan="2">不能满足需求，系统性能降低到对项目能否成功有疑问的程度</td><td colspan="2">错误导致运行延迟和成本增加，预计超支 $100k 至$500k</td></tr>
<tr><td>2</td><td>技术性能有些降低</td><td>软件修改工作有些延迟</td><td>资金有些短缺，可能会超支</td><td>交付日期可能拖后</td></tr>
<tr><td rowspan="2">轻微的</td><td>1</td><td colspan="2">不能满足需求而导致次要功能降级</td><td colspan="2">成本有些增加，进度延迟可补救，预计超支 $1k 至$100k</td></tr>
<tr><td>2</td><td>技术性能稍微降低一点</td><td>较好的软件支持</td><td>资金充足</td><td>现实的、可完成的进度计划</td></tr>
<tr><td rowspan="2">可忽略的</td><td>1</td><td colspan="2">不能满足需求而导致使用不方便或对非运行方面有影响</td><td colspan="2">错误对成本和进度影响很小，预计超支少于 $1k</td></tr>
<tr><td>2</td><td>技术性能没有降低</td><td>易于支持的软件</td><td>可能低于预算</td><td>交付日期提前</td></tr>
</table>

2. 建立风险表

建立风险表是一种简单的风险预测技术，表 13.2 所示排序前的风险表是风险表的一个例子。项目组首先在表中第 1 列列出所有风险，这可以利用 13.1.2 小节讲述的风险条目来完成。在风险表的第 2 列中给出每个风险的类型（PS 代表产品规模风险，BU 代表商业风险，CU 代表与客户相关的风险，TE 代表技术风险，DE 代表开发环境风险，ST 代表人员风险）。每个风险发生的概率写在第 3 列中。每个风险发生的概率值可以先由项目组各个成员分别估算，然后把这些值求平均，得到有代表性的一个概率值。下一步是评估每个风险所造成的后果。使用表 13.1 评估风险后果描述的特点评估每个风险因素，并确定后果的严重程度。对 4 个风险因素（性能、支持、成本和进度）的等级值求平均，以得到风险后果的整体等级值（如果某个风险因素对项目特别重要，也可以使用加权平均值）。

表 13.2　　排序前的风险表

风　险	类　别	概　率	影　响
规模估算可能很不准确	PS	60%	2
用户数目超出计划	PS	30%	3
重用程度低于计划	PS	70%	2
终端用户抵制该系统	BU	40%	3
交付日期将要求提前	BU	50%	2
资金将流失	CU	40%	1
客户将改变需求	CU	80%	2
技术达不到预期的水平	TE	30%	1
缺少关于工具的培训	DE	80%	3
人员缺乏经验	ST	30%	2
人员流动频繁	ST	60%	2

表中第 4 列给出的是风险后果的整体等级值，其中，1 代表灾难性的，2 代表严重的，3 代表轻微的，4 代表可忽略的。

一旦填好了风险表前 4 列的内容，就应该根据概率和影响来排序。高概率、高影响的风险放在表的上方，而低概率的风险放在表的下方，这样就完成了第 1 次风险排序。

项目管理者研究排好序的风险表，并确定一条中止线。该中止线是经过表中某一点的水平直线，它的含义是，只有位于线的上方的那些风险才会得到进一步的关注。对于处于线下方的风险要再次评估，以完成第 2 次排序。

从管理的角度看，风险影响和风险概率的作用是不同的。对一个具有高影响但发生概率很低的风险因素，不应该花费太多管理时间。但是，高影响且发生概率为中到高的风险，以及低影响且高概率的风险，应该进入风险管理的下一个步骤。

应该在软件项目进展的过程中，迭代使用上述的风险预测与分析技术。项目组应该定期复查风险表，再次评估每个风险，以确定新情况是否引起它的概率和影响发生变化。作为这项活动的结果，可能在表中添加了一些新风险，删除了某些与项目不再有关系的风险，并且改变了表中风险的相对位置。

13.1.4　处理风险的策略

对于绝大多数软件项目来说，上述的 4 个风险因素（性能、成本、支持和进度）都有一个临界值，超过临界值就会导致项目被迫终止。也就是说，如果性能下降、成本超支、支持困难或进度延迟（或这 4 种因素的组合）超过了预先定义的限度，则因风险过大项目将被迫终止。

如果风险还没有严重到迫使项目终止的程度，则项目组应该制定一个处理风险的策略。一个有效的策略应该包括下述 3 方面的内容：风险避免（或缓解）；风险监控；风险管理和意外事件计划。

1. 风险避免

如果软件项目组采用主动的策略来处理风险，则避免风险总是最好的策略。这可以通过建立风险缓解计划来达到。例如，假设人员频繁流动被标识为一个项目风险，基于历史和管理经验，估计人员频繁流动的概率是 0.70（70%，相当高），预测该风险发生时将对项目成本和进度有严重影响。

为了缓解这个风险，项目管理者必须制定一个策略来减少人员流动。可能采取的措施如下所述。

◇ 与现有人员一起探讨人员流动的原因（如工作条件恶劣，报酬低，劳动力市场竞争激烈）。

◇ 在项目开始前采取行动，以缓解处于管理控制之下的那些原因。

◇ 适当组织项目组，使得关于每项开发活动的信息都在组内广泛地传播。

◇ 定义文档标准并建立适当的机制，以确保及时编写出文档。

◇ 所有开发工作都经过同事的复审，从而使得不止一个人熟悉该项工作。

◇ 为每个关键的技术人员指定一个后备人员。

2. 风险监控

随着项目的进展，风险监控活动也就开始了。项目管理者监控某些能指出风险概率正在变高还是变低的因素。以上述的人员频繁流动的风险为例，可以监控下述因素。

◇ 项目组成员对于项目压力的态度。

◇ 项目组的凝聚力。

◇ 项目组成员彼此间的关系。

◇ 与工资和奖金相关的潜在问题。

◇ 在公司内和公司外获得其他工作岗位的可能性。

除了监控上述因素之外，项目管理者还应该监控前述的风险缓解措施的效力。例如，前述的一个风险缓解措施要求，“定义文档标准并建立适当的机制以确保及时编写出文档”。如果关键技术人员离开该项目，这是一个能保证工作连续性的措施。项目管理者应该仔细地监控这些文档，以保证每份文档确实都按时编写出来了，而且当新员工加入该项目时能从文档中获得必要的信息。

3. 风险管理和意外事件计划

风险管理和意外事件计划是假设缓解风险的努力失败了，风险变成了现实。继续讨论前述的例子。假设项目正在顺利地进行，项目组内有些人突然宣布将要离开。如果已经执行了风险缓解措施，则有后备人员可用，必要的信息已经写入文档，而且有关的知识已经在项目组内广泛地进行了交流。此外，项目管理者还可以暂时调整资源配置，先集中力量去完成人员充足的那些功能（相应地调整进度），从而使得新加入项目组的人员有时间去“赶上进度”。同时，要求那些将要离开的人停止一切工作，在离开前的最后几个星期进入“知识交接模式”。这可能包括基于视频的知识获取、建立“注释文档”和与仍留在项目组中的成员进行交流。

值得注意的是，风险缓解、监控和管理将花费额外的项目成本（如“备份”每个关键的技术人员），因此，风险管理的任务之一，就是评估何时由风险缓解、监控和管理措施所产生的效益低于实现它们所花费的成本。这实质上就是要做一次常规的成本/效益分析。一般说来，如果采取某项风险缓解措施所增加的成本大于其产生的效益，则项目管理者很可能决定不采取这项措施。

13.2　质量保证

质量是产品的生命，不论生产什么产品，质量都是极端重要的。软件产品开发周期长，耗费巨大的人力和物力，更必须特别注意保证质量。

13.2.1　软件质量

概括地说，软件质量就是“软件与明确地和隐含地定义的需求相一致的程度”。更具体地说，软件质量是软件符合明确叙述的功能和性能需求、文档中明确描述的开发标准，以及所有专业开发的软件都应具有的隐含特征的程度。上述定义强调了如下 3 个要点。

◇ 软件需求是度量软件质量的基础，与需求不一致就是质量不高。

◇ 指定的标准定义了一组指导软件开发的准则，如果没有遵守这些准则，几乎肯定会导致质量不高。

◇ 通常，有一组没有显式描述的隐含需求（如期望软件是容易维护的）。如果软件满足明确描述的需求，但却不满足隐含的需求，那么软件的质量仍然是值得怀疑的。

虽然定量度量软件质量还有一定难度，但是仍然能够提出许多重要的软件质量指标（其中多数目前还处于定性度量阶段）。

下面介绍影响软件质量的主要因素，这些因素是从管理角度对软件质量的度量。可以把这些质量因素划分成 3 组，它们分别反映用户在使用软件产品时的 3 种不同倾向或观点。这 3 种倾向是：产品运行、产品修改和产品转移。图 13.1 所示为软件质量因素和上述 3 种倾向（或称为产品活动）之间的关系，表 13.3 所示为软件质量因素的简明定义。

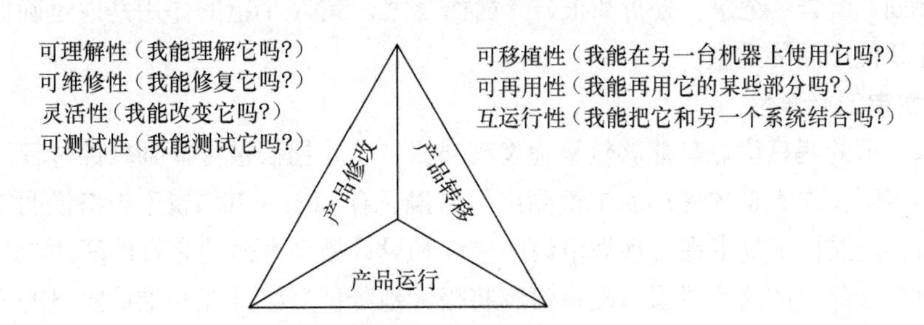

图 13.1　软件质量因素与产品活动的关系

表13.3　软件质量因素的定义

质量因素	定　义
正确性	系统满足规格说明和用户目标的程度，即在预定环境下能正确地完成预期功能的程度
健壮性	在硬件发生故障、输入的数据无效或操作错误等意外环境下，系统能做出适当响应的程度
效率	为了完成预定的功能，系统需要的计算资源的多少
完整性（安全性）	对未经授权的人使用软件或数据的企图，系统能够控制（禁止）的程度
可用性	系统在完成预定应该完成的功能时令人满意的程度
风险	按预定的成本和进度把系统开发出来，并且为用户所满意的概率
可理解性	理解和使用该系统的容易程度
可维修性	诊断和改正在运行现场发现的错误所需要的工作量的大小
灵活性（适应性）	修改或改进正在运行的系统需要的工作量的多少
可测试性	软件容易测试的程度
可移植性	把程序从一种硬件配置和（或）软件系统环境转移到另一种配置和环境时，需要的工作量多少。有一种定量度量的方法是：用原来程序设计和调试的成本除移植时需用的费用
可再用性	在其他应用中该程序可以被再次使用的程度（或范围）
互运行性	把该系统和另一个系统结合起来需要的工作量的多少

13.2.2　软件质量保证措施

软件质量保证（software quality assurance，SQA）的措施主要有，基于非执行的测试（也称为复审）、基于执行的测试（即本书第5章和第9章讲述的测试）和程序正确性证明。复审主要用来保证在编码之前各阶段产生的文档的质量（当然，本书5.6.2小节讲述的对程序的人工复审，也是保证程序质量的一个重要手段）；基于执行的测试需要在程序编写出来之后进行，它是保证软件质量的最后一道防线；程序正确性证明使用数学方法来严格验证程序是否与对它的说明完全一致。

参加软件质量保证工作的人员，可以分成下述两类。

◇ 软件工程师通过采用可靠的技术方法和度量，进行正式的技术复审以及完成计划周密的测试来保证软件质量。

◇ SQA 小组的职责是辅助软件工程小组以获得高质量的软件产品，其从事的软件质量保证活动主要是计划、监督、记录、分析和报告。简而言之，SQA 小组的作用是通过确保软件过程的质量，来保证软件产品的质量。

1. 技术复审的必要性

正式技术复审的明显优点是能够较早地发现错误，防止错误被传播到软件过程的后续阶段。

统计数字表明，在大型软件产品中检测出的错误，有60%～70%属于规格说明错误或设计错误。研究表明，正式技术复审在发现规格说明错误和设计错误方面的有效性高达75%。由于能够检测并排除掉绝大部分的这类错误，复审过程将极大地降低后续开发和维护阶段的成本。

为说明早期发现并改正错误对降低成本的作用，人们根据从大型软件项目中收集到的实际数据，推导出一系列相对成本：假设改正在设计阶段发现的一个错误的成本为1个货币单位，在测试开始前发现并改正同一个错误的成本为6.5个货币单位，在测试过程中发现并改正该错误的成本为15个货币单位，而在软件产品发布之后发现并改正这个错误的成本为60～100个货币单位。

正式技术复审实际上是一类复审方法，包括走查（walkthrough）、审查（inspection）等具体方法。走查的步骤比审查少，而且没有审查那样正规。

2. 走查

走查组由 4 ~ 6 名成员组成。以规格说明走查组为例，成员至少包括一名负责起草规格说明的人，一位负责该规格说明的管理员，一位客户代表，以及下阶段开发组（在本例中是设计组）的一名代表和 SQA 小组的一名代表。其中，SQA 小组的代表应该作为走查组的组长。为了能发现重大的错误，走查组成员最好是经验丰富的高级技术人员。必须把被走查的材料预先分发给走查组每位成员。走查组成员应该仔细研究材料并列出两张表：一张是该成员不理解的术语，另一张是他认为不正确的术语。

走查组组长引导该组成员走查文档，力求发现尽可能多的错误。走查组的任务仅仅是标记出错误而不是改正错误，改正错误的工作应该由该文档的编写组完成。走查的时间不要超过 2h。走查主要有下述两种方式。

① 参与者驱动法：参与者按照事先准备好的列表，提出他们不理解的术语和认为不正确的术语。文档编写组的代表必须对每个质疑做出回答，要么承认确实有错误，要么对质疑做出解释。

② 文档驱动法：文档编写者向走查组成员仔细解释文档。走查组成员在此过程中不时针对事先准备好的问题或解释过程中发现的问题提出质疑。这种方法可能比第 1 种方法更彻底，往往能检测出更多错误。经验表明，采用文档驱动法时许多错误是由文档讲解者自己发现的。

3. 审查

审查的范围要比走查广泛得多，它的步骤也比较多。一般来说，审查有 5 个基本步骤。

◇ 综述：由负责编写文档的一名成员向审查组成员综述该文档。在综述会议结束时把文档分发给每位与会者。

◇ 准备：评审员仔细阅读文档。最好列出在审查中发现的错误的类型，并按发生频率把错误类型分级，以辅助审查工作的进行。这些列表有助于评审员们把注意力集中到最常发生错误的区域。

◇ 审查：评审组仔细审查整个文档。和走查一样，这一步的目的也是找出文档中的错误，而不是改正它们。审查组组长必须在一天之内写出一份关于审查的报告。通常每次审查不超过 90min。

◇ 返工：文档的作者负责解决在书面报告中列出的所有错误及问题。

◇ 跟踪：组长必须确保所提出的每个问题都得到了圆满的解决（要么修正了文档，要么澄清了被误认为是错误的条目）。必须检查对文档所做的每个修正，以确保没有引入新的错误。如果在审查过程中返工量超过 5%，则应该召集审查组再对文档全面地审查一遍。

审查组通常由 4 人组成。以设计审查为例，审查组由一位组长，以及设计人员、实现人员和测试人员各 1 名组成。组长既是审查组的管理人员又是领导人员。审查组必须包括负责当前阶段开发工作的项目组代表和负责下一阶段开发工作的项目组代表。测试人员应该是负责设计测试用例的软件工程师，当然，测试人员同时又是 SQA 小组的成员则更好。在 IEEE 标准中建议审查组由 3 ~ 6 名成员组成。

审查过程不仅步数比走查多，而且每个步骤都是正规的。这种正规性体现在：仔细划分错误类型，并把这些信息运用在后续阶段的文档审查中以及未来产品的审查中。

审查是检测错误的一种好方法，利用审查我们可以在软件过程的早期阶段发现错误，也就是说，能在修正错误的代价变得很昂贵之前就发现错误，因此，审查是一种强大的而且经济有效的错误检测方法。

4. 程序正确性证明

测试可以暴露程序中的错误，是保证软件可靠性的重要手段。但是，测试只能证明程序中有错误，并不能证明程序中没有错误。因此，对于保证软件可靠性来说，测试是一种不完善的技术，人们自然希望研究出完善的正确性证明技术。一旦研究出实用的正确性证明程序（即能自动证明其他程序的正确性的程序），软件可靠性将更有保证，测试工作量将大大减少。但是，即使有了正确性证明程序，软件测试也仍然是需要的，因为程序正确性证明只证明程序功能是正确的，并不能证明程序的动态特性是符合要求的。此外，正确性证明过程本身也可能发生错误。

正确性证明的基本思想是证明程序能完成预定的功能，因此，应该提供对程序功能的严格数学说明，然后根据程序代码证明程序确实能实现它的功能说明。

在 20 世纪 60 年代初期，人们已经开始研究程序正确性证明的技术，提出了许多不同的技术方法。虽然这些技术方法本身很复杂，但是它们的基本原理却是相当简单的。

如果在程序的若干个点上，设计者可以提出关于程序变量及它们的关系的断言，那么在每一点上的断言都应该永远是真的。假设在程序的 P1, P2, …, Pn 等点上的断言分别是 a(1), a(2), …, a(n)，其中 a(1)必须是关于程序输入的断言，a(n)必须是关于程序输出的断言。

为了证明在点 Pi 和 Pi+1 之间的程序语句是正确的，必须证明执行这些语句之后将使断言 a(i)变成 a(i+1)。如果对程序内所有相邻点都能完成上述证明过程，则证明了输入断言加上程序可以导出输出断言。如果输入断言和输出断言是正确的，而且程序确实是可以终止的（不包含死循环），则上述过程就证明了程序的正确性。

人工证明程序正确性，对于评价小程序可能有些价值，但是在证明大型软件的正确性时，不仅工作量太大，更主要的是在证明的过程中很容易包含错误，因此是不实用的。为了实用的目的，必须研究能证明程序正确性的自动系统。

目前已经研究出证明 PASCAL 和 LISP 程序正确性的程序系统，正在对这些系统进行评价和改进。现在这些系统还只能对较小的程序进行评价，毫无疑问还需要做许多工作，这样的系统才能实际用于大型程序的正确性证明。

13.3 配置管理

在开发计算机软件的过程中，变化（或称为变动）是不可避免的。如果不能适当地控制和管理变化，势必造成混乱并产生许多严重的错误。

软件配置管理是在计算机软件整个生命期内管理变化的一组活动。具体地说，这组活动用来：①标识变化；②控制变化；③确保适当地实现了变化；④向需要知道这方面信息的人报告变化。

软件配置管理不同于软件维护。维护是在软件交付给用户使用后才发生的，而软件配置管理是在软件项目启动时就开始，并且一直持续到软件退役后才终止的一组跟踪和控制活动。软件配置管理的目标是，使变化更容易被适应，并且在必须变化时减少所需花费的工作量。

13.3.1 软件配置

1. 软件配置项

软件过程的输出信息可以分为 3 类：①计算机程序（源代码和可执行程序）；②描述计算机程

序的文档（供技术人员或用户使用）；③数据（程序内包含的或在程序外的）。上述这些项组成了在软件过程中产生的全部信息，我们把它们统称为软件配置，而这些项就是软件配置项。随着软件开发过程的进展，软件配置项的数量迅速增加。不幸的是，由于下述的种种原因，软件配置项的内容随时都可能发生变化。为了开发出高质量的软件产品，软件开发人员不仅要努力保证每个软件配置项正确，而且必须保证一个软件的所有配置项是完全一致的。

在开发过程中软件配置项发生变化的原因主要有以下几个。

◇ 新的商业或市场条件导致产品需求或业务规则变化。

◇ 新的客户需求，要求修改信息系统产生的数据、产品提供的功能或系统提供的服务。

◇ 企业改组或业务缩减，引起项目优先级或软件工程队伍结构变化。

◇ 预算或进度限制，导致对目标系统重定义。

◇ 发现了在软件开发过程前期阶段所犯的错误，必须及时改正。

可以把软件配置管理看做是应用于整个软件过程的软件质量保证活动，是专门用于管理变化的软件质量保证活动。

2. 基线

基线是一个软件配置管理概念，它有助于我们在不严重妨碍合理变化的前提下来控制变化。IEEE 把基线定义为：已经通过了正式复审的规格说明或中间产品，它可以作为进一步开发的基础，并且只有通过正式的变化控制过程才能改变它。

简而言之，基线就是通过了正式复审的软件配置项。在软件配置项变成基线之前，可以迅速而非正式地修改它。一旦建立了基线之后，虽然仍然可以实现变化，但是，必须应用特定的、正式的过程（称为规程）来评估、实现和验证每个变化。

在软件工程范围内，基线是软件开发的里程碑，它的标志是交付一个或多个软件配置项，这些软件配置项已经通过正式的技术复审而获得认可。下述的软件配置项是配置管理的目标并且构成一组基线。

① 系统规格说明。

② 软件项目计划。

③ 软件需求规格说明。

a. 图形化的分析模型

b. 处理规格说明

c. 原型

d. 数学规格说明

④ 初步的用户手册。

⑤ 设计规格说明。

a. 数据设计描述

b. 体系结构设计描述

c. 模块设计描述

d. 界面设计描述

e. 对象描述（若使用面向对象技术）

⑥ 源代码清单。

⑦ 测试规格说明。

a. 测试计划和过程

b. 测试用例和结果记录

⑧ 操作和安装手册。

⑨ 可执行程序。

a. 模块的可执行代码

b. 链接的模块

⑩ 数据库描述。

a. 模式和文件结构

b. 初始内容

⑪ 联机用户手册。

⑫ 维护文档。

a. 软件问题报告

b. 维护请求

c. 工程变化命令

⑬ 软件工程的标准和规程。

除了上面列出的软件配置项之外，许多软件工程组织也把软件工具置于配置管理之下。也就是说，把特定版本的编辑器、编译器和其他 CASE 工具，作为软件配置的一部分“固定”下来。因为当修改软件配置项时必然要用到这些工具，为防止不同版本的工具产生的结果不同，应该把软件工具也基线化，并且列入到综合的配置管理过程之中。

13.3.2 软件配置管理过程

软件配置管理是软件质量保证的重要一环，它的主要任务是控制变化，同时也负责各个软件配置项和软件各种版本的标识、软件配置审计以及对软件配置发生的任何变化的报告。

具体来说，软件配置管理主要有 5 项任务：标识、版本控制、变化控制、配置审计和状态报告。

1. 标识软件配置中的对象

为了控制和管理软件配置项，必须单独命名每个配置项，然后用面向对象方法组织它们。可以标识出两类对象：基本对象和聚集对象（可以把聚集对象作为代表软件配置完整版本的一种机制）。基本对象是软件工程师在分析、设计、编码或测试过程中创建出来的“文本单元”，如需求规格说明的一个段落、一个模块的源程序清单或一组测试用例。聚集对象是基本对象和其他聚集对象的集合。

每个对象都有一组能唯一地标识它的特征：名字、描述、资源表和“实现”。其中，对象名是无二义性地标识该对象的一个字符串。

对象描述是数据项的列表，它标识：

◇ 该对象表示的软件配置项类型（如文档、程序和数据）；

◇ 项目标识符以及变化和（或）版本信息。资源是该对象提供、处理、引用或需要的实体，如数据、函数甚至变量名都可作为对象资源。

实现是一个指针，对于基本对象而言它指向文本单元，对于聚集对象而言它是 null。在设计软件对象的标识模式时，必须认识到对象在整个软件过程中都在演化。在一个对象成为基线之前，它可能变化许多次，甚至在已经成为基线之后变化仍然可能相当频繁。可以为任意对象创建一个演化图，演化图描绘了该对象的变化历史，如图 13.2 所示，配置对象 1.0 经过修改之后变成了对象 1.1，较小的纠错和变化导致版本 1.1.1 和 1.1.2，随后的较大更新产生了对象 1.2，继续演化相继产生了对象 1.3 和 1.4，但是，同时进行的一个重大修改导致出现一条新的演化路径，得到了版本 2.0。

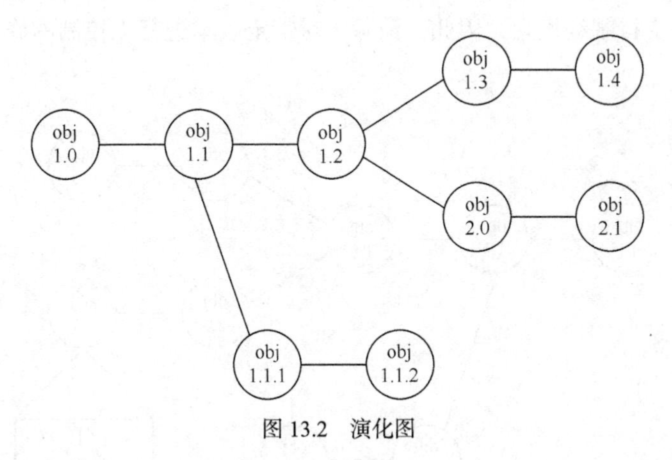

图 13.2 演化图

面对这么多不同的版本，怎样保证不发生混乱呢？开发者怎样引用版本 1.4 的所有模块、文档和测试用例？市场部门怎样知道当前哪些客户正在使用版本 2.1？我们怎样才能相信，对版本 2.1 源代码的修改已经适当地反映在相应的设计文档中了？解决上述这类问题的关键都是标识。

人们已经开发出许多自动化的软件配置管理工具（如 CCC、RCS、SCCS），用以辅助完成标识（及其他软件配置管理）工作。在某些情况下，工具被设计为仅仅保持最新版本的完整拷贝，为了得到程序或文档的早期版本，要从最新版本中“减去”变化。这种模式使得当前的配置立即可用，其他版本也容易得到。

2. 版本控制

版本控制联合使用规程和工具，以管理在软件工程过程中所创建的配置对象的不同版本。借助于版本控制技术，用户能够通过选择适当的版本来指定软件系统的配置。实现这个目标的方法是，把属性和软件的每个版本关联起来，然后通过描述一组所期望的属性来指定和构造所需要的配置。

上面提到的“属性”，既可以简单到仅是赋给每个对象的特定版本号，也可以复杂到是一个布尔变量串（开关），该布尔变量串指明了施加到系统上的功能变化的特定类型。

表示系统不同版本的一种方法是如图 13.2 所示的演化图，图中每个结点都是一个聚集对象，即软件的完整版本。软件的每个版本都是一组软件配置项（源代码、文档、数据）的集合，而且每个版本都可能由多种不同的变体（variant）组成。为了举例说明这个概念，考虑由构件 1、2、3、4 和 5 组成的一个简单程序的版本（见图 13.3）。仅当该软件用彩色显示器实现时才使用构件 4，而在用单色显示器时则使用构件 5。因此，可以定义该版本的两个变体：①构件 1、2、3 和 4；②构件 1、2、3 和 5。

为了构造一个程序的给定版本的适当变体，可以赋给每个构件一个“属性元组”。所谓属性元组实际上是一个特征表，当构造软件某版本的特定变体时，该特征表将指出是否应该使用这个构件。为每个变体都赋上一个或多个属性，如为了确定在支持彩色显示器时应该包含哪个构件，可以使用一个“颜色”属性。

在过去的十几年中，已经提出了一系列不同的实现版本控制的自动方法。这些方法之间的主要差别是，用于构造系统特定版本和变体的属性的复杂程度，以及构造过程的机制。在诸如SCCS 之类的早期系统中，属性只取数字值。在后来的系统（如 RCS）中，使用了符号化的修改关键字。诸如 NSE 或 DSEE 这样的现代系统，则建立了可用于构造变体或新版本的版本规格说明。这些系统还支持基线概念，因此，消除了对特定版本进行无控制的修改（或删除）的可能性。

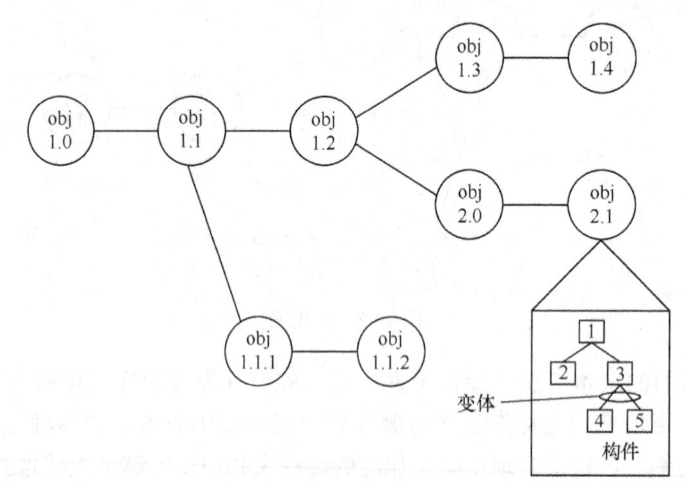

图 13.3　版本和变体

3. 变化控制

对于大型软件开发项目来说，无控制的变化将迅速导致混乱。变化控制把人的规程和自动工具结合起来，以提供一个控制变化的机制。变化控制过程如图 13.4 所示。接到变化请求之后，首先评估该变化在技术方面的得失、可能产生的副作用、对其他配置对象和系统功能的整体影响，以及预测的修改成本。评估的结果形成变化报告，供变化控制审批者（change control authority）使用。所谓变化控制审批者是一个人或一组人，其对变化的状态和优先级做最终决策。为每个被批准的变化都生成一个工程变化命令（engineering change order，ECO）。工程变化命令描述将要实现的变化、必须遵守的约束以及复审和审计的标准。把要修改的对象从项目数据库“提取（checkout）”出来，进行修改并应用适当的 SQA 活动。然后，把修改后的对象“提交（checkin）”进数据库，并用适当的版本控制机制创建该软件的下一个版本。

“提交”和“提取”过程实现了变化控制的两个主要功能——访问控制和同步控制。访问控制决定哪个软件工程师有权访问和修改一个特定的配置对象，同步控制有助于保证由两名不同的软件工程师完成的并行修改不会相互覆盖。

访问和同步控制过程如图 13.5 所示。依据一个经过批准的变化请求和 ECO，软件工程师提取出一个配置对象。访问控制功能保证该软件工程师有权提取该对象，而同步控制对项目数据库中的该对象加锁，使得在当前提取出的版本被放回数据库之前，不能再对它做任何修改。注意，可以提取出其他拷贝，但是不能做另外的修改。基线对象的一个拷贝称为“提出版本”，由软件工程师来修改它。经过适当的 SQA 活动和测试之后，把该对象的修改后版本提交进数据库并解锁这个新的基线对象。

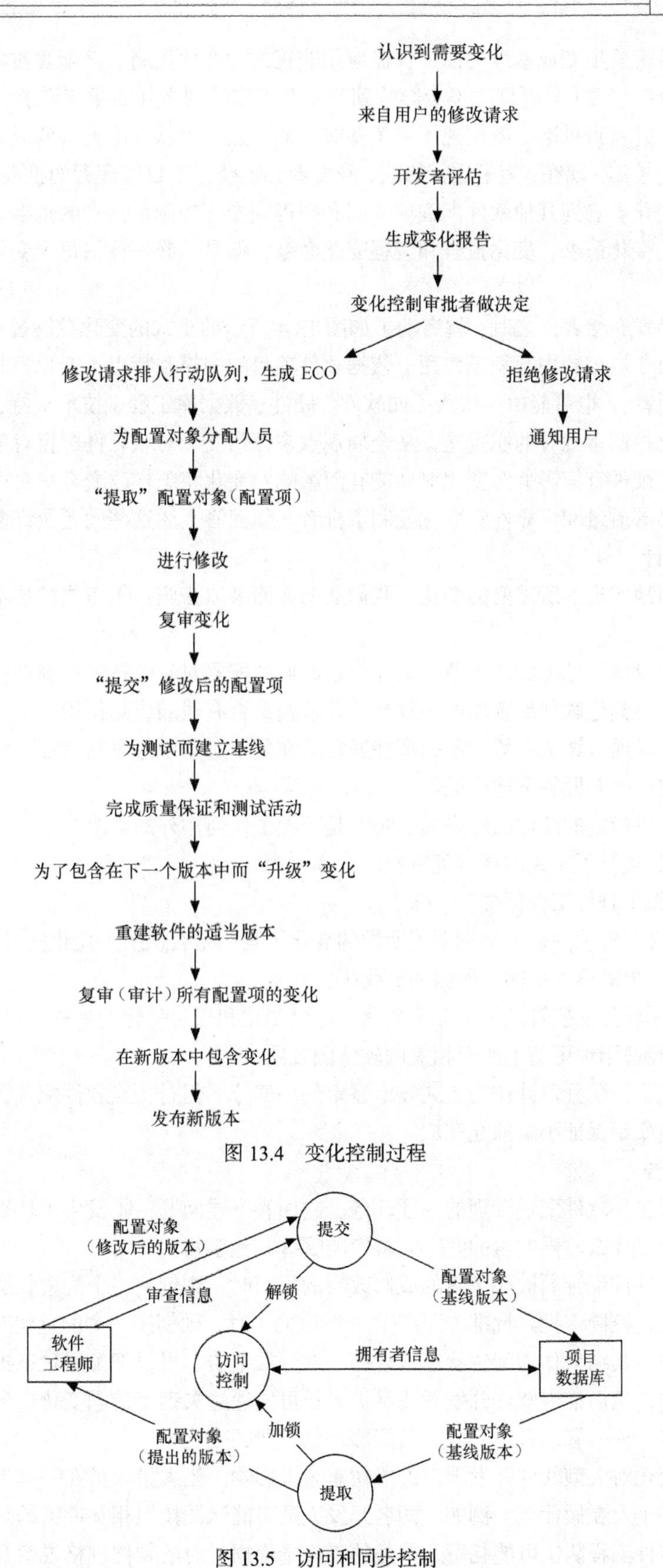

图 13.4　变化控制过程

图 13.5　访问和同步控制

在一个软件配置项变成基线之前，仅需应用非正式的变化控制。该配置对象的开发者可以对它进行任何合理的修改（只要修改不会影响到开发者工作范围之外的系统需求）。一旦该对象经过了正式技术复审并获得批准，就创建了一个基线。而一旦一个软件配置项变成了基线，就开始实施项目级的变化控制。现在，为了进行修改，开发者必须获得项目管理者的批准（如果变化是“局部的”）；如果变化影响到其他软件配置项，则必须得到变化控制审批者的批准。在某些情况下，可以省略正式的变化请求、变化报告和工程变化命令，但是，必须评估每个变化并且跟踪和复审所有变化。

当软件产品发布给客户之时，就启动了如图 13.4 所示的正式的变化控制过程。变化控制审批者在第 2 层和第 3 层控制中起积极作用。依据软件项目的规模和特点，变化控制审批者可能是一个人（项目管理者），也可能由一组人（如软件、硬件、数据库工程、技术支持、市场等方面的代表）组成。变化控制审批者的职责是，从全局观点来评估变化对该软件配置对象之外的其他事物的影响。变化对硬件有何影响？变化对性能有何影响？变化将怎样改变客户对产品的看法？变化将怎样影响产品的质量和可靠性？变化控制审批者必须回答上述这些问题及许多其他问题。

4. 配置审计

为确保适当地实现了所需要的变化，我们从两方面采取措施：①正式的技术复审；②软件配置审计。

正式的技术复审（见 13.2.2 小节）关注被修改后的配置对象的技术正确性。复审者评估该配置对象以确定它与其他软件配置项的一致性，并检查是否有遗漏或副作用。

软件配置审计通过评估配置对象的那些通常不在复审过程中考虑的特征，而成为对正式技术复审的补充，它询问并回答下述问题。

◇ 在 ECO 中指定的变化已经完成了吗？是否做了任何额外的修改？

◇ 是否已经进行了正式的技术复审？

◇ 是否遵循了软件工程标准？

◇ 在该软件配置项中显著地标明了所做的变化了吗？是否说明了变化的日期和作者？

◇ 该配置对象的属性反映了所做的变化吗？

◇ 已经遵循软件配置管理关于标注变化、记录变化和报告变化的规程了吗？

◇ 是否已经适当地更新了所有相关的软件配置项？

在某些情况下，配置审计作为正式技术复审的一部分，但是，当软件配置管理是正式的活动时，配置审计由质量保证小组独立完成。

5. 状态报告

配置状态报告是软件配置管理的一项任务，它回答下述问题：①发生了什么事？②谁做的这件事？③这件事是什么时候发生的？④它将影响哪些其他事物？

每次当一个软件配置项被赋予新的或修改后的标识时，则创建一个配置状态报告条目；每次当一个变化被变化控制审批者批准（即产生一个 ECO）时，则创建一个配置状态报告条目；每次进行配置审计时，其结果作为配置状态报告的一部分被报告。可以把配置状态报告的输出放入一个联机数据库中，从而使得软件开发者或维护人员可以通过关键字访问变化信息。此外，定期生成配置状态报告，使得管理者和开发人员能够评估重要的变化。

配置状态变化对大型软件开发项目的成功有重大影响。当大量人员在一起工作时，可能一个人并不知道另一个人在做什么。例如，两名开发人员可能试图按照相互冲突的想法去修改同一个软件配置项；软件工程队伍可能耗费几个月的工作量根据过时的硬件规格说明开发软件；察觉到所建议的修改有严重副作用的人可能还不知道该项修改正在进行。配置状态报告通过改善所有相关人员之间的通信，帮助消除这些问题。

小　结

对于软件开发项目来说，控制是十分重要的管理活动。本章主要讲述了风险管理、质量保证和配置管理 3 类软件工程控制活动。

当对软件项目寄予较高期望时，通常都会进行风险分析。识别、预测、评估、监控和管理风险等方面花费的时间和人力，可以从许多方面得到回报：项目进展过程更平稳；跟踪和控制项目的能力更强；由于在问题发生之前已经做了周密计划而产生的信心。

软件质量保证是在软件过程中的每一步都进行的“保护性活动”。软件质量保证措施主要有基于非执行的测试（也称为复审）、基于执行的测试（即通常所说的测试）和程序正确性证明。软件复审是最重要的软件质量保证活动之一，它的作用是在改正错误的成本相对比较低时就及时发现并排除错误。

走查和审查是进行正式技术复审的两类具体方法。审查过程不仅步数比走查多，而且每个步骤都是正规的。由于在开发大型软件过程中所犯的错误绝大多数是规格说明错误或设计错误，而正式的技术复审发现这两类错误的有效性高达 75%，因此是非常有效的软件质量保证方法。

软件配置管理是应用于整个软件过程中的保护性活动，它是在软件整个生命期内管理变化的一组活动。

软件配置由一组相互关联的对象组成，这些对象也称为软件配置项，它们是作为某些软件工程活动的结果而产生的。除了文档、程序和数据这些软件配置项之外，用于开发软件的开发环境也可置于配置控制之下。

一旦一个配置对象已被开发出来并且通过了复审，它就变成了基线。对基线对象的修改导致建立该对象的新版本。版本控制是用于管理这些对象而使用的一组规程和工具。

变化控制是一种规程活动，它能够在对配置对象进行修改时保证质量和一致性。配置审计是一项软件质量保证活动，它有助于确保在进行修改时仍然保持质量。状态报告向需要知道关于变化的信息的人，提供有关每项变化的信息。

习　题

一、判断题

1. 风险有两个显著特点，一是不确定性，另一个是损失。（　　）

2. 回避风险指的是：风险倘若发生，就接受后果。（　　）

3. 软件质量保证的措施主要有，基于非执行的测试（也称为复审）、基于执行的测试和程序正确性证明。（　　）

二、选择题

1. 下列哪项不是风险管理的过程？（　　）

A. 风险规划　　B. 风险识别　　C. 风险评估　　D. 风险收集

2. 按照软件配置管理的原始指导思想，受控制的对象应是（　　）。

A. 软件过程　　B. 软件项目　　C. 软件配置项　　D. 软件元素

3. 下面（　　）不是人们常用的评价软件质量的 4 个因素之一。

A. 可理解性　　B. 可靠性　　C. 可维护性　　D. 易用性

三、简答题

1. 风险识别的步骤是什么?
2. 如何进行软件项目的风险分析?
3. 请简述软件质量的定义。
4. 针对软件质量保证问题，最有效的办法是什么?
5. 什么是配置项? 什么是配置管理?
6. 软件配置管理的目的是什么?
7. 请简述软件配置管理的工作内容。

第14章 软件维护与软件文档

本章将简要介绍软件维护与软件文档方面的知识。

14.1 软 件 维 护

软件维护是软件产品生命周期的最后一个阶段。在产品交付并且投入使用之后，为了解决在使用过程中不断发现的各种问题，保证系统正常运行，同时使系统功能随着用户需求的更新而不断升级，所以软件维护工作必不可少。概括地说，软件维护就是指在软件产品交付给用户之后，为了改正软件测试阶段未发现的缺陷，改进软件产品的性能，补充软件产品的新功能等，所进行的修改软件的过程。

进行软件维护通常需要软件维护人员与用户建立一种工作关系，使软件维护人员能够充分了解用户的需要，及时解决系统中存在的问题。通常，软件维护是软件生命周期中延续时间最长、工作量最大的阶段。据统计，软件开发机构60%以上的精力都用在维护已有的软件产品。对于大型的软件系统而言，一般开发周期是1～3年，而维护周期会高达5～10年，维护费用甚至会高达开发费用的4～5倍。

软件维护不仅工作量大、任务重，而且维护不恰当的话，还会产生副作用，引入新的软件缺陷。因此，进行维护工作要相当谨慎。

14.1.1 软件维护的过程

软件维护过程可看成是一个简化或修改的软件开发过程。为了提高软件维护工作的效率和质量，降低维护成本，同时使软件维护过程工程化、标准化、科学化，在软件维护的过程中需要采用软件工程的原理、方法和技术。

典型的软件维护过程可以概括为：建立维护机构，用户提出维护申请并提交维护申请报告，维护人员确认维护类型并实施相应的维护工作，整理维护记录并对维护工作进行评审，对维护工作进行评价。

1．建立维护机构

对于大型的软件开发公司，建立独立的维护机构是非常必要的。维护机构中要有维护管理员、系统监督员、配置管理员和具体的维护人员。对于一般的软件开发公司，虽然不需要专门建立一个维护机构，但是设立一个产品维护小组是必需的。

2．用户提出维护申请并提交维护申请报告

当用户发现问题并需要解决时，首先应该向维护机构提交一份维护申请报告。申请报告中需要详细记录软件产品在使用过程中出现的问题，比如数据输入、系统反应、错误描述等。维护申请报告是维护人员研究问题和解决问题的基础，因此它的正确性、完整性是后续维护工作的关键。

3．维护人员确认维护类型并实施相应的维护工作

软件维护有多种类型，对不同类型的维护工作所采取的具体措施也有所不同。维护人员根据用户提交的申请报告，对维护工作进行类型划分，并确定每项维护工作的优先级，从而确定多项维护工作的顺序。

在实施维护的过程中，需要完成多项技术性的工作，例如：

◇ 对软件开发过程中相关文档进行更新；
◇ 对源代码进行检查和修改；
◇ 单元测试；
◇ 集成测试；
◇ 软件配置评审等。

4．整理维护记录并对维护工作进行评审

为了方便后续的维护评价工作，以及对软件产品运行状况的评估，需要对维护工作进行简单的记录。与维护工作相关的数据量非常庞大，需要记录的数据一般有：

◇ 程序标识；
◇ 使用的程序设计语言以及源程序中语句的数目；
◇ 机器指令的条数；
◇ 程序交付的日期和程序安装的日期；
◇ 程序安装后的运行次数；
◇ 程序安装后运行时发生故障导致运行失败的次数；
◇ 进行程序修改的次数、修改内容及日期；
◇ 修改程序而增加的源代码数目；
◇ 修改程序而删除的源代码数目；
◇ 每次进行修改所消耗的人力和时间；
◇ 程序修改的日期；
◇ 软件维护人员的姓名；
◇ 维护申请表的标识；
◇ 维护类型；
◇ 维护的开始和结束日期；
◇ 维护工作累计花费的人力和时间；
◇ 与维护工作相关的纯收益。

维护的实施工作完成后，最好对维护工作进行评审。维护评审可以为软件开发机构的有效管理提供反馈信息，对以后的维护工作产生重要的影响。维护评审时，评审人员应该对以下问题进行总结。

在当前的环境下，设计、编码或测试的工作中是否还有改进的余地和必要？

缺乏哪些维护资源？

维护工作遇到的障碍有哪些？

从维护申请的类型来看，是否还需要有预防性维护？

5．对维护工作进行评价

当维护工作完成时，需要对维护工作完成的好坏进行评价。维护记录中的各种数据是维护评价的重要参考。如果维护记录完成得全面、具体、准确，会在很大程度上方便维护的评价工作。

对维护工作进行评价时，可以参考的评价标准有：

◇ 程序运行时的平均出错次数；
◇ 各类维护申请的比例；
◇ 处理不同类型的维护，分别消耗的人力、物力、财力、时间等资源；
◇ 维护申请报告的平均处理时间；
◇ 维护不同语言的源程序所花费的人力和时间；
◇ 维护过程中，增加、删除或修改一条源语句所花费的平均时间和人力。

14.1.2 软件维护的分类

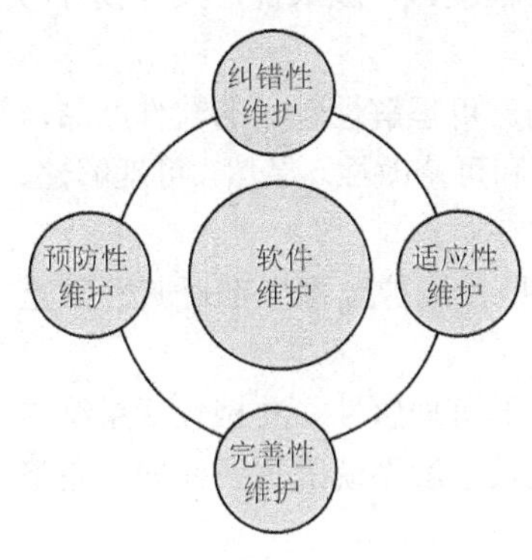

图14.1　软件维护的分类

前面多次提到维护的类型。本节将对维护的分类做具体介绍。

根据维护工作的特征以及维护目的不同，软件维护可以分为纠错性维护、适应性维护、完善性维护和预防性维护4种类型，如图14.1所示。

纠错性维护是为了识别并纠正软件产品中所潜藏的错误，改正软件性能上的缺陷所进行的维护。在软件的开发和测试阶段，必定有一些缺陷是没有被发现的。这些潜藏的缺陷会在软件系统投入使用之后逐渐地暴露出来。用户在使用软件产品的过程中，如果发现了这类错误，可以报告给维护人员，要求对软件产品进行维护。根据资料统计，在软件产品投入使用的前期，纠错性维护的工作量比较大，随着潜藏的错误不断地被发现并处理，纠错性维护的工作量会日趋减少。

适应性维护是为了使软件产品适应软硬件环境的变更而进行的维护。随着计算机的飞速发展，软件的运行环境也在不断地升级或更新，比如，软硬件配置的改变、输入数据格式的变化、数据存储介质的变化、软件产品与其他系统接口的变化等。如果原有的软件产品不能够适应新的运行环境，维护人员就需要对软件产品做出修改。适应性维护是不可避免的。

完善性维护是软件维护的主要部分，它是针对用户对软件产品所提出的新需求所进行的维护。随着市场的变化，用户可能要求软件产品能够增加一些新的功能，或者对某方面的功能能够有所改进，这时维护人员就应该对原有的软件产品进行功能上的修改和扩充。完善性维护的过程一般会比较复杂，可以看成是对原有软件产品的“再开发”。在所有类型的维护工作中，完善性维护所占的比重最大。此外，进行完善性维护的工作，一般都需要更改软件开发过程中形成的相应文档。

预防性维护主要是采用先进的软件工程方法对已经过时的、很可能需要维护的软件系统的某一部分进行重新设计、编码、测试，以达到结构上的更新，它为以后进一步维护软件打下了良好的基础。实际上，预防性维护是为了提高软件的可维护性和可靠性。形象地讲，预防性维护就是“把今天的方法用于昨天的系统以满足明天的需要”。在所有类型的维护工作中，预防性维护的工作量最小。

据统计，一般情况下，在软件维护过程中，各种类型的维护的工作量分配如图 14.2 所示。

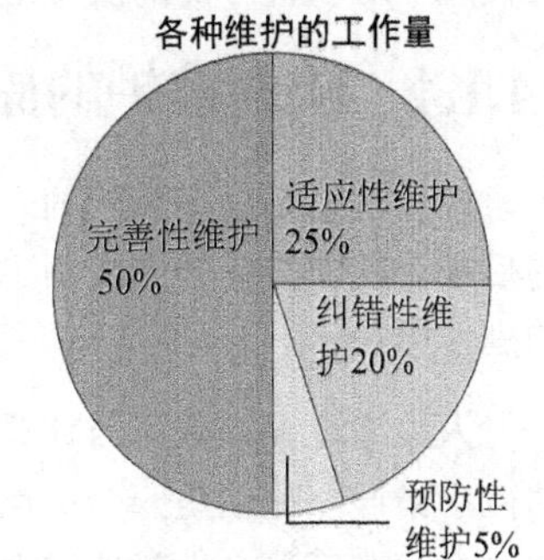

图14.2　各种维护的工作量比例

14.1.3 软件的可维护性

软件的可维护性是用来衡量维护软件产品难易程度的标准，它是软件质量的主要特征之一。

软件产品的可维护性越高，纠正并修改其错误或缺陷，对其功能进行扩充或完善时，消耗的资源越少，工作越容易。开发可维护性高的软件产品是软件开发的一个重要目标。

影响软件可维护性的因素有很多，如可理解性、可测试性、可修改性等。可理解性是指人们通过阅读软件产品的源代码和文档，来了解软件的系统结构、功能、接口和内部过程的难易程度。可理解性高的软件产品应该具备一致的编程风格，准确、完整的文档，有意义的变量名称和模块名称，清晰的源程序语句等特点。

可测试性是指诊断和测试软件缺陷的难易程度。程序的逻辑复杂度越低，就越容易测试。透彻地理解源程序有益于测试人员设计出合理的测试用例，从而有效地对程序进行检测。

可修改性是指在定位了软件缺陷以后，对程序进行修改的难易程度。一般来说，具有较好的结构且编码风格好的代码比较容易修改。

实际上，可理解性、可测试性和可修改性这三者是密切相关的。可理解性较好的软件产品，有利于测试人员设计合理的测试用例，从而提高了产品的可测试性和可修改性。显然，可理解性、可测试性和可修改性越高的软件产品，它的可维护性就一定越好。

要想提高软件产品的可维护性，软件开发人员需要在开发过程和维护过程中都对其非常重视。提高可维护性的措施有以下几种。

（1）建立完整的文档。完整、准确的文档有利于提高软件产品的可理解性。文档包括系统文档和用户文档，它是对软件开发过程的详细说明，是用户及开发人员了解系统的重要依据。完整的文档有助于用户及开发人员对系统进行全面的了解。

（2）采用先进的维护工具和技术。先进的维护工具和技术可以直接提高软件产品的可维护性。例如，采用面向对象的软件开发方法、高级程序设计语言以及自动化的软件维护工具等。

（3）注重可维护性的评审环节。在软件开发过程中，每一阶段的工作完成前，都必须通过严格的评审。由于软件开发过程中的每一个阶段都与产品的可维护性相关，因此对软件可维护性的评审应该贯穿于每个阶段完成前的评审活动中。

在需求分析阶段的评审中，应该重点标识将来有可能更改或扩充的部分。在软件设计阶段的评审中，应该注重逻辑结构的清晰性，并且尽量使模块之间的功能独立。在编码阶段的评审中，要考查代码是否遵循了统一的编写标准，是否逻辑清晰、容易理解。严格的评审工作，可以从很大程度上对软件产品的质量进行控制，提高其可维护性。

14.1.4 软件维护的副作用

软件维护是存在风险的。对原有软件产品的微小改动都有可能引入新的错误，造成意想不到的后果。软件维护的副作用主要有三类，包括修改代码的副作用、修改数据的副作用和修改文档的副作用。

人类通过编程语言与计算机进行交流，每种编程语言都有严格的语义和语法结构。编程语言的微小错误，哪怕是一个标点符号的错误，都会造成软件系统无法正常运行。因此，每次对代码的修改都有可能产生新的错误。虽然每次对代码的修改都可能导致新的错误产生，但是相对而言，以下修改更具危险性：

◇ 删除或修改一个子程序；

◇ 删除或修改一个语句标号；

◇ 删除或修改一个标识符；

◇ 为改进性能所做的修改；

◇ 修改文件的打开或关闭模式；

◇ 修改运算符，尤其是逻辑运算符；

◇ 把对设计的修改转换成对代码的修改；

◇ 修改边界条件的逻辑测试。

修改数据的副作用是指数据结构被改动时有新的错误产生的现象。当数据结构发生变化时，可能新的数据结构不适应原有的软件设计，从而导致错误的产生。比如，为了优化程序的结构将某个全局变量修改为局部变量，如果该变量所存在的模块已经有一个同名的局部变量，那么就会引入命名冲突的错误。会产生副作用的数据修改经常发生在以下一些情况中：

◇ 重新定义局部变量或全局变量；

◇ 重新定义记录格式或文件格式；

◇ 更改一个高级数据结构的规模；

◇ 修改全局数据；

◇ 重新初始化控制标志或指针；

◇ 重新排列输入/输出或子程序的自变量。

修改文档的副作用是指在软件产品的内容更改之后没有对文档进行相应的更新而为以后的工作带来不便的情况。文档是软件产品的一个重要组成部分，它不仅会对用户的使用过程提供便利，还会为维护人员的工作带来方便。如果对源程序的修改没有反映到文档中，或对文档的修改没有反映到源程序中，造成文档与源程序不一致，对后续的使用和维护工作都会带来极大的不便。

对文档资料的及时更新以及有效的回归测试有助于减少软件维护的副作用。

14.2　软件文档

文档是指某种数据介质和其中所记录的数据。软件文档是用来表示对需求、过程或结果进行描述、定义、规定或认证的图示信息，它描述或规定了软件设计和实现的细节。在软件工程中，文档记录了从需求分析到产品设计再到产品实现及测试的过程，甚至到产品交付以及交付后的使用情况等各个阶段的相关信息。

软件文档的编制在软件开发工作中占有突出的地位和相当的工作量。具体来讲，文档一方面充当了各个开发阶段之间的桥梁，作为前一阶段的工作成果及结束标志，它使分析有条不紊地过渡到设计，再使设计的成果物化为软件。

另一方面，文档在团队的开发中起到了重要的协调作用。随着科学技术的发展，现在几乎所有的软件开发都需要一个团队的力量。团队成员之间的协调与配合不能光靠口头的交流，而是要靠编制规范的文档。它告诉每个成员应该做什么，不应该做什么，应该按着怎样的要求去做，以及要遵守哪些规范。此外，还有一些与用户打交道的文档成为用户使用软件产品时最得力的助手。

合格的软件工程文档应该具备以下几个特性。

（1）及时性。在一个阶段的工作完成后，此阶段的相关文档应该及时地完成，而且开发人员应该根据工作的变更及时更改文档，保证文档是最新的。可以说，文档的组织和编写是不断细化、不断修改、不断完善的过程。

（2）完整性。应该按有关标准或规范，将软件各个阶段的工作成果写入有关文档，极力防止丢失一些重要的技术细节而造成源代码与文档不一致的情况出现，从而影响文档的使用价值。

（3）实用性。文档的描述应该采用文字、图形等多种方式，语言准确、简洁、清晰、易懂。

（4）规范性。文档编写人员应该按有关规定采用统一的书写格式，包括各类图形、符号等的约定。此外，文档还应该具有连续性、一致性和可追溯性。

（5）结构化。文档应该具有非常清晰的结构，内容上脉络要清楚，形式上要遵守标准，让人易读、易理解。

（6）简洁性。切忌无意义地扩充文档，内容才是第一位的。充实的文档在于用简练的语言，深刻而全面地对问题展开论述，而不在于文档的字数多少。

总体上说，软件工程文档可以分为用户文档、开发文档和管理文档三类，如表14.1所示。

表14.1 软件文档的分类

文档类型	文档名称
用户文档	用户手册 操作手册 修改维护建议 用户需求报告
开发文档	软件需求规格说明书 数据要求说明书 概要设计说明书 详细设计说明书 可行性研究报告 项目开发计划
管理文档	项目开发计划 测试计划 测试分析报告 开发进度月报 开发总结报告

下面是对几个重要文档的说明。

（1）可行性研究报告：说明该软件开发项目的实现在技术上、经济上和社会因素上的可行性，评述为了合理地达到开发目标可供选择的各种可能实施的方案。

（2）项目开发计划：为软件项目实施方案制定出的具体计划，应该包括各项工作的负责人员、开发的进度、开发经费的预算、所需的硬件及软件资源等。

（3）软件需求规格说明书：也称软件规格说明书，是对所开发软件的功能、性能、用户界面及运行环境等做出的详细的说明。

（4）概要设计说明书：是概要设计阶段的工作成果，它应说明功能分配、模块划分、程序的总体结构、输入/输出以及接口设计、运行设计、数据结构设计和出错处理设计等，为详细设计奠定基础。

（5）详细设计说明书：重点描述每一模块是怎样实现的，包括实现算法、逻辑流程等。

（6）用户手册：详细描述软件的功能、性能和用户界面，使用户了解如何使用该软件。

（7）测试计划：为组织测试制定的实施计划，包括测试的内容、进度、条件、人员、测试用例的选取原则、测试结果允许的偏差范围等。

（8）测试分析报告：是在测试工作完成以后提交的测试计划执行情况的说明。对测试结果加以分析，并提出测试的结论意见。

小　结

软件维护是指在软件产品交付用户之后，为了改正软件测试阶段未发现的缺陷、改进软件产品的性能、补充软件产品的新功能等所进行的修改软件的过程。根据维护工作的特征以及维护目的的不同，软件维护可以分为四种类型：改正性维护、适应性维护、完善性维护和预防性维护。

软件的可维护性是用来衡量对软件产品进行维护的难易程度的标准，它与软件的可理解性、可测试性、可修改性和可移植性密切相关。软件维护具有副作用，所以在进行软件维护时要慎之又慎。

不能忽视软件文档在软件工程中的重要地位。合格的软件工程的文档应该具备针对性、精确性、清晰性、完整性、灵活性、可追溯性等特点。还应该清楚软件文档的分类，即用户文档、开发文档和管理文档三类。

习　题

一、判断题

1. 总体上说，软件工程文档可以分为用户文档、开发文档和管理文档三类。　（　）
2. 文档是影响软件可维护性的决定因素。　（　）
3. 适应性维护是在软件使用过程中，用户会对软件提出新的功能和性能要求，为了满足这些新的要求而对软件进行修改，使之在功能和性能上得到完善和增强的活动。　（　）
4. 进行软件维护活动时，直接修改程序，无需修改文档。　（　）
5. 软件生命周期的最后一个阶段是书写软件文档。　（　）

二、选择题

1. 在软件维护的内容中，占维护活动工作量比例最高的是（　）。
   A. 纠错性维护　B. 适应性维护　C. 预防性维护　D. 完善性维护
2. 使用软件时提出增加新功能就必须进行（　）维护。
   A. 预防性　B. 适应性　C. 完善性　D. 纠错性
3. 软件维护的副作用是指（　）。
   A. 运行时误操作　B. 隐含的错误
   C. 因修改软件而造成的错误　D. 开发时的错误
4. 软件文档是软件工程实施的重要成分，它不仅是软件开发各阶段的重要依据，而且也影响软件的（　）。
   A. 可用性　B. 可维护性　C. 可扩展性　D. 可移植性
5. 影响软件可维护性的主要因素不包括（　）。
   A. 可修改性　B. 可测试性　C. 可用性　D. 可理解性

三、简答题

1. 为什么要进行软件维护？软件维护的作用有哪些？
2. 什么是软件的可维护性？软件的可维护性与哪些因素有关？
3. 传统软件维护分哪几大类？
4. 请简述软件维护的工作程序。
5. 请简述结构化维护和非结构化维护。
6. 软件维护的副作用表现在哪4个方面？
7. 请简述面向缺陷的维护。
8. 请简述面向功能的维护。
9. 怎样理解迭代模型RUP对软件维护的影响？
10. 软件工程中的文档可以分为哪几类？
11. 请简述软件文档的意义。
12. 请简述软件文档的主要作用。

第 5 篇　高级课题

第 15 章　形式化方法

根据形式化的程度，可以把软件工程方法划分成非形式化、半形式化和形式化 3 类。使用自然语言描述需求规格说明，是典型的非形式化方法。使用数据流图或实体—关系图等图形符号建立模型，是典型的半形式化方法。

用于开发计算机系统的形式化方法，是描述系统性质的基于数学的技术，也就是说，如果一个方法有坚实的数学基础，那么它就是形式化的。本章将简要地介绍几种典型的形式化方法。

15.1　概　　述

15.1.1　非形式化方法的缺点

基本上使用自然语言描述的系统规格说明，可能存在矛盾、二义性、含糊性、不完整性、抽象层次混杂等问题。

所谓矛盾是指一组相互冲突的陈述。例如，系统规格说明的某一部分可能规定系统必须监控化学反应容器中的所有温度，而另一部分（可能由另一个系统分析员撰写）却规定只监控在一定范围内的温度。如果这两个相互矛盾的规定写在同一页纸上，自然很容易查出，但是，它们通常出现在相距很远的两页中。

二义性是指读者可以用不同方式理解的陈述。例如，下面的陈述就具有二义性。

操作员标识由操作员姓名和口令组成，口令由 6 位数字构成。当操作员登录进系统时它被存放在注册文件中。

在上面这段陈述中，“它”到底代表“口令”还是“操作员标识”，不同的人往往有不同的理解。由于系统规格说明是很庞大的文档，因此，几乎不可避免地会出现含糊性。例如，我们可能经常在文档中看到类似下面这样的需求：“系统界面应该是对用户友好的”。这样笼统的陈述实际上没有给出任何有用的信息。

不完整性可能是在系统规格说明中最常遇到的问题之一。例如，考虑下述的系统功能需求。

系统应该从安放于水库中的深度传感器每小时获取一次水库深度数据，这些数值应该保留 6 个月。

假设在系统规格说明中还规定，系统的某个命令是：

AVERAGE 命令的功能是在 PC 上显示由某个特定传感器在两个日期之间获取的平均水深。

如果在规格说明中对这个命令的功能没有更多的描述，那么，该命令的细节是严重不完整的，如对命令的描述没有告诉我们，如果系统用户给定的日期是在当前日期的 6 个月之前，那么，将会发生什么事？抽象层次混杂是指在非常抽象的陈述中混进了一些关于细节的低层次陈述。这使得系统规格说明的读者很难了解系统的整体功能结构。

15.1.2 软件开发过程中的数学

正如上一小节所讲的，人在理解用自然语言或图形符号表示的规格说明时，经常产生二义性。为了克服欠形式化方法的缺点，人们把数学引入软件开发过程，创造了基于数学的形式化方法。

对于大型系统的开发者来说，数学有许多有用的性质。

数学最有用的性质之一是，它能够简洁、准确地描述物理现象、对象或动作的结果，因此是理想的建模工具。在理想情况下，软件开发者可以写出系统的数学规格说明，它准确到几乎没有二义性，而且可以用数学方法来验证它，以发现存在的矛盾和不完整性，在这样的规格说明中完全没有含糊性。但是，实际情况并不这么简单，软件系统的复杂性是出了名的，希望用一行数学公式来说明它是根本不可能的。此外，即使使用了形式化方法，完整性也是难于达到的：由于需求分析工作做得不好，客户的一些需求可能被忽视了；规格说明的撰写者可能有意识地省略了系统的某些特征，以便设计者在选择实现方法时有一定自由度；要设想出一个大型复杂系统中的每一个可能的场景，通常是做不到的。

在软件开发过程中使用数学的另一个优点是，可以在软件工程活动之间平滑地过渡。不仅功能规格说明，而且系统设计也可以用数学表达，当然，程序代码也是一种数学符号（虽然是一种相当烦琐、冗长的数学符号）。

数学作为软件开发工具的最后一个优点是，它提供了高层确认的手段。可以使用数学方法证明，设计符合规格说明，程序代码正确地反映了设计结果。

15.1.3 应用形式化方法的准则

关于形式化方法是有争议的。这种方法对某些软件工程师很有吸引力，其拥护者甚至宣称这种方法可以引发软件开发的革命，另一些人则对把数学引入软件开发过程持怀疑甚至反对的态度。编者认为，对形式化方法也应该“一分为二”，既不要过分夸大它的优点也不要一概排斥。为了更好地发挥这种方法的长处，下面给出应用形式化方法的几条准则，供读者在实际工作中使用。

◇ 选择适用于当前项目的符号系统。

◇ 应该形式化，但不要过分形式化。通常没有必要对系统的每个方面都使用形式化方法。

◇ 应该进行成本/效益分析。

◇ 需要有形式化方法的顾问。

◇ 不要放弃传统的开发方法。把形式化方法和结构化方法或面向对象方法集成起来是可能的，而且由于取长补短往往能获得很好的效果。

◇ 应该建立详尽的文档。建议使用自然语言注释来配合形式化的规格说明，以帮助读者理解系统。

◇ 不应该放弃质量标准。在系统开发过程中必须一如既往地实施其他 SQA（软件质量保证）活动。

◇ 不应该盲目依赖形式化方法，这种方法并不能保证系统绝对正确。

◇ 应该测试、测试再测试。由于形式化方法不能保证系统绝对正确，因此，软件测试的重要性并没有降低。

◇ 应该重用。即使使用了形式化方法，软件重用仍然是降低软件成本和提高软件质量的唯一合理的方法。

15.2　有穷状态机

利用有穷状态机可以准确地描述一个系统，因此是表达规格说明的一种形式化方法。

15.2.1　基本概念

下面通过一个简单例子介绍有穷状态机的基本概念。

一个保险箱上装了一个复合锁，锁有 3 个位置，分别标记为 1、2、3，转盘可向左（L）或向右（R）转动。这样，在任意时刻转盘都有 6 种可能的运动，即 1L、1R、2L、2R、3L 和 3R。保险箱的组合密码是 1L、3R、2L，转盘的任何其他运动都将引起报警。图 15.1 所示描绘了保险箱的状态转换情况。有一个初始态，即保险箱锁定状态。若输入为 1L，则下一个状态为 A，但是，若输入不是 1L 而是转盘的任何其他移动，则下一个状态为“报警”，报警是两个终态之一（另一个终态是“保险箱解锁”）。如果选择了转盘移动的正确组合，则保险箱状态转换的序列为从保险箱锁定到 A 再到 B，最后到保险箱解锁，即另外一个终态。图 15.1 所示为一个有穷状态机的状态转换图。状态转换并不一定要用图形方式描述，表 15.1 所示的表格形式也可以表达同样的信息。除了两个终态之外，保险箱的其他状态将根据转盘的转动方式转换到下一个状态。

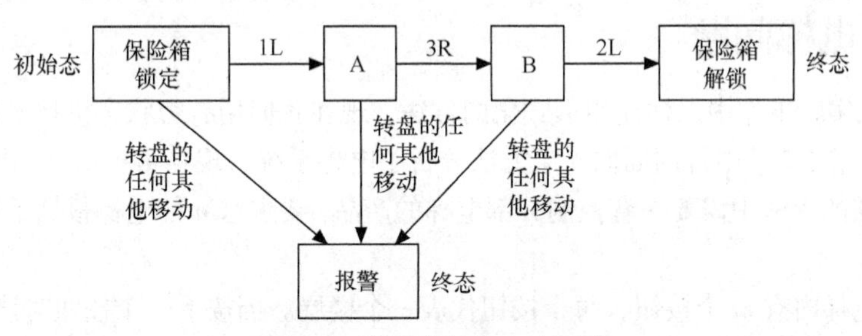

图 15.1　保险箱的状态转换图

表 15.1　保险箱的状态转换表

转 盘 动 作	状态→次态		
	保险箱锁定	A	B
1L	A	报警	报警
1R	报警	报警	报警
2L	报警	报警	保险箱解锁
2R	报警	报警	报警
3L	报警	报警	报警
3R	报警	B	报警

从上面这个简单例子可以看出，一个有穷状态机包括下述 5 个部分：状态集 J、输入集 K、由当前状态和当前输入确定下一个状态（次态）的转换函数 T、初始态 S 和终态集 F。对于保险箱的例子，相应的有穷状态机的各部分如下。

状态集 J：{保险箱锁定，A，B，保险箱解锁，报警}。

输入集 K：{1L，1R，2L，2R，3L，3R}。

转换函数 T：如表 14.1 所示。

初始态 S：保险箱锁定。

终态集 F：{保险箱解锁，报警}。

如果使用更形式化的术语，一个有穷状态机可以表示为一个 5 元组（J，K，T，S，F），其中：

J 是一个有穷的非空状态集；

K 是一个有穷的非空输入集；

T 是一个从（J－F）× K 到 J 的转换函数；

S∈J 是一个初始状态；

FAJ 是终态集。

有穷状态机的概念在计算机系统中应用得非常广泛，如每个菜单驱动的用户界面都是一个有穷状态机的实现。一个菜单的显示和一个状态相对应，键盘输入或用鼠标选择一个图标是使系统进入其他状态的一个事件。状态的每个转换都具有下面的形式

当前状态（菜单）+ 事件（所选择的项）→下一个状态

为了对一个系统进行规格说明，通常都需要对有穷状态机做一个很有用的扩展，即在前述的 5 元组中加入第 6 个组件——谓词集 P，即把有穷状态机扩展为一个 6 元组，其中每个谓词都是系统全局状态 Y 的函数。转换函数 T 现在是一个从（J－F）×K×P 到 J 的函数。现在的转换规则形式如下

当前状态（菜单）+ 事件（所选择的项）+ 谓词→下一个状态。

15.2.2 电梯问题

为了说明在实际工作中怎样使用形式化的方法，现在我们用有穷状态机技术给出电梯问题的规格说明。在本书 7.7 节中曾用面向对象方法分析了电梯系统，现在再把这个问题复述一遍。

在一幢 m 层的大厦中需要一套控制 n 部电梯的产品，要求这 n 部电梯根据下列约束条件在楼层间移动。

C1：每部电梯内有 m 个按钮，每个按钮代表一个楼层。当按下一个按钮时该按钮指示灯亮，同时电梯驶向相应的楼层，到达按钮指定的楼层时指示灯熄灭。

C2：除了大厦的最低层和最高层之外，每层楼都有两个按钮分别请求电梯上行和下行。这两个按钮之一被按下时相应的指示灯亮，当电梯到达此楼层时灯熄灭，电梯向要求的方向移动。

C3：当对电梯没有请求时，它关门并停在当前楼层。现在使用一个扩展的有穷状态机对本产品进行规格说明。这个问题中有两个按钮集。n 部电梯中的每一部都有 m 个按钮，一个按钮对应一个楼层。因为这 $m \times n$ 个按钮都在电梯中，所以称它们为电梯按钮。此外，每层楼有两个按钮，一个请求向上，另一个请求向下，这些按钮称为楼层按钮。

电梯按钮的状态转换图如图 15.2 所示。令 EB (e,f)表示按下电梯 e 内的按钮并请求到 f 层去。EB (e,f)有两个状态，分别是按钮发光（打开）和不发光（关闭）。更精确地说，状态是

EBON (e,f)　电梯按钮 (e,f) 打开

EBOFF (e,f)　电梯按钮 (e,f) 关闭

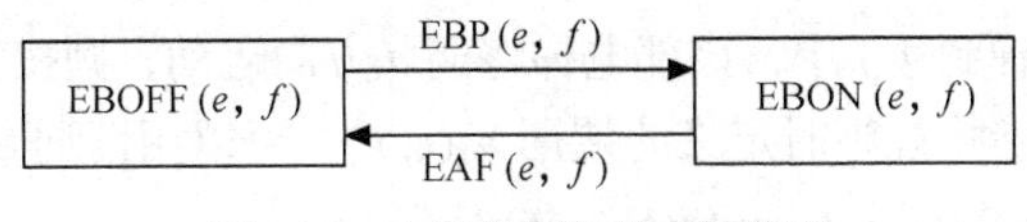

图 15.2　电梯按钮的状态转换图

如果电梯按钮 (e,f) 发光且电梯到达 f 层，该按钮将熄灭。相反如果按钮熄灭，则按下它时，按钮将发光。上述描述中包含了两个事件，它们分别是

EBP (e,f)　　电梯按钮 (e,f) 被按下

EAF (e,f)　　电梯 e 到达 f 层

为了定义与这些事件和状态相联系的状态转换规则，需要一个谓词 V (e,f)，它的含义如下

V (e,f)　　电梯 e 停在 f 层

如果电梯按钮 (e,f) 处于关闭状态（当前状态），而且电梯按钮 (e,f) 被按下（事件），而且电梯 e 不在 f 层（谓词），则该电梯按钮打开发光（下个状态）。状态转换规则的形式化描述如下

EBOFF (e,f) + EBP (e,f) + not V(e,f) → EBON(e,f)

反之，如果电梯到达 f 层，而且电梯按钮是打开的，于是它就会熄灭。这条转换规则可以形式化地表示为

EBON (e,f) + EAF (e,f) → EBOFF (e,f)

接下来让我们考虑楼层按钮。令 FB (d, f)表示 f 层的按钮请求电梯向 d 方向运动，楼层按钮 FB (d,f)的状态转换图如图 15.3 所示。

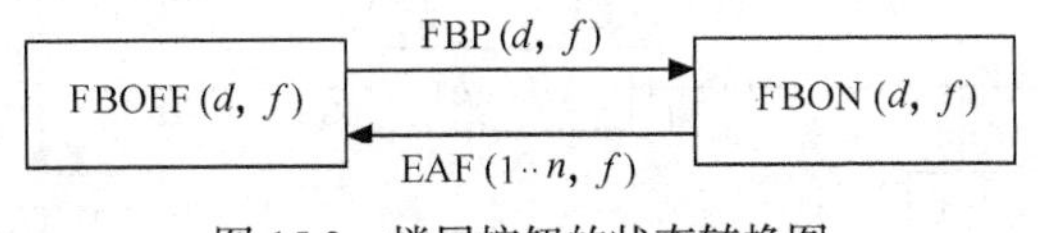

图 15.3　楼层按钮的状态转换图

楼层按钮的状态如下

FBON (d,f)　楼层按钮 (d,f) 打开

FBOFF (d,f)　楼层按钮 (d,f) 关闭

如果楼层按钮已经打开，而且一部电梯到达 f 层，则按钮关闭。反之，如果楼层按钮原来是关闭的，被按下后该按钮将打开。这段叙述中包含了以下两个事件

FBP (d,f)　　楼层按钮 (d,f) 被按下

EAF (1...n,f)　电梯 1 或... 或 n 到达 f 层　　其中 1...n 表示或为 1 或为 2... 或为 n

为了定义与这些事件和状态相联系的状态转换规则，同样也需要一个谓词，它是 S (d, e,f)，它的定义如下

S (d, e,f)　　电梯 e 停在 f 层并且移动方向由 d 确定为向上（U）或向下（D）或待定（N）

这个谓词实际上是一个状态，形式化方法允许把事件和状态作为谓词对待。使用谓词 S (d, e,f)，形式化转换规则为

FBOFF (d,f) + FBP (d,f) + not S (d, 1..n,f) → FBON (d,f)

FBON (d,f) + EAF (1..n,f) + S (d, 1..n,f) → FBOFF (d,f)

其中，d = U or D。

也就是说，如果在 f 层请求电梯向 d 方向运动的楼层按钮处于关闭状态，现在该按钮被按下，并且当时没有正停在 f 层准备向 d 方向移动的电梯，则该楼层按钮打开。反之，如果楼层按钮已

经打开，且至少有一部电梯到达 f 层，该部电梯将朝 d 方向运动，则按钮将关闭。

在讨论电梯按钮状态转换规则时定义的谓词 V (e,f)，可以用谓词 S (d,e,f) 重新定义如下：

V (e,f) = S (U, e,f) or S (D, e,f) or S (N, e,f)

定义电梯按钮和楼层按钮的状态都是很简单、直观的事情。在转向讨论电梯的状态及其转换规则时，就会出现一些复杂的情况。一个电梯状态实质上包含许多子状态（如电梯减速、停止、开门，在一段时间后自动关门）。

下面定义电梯的 3 个状态：

M (d,e,f)　　电梯 e 正沿 d 方向移动，即将到达的是第 f 层

S (d,e,f)　　电梯 e 停在 f 层，将朝 d 方向移动（尚未关门）

W (e,f)　　电梯 e 在 f 层等待（已关门）

其中 S (d,e,f) 状态已在讨论楼层按钮时定义过，但是，现在的定义更完备一些。

图 15.4 所示为电梯的状态转换图。注意，3 个电梯停止状态 S (U, e,f)、S (N, e,f) 和 S (D, e,f) 已被组合成一个大的状态，这样做的目的是减少状态总数以简化流图。

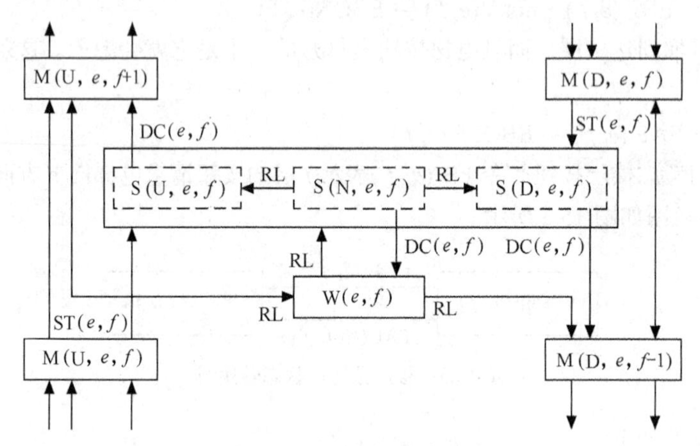

图 15.4　电梯的状态转换图

图 15.4 中包含了下述 3 个可触发状态发生改变的事件。

DC (e,f)　　电梯 e 在楼层 f 关上门。

ST (e,f)　　电梯 e 靠近 f 层时触发传感器，电梯控制器决定在当前楼层电梯是否停下。

RL　　电梯按钮或楼层按钮被按下进入打开状态，登录需求。

最后，给出电梯的状态转换规则。为简单起见，这里给出的规则仅发生在关门之时。

S (U, e,f) + DC (e,f) → M (U, e,f+1)

S (D, e,f) + DC (e,f) → M (D, e,f–1)

S (N, e,f) + DC (e,f) → W (e,f)

第 1 条规则表明，如果电梯 e 停在 f 层准备向上移动，且门已经关闭，则电梯将向上一楼层移动。第 2 条和第 3 条规则，分别对应于电梯即将下降或者没有待处理的请求的情况。

15.2.3　评论

有穷状态机方法采用了一种简单的格式来描述规格说明

当前状态+事件+谓词→下一个状态

这种形式的规格说明易于书写、易于验证，而且可以比较容易地把它转变成设计或程序代码。

事实上，可以开发一个 CASE 工具，把一个有穷状态机规格说明直接转变为源代码。维护可以通过重新转变来实现，也就是说，如果需要一个新的状态或事件，首先修改规格说明，然后直接由新的规格说明生成新版本的产品。

有穷状态机方法比数据流图技术更精确，而且和它一样易于理解。不过，它也有缺点：在开发一个大系统时三元组（即状态、事件、谓词）的数量会迅速增长。此外，和数据流图方法一样，形式化的有穷状态机方法也没有处理定时需求。下节将介绍的 Petri 网技术，是一种可处理定时问题的形式化方法。

15.3 Petri 网

15.3.1 基本概念

并发系统中遇到的一个主要问题是定时问题。这个问题可以表现为多种形式，如同步问题、竞争条件以及死锁问题。定时问题通常是由不好的设计或有错误的实现引起的，而这样的设计或实现通常又是由不好的规格说明造成的。如果规格说明不恰当，则有导致不完善的设计或实现的危险。用于确定系统中隐含的定时问题的一种有效技术是 Petri 网，这种技术的一个很大的优点是它也可以用于设计中。

Petri 网是由 Carl Adam Petri 发明的。最初只有自动化专家对 Petri 网感兴趣，后来 Petri 网在计算机科学中也得到广泛的应用，如在性能评价、操作系统、软件工程等领域，Petri 网应用得都比较广泛。特别是已经证明，用 Petri 网可以有效地描述并发活动。

Petri 网包含 4 种元素：一组位置 P、一组转换 T、输入函数 I 以及输出函数 O。图 15.5 所示举例说明了 Petri 网的组成。

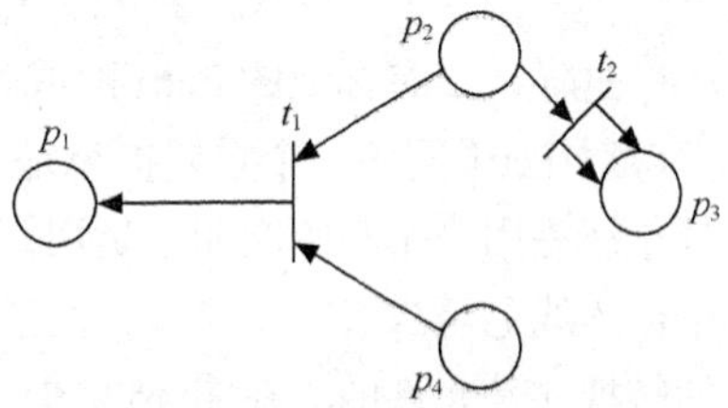

其中：一组位置 P 为$\{P_1, P_2, P_3, P_4\}$，在图中用圆圈代表位置。

一组转换 T 为$\{t_1, t_2\}$，在图中用短直线表示转换。

图 15.5 Petri 网的组成

两个用于转换的输入函数，用由位置指向转换的箭头表示，它们是

$$\mathrm{I}(t_1) = \{P_2, P_4\}$$

$$\mathrm{I}(t_2) = \{P_2\}$$

两个用于转换的输出函数，用由转换指向位置的箭头表示，它们是：

$$\mathrm{O}(t_1) = \{P_1\}$$

$$\mathrm{O}(t_2) = \{P_3, P_3\}$$

注意，输出函数 $\mathrm{O}(t_2)$中有两个 P_3，是因为有两个箭头由 t_2 指向 P_3。更形式化的 Petri 网结构，是一个四元组 C = (P, T, I, O)。

其中：$\mathrm{P} = \{P_1, \cdots, P_n\}$是一个有穷位置集，$n \geqslant 0$。

$\mathrm{T} = \{t_1, \cdots, t_m\}$是一个有穷转换集，$m \geqslant 0$，且 T 和 P 不相交。

I：$\mathrm{T} \rightarrow \mathrm{P}^{\infty}$为输入函数，是由转换到位置无序单位组（bags）的映射。

O：$\mathrm{T} \rightarrow \mathrm{P}^{\infty}$为输出函数，是由转换到位置无序单位组的映射。

一个无序单位组或多重组是允许一个元素有多个实例的广义集。

Petri 网的标记是在 Petri 网中令牌（token）的分配。例如，在图 15.6 中有 4 个令牌，其中一个在 P_1 中，两个在 P_2 中，P_3 中没有，还有一个在 P_4 中。上述标记可以用向量（1, 2, 0, 1）表示。由于 P_2 和 P_4 中有令牌，因此 t_1 启动（即被激发）。通常，当每个输入位置所拥有的令牌数等于从该位置到转换的线数时，就允许转换。当 t_1 被激发时，P_2 和 P_4 上各有一个令牌被移出，而 P_1 上则增加一个令牌。Petri 网中令牌总数不是固定的，在这个例子中两个令牌被移出，而 P_1 上只能增加一个令牌。

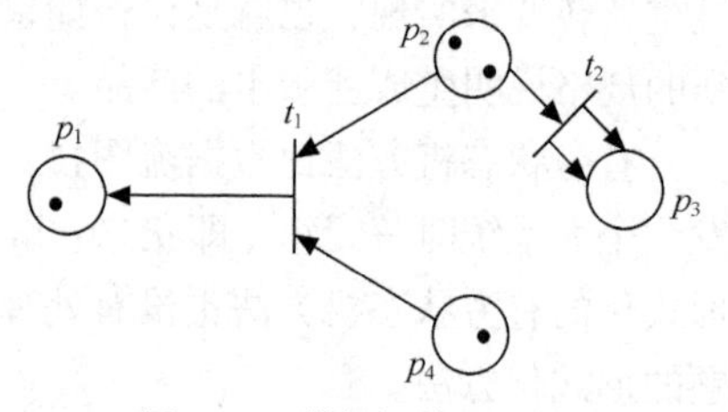

图 15.6　带标记的 Petri 网

在图 15.6 中 P_2 上有令牌，因此 t_2 也可以被激发。当 t_2 被激发时，P_2 上将移走一个令牌，而 P_3 上新增加两个令牌。Petri 网具有非确定性，也就是说，如果数个转换都达到了激发条件，则其中任意一个都可以被激发。图 15.6 所示 Petri 网的标记为（1, 2, 0, 1），t_1 和 t_2 都可以被激发。假设 t_1 被激发了，则结果如图 15.7 所示，标记为（2, 1, 0, 0）。此时，只有 t_2 可以被激发。如果 t_2 也被激发了，则令牌从 P_2 中移出，两个新令牌被放在 P_3 上，结果如图 15.8 所示，标记为（2, 0, 2, 0）。

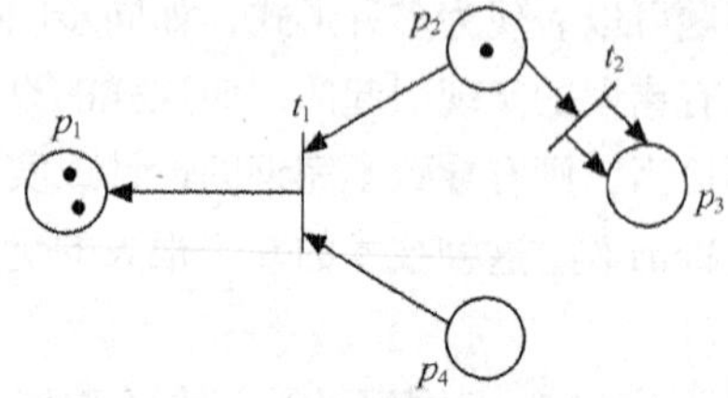

图 15.7　图 15.6 的 Petri 网在转换 t_1 被激发后的情况

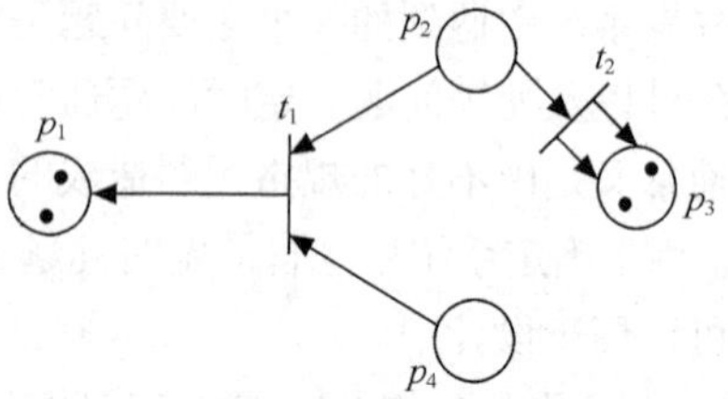

图 15.8　图 15.7 的 Petri 网在转换 t_2 被激发后的情况

更形式化地说，Petri 网 C = (P, T, I, O)中的标记 M，是由一组位置 P 到一组非负整数的映射：

$$M: P \to \{0, 1, 2, \cdots\cdots\}$$

这样，带有标记的 Petri 网成为一个五元组（P, T, I, O, M）。

对 Petri 网的一个重要扩充是加入禁止线。如图 15.9 所示，禁止线是用一个小圆圈而不是用箭头标记的输入线。通常，当每个输入线上至少有一个令牌，而禁止线上没有令牌的时候，相应的转换才是允许的。在图 15.9 中，P_3 上有一个令牌而 P_2 上没有令牌，因此转换 t_1 可以被激发。

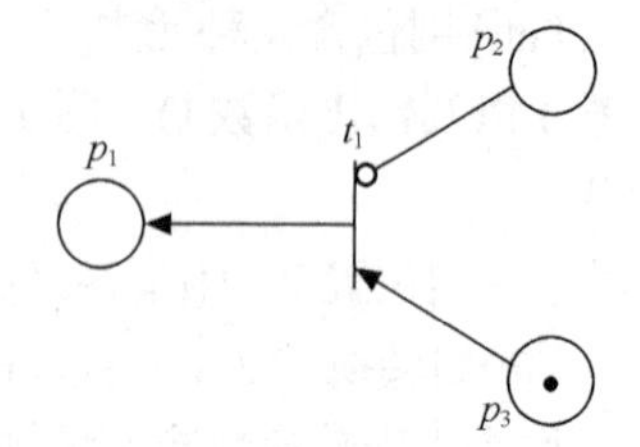

图 15.9　含禁止线的 Petri 网

15.3.2　应用实例

让我们把 Petri 网应用于上一节讨论过的电梯问题。当用 Petri 网表示电梯系统的规格说明时，每个楼层用一个位置 F_f 代表（$1 \leqslant f \leqslant m$），在 Petri 网中电梯是用一个令牌代表的。在位置 F_f 上有令牌，表示在楼层 f 上有电梯。

1. 电梯按钮

电梯问题的第一个约束条件描述了电梯按钮的行为，让我们复述一下这个约束条件。第 1 条约束 C1：每部电梯有 m 个按钮，每层对应一个按钮。当按下一个按钮时该按钮指示灯亮，指示电梯移往相应的楼层。当电梯到达指定的楼层时，按钮将熄灭。

为了用 Petri 网表达电梯按钮的规格说明，在 Petri 网中还必须设置其他的位置。电梯中楼层 f 的按钮，在 Petri 网中用位置 EB_f 表示（$1 \leqslant f \leqslant m$）。在 EB_f 上有一个令牌，就表示电梯内楼层 f 的按钮被按下了。

电梯按钮只有在第一次被按下时才会由暗变亮，以后再按它则只会被忽略。图 15.10 所示的 Petri 网准确地描述了电梯按钮的行为规律。首先，假设按钮没有发亮，显然在位置 EB_f上没有令牌，从而在存在禁止线的情况下，转换“EB_f被按下”是允许发生的。假设现在按下按钮，则转换被激发并在 EB_f上放置了一个令牌，如图 15.10 所示。以后不论再按下多少次按钮，禁止线与现有令牌的组合都决定了转换“EB_f被按下”不能再被激发了，因此，位置 EB_f上的令牌数不会多于 1。

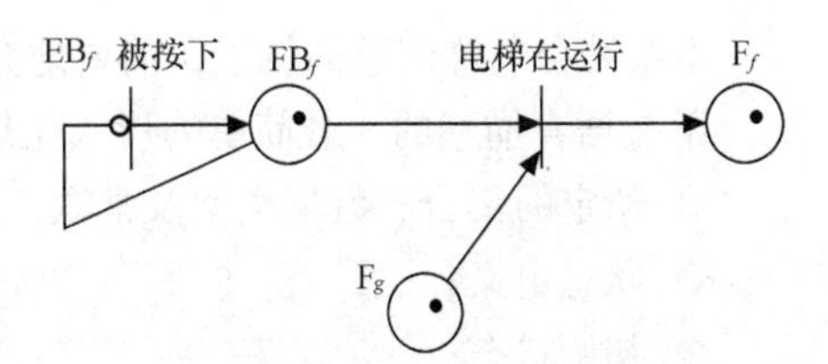

图 15.10　Petri 网表示的电梯按钮

假设电梯由 *g* 层驶向 *f* 层，因为电梯在 *g* 层，如图 15.10 所示，位置 F_g上有一个令牌。由于每条输入线上各有一个令牌，转换“电梯在运行”被激发，从而 EB_f和 F_g上的令牌被移走，按钮 EB_f被关闭，在位置 F_f上出现一个新令牌，即转换的激发使电梯由 *g* 层驶到 *f* 层。事实上，电梯由 *g* 层移到 *f* 层是需要时间的，为处理这个情况及其他类似的问题（例如，由于物理上的原因按钮被按下后不能马上发亮），Petri 网模型中必须加入时限。也就是说，在标准 Petri 网中转换是瞬时完成的，而在现实情况下就需要时间控制 Petri 网，以使转换与非零时间相联系。

2. 楼层按钮

在第 2 个约束条件中描述了楼层按钮的行为，让我们首先复述一遍第 2 个约束。

第 2 条约束 C2：除了第 1 层与顶层之外，每个楼层都有两个按钮，一个要求电梯上行，另一个要求电梯下行。这些按钮在按下时发亮，当电梯到达该层并将向指定方向移动时，相应的按钮才会熄灭。

在 Petri 网中楼层按钮用位置 FBu[f]和 FBd[f]表示，分别代表 *f* 楼层请求电梯上行和下行的按钮。底层的按钮为 FBu[1]，最高层的按钮为 FBd[m]，中间每一层有两个按钮 FBu[f]和 FBd[f]（$1<f<m$）。

图 15.11 所示的情况为电梯由 *g* 层驶向 *f* 层。根据电梯乘客的要求，某一个楼层按钮亮或两个楼层按钮都亮。如果两个按钮都亮了，则只有一个按钮熄灭。图 15.11 所示的 Petri 网可以保证，当两个按钮都亮了的时候，只有一个按钮熄灭。但是要保证按钮熄灭正确，则需要更复杂的 Petri 网模型，对此本书不做更进一步的介绍。最后，让我们考虑第 3 条约束。

第 3 条约束 C3：当电梯没有收到请求时，它将停留在当前楼层并关门。

这条约束很容易实现，如图 15.11 所示，当没有请求（FBu 和 FBd 上无令牌）时，任何一个转换“电梯在运行”都不能被激发。

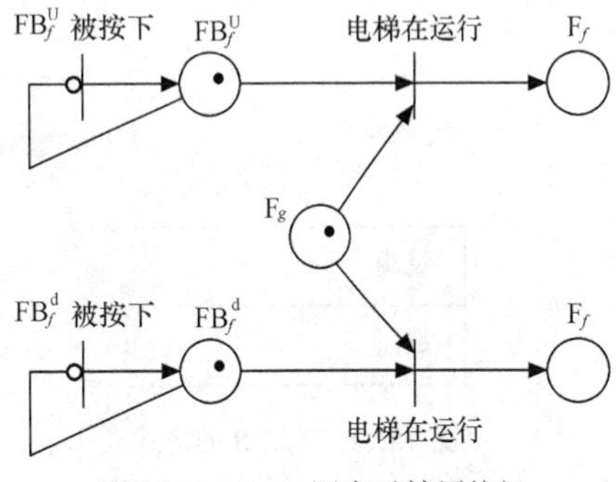

图 15.11　Petri 网表示楼层按钮

15.4　Z 语言

在形式化的规格说明语言中，Z 语言赢得了广泛的赞誉。使用 Z 语言需要具备集合论、函数、数理逻辑等方面的知识。即使用户已经掌握了所需要的背景知识，Z 语言也是相当难学的，因为它除了使用常用的集合论和数理逻辑符号之外，还使用一些特殊符号。

15.4.1 简介

本节结合电梯问题的例子，简要地介绍 Z 语言。

用 Z 语言描述的、最简单的形式化规格说明含有下述 4 个部分。

◇ 给定的集合、数据类型及常数；

◇ 状态定义；

◇ 初始状态；

◇ 操作。

现在依次介绍这 4 个部分。

1. 给定的集合

一个 Z 规格说明从一系列给定的初始化集合开始。所谓初始化集合就是不需要详细定义的集合，这种集合用带方括号的形式表示。对于电梯问题，给定的初始化集合称为 Button，即所有按钮的集合，因此，Z 规格说明开始于

［Button］

2. 状态定义

一个 Z 规格说明由若干个“格（schema）”组成，每个格含有一组变量说明和一系列限定变量取值范围的谓词。例如，格 S 的格式如图 15.12 所示。

在电梯问题中，Button 有 4 个子集，即 floor_buttons（楼层按钮的集合）、elevator_buttons（电梯按钮的集合）、buttons（电梯问题中所有按钮的集合）以及 pushed（所有被按的按钮的集合，即所有处于打开状态的按钮的集合）。图 15.13 所示描述了格 Button_State，其中，符号 P 表示幂集（即给定集的所有子集）。约束条件声明，floor_buttons 集与 elevator_buttons 集不相交，而且它们共同组成 buttons 集（在下面的讨论中并不需要 floor_buttons 集和 elevator_buttons 集，把它们放于图 15.13 中只是用来说明 Z 格包含的内容）。

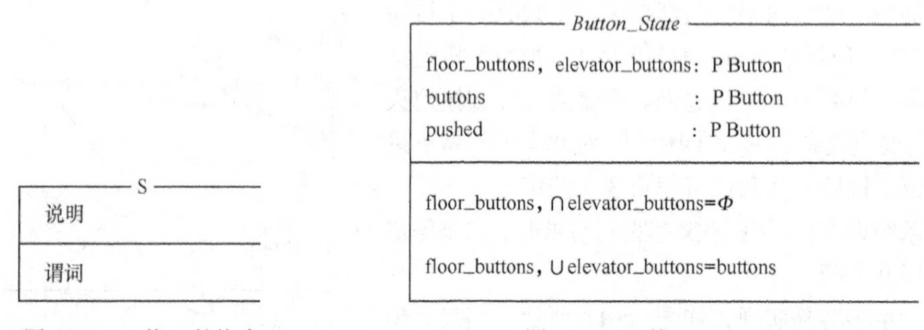

图 15.12　Z 格 S 的格式

图 15.13　Z 格 Button_State

3. 初始状态

抽象的初始状态是指系统第一次开启时的状态。对于电梯问题来说，抽象的初始状态为

$$Button\_Init \triangleq [Button\_State \mid pushed=\Phi]$$

上式表示，当系统首次开启时 pushed 集为空，即所有按钮都处于关闭状态。

4. 操作

如果一个原来处于关闭状态的按钮被按下，则该按钮开启，这个按钮就被添加到 pushed 集中。图 15.14 定义了操作 Push_Button（按按钮）。Z 语言的语法规定，当一个格被用在另一个格中时，要在它的前面加上三角形符号△作为前缀，因此，格 Push_Button 的第 1 行最前面有一个三角形

符号作为格 Button_State 的前缀。操作 Push_Button 有一个输入变量“button?”。问号“?”表示输入变量，而感叹号“!”代表输出变量。

操作的谓词部分，包含了一组调用操作的前置条件，以及操作完全结束后的后置条件。如果前置条件成立，则操作执行完成后可得到后置条件。但是，如果在前置条件不成立的情况下调用该操作，则不能得到指定的结果（因此结果无法预测）。

图 15.14 中的第 1 个前置条件规定，“button?”必须是 buttons 的一个元素，而 buttons 是电梯系统中所有按钮的集合。如果第 2 个前置条件 button?|pushed 得到满足（即按钮没有开启），则更新 pushed 按钮集，使之包含刚开启的按钮“button?”。在 Z 语言中，当一个变量的值发生改变时，就用符号“'”表示。也就是说，后置条件是当执行完操作 Push_Button 之后，“button?”将被加入到 pushed 集中。我们无需直接打开按钮，只要使“button?”变成 pushed 中的一个元素即可。

还有一种可能性是，被按的按钮原先已经打开了。由于 button?∈pushed，根据第 3 个前置条件，将没有任何事情发生，这可以用 pushed' = pushed 来表示，即 pushed 的新状态和旧状态一样。注意，如果没有第 3 个前置条件，规格说明将不能说明在一个按钮已被按过之后又被按了一次的情况下将发生什么事，因此，结果将是不可预测的。

假设电梯到达了某楼层，如果相应的楼层按钮已经打开，则此时它会关闭；同样，如果相应的电梯按钮已经打开，则此时它也会关闭。也就是说，如果“button?”属于 pushed 集，则将它移出该集合，如图 15.15 所示（符号“\”表示集合差运算）。但是，如果按钮“button?”原先没有打开，则 pushed 集合不发生变化。

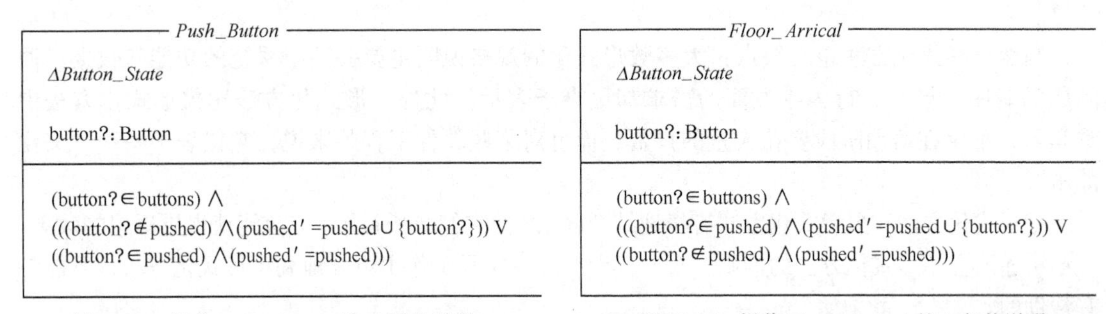

图 15.14　操作 Push_Button 的 Z 规格说明

图 15.15　操作 Floor_Arrival 的 Z 规格说明

本节的讨论有所简化，没有区分上行和下行楼层按钮，但是，仍然讲清了使用 Z 语言说明电梯问题中按钮状态的方法。

15.4.2　评论

已经在许多软件开发项目中成功地运用了 Z 语言。目前，Z 也许是应用得最广泛的形式化语言，尤其是在大型项目中 Z 语言的优势更加明显。Z 语言之所以会获得如此多的成功，主要有以下几个原因。

◇ 可以比较容易地发现用 Z 语言写的规格说明的错误，特别是在自己审查规格说明，及根据形式化的规格说明来审查设计与代码时，情况更是如此。

◇ 用 Z 语言写规格说明时，要求作者十分精确地使用 Z 说明符。由于对精确性的要求很高，从而和非形式化规格说明相比，减少了模糊性、不一致性和遗漏。

◇ Z 是一种形式化语言，在需要时开发者可以严格地验证规格说明的正确性。

◇ 虽然完全学会 Z 语言相当困难，但是，经验表明，只学过中学数学的软件开发人员仍然可以只用比较短的时间就学会编写 Z 规格说明。当然，这些人还没有能力证明规格说明的结果是否正确。

◇ 使用 Z 语言可以降低软件开发费用。虽然用 Z 写规格说明所需用的时间比使用非形式化技术要多，但开发过程所需要的总时间却减少了。

◇ 虽然用户无法理解用 Z 写的规格说明，但是，可以依据 Z 规格说明用自然语言重写规格说明。经验证明，这样得到的自然语言规格说明，比直接用自然语言写出的非形式化规格说明更清楚、更正确。

使用形式化规格说明是全球的总趋势，过去，主要是欧洲习惯于使用形式化规格说明技术，现在越来越多的美国公司也开始使用形式化规格说明技术。

小　结

基于数学的形式化规格说明技术，目前还没有在软件产业界广泛应用。但是，与欠形式化的方法比较起来，它确实有实质性的优点：形式化的规格说明可以用数学方法研究、验证（例如，一个正确的程序可以被证明满足其规格说明，两个规格说明可以被证明是等价的，规格说明中存在的某些形式的不完整性和不一致性可以被自动地检测出来）。此外，形式化的规格说明消除了二义性，而且它鼓励软件开发者在软件工程过程的早期阶段使用更严格的方法，从而可以减少差错。

当然，形式化方法也有缺点：大多数形式化的规格说明主要关注于系统的功能和数据，而问题的时序、控制、行为等方面的需求却更难于表示。此外，形式化方法比欠形式化方法更难学习，不仅在培训阶段要花大量的投资，而且对某些软件工程师来说，它代表了一种“文化冲击”。

把形式化方法和欠形式化方法有机地结合起来，使它们取长补短，应该能获得更理想的效果。本章讲述的应用形式化方法的准则，对于读者今后在实际工作中更好地利用形式化方法，可能是有帮助的。

本章简要地介绍了有穷状态机、Petri 网和 Z 语言 3 种典型的形式化方法，使读者对它们有初步的、概括的了解。当然，要想在实际工作中使用这些方法，还需要进一步研读有关的专著。

习　题

1. 二维整数表是由整数对构成的数组，可以认为表中左列的整数被映射成右列的整数，因此，可以把二维整数表看作是把整数映射成整数的函数。该函数的定义域是表中左列整数的集合，例如，若表 g={(3，5)，(7，6)，(8，2)}，则 g 的定义域为 dom(g)={3，7，8}。

查表（Look up）操作在一张二维整数表中查找一个给定的表项（即整数）。如果在表的定义域中有这个给定的整数，则查找结果为该整数所映射成的整数，否则查找结果为零。例如，若在上述的表 g 中查找整数 7，则得到的结果为 6；若查找整数 5，则得到的结果为 0。

试用 Z 语言写出查表操作的规格说明。

2. 一个浮点二进制数的构成是：一个可选的符号（+或-），后跟一个或多个二进制位，再跟上一个字符 E，再加上另一个可选符号（+或-）及一个或多个二进制位。例如，下列的字符串都是浮点二进制数：

1 1 0 1 0 1 E—1 0 1

—1 0 0 1 1 1 E 1 1 101

+1E0

更形式化地，浮点二进制数定义如下：

<floating-P binary> : : =[<sign>]<bitstring>E[<sign>]<bitstring>

<sign> : : =+ | -

<bitstring> : : =<bit>[<bitstring>]

<bit> : : =0 | 1

其中：符号 : : =表示定义为；

符号[. . .]表示可选项；

符号 a | b 表示 a 或 b。

假设有这样一个有穷状态机：以一串字符为输入，判断字符串是否为合法的浮点二进制数。试对这个有穷状态机进行规格说明。

第16章 软件重用

重用（reuse）也称为再用或复用，是指同一事物不做修改或稍加改动就可多次重复使用。显然，软件重用是降低软件成本、提高软件生产率和软件质量的非常合理、有效的途径。

本章主要讲述可重用的软件成分、软件重用过程、领域工程、开发可重用的构件、分类和检索构件，以及软件重用的效益内容。

16.1 可重用的软件成分

广义地说，软件重用可划分成以下 3 个层次：知识重用（如软件工程知识的重用）；方法和标准的重用（如面向对象方法或国家标准局制定的软件开发规范或某些国际标准的重用）；软件成分的重用。本节仅讨论软件成分的重用问题。软件成分的重用可以划分为以下 3 个级别。

（1）代码重用

人们谈论得最多的是代码重用，通常把它理解为调用库中的模块。实际上，代码重用也可以采用下列几种形式中的任何一种。

◇ 源代码剪贴：这是最原始的重用形式。这种重用方式的缺点是，复制或修改原有代码时可能出错。更糟糕的是，存在严重的配置管理问题，人们几乎无法跟踪原始代码块多次修改重用的过程。

◇ 源代码包含：许多程序设计语言都提供包含（include）库中源代码的机制。使用这种重用形式时，配置管理问题有所缓解，因为修改了库中源代码之后，所有包含它的程序自然都必须重新编译。

◇ 继承：利用继承机制重用类库中的类时，无须修改已有的代码，就可以扩充或具体化在库中找出的类，因此，基本上不存在配置管理问题。

（2）设计结果重用

设计结果重用指的是，重用某个软件系统的设计模型（即求解域模型）。这个级别的重用有助于把一个应用系统移植到完全不同的软、硬件平台上。

（3）分析结果重用

这是一种更高级别的重用，即重用某个系统的分析模型。这种重用特别适用于用户需求未改变，但系统体系结构发生了根本变化的场合。

具体地，可能被重用的软件成分主要有以下 10 种。

◇ 项目计划。软件项目计划的基本结构和许多内容（如 SQA 计划）都是可以跨项目重用的。这样做减少了用于制定计划的时间，也降低了与建立进度表和进行风险分析等活动相关联的不确定性。

◇ 成本估计。因为在不同项目中经常含有类似的功能，所以有可能在只做极少修改或根本不做修改的情况下，重用对该功能的成本估计结果。

◇ 体系结构。即使在考虑不同的应用领域时，也很少有截然不同的程序和数据体系结构，因此，有可能创建一组类属的体系结构模板（如事务处理体系结构），并把那些模板作为可重用的设计框架。

◇ 需求模型和规格说明。类和对象的模型及规格说明是明显的重用的候选者，此外，用传统软件工程方法开发的分析模型（如数据流图），也是可重用的。

◇ 设计。用传统方法开发的体系结构、数据、接口和过程设计结果，是重用的候选者，更常见的是，系统和对象设计是可重用的。

◇ 源代码。用兼容的程序设计语言书写的、经过验证的程序构件，是重用的候选者。

◇ 用户文档和技术文档。即使针对的应用是不同的，也经常有可能重用用户文档和技术文档的大部分。

◇ 用户界面。这可能是最广泛被重用的软件成分，GUI（图形用户界面）软件经常被重用。因为它可占到一个应用程序的 60%代码量，因此，重用的效果非常显著。

◇ 数据。在大多数经常被重用的软件成分中，被重用的数据包括内部表、列表和记录结构，以及文件和完整的数据库。

◇ 测试用例。一旦设计或代码构件将被重用，相关的测试用例应该“附属于”它们。

16.2 软件重用过程

16.2.1 构件组装模型

“重用”应该是每个软件过程的一个不可缺少的组成部分。图 16.1 所示的构件组装模型，举例说明了怎样把一个可重用的软件构件库集成到典型的演化过程模型中。

构件组装模型包含了螺旋模型的许多特征，它本质上是演化的，支持迭代的软件开发方法。构件组装模型利用预先存储在类库中的软件构件（简称为软构件）来构造应用程序。软件开发活动从对候选类的标识开始，这通过检查将被应用程序加工的数据及用于实现该加工功能的算法来完成。数据和相应的算法被封装成一个类。在以前的软件工程项目中创建出来的类（在图 16.1 中称为构件），被存储在一个类库中。

一旦标识出候选类，就搜索该类库以确定这些候选类是否已经存在。如果已经存在，就从类库中提取出来重用；如果不存在，就用面向对象方法开发它。然后，利用从类库中提取出来的类及为了满足应用程序的特定要求而建造的新类，构成待开发的应用程序的第一次迭代。过程流随后又回到螺旋，并且通过后续的软件工程活动最终再次进入构件组装迭代过程。

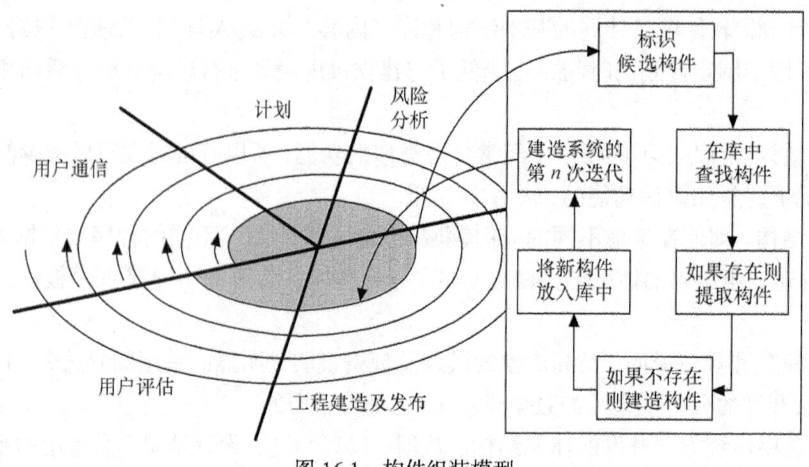

图 16.1　构件组装模型

16.2.2　类构件

利用面向对象技术，可以比较方便、有效地实现软件重用。面向对象技术中的“类”，是比较理想的可重用的软构件。不妨称之为类构件。在上一小节中讲述的构件组装模型，就是利用类构件来构造应用程序。

1．可重用的软构件应具备的特点

为使软构件也像硬件集成电路那样，能在构造各种各样的软件系统时方便地重复使用，就必须使它们满足下列要求。

（1）模块独立性强。具有单一、完整的功能，且经过反复测试被确认是正确的。它应该是一个不受或很少受外界干扰的封装体，其内部实现在外面是不可见的。

（2）具有高度可塑性。软构件的应用环境比集成电路更广阔、更复杂。显然，要求一个软构件能满足任何一个系统的设计需求是不现实的。因此，可重用的软构件必须具有高度可裁剪性，也就是说，必须提供为适应特定需求而扩充或修改已有构件的机制，而且所提供的机制必须使用起来非常简单方便。

（3）接口清晰、简明、可靠。软构件应该提供清晰、简明、可靠的对外接口，而且还应该有详尽的文档说明，以方便用户使用。

从本书第 6 章讲述的面向对象基本概念可以知道，精心设计的“类”基本上能满足上述要求，可以认为它是可重用软构件的雏形。

2．类构件的重用方式

（1）实例重用

由于类的封装性，使用者无须了解实现细节，就可以使用适当的构造函数，按照需要创建类的实例。然后向所创建的实例发送适当的消息，启动相应的服务，完成需要完成的工作。这是最基本的重用方式。此外，还可以用几个简单的对象作为类的成员，创建出一个更复杂的类，这是实例重用的另一种形式。

虽然实例重用是最基本的重用方式，但是，设计出一个理想的类构件，并不是一件容易的事情。例如，决定一个类对外提供多少服务，就是一件相当困难的事。提供的服务过多，会增加接口复杂度，也会使类构件变得难于理解；提供的服务过少，则会因为过分一般化而失去重用价值。每个类构件的合理服务数都与具体应用环境密切相关，因此，找到一个合理的折中值是相当困难的。

（2）继承重用

面向对象方法特有的继承性，提供了一种对已有的类构件进行裁剪的机制。当已有的类构件不能通过实例重用完全满足当前系统需求时，继承重用提供了一种安全地修改已有类构件，以便在当前系统中重用的手段。

为提高继承重用的效果，关键是设计一个合理的、具有一定深度的类构件继承层次结构。这样做有下述两个好处。

◇ 每个子类在继承父类的属性和服务的基础上，只加入少量新属性和新服务，不仅降低了每个类构件的接口复杂度，表现出一个清晰的进化过程，提高了每个子类的可理解性，而且为软件开发人员提供了更多可重用的类构件。因此，在软件开发过程中，应该时刻注意提取这种潜在的可重用构件，必要时应在领域专家帮助下，建立符合领域知识的继承层次。

◇ 为多态重用奠定了良好基础。

（3）多态重用

利用多态性不仅可以使对象的对外接口更加一般化（基类与派生类的许多对外接口是相同的），从而降低了消息连接的复杂程度，而且还提供了一种简便可靠的软构件组合机制。系统运行时，根据接收消息的对象类型，由多态性机制启动正确的方法，去响应一个一般化的消息，从而简化了消息界面和软构件连接过程。

为充分实现多态重用，在设计类构件时，应该把注意力集中在下面一些可能影响重用性的操作上。

◇ 与表示方法有关的操作，如不同实例的比较、显示、擦除等。

◇ 与数据结构、数据大小等有关的操作。

◇ 与外部设备有关的操作，如设备控制。

◇ 实现算法在将来可能会改进（或改变）的核心操作。

如果不预先采取适当措施，上述这些操作会妨碍类构件的重用。因此，必须把它们从类的操作中分离出来，作为“适配接口”。例如，假设类 C 具有操作 M1，M2，…，Mn 和操作 A1，A2，…，Ak，其中 Aj（$1 \leqslant j \leqslant k$）是上面列出的可能影响类 C 重用的几类操作，M$i$（$1 \leqslant i \leqslant n$）是其他操作。如果 M$i$ 通过调用适配接口 Aj 而实现，则实际上 M 被 A 参数化了。在不同应用环境下，用户只需重新定义 Aj（$1 \leqslant j \leqslant k$）就可以重用类 C。还可以把适配接口再进一步细分为转换接口和扩充接口。转换接口是为了克服与表示方法、数据结构或硬件特点相关的操作给重用带来的困难而设计的，这类接口是每个类构件在重用时都必须重新定义的服务的集合。当使用 C++语言编程时，应该在根类（或适当的基类）中，把属于转换接口的服务定义为纯虚函数。

如果某个服务有多种可能的实现算法，则应该把它当做扩充接口。扩充接口与转换接口不同，它不需要强迫用户在派生类中重新定义它们，相反，如果在派生类中没有给出扩充接口的新算法，则将继承父类中的算法。当用 C++语言实现时，在基类中把这类服务定义为普通的虚函数。

16.2.3 重用过程模型

为了实现软件重用，已经提出了许多过程模型，这些模型都强调领域工程与软件工程同时进行。领域工程完成一系列工作，以建立一组可以被软件工程师重用的软件成分。

图 16.2 所示为一个典型的明显适用于重用的过程模型。领域工程创建应用领域的模型，在软

件工程流中使用该模型作为分析用户需求的基础。软件体系结构及相应的结构点为应用系统的设计提供了输入信息。最后，在可重用的软件成分作为领域工程的一部分被构造出来之后，它们可以在软件开发活动中被软件工程师使用。

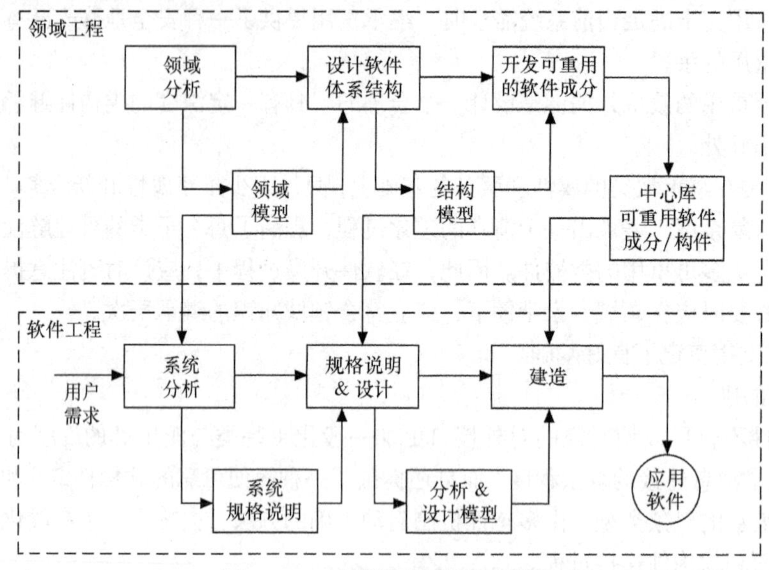

图 16.2　一个强调重用的过程模型

16.3 领 域 工 程

领域工程的目的是，标识、构造、分类和传播一组软件成分，在特定的应用领域中这些软件成分可适用于现有的和未来的软件系统。其总体目标是，建立相应的机制，使得软件工程师可以在新的或现有的系统中分享这些软件成分——重用它们。

领域工程包括 3 个主要的活动，即分析、构造和传播。本节着重介绍领域分析，而领域构造和传播将分别在 16.4 节和 16.5 节中介绍。

16.3.1 分析过程

领域分析过程基本上由下述步骤组成。

◇ 定义被研究的领域。

◇ 把从该领域中抽取出来的项分类。

◇ 收集该领域中有代表性的应用样本。

◇ 分析每个应用样本。

◇ 开发对象的分析模型。

在领域分析过程中，重要的是标识出可重用的软件成分。下面的一组实际问题，可以作为标识可重用的软构件的指南。

◇ 在未来的实现工作中需要该构件功能吗？

◇ 该构件功能在这个领域中有多大通用性？

◇ 在这个领域中是否重复使用该构件功能？

◇ 该构件是否依赖于硬件?
◇ 在不同的实现中硬件是否保持不变?
◇ 可以把硬件细节移到另一个构件中吗?
◇ 是否已经为了实现而对设计做了足够的优化?
◇ 我们能否把一个不可重用的构件参数化，从而使它变成可重用的?
◇ 是否仅仅经过少许修改，该构件就可以在许多实现中重用?
◇ 经过修改后该构件是否可以重用?
◇ 能否把一个不可重用的构件分解成一组可重用的构件?

16.3.2 领域特征

为了确定一个可能可重用的软件成分在特定情况下是否确实可以被使用，有必要定义一组领域特征，这些特征是该领域中所有软件共有的。领域特征定义了该领域中所有产品共有的类属属性，如安全（或可靠性）的重要性，程序设计语言，处理中的并发性等。

一个可重用的软件成分的领域特征集可以表示为{DPi}，集合中每一项 DPi 表示一个特定的领域特征。赋给 DPi 的值表示等级，它指出该特征与软件成分 P 的相关性。典型的等级如下：

◇ 与重用是否合适不相关；
◇ 仅在特殊情况下才相关；
◇ 相关，但存在差异无关紧要，该软件成分经过修改后仍然可以被使用；
◇ 明显相关，如果新软件不具有此特征，虽然重用仍然是可能的，但却是低效的；
◇ 很相关，如果新软件不具有此特征，重用将是非常低效的，此时不推荐重用。

当在该应用领域中要开发一个新软件 w 时，可以为它导出一组领域特征{Dw}，然后比较 DPi 与 Dwi，以决定是否现存的软件成分 P 可以在应用系统 w 中有效地重用。

表 16.1 所示为可能对软件重用有影响的典型的领域特征，为了有效地重用软件成分，必须考虑这些领域特征。

表 16.1 影响重用的领域特征

产　品	过　程	人　员
需求稳定性	过程模型	动机
并发软件	过程符合性	教育
内存限制	项目环境	经验/培训
应用大小	进度限制	◇ 应用领域
用户界面复杂性	预算限制	◇ 过程
程序设计语言	生产率	◇ 平台
安全/可靠性		◇ 语言
寿命需求		开发队伍
产品质量		生产率
产品可靠性		

即使待开发的软件明显属于某个应用领域，对该领域中可重用的软件成分也必须加以分析，以确定它们在当前项目中的可重用性。在少数情况下，从头开发可能仍然是成本最低的途径。

16.3.3 结构建模和结构点

当运用领域分析方法时，分析员寻找该领域内不同应用系统中存在的重复模式。结构化建模是一种基于模式的领域工程方法，应用此方法的前提假设是，每个应用领域都有功能、数据和行为的重复模式，它们具有被重用的可能性。

结构模型由少量的结构元素组成，其表明了交互的清晰模式。使用结构模型的系统的体系结构特点是，有多个由这些模型元素组成的集合，因此，在系统体系结构单元间的复杂交互可以用在这些少量元素间的简单交互模式来描述。

每个应用领域都可以用一个结构模型来刻画（如不同飞行器飞行控制系统的细节差别很大，但是在该领域的所有现代软件都具有相同的结构模型），因此，结构模型是一种体系结构制品，它可以也应该在该领域内的所有应用系统中被重用。

结构点（structure point）是结构模型中独特的结构成分，它有 3 个显著特点。

◇ 一个结构点是一个抽象，它应该有有限个实例。用面向对象的术语来陈述，即类等级的规模应该小。此外，该抽象应该在该领域的所有应用系统中反复出现，否则，用于验证、文档化和传播该结构点所需要的工作量，从成本角度来考虑就是不合算的。

◇ 指导结构点使用的规则应该是容易理解的。此外，结构点的接口应该比较简单。

◇ 结构点应该通过隐藏包含在该结构点内的所有复杂性而实现信息隐藏，这会减少整个系统可被外界感知的复杂性。

把结构点作为系统的体系结构模式的一个例子，让我们考虑警报系统软件这个领域。这个领域既可能包含简单的家庭安全系统，也可能包含复杂的工业过程警报系统，但是，在任何一种情形中都可以见到一组可预测的结构模式。

◇ 界面：用户能够通过界面与系统交互。

◇ 范围设置机制：通过该机制用户能够设置被测量的参数的范围。

◇ 传感器管理机制：其与所有监控传感器通信。

◇ 响应机制：其对传感器管理系统所提供的输入做出反应。

◇ 控制机制：通过它用户能够控制系统执行的方式。

16.4 开发可重用的构件

创建可重用的软件并没有什么神奇的地方，本书第 2 篇和第 3 篇讲述的分析、设计和实现的原理、准则、技术和方法，都对可重用的软件构件的创建有贡献，此处不再重复。本章 16.2.2 小节讨论了可重用的类构件，本节再从更一般化的角度讨论与创建可重用的构件有关的特殊问题，它们是对完整的软件工程实践的补充。

16.4.1 为了重用的分析与设计

当开发一个新软件时，应该对描述需求的分析模型进行分析，以发现模型中那些指向现有的可重用的软件成分的元素。为此，应该使用能够导致“规格说明匹配”的方式从需求模型中抽取信息。

使用自动化工具浏览构件库，试图把在当前规格说明中标记出的需求与描述现存的可重用构件的那些需求匹配起来。使用领域特征和关键词有助于发现可在所开发的软件中重用的构件。如果通过规格说明匹配找到了符合当前应用系统需要的构件，设计者就把这些构件从可重用构件库中提取出来，并把它们用到新系统的设计中。如果没有找到所需要的构件，软件工程师必须使用传统的或面向对象的方法去创建它们，当设计者开始创建新构件时，应该使用“为了重用的设计”。

正如前面已经提到的，为了重用的设计同样要求软件工程师应用已有的设计概念和原理，但是，也必须考虑应用领域的特征，特别是应该考虑下述的一系列关键问题。

◇ 标准数据。应该研究应用领域，并且标识出标准的全局数据结构（如文件结构或完整的数据库）。然后，所有的构件都可以使用这些标准数据结构。

◇ 标准接口协议。应该建立下述 3 个层次的接口协议，即模块内接口、外部的技术（非人）接口以及人—机界面。

◇ 程序模板。结构模型（见 16.3.3 小节）可以作为新程序体系结构设计的模板。一旦建立了标准数据、标准接口协议和程序模板，设计者就有了一个开展设计工作的框架，符合这个框架的新构件在以后得到重用的概率将比较高。

16.4.2　基于构件的开发

当重用在应用系统开发中占据主导地位时，就把这样的开发方法称为基于构件的开发或构件软件。领域工程为基于构件的开发提供了所需要的可重用构件库，这些可重用的构件中的一部分是内部开发的，另一部分是从现有的应用系统中抽取出来的，还有一部分是从第三方获取的。

但是，怎样创建一个具有一致结构的构件的库呢？答案是，采用统一的构件标准。为了实现基于构件的开发，应该使用下述 4 个“体系结构要素”。

◇ 数据交换模型。应该为所有可重用构件定义使得用户和应用系统间能够交互和传递数据的机制（如拖和放，剪切和粘贴）。数据交换机制不仅应该允许人和软件、构件和构件之间进行数据传递，而且也应该使得能够在系统资源间进行数据传递（如把一个文件拖到打印机图符上以实现输出）。

◇ 自动化。应该实现一系列工具、宏和脚本，为可重用的构件间的交互服务。

◇ 结构化存储。包含在“复合文档”中的异质数据（如图形、声音、文本和数值数据），应该作为单独的数据结构来组织和访问，而不是作为一组分开的文件。结构化数据维持了嵌套结构的一个描述性索引，使得应用系统可以自由地进行导航浏览以定位、创建或编辑个体数据内容，就像终端用户直接操作一样。

◇ 底层对象模型。对象模型保证在不同平台上用不同程序设计语言开发的构件可以互操作，也就是说，对象必须能够跨网络进行通信。为了达到这个目标，对象模型定义了构件互操作标准，该标准是独立于语言的，并且使用接口定义语言（IDL）来定义。

因为重用对软件产业有非常巨大的潜在影响，主要的公司和产业联盟已经提出了构件软件的一些标准。

1. OpenDoc

主要技术公司（包括 IBM、Apple 和 Novell）的一个联盟，提出了复合文档和构件软件的标准 OpenDoc。该标准定义了为使一个开发者提供的构件能够和另一个开发者提供的构件互操作，而必须实现的服务、控制基础设施和体系结构。

2. OMG/CORBA

对象管理组织（OMG）发布了公共对象请求代理体系结构（OMG/CORBA）。一个对象请求代理（ORB）提供了一系列服务，这些服务使得可重用的构件（对象）能够与其他构件通信，而不管它们在系统中位于何处。当应用 OMG/CORBA 标准建立构件时，可以保证这些构件无须修改就能集成到一个系统中。

以客户/服务器结构为例，在客户端应用系统中的对象可以向 ORB 服务器请求一个或多个服务。对象请求代理（ORB）是一个中间件构件，通过它驻留在客户端的对象可以向驻留在服务器上的对象发送消息，请求提供服务。在客户和服务器两端的对象和类都用接口描述语言（IDL）定义。为了适应客户端对象对服务器端方法的请求，需要创建客户和服务器的 IDL 存根（stub），它提供了一条通路，通过这条通路可满足跨越客户/服务器系统的对象的请求。由于对跨越网络的对象的请求在运行时发生，因此，必须建立存储对象描述的机制，以便在需要时可以获得关于对象及其位置的信息，接口仓库提供了这种机制。

3. COM

Microsoft 公司开发了构件对象模型（COM），它提供了为在一个应用系统中使用不同厂商生产的对象而需要的规格说明。

COM 的核心是一组应用程序调用接口（API），该接口提供了创建构件和组装构件的功能。

COM 标准具有下述特点。

◇ 构件间的互操作基于指针，依赖于操作系统的 API。

◇ 对 Windows 的依赖性强，对其他操作系统的支持相对不足。

◇ 构件运行环境的提供者仅限于 Microsoft 公司，但支持 COM 标准的开发工具比较多（如 VC++、VB 等）。

对象连接与嵌入（OLE）是 COM 的一部分，其定义了可重用构件的标准结构。OLE 已经成为 Microsoft 操作系统（如 Windows XP）的一部分。

4. JavaBean

JavaBean 构件实现标准由 Sun 公司在 Java 语言的基础上提出。由于 Java 是一种纯面向对象语言，因此，JavaBean 标准比较简洁、完备。JavaBean 具有下述特点。

◇ 构件模型比较完备。

◇ 仅支持 Java 语言。

◇ 构件运行环境主要由 Sun 公司提供，其他厂商也可提供运行环境，支持该标准的集成开发环境较多（如 Eclipse、NetBeans 等）。

16.5 分类和检索构件

在一个大型构件仓库中存放了成千上万个可重用的软件构件，软件工程师怎样找到他所需要的构件呢？为了回答这个问题，又引出了另一个问题：我们怎样以无二义的、可分类的术语来描述软件构件？这些都是难题，迄今为止还没有完全令人满意的解决办法。本节介绍当前的研究方向，这些研究将使未来的软件工程师能够导航浏览重用库。

16.5.1 描述可重用的构件

可以用很多种方式描述可重用的软件构件，但是一种理想的描述方式是 Tracz 提出的 3C 模型——概念（concept）、内容（content）和语境（context）。软件构件的“概念”是对构件做什么的描述，应该完整地描述构件的接口，并在前置条件和后置条件的语境中标识构件的语义。概念应该表达出构件的意图。构件的“内容”描述实现概念的方法。本质上，内容是对一般用户隐藏的信息，只有那些打算修改该构件的人才需要知道这些信息。

“语境”把可重用的软件构件置于其应用领域中，也就是说，通过指定概念的、操作的和实现的特征，语境使得软件工程师能够找到适当的构件以满足应用需求。

为了能够在实际环境中应用，必须把概念、内容和语境转换成具体的规格说明模式。人们对可重用的软件构件的分类模式已经做过许多研究，所提出的方法可分为 3 大类：图书馆和信息科学方法、人工智能方法以及超文本系统。到目前为止，绝大部分研究工作建议使用图书馆科学方法对构件分类。

图 16.3 所示为源于图书馆科学索引方法的一个分类法，其中，受限的索引词汇（controlled indexing vocabularies）对分类一个对象（构件）时可以使用的项或语法加以限制，而不受限的索引词汇（uncontrolled indexing vocabularies）则对描述的性质没有限制。大多数软件构件分类模式属于下述 3 类。

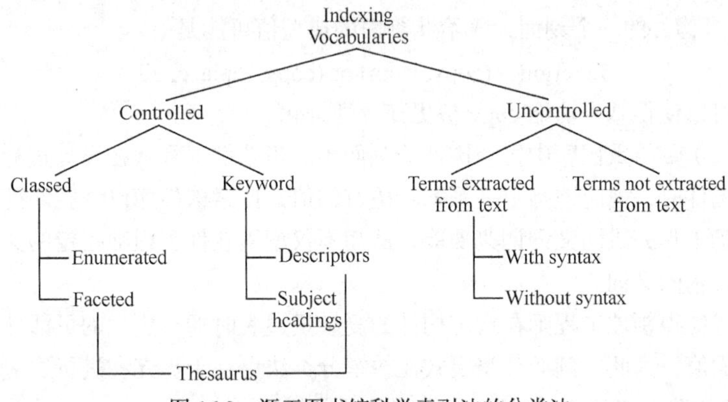

图 16.3　源于图书馆科学索引法的分类法

1. 枚举分类（enumerated classification）

通过定义一个层次结构来描述构件，在该结构中定义软件构件的类以及子类的不同层次。把实际的构件罗列在枚举层次的适当路径的最低层。例如，窗口操作的枚举层次片断如下：

```
Window operations
  display
    open
      menu based
        open Window
      syste-based
        sys Window
    close
      ......
    resize
      via command
        setWindowSize, stdResize, shrinkWindow
      via drag
        ......
    up/down shuffle
      ......
```

```
move
  ......
close
  ......
```

枚举分类模式的层次结构使它容易理解和使用，但是，在建立层次之前必须完成领域工程，以获得关于层次中的项的足够信息。

2. 刻面分类（faceted classification）

分析应用领域并标识出一组基本的描述特征，这些特征称为刻面。然后，根据重要性确定刻面的优先次序并把它们与构件联系起来。刻面可以描述构件完成的功能、加工的数据、应用构件的语境以及任何其他特征。描述一个构件的刻面的集合称为刻面描述表，通常，限定刻面描述不超过7或8个刻面。

作为在构件分类中使用刻面的一个简单例子，考虑使用下述刻面描述表的模式

{function, objecttype, systemtype}

刻面描述表中的每个刻面可以取一个或多个值，这些值通常是描述性的关键词，例如，如果function（功能）是构件的一个刻面，赋给此刻面的典型值可能是

function = (copy, from) or (copy, replace, all)

使用多个刻面值可以使得基本功能copy被更充分地细化。

把关键词（值）赋给重用库中每个构件的刻面集。当软件工程师在设计过程中希望从构件库中找到可重用的构件时，他应该指定一系列希望有的值并搜索构件库以查找匹配的构件。

可以使用自动工具完成同义词词典功能，从而不仅搜索软件工程师指定的关键词，而且也搜索这些关键词的技术同义词。

刻面分类模式使得领域工程师在指定构件的复杂描述表时拥有更大的灵活性，因为可以很容易地加入新的刻面值，因此，刻面分类模式比枚举分类法更易于扩充和进行适应性修改。

3. 属性—值分类（attribute-value classification）

这种分类法要求为一个领域中的所有构件定义一组属性，然后用与刻面分类法非常相似的方式给这些属性赋值。事实上，属性—值分类法与刻面分类法相似，只有以下几点不同：

（1）对可用的属性个数没有限制；

（2）属性没有优先级；

（3）不使用同义词词典功能。

对上述分类方法的实验研究表明，没有明显“最好”的技术，而且各种方法在查找效果方面都大致相同。看来，对重用库有效分类模式的研究，仍有许多工作要做。

16.5.2 重用环境

软件构件重用必须由相应的环境来支持，环境应包含下述元素。

◇ 构件库：用于存储软件构件和检索构件所需要的分类信息。

◇ 库管理系统：用于管理对构件库的访问。

◇ 软件构件检索系统（如对象请求代理）：通过它客户应用系统可以从库服务器中检索构件和服务。

◇ CASE工具：帮助把重用的构件集成到新设计或实现中。

上述每个功能都可以嵌入到重用库中。重用库是更大型的CASE仓库的一个组成元素，其为

存储各种各样的可重用的软件成分（如规格说明、设计、代码、测试用例和用户指南）提供必要的设施。重用库包括一个数据库和一些工具，这些工具是查询数据库以及从库中检索构件所必需的，构件分类模式是库查询的基础。

查询通常用前述的 3C 模型中的语境元素来刻画，如果一次初始查询得到大量的候选构件，则对查询求精以减少候选对象。在找到候选构件以后，抽取出概念信息和内容信息，以帮助开发者选取合适的构件。

16.6　软件重用的效益

近几年来软件产业界的实例研究表明，通过积极的软件重用能够获得可观的商业效益，产品质量、开发生产率和整体成本可以都得到改善。

1. 质量

理想情况下，为了重用而开发的软件构件已被证明是正确的，且没有缺陷。事实上，并不能定期进行形式化验证，错误可能而且也确实存在。但是，随着每一次重用，都会有一些错误被发现并被清除，构件的质量也会随之改善。随着时间的推移，构件将变成实质上无错误的。

HP 公司经研究发现，被重用的代码的错误率是每 KLOC 有 0.9 个错误，而新开发的软件的错误率是每 KLOC 有 4.1 个错误。对于一个包含 68%重用代码的应用系统来说，错误率大约是每 KLOC 有 2.0 个错误，与不使用重用的开发相比错误率降低了 51%。Henry 和 Faller 报告说，使用重用的开发可使软件质量改进 35%。虽然不同研究者报告的改善率并不完全相同，但是偏差都在合理的范围内，公正地说，重用确实给软件产品的质量和可靠性带来了实质性的提高。

2. 生产率

当把可重用的软件成分应用于软件开发的全过程时，创建计划、模型、文档、代码和数据所需花费的时间将减少，从而将用较少的投入给客户提供相同级别的产品，因此，生产率得到了提高。

由于应用领域、问题复杂程度、项目组的结构和大小、项目期限、所应用的软件开发技术等许多因素都对项目组的生产率有影响，因此，不同开发组织对软件重用带来生产率提高的数字的报告并不相同。但是，看起来 30%～50%的重用，大约可以导致生产率提高 25%～40%。

3. 成本

软件重用带来的净成本节省可以用下式估算

$$C = Cs - Cr - Cd$$

其中，Cs 是项目从头开发（没有重用）时所需要的成本；

Cr 是与重用相关联的成本；

Cd 是交付给客户的软件的实际成本。

可以使用本书第 10 章讲述的技术来估算 Cs，而与重用相关联的成本 Cr 主要包括下述成本：

◇ 领域分析与建模的成本；

◇ 设计领域体系结构的成本；

◇ 为便于重用而增加的文档的成本；

◇ 维护和完善可重用的软件成分的成本；

◇ 为从外部获取构件所付出的版税和许可证费；

◇ 创建（或购买）及运行重用库的费用；

◇ 对设计和实现可重用构件的人员的培训费用。虽然和领域分析及运行重用库相关联的成本可能相当高，但是它们可以由许多项目分摊。

上面列出的很多其他成本所解决的问题，实际上是良好软件工程实践的一部分，不管是否优先考虑重用，这些问题都应该解决。

小　结

软件重用是降低软件整体成本、提高软件质量和开发生产率的合理而且有效的途径。可重用的软件成分包括软件的技术表示（如规格说明、体系结构模型、设计和代码）、文档、测试数据，甚至还包括与过程相关的任务（如审查技术）。

重用过程包括两个并发的子过程：领域工程和软件工程。领域工程的目的是在特定的应用领域中标识、构造、分类和传播一组软件成分。然后，软件工程在开发新系统的过程中选取适当的软件成分供重用。

分析和设计可重用构件的技术，使用与良好的软件工程实践中使用的相同的概念和原理。可重用构件应该在这样一个环境中设计：该环境为每个应用领域建立标准的数据结构、接口协议和程序体系结构。

基于构件的开发使用数据交换模型、自动化工具、结构化存储以及底层对象模型，以利用已有的构件来构造应用系统。对象模型通常遵守一个或多个构件标准（如 OMG/CORBA），构件标准定义了应用系统访问可重用对象的方式。软件构件的分类模式使得开发者能够发现和检索可重用的构件，这些分类模式遵照明确标识概念、内容和语境的 3C 模型。枚举分类、刻面分类和属性—值分类是众多构件分类模式中的典型代表。

习　题

1. 请简述软件重用的过程，并说明每个步骤须采用的关键技术。
2. 可重用的软件成分中包括项目计划和成本估算，怎样重用这些成分？这样做能带来什么收益？
3. 请举例说明类构件的 3 种重用方式。

参考文献

[1] 田淑梅，廉龙颖，高辉，软件工程—理论与实践 [M]，北京：清华大学出版社，2011.

[2] 陈明，软件工程实用教程 [M]，北京：清华大学出版社，2012.

[3] 陶华亭，等，软件工程实用教程（第2版）[M]，北京：清华大学出版社，2012.

[4] 李代平，等，软件工程（第三版）[M]，北京：清华大学出版社，2011.

[5] 刘冰，等，软件工程实践教程 [M]，北京：机械工业出版社，2012.

[6] 沈文轩，等，软件工程基础与实用教程- 基于架构与 MVC 模式的一体化开发 [M]，北京：清华大学出版社，2012.

[7] 赵池龙，等，实用软件工程 [M]，北京：电子工业出版社，2011.

[8] 韩万江，等，软件工程案例教程——软件项目开发实践（第2版）[M]，北京：机械工业出版社，2011.

[9] 王华，周丽娟，软件工程学习指导与习题分析 [M]，北京：清华大学出版社，2012.

[10] 吕云翔，王洋，王昕鹏，软件工程实用教程 [M]，北京：机械工业出版社，2010.

[11] 吕云翔，王昕鹏，邱玉龙，软件工程理论与实践 [M]，北京：人民邮电出版社，2012.

[12] 吕云翔，刘浩，王昕鹏，周建等，软件工程课程设计 [M]，北京：机械工业出版社，2009.

[13] 张燕，等，软件工程理论与实践 [M]，北京：机械工业出版社，2012.

[14] 耿建敏，吴文国，软件工程 [M]，北京：清华大学出版社，2012.

[15] 陆惠恩，张成姝，实用软件工程（第二版）[M]，北京：清华大学出版社，2012.

[16] 李军国，等，软件工程案例教程 [M]，北京：清华大学出版社，2013.

[17] 许家珆，等，软件工程方法与实践（第2版）[M]，北京：电子工业出版社，2011.

[18] 钱乐秋，等，软件工程 [M]，北京：清华大学出版社，2007.

[19]（印度）Rajib Mall，软件工程导论 [M]，马振晗，胡晓译，北京：清华大学出版社，2008.

[20] 刘冰，软件工程实践教程（第2版）[M]，北京：机械工业出版社，2012.

[21] 张海藩，软件工程导论（第五版）[M]，北京：清华大学出版社，2008.

[22] 张海藩，软件工程导论（第5版）学习辅导 [M]，北京：清华大学出版社，2008.

[23] 张海藩，牟永敏，面向对象程序设计实用教程 [M]，北京：清华大学出版社，2001.

[24] Roger S. Pressman，Software Engineering A Practitioner's Approach，Sixth Edition，McGraw-Hill，2005.

[25] Philippe Kruchten，The Rational Unified Process，An Introduction，Third Edition，Addison Wesley，2003.

[26] Scott W. Ambler，The Object Primer，Third Edition，Cambridge，2004.

[27] Grady Booch，James Rumbaugh，Ivar Jacobson，The Unified Modeling Language User Guide，Second Edition，Addison-Wesley，2005.

[28] Grady Booch，Robert A. Maksimchuk，Michael W. Engle，Bobbi J. Young，Ph.D.，Jim Conallen，Kelli A. Houston，Object-Oriented Analysis and Design with Applications，Third Edition，Addison-Wesley，2007.

[29] Ed Yourdon，Just Enough Structured Analysis，www.yourdon.com，2006.

[30] Ed Yourdon，Larry Constantine，Structured Design，Yourdon Press，1978.

[31] Allen B. Downey，How to Think Like a Computer Scientist，Java Version，thinkapjava.com，2008.

[32] David J. Eck，Introduction to Programming Using Java，Fifth Edition，David J. Eck (http://math.hws.edu/javanotes/)，2007.

[33] 贾铁军，等，软件工程与实践，清华大学出版社，2012.